# 人生三境

编著

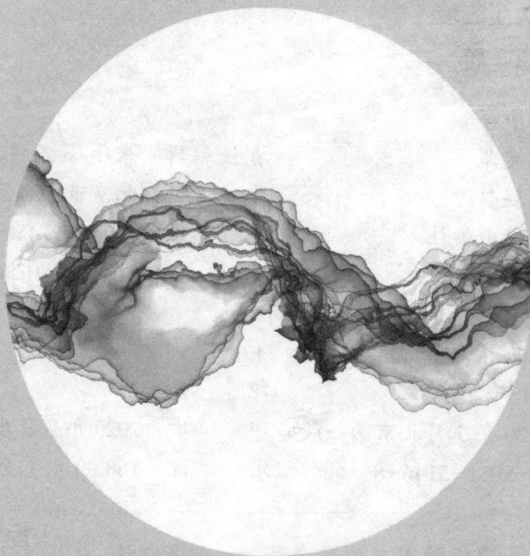

红旗出版社

版权所有
侵权必究

红旗出版社
HONGQI PRESS
推动进步的力量

## 图书在版编目（CIP）数据

人生三境 / 思履编著 . —— 北京：红旗出版社，
2020.4
（人生修炼课 / 张丽洋主编）
ISBN 978-7-5051-5146-8

Ⅰ . ①人… Ⅱ . ①思… Ⅲ . ①人生哲学 – 通俗读物
Ⅳ . ① B821–49

中国版本图书馆 CIP 数据核字 (2020) 第 042479 号

| | | | | |
|---|---|---|---|---|
| 书　　名 | 人生三境 | | | |
| 编　　著 | 思　履 | | | |
| 出 品 人 | 唐中祥 | | | |
| 总 监 制 | 褚定华 | 责任编辑 | 朱小玲 王馥嘉 | |
| 选题策划 | 三联弘源 | 地　　址 | 北京市丰台区中核路 1 号 | |
| 出版发行 | 红旗出版社 | 编 辑 部 | 010-57274504 | |
| 邮政编码 | 100070 | 发 行 部 | 010-57270296 | |
| 印　　刷 | 天津海德伟业印务有限公司 | | | |
| 成品尺寸 | 138mm×200mm | | 1/32 | |
| 字　　数 | 400 千字 | 印　张 | 25 | |
| 版　　次 | 2020 年 7 月北京第一版 | 印　次 | 2020 年 7 月北京第一次印刷 | |
| IBSN | 978-7-5051-5146-8 | 定　价 | 168.00 元（全五册） | |

欢迎品牌畅销图书项目合作　　联系电话：010-57274504
凡购买本书，如有缺页、倒页、脱页，本社发行部负责调换

# 前　言

　　悠悠岁月中，人只不过是匆匆过客。我们只有从容走过，无须彷徨、犹豫和茫然，脚踏实地走好每一步路，才能使自己的人生充满色彩，达到理想境界。人生如此美丽，犹如清凉的月光、醉人的花香和清新的空气，弥漫、浸染在人生旅途中。面对烟雨花落温暖的春，面对绿叶婆娑热烈的夏，面对果实累累酣畅的秋，面对雪花覆地纯净的冬，我们怀着一种感激，去体验那超越平凡的无极之境。

　　"低得下头，沉得住气"是一个人成熟的标志，是成大事的基础。俗话说："直木遭伐，水满则溢；地低成海，人低成王。"历史上、现实生活中常常有这样一些人，他们很有能力，也不乏干劲，但为人傲气十足，处处把头抬得很高，不屑于屈就现实生活中有意或无意设置的一些低矮"门槛"，这些人最终只能处处碰壁，被撞得头破血流，不但成就不了任何事业，甚至连容身之所都没有。低得下头，是一种智慧，更是一种能力。低头不是自卑，也不是怯弱，它是清醒中的嬗变。低头做人，可以使自己站得更稳，更容易被别人接受。"低"既是成功之要诀，又是处世之良

1

方，唯有懂得低头，有朝一日才能出头。会低头，方能沉住气。着眼全局，审时度势。在平静中蓄势，在最恰当的时机爆发。低得下头，才能为人们所容纳、赞赏和钦佩；融入人群，营造和谐的人际关系；沉得住气，才能暗蓄力量，悄然前行，在不显山不露水中成就一番事业。达到这种境界，便可鲜花掌声等闲视之，挫折灾难坦然承受。

《人生三境》一书主要讲解三种人生境界，它们分别是：低得下头，沉得住气；经得起诱惑，耐得住寂寞；看得透人，想得开事。本书从历史和现实中取材，对"人生三境"进行了深入浅出的阐释，睿智而富有哲理的观点和看法，能让读者在轻松的阅读中得到全面的人生启迪，学会为人处世及立足社会的必备智慧，更深刻地理解和把握人生，从容地面对生活中的各种问题。让我们在未来的人生旅程中，多一些得，少一些失；多一些成，少一些败。这些凝聚着无数前人智慧和经验的哲理是我们受益一生的法宝。只要你深刻领悟其中的道理，娴熟地掌握、运用，相信你一定能够成就自我，创造成功人生。

# 目　录

# 第一章 低得下头，沉得住气

## 第一节 地低则为海，人低品自高

### 地低成海，人低为王

低调是成就伟大事业的起点，它"进可攻、退可守"，是一种看似平淡，实则高深的处世谋略。低调而为，初看起来好像比较消极。其实它并不是委曲求全、窝窝囊囊做人，而是通过少惹是非、少生麻烦的方式暗蓄力量、悄然潜行，以便更好地展现自己的才华，发挥自己的特长。纵观古今，那些经得住历史沉淀的事，那些取得成功的人，更多的得益于低调而为的处世原则。

美国开国元勋之一富兰克林年轻时，去一位老前辈家中做客。当他昂首挺胸地走进那座低矮的小茅屋时，只听"砰"的一声，他的额头撞在门框上，顿时青肿了一大块。

老前辈笑着出来迎接说："很痛吧？你知道吗，这是你今天来拜访我最大的收获。一个人要想成一番事业，要想洞明世事，练达人情，就必须时刻记住低头。"

富兰克林记住了老前辈的教诲，并将之奉为金科玉律，最终，这种低调为人处世的品格成就了他辉煌的一生。

万丈高楼平地起，每一个成功者，都是从低处、卑微处慢慢做起的。降低姿态，寻找机会的人，才能最终到达成功的巅峰。

尼采言："一棵树要长得更高，接受更多的光明，那么它的根就必须更深入黑暗。"

很多年前，一位年轻的日本女孩得到了步入社会的第一份工作——到东京帝国酒店当服务员。她要负责的工作是：洗马桶。

面对这样一份卑微甚至有些不堪的工作，对喜爱洁净，从未干过粗重活的女孩来说，心理上不由产生了一些障碍。

"光洁如新"是检验这份工作的标准。这四个字意味着什么，她当然知道。虽然工作的机会很难得，但她还是犹豫了。关键时刻，酒店的一位前辈用实际行动给她上了一堂非常重要的人生课。首先，这位前辈用心地一遍遍擦洗着马桶，洗完后，他用杯子从马桶里盛了一杯水，一饮而尽，丝毫没有勉强之感。此时的她恍然大悟，从此痛下决心："就算一生洗厕所，也要做一名最出色的洗厕人！"

从此以后，她成为一个全新的、振奋的人，工作质量也达到了"光洁如新"的标准，赶上了那位前辈的水平。

当然，为了检验自己对工作的信心，为了证实自己的工作质量，也为了强化自己的敬业精神，她不止一次地喝过厕水。在迈好了这人生关键的第一步后，她踏上了成功之路，开始走向人生的巅峰。

这个洗厕所的姑娘名叫野田圣子，是日本一家著名商社的董事长，她的名字在日本家喻户晓，她的事迹被广为传诵，她也被看作是从低处走向成功之巅的典范。

回过头想一下，低处并不可怕，可怕的是失去了向上攀登的勇气；卑微不是末路，只要还有一颗进取的心。低处并非全无希望，只要坚持努力，做好要做的事情，总有峰回路转的时候。

山不言其高，并不影响它耸立云端；海不言其深，并不影响它容纳百川；地不言其厚，但没有谁能否认它承载万物的伟大。它们不言，是因为它们深深地知道，低调是强者最好的外衣，低调是阻力最小的成功之路。

## 韬光养晦，藏锋露拙

俗话说："人在屋檐下，不得不低头。"意思是说人在权势与机会不如别人的时候，要能低头退让，随机应变，保持一时的低调。就如古钱币的外圆内方，"边缘"要圆活，"内心"要守得住，有自己的目的和原则，将此当作磨炼自己的机会，借此取得休养生息的时间，以图将来东山再起。《三国演义》第二十一回"曹操煮酒论英雄，关公赚城斩车胄"讲的就是刘备韬光养晦的故事。

刘备因实力微弱不得不投靠曹操，大英雄难掩落寞，一旦寄人篱下，纵有千般雄心壮志，也只化得一声唯唯诺诺。刘备深知曹操乃多疑之人，自然容不得一个与自己同样野心勃勃的人。为防曹操谋害，他就在住处后院种菜，亲自浇灌，以为韬晦之计。关羽、张飞对此颇为不解，问刘备如此这般是为何，刘备回道："这不是二位兄弟所能理解的。"

一天，曹操派人请刘备去赴宴，刘备不知曹操用意，心里不免忐忑。席间，曹操与刘备谈到了天下的英雄人物，二人细数了袁术、袁绍、刘表、孙坚等人，不过曹操对这些人都不屑一顾。紧接着，曹操突然说道："若论天下英雄，只有您和我曹操了。"刘备闻听此言，大吃一惊，手中所持的筷子不觉掉到地上。正巧这时外面雷声大作，刘备便借此机会俯下身去拾起筷子，口中说道："一震之威，乃至于此。"曹操笑着说："大丈夫也怕雷震吗？"刘备说："圣人云'迅雷风烈必变'，怎能不怕呢？"这样，把自己闻言失态轻轻掩饰而过，而通过此举，曹操也就不再怀疑刘备胸有大志了。

几天以后曹操又请刘备喝酒，席间忽然有人来报，说淮南的袁术要和淮北的袁绍准备联合抗曹。刘备放下酒杯，当即表示愿带兵前往沙场。从此，刘备远离了曹操的监控，并最终成就了霸业。

《孟子》中说："天将降大任于斯人也，必先苦其心志，劳其筋骨，饿其体肤，空乏其身，行拂乱其所为，所以动心忍性，增益其所不能。"一个"动心忍性"，将所有的屈辱都包含殆尽，为所有的忍耐立下了名目。人生于天地之间，要想成就一番大事业，不是那么容易的，要忍受常人不能忍受的艰苦磨炼。这种磨炼首先是意志品质的修炼，优秀的意志品质不是生来就有的，靠的是后天的培养造就。良好的道德品质的养成，不仅要靠社会、家庭的教育，更主要的是靠自我教育、自我磨炼，忍耐是人性不成熟到成熟的过程，这就是修身的工作。

然而，很多人却不懂得这个道理，取得了一些成功和荣耀之后，总是喜欢在别人面前炫耀，或者倚仗自己权高位重就恃强而骄，锋芒毕露。如此一来，便会得罪许多人。素来以傲慢无礼、举止粗鲁而闻名于世的赫鲁晓夫就尝到过锋芒毕露的尴尬滋味。

1957 年，美苏首脑举行会谈，美国总统尼克松应邀出访前苏联。在此之前，美国国会通过了一项《关于被奴役国家的决议》。这一决议遭到赫鲁晓夫的激烈抨击，本来他可以采取比较得体的方式表达自己的看法，但赫鲁晓夫选择了一个既有失身份，又有失国人尊严的方式。

在美苏首脑会谈中，他指着尼克松吼道："这项决议很臭，臭得像马刚拉的屎！没有什么东西比那玩意儿更臭了！"

在这种关系到国家和民族尊严的场合，尼克松当然也不甘示弱，他知道赫鲁晓夫年轻时曾当过猪倌，就一字一句地说："恐怕主席先生说错了，还有一样东西比马粪更臭，那就是猪粪。"

列夫·托尔斯泰说："大多数人都想改变这个世界，却极少有人想改造自己。"我们经常是按照自己的愿望去为人处世，本来是棱角分明，还自以为是光芒四射。其实，在我们刻意显示出才华的时候，我们的才华已经减少了很多，因为我们的刻意，才华已经没有了它原来的光芒。所以，真正的低调者能够做到："以能问于不能，以多问于寡，有若无，实若虚。"

韬光养晦的核心含义是一个"能"字，以弱示人只是一个"不能"的表象而已。韬光养晦与以弱示人合起来的意思就是："能"但示之以"不能"。一个心智成熟的低调者更懂得：在外晦内明、外乱内整中，有意识地收敛锋芒，保存实力，这样可以捕捉到出手的最佳时机，最终实现有所作为或有所收获。

## 天之道，不争而善胜

"不争而胜"是一种低调处世的高超智慧。"不争"，就是为人处世尽量低调，使自己在心态和表面上保持在一种较为弱小的地位，这样既可以"麻痹"对手，还可以让自己获得上升和发展的空间。因此，"不争"就是一种低调的"争"，是一种"善胜"的"争"，是"天下莫能与之争"的符合天道的"争"。很多人生、事业上有所成就的强者都深谙其中的道理。

沈从文是现代著名作家、历史文物研究家、京派小说代表人物，因创作了《边城》《湘行散记》等一系列文学精品，使他在文学上赢得了很大的成功，获得了很大的名声和地位，但同时也引起了很大的争议，遭到了很多的批评。沈从文没有和反对自己的人据理抗争，他采取了超然的态度，对批评"置若罔闻"。最后，他的"不争"发展成了主动退出。他放弃了自己心爱的文学创作，转而开始进行文物研究。

他的这种"为图清静"而"不争"的态度，更是饱受非议，就连朋友、战友等都对他的此举大为不解。此时的沈从文依然未将这些放在心上，他心中自有大智慧，他说："新中国成立之后，在新的要求下，写小说有的是新手，年轻的、生活经验丰富、思想很好的少壮，能够填补这个空缺，写得肯定比我好。"他深深懂得"不争"未必不是好事。

在后来的工作中，沈从文在文物研究领域同样取得了卓越的成就，先后著述了《中国古代服饰研究》《古代镜子的艺术》等专著。现在的戏剧、电视剧、电影的服装，很多都是根据沈从文《中国古代服饰研究》而制作的。

沈从文用"不争"为自己的人生画出了另一道"彩虹"，让自己的事业更上了一层楼。反过来再看看那些"善争"的人，后来又怎样呢？他们又有多少可以留下来的成果呢？

"不争"的道理蕴含于生活的方方面面。例如，在一个狭窄的十字路口，有许多车辆挤在一起，互不相让，把路堵得水泄不通。如果这时能有几辆车从中先退出来，或者掉转车头另行择路，那么路将会畅通无阻。由此可见，"不争"会开辟新的成功路径。

"不争"的低调是一种儒雅的人生气质,是一种成就大事的方式。特别是在激烈竞争的现代社会中,可以说,低调是强者最好的外衣。

## 适者才能生存

人们常说"人与天斗,其乐无穷",并将这当作是一个势强者的处世之道。事实上,单凭一时的冲动和盲目的自信,未必能达到目的。这个道理听起来似乎会让很多充满自信的人觉得反感,但细细思量,顺应天道,有时候确实能获得更好的发展机会。

小赵所在的公司要裁员,不过他毫不担心,因为在他看来,自己作为行政经理,一直工作努力、业绩出色,裁员这种事是不会落到自己身上的。

没想到,几天之后,行政总监找他谈话,希望他能考虑一下,先到分公司的行政部工作一段时间。这个要求被小赵当场拒绝了,他认为凭借自己的能力和才干,去分公司工作太屈才了。不过,尽管他不同意调离,但几天之后,调令还是下来了。

小赵决定辞职,行政总监挽留他,希望他能再考虑一下,也希望他能体谅公司现在的难处,但小赵去意已决。行政总监见已无可挽回,便没再多说。不过,在小赵临走之前,他提出了一个要求,希望小赵晚上能到他家去,自己想为他饯行。

因总监平时对小赵很是器重，小赵没有拒绝。

小赵本以为，总监一定会在饭桌上再次挽留自己，可是没想到，总监一句没提工作的事情，而是为小赵放了一段电影。

总监播放的电影是一部科学纪录片，描述的是在白垩纪、侏罗纪时代地球上的种种生物，包括恐龙、鳄鱼、蜥蜴、变色龙等爬行动物。小赵实在想不出来这有什么好看的，不过既然答应了总监也只能勉强看完。

影片是随着恐龙的灭绝而结束的。小赵站起来要走的时候，总监忽然说了句奇怪的话："势力那么强大的恐龙灭绝了，而不占优势的蜥蜴却繁衍生息到现在。势强者的悲哀就在于此。蜥蜴虽然很弱小，比它大的动物几乎都是它的天敌，但它在地球上生活了上亿年，蜥蜴的生存之道就是适应。适者生存，而不是势强者生存啊！"回家的路上，小赵一遍又一遍地回味着总监的话。突然间，他明白了，自己原来就是职场上的那只"恐龙"。

接下来，小赵服从安排到分公司报到了。而且工作比原来更努力，业绩也更出色。半年之后，公司情况好转，总监又把小赵调回了总公司，而且给他升了职。

达尔文曾经说过："应变力也是战斗力，而且是重要的战斗力。得以生存的不是最强大或最聪明的物种，而是最善变的物种。"也有一位经济学家说过："千规律，万规律，经济规律仅一条：适者生存。"

在激烈竞争的现代社会中，要想很好地生存，就要学会低调，学会像水一样适应环境。水本无形，也可以有形。

放在桶里的水是圆的，放在箱子里的水是方的，它随势而变，不拘一格。只有学会像水一样，善于随着周围环境的改变而改变，随行就市，不断调整自己，改变自己，使自己能够适应周围的大气候，才能在竞争中处于不败之地。

## 无为而治方成大事

"无为而治"是低调者的守胜之道。他们不会沉醉于无谓的争吵、无端的患得患失、无边际的吹擂，也不会为无谓的事情浪费过多的精力。低调者能时刻保持一颗无为的心，能够从生活中找到快乐，能以"去留无意，任天空云卷云舒；宠辱不惊，看窗外花开花落"的洒脱面对各种功名利禄。

所以，当你已经取得不小的成功时，不妨卸下身上所载的包袱，以超然的态度面对一切，反倒会取得更多的收获。

范蠡是一位具有传奇色彩的人物。他的一生，大起大落，从楚到越，由越到齐，由布衣客到上将军，由流亡者到大富翁。

范蠡以其坚忍不拔的毅力和宏远的谋略辅佐勾践"卧薪尝胆"，兴复濒于灭亡的越国，灭亡称霸诸侯的吴国，创造了扶危定倾的奇迹，以"勇而善谋""能屈能伸"著称于世。然而就在"吴王亡身余杭山，越王摆宴姑苏台"的举国欢庆之时，他却毅然请辞，遂与西施隐姓埋名，泛舟于五湖之上。

当天下人都为其此举感到惋惜，认为他从此将退出历史舞台之时，他却并没有就此绝迹，而是带领儿子和门徒在海边结庐而居，勤力垦荒耕作，兼营副业，没有几年，就积累了数千万家产。他仗义疏财，施善乡梓。范蠡的贤明能干被齐人赏识，齐王把他请进国都临淄，拜为主持政务的相国。他喟然感叹："居官至于卿相，治家能致千金；对于一个白手起家的布衣来讲，已经到了极点。久受尊名，恐怕不是吉祥的征兆。"于是，才三年，他便向齐王归还了相印，散尽家财于知交和乡邻。

布衣范蠡第三次迁徙至陶（今山东定陶西北），在这个居于"天下之中"的最佳经商之地，操计然之术以治产，没出几年，经商积资又成巨富，遂自号陶朱公，当地民众皆尊陶朱公为财神。后来，范蠡被称为我国商界楷模——儒商之鼻祖。

范蠡的军事宗旨、经济思想至今对现代化建设也有积极的现实意义。

范蠡用他出色的智谋造就了春秋晚期吴越争霸的传奇色彩，助勾践成就霸业的最大功臣非他莫属，按常理发展下去，定是位居高官，一人之下，万人之上，一生将有享不尽的荣华富贵，事实却是截然相反的。他弃高官而步平民之路，让很多人大跌眼镜，因为"与王共享天下"是万千人求也求不来的。不仅如此，范蠡还用"飞鸟尽，良弓藏，狡兔死，走狗烹"的古训来规劝对他有知遇之恩的同僚文种也远离这"是非之地"，然而文种未听此言，最后为勾践所不容，赐剑自刎而亡。范蠡正是无为而治的典范，因为他早已看破了"不欲功于臣下，疑忌之心已见"的时局，道出了"敌国破，谋臣亡"的千古名言，难怪有后人曾评论说："文种善图治，范蠡能虑终。"

人的欲望是无边无际的，难免有扩大的倾向，我们应该认清其界限，满足于目前所能拥有的，心存感恩之心。尽管在数量上攫取拥有了许多，但这未必就能带给自己幸福。尤其是人在得到名利、金钱、地位后，还要有所追求和坚守。在这过程中，一定要注意：低调做人，清心寡欲，无为而治，这才是强者的守胜之道。

## 为人谦虚显修养

"谦受益，满招损"是中国的一句古训，告诫人们：谦虚作为一种美德应该人人具备。所谓的谦虚，即虚心而不自满。不自满，才能经常保持一种似乎不足的状态，因而才能获得更大的、更多的益处。

谦虚是一种低姿态，不仅对一般人有用，对处于高位的人更为有用。《易经·谦卦》中说："谦尊而光。"即尊者有谦卑的美德，更能使人光明盛大。但凡有作为的人，常用谦卑来培养自己的道德品格与指导人生的方向。

京剧大师梅兰芳先生就是一个谦谦君子。梅兰芳先生不仅在京剧艺术上有很深的造诣，而且还画得一手好画。他拜名画家齐白石为师，虚心求教，总是执弟子之礼，经常为白石老人磨墨铺纸，从不因为自己的名声而自傲。

有一次，齐白石和梅兰芳同到一家做客，齐白石老人先到。他一身朴素，与其他宾朋的西装革履或长袍马褂相比，显得有些寒酸。又因许多人并不认识他，所以被冷落一旁。不久，梅兰芳也到了，主人自然出门相迎，其余宾客也都蜂拥而上，一一与之握手寒暄。梅兰芳事先知道齐白石也会来赴宴，但四下环顾，寻找老师。在一个角落里，他看到了被冷落的老师。这时，他让开其他宾朋伸来的手，挤出人群向齐白石恭恭敬敬地叫了一声"老师"，并向他致意问安。在座的人见状很惊讶，而齐白石则深受感动。几天后特向梅兰芳馈赠《雪中送炭图》并题诗道：

记得前朝享太平，布衣尊贵动公卿。

如今沦落长安市，幸有梅郎识姓名。

梅兰芳不仅拜名家为师，也拜普通人为师。有一次，演出京剧《杀惜》时，在台下观众的连连叫好声中，他突然听到有一位老观众说了声"不好"。演出结束后，梅兰芳来不及卸装更衣就用专车把这位老人接到家中。恭恭敬敬地对老人说："说我不好的人，是我的老师。先生说我不好，必有高见，定请赐教，学生决心亡羊补牢。"老人也不客气："阎惜姣上楼和下楼的台步，按梨园规定，应是上七下八，博士为何八上八下？"梅兰芳恍然大悟，连声称谢。以后梅兰芳经常请这位老先生观看他演戏，请他指正，称他"老师"。

一般来说，在事业尚未取得胜利和取得较小胜利的时候，一个人保持谦虚的态度还是比较容易的，而在取得较大胜利或较大成就的时候，继续保持谦虚的态度就困难得多了。胜利和成就，本来是好事，是值得欣欣和庆祝的事，但我们应当清醒地看到，在胜利的激流中，许多时候都暗藏着一堆骄傲的暗礁，如果不警惕，它们往往就会把前进的船只撞碎。胜利者在取得伟大成就后仍然保持谦虚，这是最大的英明，也是我们从一个胜利走向另一个胜利和立于不败之地的重要保证。一个真正懂得低调的人，必然是一个谦虚的人，这样的人终将大有作为。

谦虚不是故意贬低自己，也不是虚伪的应付。谦虚的态度是基于对自己深刻的认识，是发自内心的真诚。

## 以弱示人，以智取胜

俗话说："狭路相逢勇者胜。"此话不假，但在这种情境下，双方必定是势均力敌，所以才需要依靠勇气来决定输赢。那么，当双方势不均、力不衡的时候，处于弱势的一方是不是注定会失败呢？当然不是。如果这时候，处于弱势的一方能够巧妙地将自己的弱处主动显露出来，就会使对手在很大程度上做出错误的判断，放弃对你的主动进攻。退一步来说，即使不会让你一举得胜，也可以迟滞对方做出决定的时间，从而给你留出反击的时间。这样，你便可以找到反击的机会。这是一种险中求退、退中求进的策略，更是低调者为人处世的必备条件。

放低姿态，示人以弱，古往今来一直都是众多处于弱势的人在与强者的竞争中取胜的一大法宝。

战国时期，魏国和赵国一起攻打韩国，韩国向齐国紧急求救，齐国派田忌和孙膑带兵前去解韩国之围。齐军向魏国首都大梁（今河南开封）进发，摆出攻魏的样子，吓得魏国将军庞涓急忙调兵回头，紧随齐军追赶，妄图一举消灭齐军。孙膑了解到这种情况后，对将军田忌说："魏军一向剽悍恃勇而轻视齐军，我们就利用魏军的这个弱点，来个进军减灶，假装胆怯，给庞涓一个假象，这样可以很快把他消灭掉。"

大军浩浩荡荡地向西行去，开饭时候到了，十万大军埋锅造灶，绵延数里，蔚为壮观。隔了一日，庞涓追到齐军做饭的地方，看到了遍地的土灶，命令士兵统计，庞涓得知齐军有十万之众，他因此不敢轻举妄动，只好在后面慢慢地追赶。又一次到了做饭的时间，孙膑下令把灶减少一半，只埋五万个灶，士兵们不知是什么用意，却也只好从命。又隔近一日，庞涓赶到此处，一数齐军之灶，只剩五万，便有些偷喜，心想："齐军果然害怕了，两天便跑掉了一半！"于是便下令魏军加快行军步伐。第三天做饭时，孙膑只让士兵们做了三万个灶，半天后庞涓追到这里，一数锅灶，发现只有三万个了，庞涓不禁哈哈大笑："我知道齐军本来就胆小害怕，到魏国才三天，就跑掉了一大半。"于是便命令步兵原地待令，只带精锐骑兵几千，以两倍于平日的行程追击齐军。

此时，孙膑估计庞涓傍晚会赶到马陵。马陵道路狭窄，重峦叠嶂，地势十分险要，孙膑便在路两旁埋伏好弓箭手。果然，庞涓傍晚赶到马陵，他还未来得及喘口气，齐国射手万箭齐发，魏军大乱，庞涓自知智穷兵败，只好拔剑自杀。

孙膑的示弱只是一种手段，绝不是目的，他的目的是通过示弱来赢得最后的胜利。虽说示弱有时可以成大事，但是如果没有强劲的实力做后盾，那么这种弱便不是"装弱"而是真弱了，那样便会弄巧成拙，一败涂地。

因此，低调者要敢于示弱，低调者也要巧于示弱，低调者更要精于示弱。示弱是一种以柔克刚的技巧，是成功的低调者必备的技巧。

## 若取之先予之

世上没有免费的午餐，农民想要收获粮食，就必须先在春天播种，夏天耕作，秋天收割；学生想要考试取得好成绩，就必须认真听讲，多做复习，认真考试；业务员想取得好的业绩，就必须先培养好客户，掌握销售技巧；歌手想要让大家喜欢自己，也得先把音乐学好，还要学习表演和做人。这都是"先予后取"的例子，这个成语告诉我们不要计较当前利益得失，而应该看重长远发展前景。通俗地讲就是"吃小亏，占大便宜"。低调的人之所以成功，主要因为他们把握好了"先予""十予不一取"的原则。

三国时期，诸葛亮准备北伐中原，完成统一天下的伟业。可恰在此时，与蜀汉接壤的南中地区发生了叛乱，首领是当地很有影响的一个人物，名叫孟获。为了维护蜀国的统一，也为了不让叛乱影响自己的大计，诸葛亮经过积极准备，向南中进军。

诸葛亮出兵不久，就下了一道命令：不准杀害孟获，一定要捉活的。这是诸葛亮使的计策，目的是收服孟获的心。第一回合，蜀中大将王平依诸葛亮之计将孟获引到"埋伏"内，将其生擒。孟获一副"要杀便杀，要剐便剐"的架势，没料到，诸葛亮却放了他。孟获第一次战败，心中本就不服，于是被放回去后便又开始挑战，就这样，先后与蜀军大战了七次，结果每次都战败，而且被生擒。就这样，诸葛亮一共放了他七次。

"七擒七纵"之后，孟获彻底服了。自那之后，孟获死心塌地归顺了蜀汉，直到诸葛亮死，他都没有再叛乱。

诸葛亮收服孟获遵循的正是"先予之，后取之"的道理。诸葛亮深懂低调的内涵，对于十分顽固的孟获，他没有一味地使用强硬的手段去硬碰硬，而是以柔克刚，感化他。如果诸葛亮高调行事，以暴制暴，那就会完全适得其反了。

"先予后取"的要领就是不计当前利益，看重长远的利益，吃小亏，占大便宜，所有的退却都是为了将来更大的发展做铺垫。我国著名的史学家范晔说："天下皆知取之为取，而莫知与之为取。"予与取是可以转化的，即使效果不是马上就能看到，天长日久，功效自然就显出来了。

愚蠢的人只知道一味地索取，而聪明的人知道先予后取。这是低调处世的高超智慧，当我们放下索取的欲望，真诚地付出，无私地帮助别人的时候，我们最终会获得应得的回报。

# 得饶人处且饶人

荀子说："君子贤而能容罢，知而能容愚，博而能容浅，粹而能容杂。"意思是说，人格高尚有道德才能的人能够容得下被放弃，懂得停止，能够容忍别人的无知。这样的人虽然知识渊博，却能和没有文化的平民相处，即使自己是专一和精通某种理论，却也可以容得下其他不同的见解。简单来说就是能容忍别人的缺点，接受别人的意见，不自以为是。这是对低调者品格的最佳诠释。

在现实的生活中，我们总会遇到一些说了对不起自己的话或做了对不起自己的事的人。这时候，如果能够宽容相对，而不是去针锋相对，那么不仅可以显示我们高超的人格，更能使我们受到更多的尊敬。

从前，有一位德高望重的高僧，他受到邀请去参加一个大型的素宴。开席的时候，高僧发现在一盘素菜中竟然有一块肉。这时候，高僧的徒弟故意用筷子把肉翻出来，打算让主人看到，去惩罚厨师。然而，高僧却立刻用自己的筷子把肉又掩盖了起来。过了一会儿，徒弟又把肉翻出来，高僧再度把肉遮盖起来，并在徒弟的耳畔低声说："如果你再把肉翻出来，我就把它吃掉！"徒弟听到后，就此作罢了。

散宴之后，归途中，徒弟不解地问："师父，刚才那厨子明明知道我们和尚不吃荤的，还把肉放在素菜中，真是可恶。徒弟只是想让主人知道，处罚处罚他。"

高僧说："每个人都会犯错误，无论是有心还是无心。如果让主人看到了菜中的肉，盛怒之下他很有可能当众处罚厨师，甚至会把厨师辞退，这都不是我愿意看见的，所以我宁愿把肉吃下去。"

如果得理之时不饶人，把对方逼得走投无路，就有可能会激起对方"求生"的意志，他因此也会不择手段地反抗。所以，在别人理亏的时候，更要学会放他一条"生路"，这样也更容易让他改过自新，并对你心存感激。

林肯对政敌素以宽容，这也是他为人低调的一种体现。有一次，他的一位部下就此事向他提出了意见："你不应该试图和那些人交朋友，而应该消灭他们。"然而林肯却微笑着回答："当他们变成我的朋友，难道我不正是在消灭我的敌人吗？"

的确，我们要容许别人犯过失，也要容许别人改正错误。不能因为某人某时有某种过失，便一棍子打死。俗话说，得饶人处且饶人。放对方一条生路，给对方一个台阶，就是给别人一个重新改过的机会，也是给了自己一次帮助朋友的机会。

## 和气之间共成事

孟子说过："天时不如地利，地利不如人和。"三者之中，"人和"是最重要，并起决定作用的因素。而一个低调的人，必是一个懂得"人和"之道的人。

善于与人沟通、合作的人，一般来说都是待人和气的人。在与别人和和气气的交往过程中，他们在不知不觉地成就自己的大事。和和气气就是与人交往时，在非原则的问题上不斤斤计较，能够大度容人，宽以待人，求同存异，以德报怨。和和气气有助于扩大交往的空间，滋润人际关系，消除人际间的紧张和矛盾。著名战斗机飞行员鲍伯·胡佛，就懂得与人和气合作的重要性，并把与人和气合作提到了一个关键的地位上来。

鲍伯·胡佛的飞行经验十分丰富，技术高超。在漫长的试飞生涯中，顺利地试飞了很多种机型。

有一次，他又接受命令参加飞行表演，完成任务后他飞回机场，飞机的两个引擎同时失灵。凭着多年的经验，他临危不惧，果断、沉着地采取了对应措施，奇迹般地把飞机迫降到飞机场。

飞机降落后，他和安全人员一起检查飞机出事的原因，发现造成事故的原因是油用错了，他驾驶的是螺旋桨飞机，用的却是喷气机用油。

负责加油的机械工吓得面如土色，见了胡佛便痛哭不已。因为机械工一时的疏忽险些造成飞机失事和飞行员的死亡。胡佛并没有对他大发雷霆，而是上前抱住那位内疚的机械工，真诚地对他说："没关系，伙计，我想请你明天仍帮我做飞机的维修工作。"

胡佛和和气气地对待了那个机械工，让他有自省的机会，同时机械工也认识到了自己的失误，更加敬重胡佛的为人了。后来，这位机械工一直跟着胡佛，负责他的飞机维修，而且再也没有出现过任何差错。他陪胡佛走过了漫长的试飞生涯，也伴随胡佛登上了事业的高峰。

由此可见，和气待人不仅表现在日常的交往中，如果能给犯错误的人一个改正的机会，不以一时一事取舍人，这是一种更大意义上的和气，而由此换来的也将是别人更多的信任、敬佩，以及自身事业和人生上的更大成功。

除此之外，待人和气还表现在其他许多方面：当遭到别人误解时，不可迁怒于人；当自己的利益与别人的利益相冲突时，不要斤斤计较；当交往发生矛盾时，要多想想自己的不足，诚恳地进行自我批评；当双方的观点出现分歧时，要求同存异，不抬高自己贬低别人……这样双方的交往才会长久地保持和发展下去，所以说，和和气气地待人，才能与人共成大事。

俗话说："失金者是小失，失友者是大失。"如果我们能用平和的心胸，给别人多一点时间、多一分理解、多一分包容，那么我们就会得到更多的支持和拥护，从而在事业和人生上取得更多、更大的成功。

# 第二节 低下头，成就自信人生

## 在逆境中潇洒走一回

生活中，如果你没有被逆境所吓倒，反而能够任凭风浪起，稳坐钓鱼台，并以乐观的态度，把它们想象成理所当然的话，你实际上已经奏响了在逆境中洒脱前行的前奏。

许多逆境往往是好的开始。有人在逆境中成长，也有人在逆境中跌倒，这其中的差别，就在于我们是如何看待。如果站起来便能成就更好的自己。硬是在地上赖着，自怨自怜悲叹不已的人，注定只能继续哭泣。面对逆境，洒脱处之，方能领悟人生的自在与从容。

古今名人中，能真洒脱者，大有人在。唐朝诗人刘禹锡，因革新遭贬，他不为压力所阻，仍以顽强的精神与政敌相抗争，写出"玄都观里桃千树，尽是刘郎去后栽""种桃道士归何处？前度刘郎今又来"的乐观诗句，他以潇洒的态度，超过"巴山蜀水凄凉地"，坚守"二十三年弃置身"的人格，终于迎来了仕途上新的春天。

有人把洒脱理解为穿着新潮，谈吐倜傥，举止干练飘逸。实际上，这只是浅层次的认识。真正的洒脱，应该是指那种不以物喜，不以己悲，顺境不放纵，逆境不颓唐的超然豁达的精神境界。有的人，在身处绝境时，仍不绝望，而是提高生命的质量，以有效率的工作，使有限的生命更有意义。他们的生命虽然短暂，但活得热烈，活得自在。

顺境有时会变成一个陷阱，因为身处顺境的人，容易为眼前的景致所迷惑，而忘记了危险的存在。历史上处于顺境中由于得意忘形而最后身遭横祸的人举不胜举。在这里，成功反而成为失败之母。在逆境中，有的人疯了，有的人自杀。也有的人化作不死鸟，涅槃后而重生，从他们身上发出的光照亮了世间各个角落。

顺境容易让人浅薄，逆境让人深刻。霍兰德说："在黑暗的土地上生长着最娇艳的花朵，那些最伟岸挺拔的树林总是在最陡峭的岩石中扎根，昂首向天。"并非每一次不幸都是灾难，早年的逆境通常是一种幸运。既然如此，身处逆境，不妨像那首歌唱的那样：何不潇洒走一回。

## 再苦也要笑一笑

再苦也要笑一笑，是一种乐观的心态。它是面对失败时的坦然，是身处险境中的从容。它可以使你学会欣赏日出时的活力四射，光彩照人；也可以令你驻足感受落日时的安闲柔和，娴静雅致。它可以让你喜欢春的烂漫、夏的炽烈，也可以让你体会到秋的丰盈、冬的清冽。人生中，不尽如人意者十之八九。你可能吃饭的时候不小心被噎住了，可能出门的时候踩了一脚烂泥，也可能生了病住进了医院。每一天，在我们身边都有可能发生这样的事情，而且很多时候来得还很突然，让我们没有一点准备。面对这样突如其来的事情，即使你的心里再苦，也请笑一笑。

再苦也要笑一笑，你的眼泪对谁都不重要。得多得少别去计较，总会有人过得比你好；再苦也要笑一笑，即使石头砸到自己的脚，痛不痛反正只有脚知道，有人想砸还砸不到；再苦也要笑一笑，上天自有公道，无论走到哪里，总会有人比你更糟，这个世界刚刚好。

柯林斯先生是一家饭店的经理，他的心情总是很好。每当有人客套地问他近况如何时，他总是毫不考虑地回答：

"我快乐无比。"每当看到别的同事心情不好,柯林斯就会主动打探内情,并且为对方出谋献策,引导他去看事物好的一面。他说:"每天早上,我一醒来就对自己说,柯林斯,你今天有两种选择,你可以选择心情愉快,也可以选择心情不好,我选择心情愉快。每次有坏事发生,我可以选择成为一个受害者,也可以先去面对各种处境。归根结底,你自己选择如何面对人生。"

然而,即便是这样一个乐观积极的人,也会遇到不测。

有一天,柯林斯被三个持枪的歹徒拦住了。歹徒无情地朝他开了枪。幸好发现得早,柯林斯被送进急诊室。经过18个小时的抢救和几个星期的精心治疗,柯林斯出院了,只是仍有小部分弹片留在他体内。

半年之后,柯林斯的一位朋友见到他。朋友关切地问他近况如何,他说:"我快乐无比。想不想看看我的伤疤?"朋友好奇地看了伤疤,然后问他受伤时想了些什么。

柯林斯答道:"当我躺在地上时,我对自己说我有两个选择:一是死,一是活,我选择活。医护人员都很善解人意,他们告诉我,我不会死的。但在他们把我推进急诊室后,我从他们的眼神中读到了'他是个死人'。那一刻,我感受到了死亡的恐惧。我还不想死,于是我知道我需要采取一些行动。"

"你采取了什么行动?"朋友问。

柯林斯说:"有个护士大声问我有没有对什么东西过敏。我马上答:'有的。'这时所有的医生、护士都停下来等我说下去。我深深吸了一口气,然后大声吼道:'子弹!'

在一片大笑声中，我又说道，'请把我当活人来医，而不是死人。'"柯林斯就这样活下来了。

苦难并不可怕，只要心中的信念没有萎缩，人生旅途就不会中断。柯林斯非常珍惜自己的生命，面对死亡、面对被子弹击中的痛苦，尚能够如此乐观和坦然，这是他能够获得重生最重要的条件。所以你要微笑着面对生活，不要抱怨生活给了你太多的磨难，不要抱怨生活中有太多的曲折，更不要抱怨生活中存在的不公。当你走过世间的繁华，阅尽世事，你就会明白：人生不会太圆满，再苦也要笑一笑。

## 把磨难当作一笔财富

佛在摆脱魔鬼的侵扰后才彻底觉悟，人在经历磨难后会彻底成熟。为什么拿破仑能够突破重重阻力而叱咤风云？为什么海伦·凯勒在双目失明的情况下，心中依然有光明之梦？因为他们都经历过一个又一个的磨难，并且在磨难的打击中迅速成长起来。也正因为如此，这些人在磨难面前能够镇定自若，"泰山崩于前而色不变，猛虎趋于后而心不惊"。磨难不仅成为他们的一笔财富，还把他们引领入从容自在的大境界。磨难的宝贵之处在于，它能够促进人们成长。这与大风大浪里才能哺育出大鱼，而风平浪静里只能喂养出小鱼是一个道理。

某地有一条大河，河的旁边有一个水潭，水潭里有很多鱼，潭边经常聚集着一些钓鱼的年轻人。但是这段时间，他们发现有一个奇怪的渔夫，他在潭边不远的河段里捕鱼，那是一个水流湍急的河段，雪白的浪花翻卷着，一道道的波浪此起彼伏。在浪大又那么湍急的河段里，这是一段鱼根本不能游稳的河段呀，怎么会捕到鱼呢？这些年轻人百思不得其解，便觉得这个渔夫很愚蠢、可笑。

有一天，有个好事的年轻人终于忍不住了，他放下钓竿去问渔夫："鱼能在这么湍急的地方留住吗？"

渔夫说："当然不能了。"

年轻人又问："那你怎么能捕到鱼呢？"渔夫笑笑，什么也没说，只是提起他的鱼篓在岸边一倒，顿时倒出一团银光。那一尾尾鱼不仅肥，而且大，一条条在地上翻跳着。

年轻人一看就傻眼了。这么肥这么大的鱼是他们在深潭里从来没有钓上来的。他们在潭里钓上的，多是些很小的鲫鱼和小鲦鱼，而渔夫竟在河水这么湍急的地方捕到这么大的鱼。年轻人愣住了，更加迫不及待地想知道答案。

渔夫笑笑说："潭里风平浪静，所以那些经不起大风大浪的小鱼就自由自在地游荡在潭里，潭水里那些微薄的氧气就足够它们呼吸了。而这些大鱼就不行了，它们需要水里有更多的氧气，没办法，它们就只有拼命游到有浪花的地方。浪越大，水里的氧气就越多，大鱼也就越多。"

在常人的意识中，风大浪大的地方是不适合鱼生存的，所以故事中的年轻人会选择风平浪静的深潭去捕鱼。但他恰恰想错了，一条没风没浪的小河是不会有大鱼的，而大风大浪恰恰是鱼长大长肥的唯一条件。大风大浪看似是鱼儿们的苦难，实际上恰是这些苦难使鱼儿们苗壮成长。"宝剑锋从磨砺出，梅花香自苦寒来。"磨难就是财富。

张海迪在轮椅上完成了一部外国名著《海边诊所》的翻译；贝多芬丧失听力后，写出了传世的《命运交响曲》；陈景润在极其困难的环境中，完成了哥德巴赫猜想的论证；海伦·凯勒是一个又盲又聋又哑的人，而她却写出了鼓舞了千万人的《假如给我三天光明》。他们用自己的亲身经历，唤醒了每一位对生活失去信心的人；他们用自己的奋斗经历，谱写了拼搏人生、战胜宿命的凯歌。

一个人，为了实现梦想，求得人生的大自在，必须学会忍受种种痛苦：浪迹天涯、抛妻别子的思乡之苦；脏活累活苦活全干的身体之苦；屡遭白眼与冷嘲热讽的心理之苦……只要你学会忍耐，任何磨难对你而言都是一笔宝贵的财富。

## 不在意寒蝉的讥笑

大鹏奋力而飞，翅膀就像垂天的云彩。它等候海上飓风到来，然后扶摇直上，水击三千里，鹏程万里。然而燕雀寒蝉却对于大鹏的"不鸣"不以为然，它们讥笑道："只要有个树枝可以落脚即可，何必非要飞到九万里的高空呢？"寒蝉的讥笑，只不过是"小知不知大知"，而大鹏志在千里，不鸣则已，一名惊人，因此，它们能够忍耐，等待一飞冲天机会的到来。

战国时期政治家苏秦自幼家境贫寒，温饱难继，读书自然是一件非常奢侈的事。为了维持生计和读书，他不得不时常卖自己的头发和帮别人打短工，后来又离乡背井到了齐国拜师求学，跟鬼谷子学纵横之术。

一段时间以后，苏秦自以为学业有成，便迫不及待地告师别友，游历天下，以谋取功名利禄。数年后不仅一无所获，自己的盘缠也用完了。在走投无路之际，穿着破衣草鞋踏上了回家之路。

到家时，苏秦已骨瘦如柴，全身破烂肮脏不堪，满脸尘土，与乞丐没有什么差别。妻子见他这个样子，摇头叹息，继续织布，虽然充满同情，但还是显得很冷漠；嫂子的鄙夷则更加明显，当见他这副落魄的样子，嫂子扭头就走，不愿做饭；父母、兄弟、妹妹不但不理他，还暗自讥笑他说："按我们周人的传统，应该是安分于自己的产业，努力从事工商，以赚取十分之二的利润。他现在却好，放弃这种最根本的事业，去卖弄口舌，落得如此下场，真是活该！"

苏秦身为七尺男儿，身受此辱，实在是无地自容，惭愧而伤心。他关起房门，不愿意见人，对自己作了深刻的反省："妻子不理丈夫，嫂子不认小叔子，父母不认儿子，都是因为我不争气，学业未成而急于求成啊！"

对于别人的讥笑，苏秦选择了忍耐，他要重振精神，发愤再读书。他搬出所有的书籍，用心钻研。他每天研读至深夜，有时候不知不觉伏在书案上就睡着了。

第二天醒来，苏秦懊悔不已，痛骂自己没有用，但又没有什么办法不让自己睡着。为了珍惜时间，苏秦还发明了防止打瞌睡的办法，那就是著名的"锥刺股（大腿）"，以后每当要打瞌睡时，他就用锥子扎自己的大腿一下，让自己猛然"痛醒"，保持苦读状态。他的大腿因此常常是鲜血淋淋，惨不忍睹。

就是在这样的磨砺中，苏秦博览群书，学富五车。后来，他写出"揣""摩"二篇。这时，他充满自信地说："用这套理论和方法，可以说服许多国君了！"苏秦开始游说六国，终获器重，挂六国相印而声名显赫，开创了自己辉煌的政治生涯。

生活永远在源源不断地制造着讥笑，这是不变的话题。没有人能一生不遭遇到别人的讥笑，但是比这更重要的是你的态度。有些人一辈子被讥笑淹没，自暴自弃；而有些人则因讥笑而奋发，成就一番功名，这才是人生的强者。所以，做人就要像大鹏那样，对寒蝉的讥讽一笑而过，然后奋发图强，自由自在地翱翔于广阔的天空。

## 不因耻辱而消沉

人生在世，难免会遭遇耻辱。面对耻辱，如果灰心丧气，不敢锐意进取，那么就难免为境遇所左右。只有超乎境遇之外，将耻辱当作一种寻常际遇，心灵才能自由。

巴尔扎克曾经说过："世界上的事情永远不是绝对的，结果完全因人而异。苦难对于天才是垫脚石，对于强者是一笔财富，对于弱者是万丈深渊。"成功并不是随随便便就能取得的，那些成功的人所经历的苦难是一般的人所不能感受到的。很多时候，我们只看到别人成功时候的光彩与绚丽，真正成功背后的辛酸，只有亲身经历了才能体会到。如同月有阴晴圆缺一样，人的一生不可能永远都在鲜花与掌声中度过，耻辱和挫折与人生相依相伴。当受到耻辱时，有人自怨自艾，意志消沉，一蹶不振；有人却不屈不挠，努力拼搏，摆脱耻辱，从中感悟人生的真谛，体味世间的人情冷暖。痛苦是幸福的前奏，欢乐在痛苦中孕育，晶莹璀璨的珍珠来自于河蚌与沙子的苦苦相搏。

正当司马迁在专心致志写作《史记》的时候，一场飞来横祸突然降临到他的头上。原来，司马迁因为替一位投降匈奴的将军辩护，得罪了汉武帝，锒铛入狱，还遭受了宫刑。

受尽耻辱的司马迁悲愤交加，几次想血溅墙头，了此残生，但又想起了父亲临终前的嘱托，更何况，《史记》还没有完成，便打消了这个念头。他想："人总是要死的，有的重于泰山，有的轻于鸿毛，我如果就这样死了，不是比鸿毛还轻吗？我一定要活下去！我一定要写完这部书！"想到这里，他把个人的耻辱和痛苦全都埋在心底，发奋著书。

为了心中的《史记》，他不论严寒酷暑，总是起早贪黑。夏季，每当曙光透过窗户照进囚室，司马迁就早早地就着朝阳的光芒，写下一行行文字。无论蚊虫如何肆无忌惮地叮咬他，如何用刺耳的"嗡嗡"声刺着他的耳膜，他总能毫不分心，在如此恶劣的环境下坚持写书。冬季，无论凛冽的寒风如何像刀子般刮在他的脸上，无论呼呼的北风如何灌进他的袖口，他总能丝毫不受外界干扰，坚持著书。

就这样，司马迁发愤写作，用了整整 13 年的时间，终于完成了一部 52 万字的辉煌巨著——《史记》。这部前无古人的著作，几乎耗尽了他毕生的心血，是他用生命写成的。

司马迁没有因为受到宫刑这样深痛的耻辱而消沉，而是不断激励自己，最终写成了伟大的著作《史记》。

俗话说"知耻而后勇"，真正促使我们获得成功的，真正激励我们昂首阔步的，不是顺境，而是那些常常可以置我们于死地的耻辱、挫折，甚至是死神。在一次次受到耻辱之后，人们的斗志就会被激发，从而奋发图强，最终获得成功。贫贱的出身不算什么，只要我们永不放弃、勤奋苦练，就一定能够出人头地。

既然耻辱在所难免，那么当我们面对耻辱时，不妨一笑置之，将它看作是人生的寻常际遇，就如同每天要吃饭、睡觉一般平常。耻辱算不了什么，人生会遇到无数的挫折，耻辱只是其中的一点，只有以一颗平常心看待耻辱，不因耻辱而消沉，才能拥有自在的人生。

## 别让不如意破坏平和的心境

人生在世，不如意事十之八九。多数人不能抵抗不如意的侵袭，常常怨天尤人，苦恼不已。其实，这样反而容易落入倒霉的圈套中。天不从人愿，但是只要我们能够依然保持平和的心境，别让不如意的情绪破坏它，那么我们就能获得心境的绝对自由。在生活的不如意面前，实际上生气也好，愤怒也罢，都是没有用的。不如意还是不如意，你如果无法保持平和的心境，它也不会因你的生气或愤怒而有丝毫的改变。

有一个妇人，总是被不如意的情绪所左右，常常为一些琐碎的小事生气。为了能够摆脱这种苦恼，她便去求一位高僧为自己谈禅说道，开阔心胸。

高僧知道她的来意后，把她请进一座禅房中，落锁而去。妇人气得跳脚大骂。骂了许久，高僧也不理会。妇人又开始哀求，高僧仍置若罔闻。妇人终于沉默了。

高僧来到门外，问她："你还生气吗？"

"我只为我自己生气，我怎么会到这地方来受这份罪。"妇人有些幽怨地说。

"连自己都不原谅的人怎么能心如止水？"高僧拂袖而去。

过了一会儿，高僧又问她："还生气吗？"

"不生气了。"妇人余怒未消，但无可奈何。

"为什么？"

"气也没有办法呀。"

"你的气并未消逝，还压在心里，爆发后将会更加剧烈。"高僧又离开了。

高僧第三次来到门前，妇人告诉他："我不生气了，因为不值得气。"

"还知道值不值得，可见心中还有衡量，还是有气根。"高僧笑道。

当高僧的身影迎着夕阳立在门外时，妇人问高僧："大师，什么是气?"高僧将手中的茶水倾洒于地。妇人视之良久，顿悟，遂叩谢而去。

故事中的妇人被锁在禅房的事实并没有改变，或者说不如意的事实依然存在，但她渐渐变得不再生气了。为什么? 因为她接受了现实不能改变，心境渐趋平和安静。

一个不能保持平和心境的人，在不如意发生时，总是会让情绪左右自己，或气或怒，很可能做出令自己后悔的事情。生气就像高僧泼出去的水，无法收回，如果你因此而酿成大错，则悔之晚矣。生活中有太多不如意的事，你可以理解它为倒霉，也可以定义它为幸运。你怎样定义它，它就给你带来怎样的结果。因此，与其让不如意来破坏你的情绪，不如保持心境的平和，并且学会从如意的角度看问题。

## 面对挫折，永不放弃

歌德说过:"人生重要的在于确立一个伟大的目标，并有决心使其实现。"正如丘吉尔的那八字箴言"坚持到底，永不放弃"一样，实现的过程其实就是一个坚持的过程。世间最容易的事就是坚持，最难的事也是坚持。说它容易，是因为只要愿意做，几乎人人都能做到;说它难，是因为真正能做到的，终究只是少数人。

开学第一天，古希腊大哲学家苏格拉底对他的学生们说:"今天咱们只学一件最简单而且最容易做的事。每人把胳膊尽量往前甩，然后再尽量往后甩。"说着，苏格拉底示范做了一遍。

"从今天开始，每天做 300 下。大家能做到吗?"学生们都笑了，大声回答道:"当然能。"大家都在想:这么简单的事，有什么做不到的。

过了一个月，苏格拉底问学生们:"开学时我让大家坚持做的事情，就是每天甩手 300 下，哪些同学坚持了?"有超过 90% 的同学都骄傲地举起了手。

苏格拉底微微点头。

又过了一个月，苏格拉底又问。这回，坚持下来的学生只有八成。

一年以后，苏格拉底再次问大家:"请告诉我，最简单的甩手运动，还有哪几位同学坚持了?"

这时，整个教室里，只有一个人举起了手。

这个学生就是后来成为古希腊另一位大哲学家的柏拉图。

看似小小的一个动作，坚持做下去，就有可能成就意想不到的成功。当然，通往成功的道路不可能只如甩手一般简单，挫折和苦难将始终伴随着你。同样面对失败，人们有无数种积极的选择。如果在历经逆境的磨炼之后，仍然能够傲然前行的人，就必定能成就自信的人生。

曼德拉年轻时因反对种族隔离制度被捕入狱，白人统治者把他关在荒凉的小岛上，这一关就是整整 27 年。3 名看守总是寻找各种借口欺侮他，曼德拉坚持了下来。1991年曼德拉出狱后即参加南非的总统大选，最后以绝对性优势取得大选的胜利。

在曼德拉当选总统的就职典礼上，当年在监狱看管他的3名看守也被邀请前来参加。众人对此都大惑不解，那3名看守心中也是忐忑不安。然而曼德拉用实际行动向人们展示了一个伟人的风采。曼德拉恭敬地向那3名看守致敬。如此博大的胸襟让所有到场的各国政要和贵宾肃然起敬。

事后，曼德拉解释说，他年轻时性子很急，脾气暴躁，正是那漫长的牢狱岁月给了他思考的时间，让他学会了控制自己的情绪，学会了如何处理自己的痛苦。磨难使他清醒，逆境使他克服了个性的弱点，也成就了他最后的辉煌。

做人就要有一种面对逆境敢于挑战的不服输的精神。也正是逆境的磨炼增强了曼德拉对人生的自信，也正是这种自信的人生态度让他成就了生命的辉煌篇章。

树木受过伤的部位往往变得很硬，人生的成长也如同此理，经历逆境的伤痛和苦难之后，才能磨砺出优良的个性。立志成才的人如果能经历一段逆境的磨难为自己的人生"垫底"，那么以后不管遇到什么意外和困苦之境遇，他都能应对和承受。

培根曾说过："奇迹多是在厄运中出现的。"逆境中往往蕴藏着巨大的创造奇迹和成才、成功的机遇。

逆境磨难人才，也磨砺人才的优良个性。著名作家傅雷曾经说："不经劫难磨炼的超脱是轻佻的。"这句话至为深刻。逆境的一个重要价值，就是使人学会驾驭自己的个性，适度地张扬自己的个性，而不沦为个性的奴隶，并消除个性中的不良倾向，从而使自己成为一个自身发展和谐的，与社会相融的有用之才。

## 在挫折中学习，在苦难中成长

拿破仑·希尔告诉人们："世上没有所谓的失败，除非你这样认定。"每一个挫折都只是短暂的，除非你就此放弃而让它成为永久性的。其实，错误让我们成长且让我们更富经验。虽然我们尝试去做，不是每一次都会成功，却都可以学到一些东西而有助于我们完成最终的目标。

爱默生说："每一种挫折或不利的突变，都带着同样或较大的有利的种子。"

有一天，上帝召集了所有的动物聚在一起吃饭。吃完饭后，上帝取出一对翅膀。

"我有一样东西想要赐给各位，如果有谁喜欢这件礼物，就可以把它拾起来放在背上。"

一听到有礼物可以领，动物们便争先恐后地挤到了上帝的面前。可是当上帝把礼物拿出来放在地上后，动物们却突然静了下来。大家你看看我，我看看你，谁也没去拾礼物。

原来上帝拿出来的礼物是一对毛茸茸的翅膀。

"谁会背这么重的东西呢？一定会很累的。"动物们心想，于是又纷纷回到了自己的座位上。

眼看着地上的翅膀孤零零地躺在那里无人理睬，上帝感到有些失望。这时，一只小鸟走过来，看了看地上的翅膀，心想，上帝应该不会亏待我们，所以这个看起来笨重的东西，或许是一种恩赐。

于是，小鸟就把地上的翅膀拾起来，背在了身上。就在这时奇迹发生了，小鸟轻轻地试着挥动翅膀，没想到不但没有感觉到沉重，反而还让它轻盈地飞上了天空。许多动物目睹此景，心中后悔不迭。

别人都认为会增加负担的东西，小鸟却能够利用它飞上了蓝天。一样的道理，许多事情表面上看来是挫折、打击，事实上却给了人们更上一层楼的动力。

老子说："祸兮，福之所倚；福兮，祸之所伏。"祸福是相互转化的，灾难临头之时，往往也是人生转运之日。"不经一番寒彻骨，哪得梅花扑鼻香。"要想让自己成为一个有所作为的人，就要有吃苦的准备。人总是在挫折中学习，在苦难中成长起来的。记住：雄鹰的展翅高飞，绝离不开最初的跌跌撞撞。

在很久以前的远古时代，一群鸟生活在茫茫大海中的一个孤岛上。它们中有些鸟的喙很长很尖，而另外一些鸟的喙却很短，因而它们得名长喙鸟和短喙鸟。那时候，岛上的植物不是很多，能供给鸟儿们啄食的只有一种蒺藜的果子。然而这种果子却浑身长满坚硬的刺，这样，只有长喙鸟用它长长尖尖的喙才能将其啄开，而短喙鸟则无缘享受这种美食，很多短喙鸟因此饿死。短喙鸟面临着严重的生死考验：要么选择别的食物，要么等待灭亡。于是，它们开始啄食浅海里的小鱼，慢慢地，它们觉得小鱼的味道比蕨藜果的味道还要好，就这样，短喙鸟们生存了下来。而此时长喙鸟则依然享受着上天给它们的优厚待遇，吃着它们认为是天下最美的食物——蕨藜果。为了生存，短喙鸟天天去海里捕食，浅海里的鱼吃完了，就去深海里捕猎。后来，它们不但吃鱼，只要能捕获到的小动物都成为了它们的食物。在捕猎中，它们原来短短的喙被逐渐磨炼得异常锋利，同时磨炼出的还有一对大而强健的翅膀和一双尖利的爪子。数年后，短喙鸟成了飞禽中的强者，这就是今天的鹰；而长喙鸟却因食物不足而灭绝了。

短喙鸟之所以能摆脱生存危机，并且成为海上的强者，就是因为它在面临困境中时没有选择灭亡，而是在大风大浪中不断翱翔搏击。正是由于这种磨炼，短喙鸟才最终成为展翅高飞的雄鹰。

对人生来说，不断地历练同样重要。在经历了困境和磨难之后，你才更能知道生存的艰辛。为了不再陷入被动，更为了新的目标和追求，我们应该付出更多的努力和代价。也只有不断地磨砺和锻炼，才能使你不断地成熟和提升，在激烈竞争中脱颖而出，成为强者。

## 在逆境中抓住机会

人生不可避免会遭遇无数的逆境，每一个逆境都有可能给我们带来某种危机。然而"危机"二字在中国传统文化的精髓思想里却有着双重的解释："危"是危险，而

"机"却是机会。顾名思义，危机即是"危险中的机会"之意。西班牙著名作家塞万提斯曾说过："运道往往在不幸的地方开一扇门，让坏事有个补救。"

所以说，危机有时候也是一种机会，对自信的人而言，它是好运的转机；而对自卑的人而言，它便是厄运的开始。

机不可失，时不再来，这是一个浅显而深刻的道理。所以说，如果能够抓住隐藏在逆境中的机遇，那么你的人生必将会与众不同。然而，生活中有很多人却总是一事当前只顾寻找保险，举棋不定，犹豫不决。在采取措施前一定要去和他人商量，这种优柔寡断、意志不坚的人，自己都不相信自己，更不会为他人所信赖。

有一个很值得人深思的故事：某地发生水灾，整个乡村都难逃厄运。村民纷纷逃生，有一个人却没有追随逃难的大队，反而爬上了自家的屋顶。原来他是一个虔诚的信徒，他爬上屋顶，是为了等待上帝的拯救。

不久，大水漫过屋顶，危险时刻刚好有一只木舟经过，舟上的人要带他逃生。这位信徒胸有成竹地说："不用啦，上帝会救我的！"木舟离他而去。片刻之间，河水已漫到他的膝盖。又刚巧有一艘汽艇经过，汽艇上的人想带他逃生。可这位信徒仍然坚持着："不必了，上帝一定会救我的。"汽艇只好到别的地方救其他的人。

又过了几分钟，洪水高涨，已到信徒的肩膀。这个时候，有架直升机放下软梯来拯救他。他死也不肯上机，嘴里还是那句话："别担心我了，上帝会救我的！"直升机也只好离去。最后，水继续高涨，这位信徒被淹死了。

死后，他升上天堂，遇见了上帝。他大骂："平日我诚心祈祷，您却见死不救。算我瞎了眼啦！"

上帝听后淡淡地说："你还要我怎样救你？我已经给你派去了两条船和一架飞机了。"

机会只敲一次门，成功者善于抓住每次机会，充分施展才能，最终获得成功，得到命运的垂青。而对于犹豫不决、优柔寡断的人来说，即使有再多的机会也于事无补，就像故事最后被淹死的那个人一样终难逃脱失败的厄运。

所以，对于成功来说，犹豫不决、优柔寡断是一个最危险的仇敌，在它还没有对你施加影响，破坏你的机会之前，你就应该立即把它置于死地。不要再犹豫，不要再思前想后，马上作出决定，就在现在。

其实，生活并不缺少机遇，而是缺少发现机遇和抓住机遇的能力，这种能力主要来源于人的自信。如果有了很强的能力，即使生活没有机遇，我们也能创造机遇。

逆境是一种考验，一种挑战，也是一种机遇。把握困境，超越自我，你才能如凤凰般浴火重生；相反，不曾经历过困难的磨炼，没有感受过那种身心俱疲、刻骨铭心的痛苦，你就不能明白生命的精彩和人生的伟大。没有激情，没有泪水和汗水，人生只能是黯淡无光。

# 第三节 放下"身段"才能提高"身价"

## 身在红尘，骄傲需要弯下腰来

有一位将军，在大军撤退时总是断后，回到京城后，人们都称赞他很勇敢，将军却说："并非吾勇，马不进也。"将军把自己断后的无畏行为说成是由于马走得太慢。其实，在人们心目中，"马走得太慢"不会折损将军的英雄形象。

那些深谙做人之道的人，大多是在社会群体中能够摆正自己位置的人，而把自己看得比别人高一等的人，一定是世界上最愚蠢的人。

一个人太自负，就很容易陷入一种莫名其妙的自我陶醉之中，变得自高自大起来。他会无视所有人对他的不满和提醒，终日沉浸在自我满足之中，对一切功名利禄都要捷足先登。这样的人反而永远也得不到人们对他的理解和尊重。

有时我们的烦恼正是来自于我们那颗狂妄自大的心。狂妄自大的人自以为是，头脑容易发热，他们往往充满梦想，只相信自己的智慧和能力，坚信只有自己才是正确的。他们从来不接受别人的意见和劝告，认为采纳了别人的意见就等于是对自己的否定和贬低。这些人其实是典型的外强中干，他们的固执恰恰证明了他们并不是真正的强者，正因为心虚，所以他们才不愿服输。

实际上，人们尊敬的是那些脚踏实地的人，而不是自吹自擂的炫耀专家。有一个成语叫"虚怀若谷"，意思是说，胸怀要像山谷一样虚空。这是形容谦虚的一种很恰当的说法。只有空，你才能容得下东西，而虚荣，除了你自己之外，容不下任何东西。

居里夫人因取得了巨大的科学成就而天下闻名，她一生获得过各种奖金，各种奖章 16 枚，各种名誉头衔 117 个，但她对此全不在意。

有一天，她的一位朋友来访，忽然发现她的小女儿正在玩一枚金质奖章，而那枚金质奖章正是大名鼎鼎的英国皇家学会刚刚颁给她的，她不禁大吃一惊，忙问："居里夫人，这枚英国皇家学会的奖章代表了极高的荣誉，你怎么能给孩子玩呢？"

居里夫人笑了笑说："我是想让孩子从小就知道，荣誉就像玩具，只能玩玩而已，绝不能永远守着它，否则将一事无成。"

1921 年，居里夫人应邀访问美国，美国妇女为了表示崇拜之情，主动捐赠 1 克镭给她，要知道，1 克镭的价值是在百万美元以上的。

这是她急需的。虽然她是镭的母亲——发明者和所有者（她却放弃为此申请专利），但她却买不起昂贵的镭。

在赠送仪式之前，当她看到赠送证明书上写着"赠给居里夫人"的字样时，她不高兴了。她声明说："这个证书还需要修改。美国人民赠送给我的这 1 克镭永远属于科学，但是假如就这样规定，这 1 克镭就成了我的私人财产，这

第一章　低得下头，沉得住气

怎么行呢？"

主办者在惊愕之余，打心眼里佩服这位大科学家的高尚人品，马上请来一位律师，把证书修改后，居里夫人才在赠送证明书上签字。

我们看体育比赛知道，如果一个运动员要跳高，就必须先蹲下，没有人可以直着双腿而跳得高的。一个运动员在田径比赛时，特别是短距离比赛时，要跑得快，就必须先弯下腰，向前倾斜力度很大，因为这样会跑得更快。

大凡成功的人在遇到瓶颈时，他会以退为进，退也是一种谦虚。俗话说："天外有天，人外有人。"保持一颗谦逊的心，你更能时刻前进；跨越虚荣的樊篱，你才能平静地选择自己生活的目的，把握好自己前进的方向。

在生活中我们经常会遇到这样一种人，他们总喜欢指出别人的缺点，说人家这儿做得不合适，那儿也做得不够，似乎自己什么都行，对什么都可以说出一个大道理来。其实，这只是一种虚荣的表现，他们之所以摆出一副"万事通"的面孔来，就是怕被别人藐视，用这种习惯来显耀自己，以此来达到提高自己地位的目的，可是这样做的结果只会让人敬而远之，遭人厌恶。

真正的大人物，拥有人生大格局的人是那种成就了不平凡的事业却仍然像平凡人一样生活着的人。他们从来都是虚怀若谷的，他们不会因为自己腰缠万贯而盛气凌人，他们从来不会见人就喋喋不休地诉说自己是如何成功和发迹的，他们也从不痛恨自己周围的人是"居心叵测之人"，他们"不以物喜，不以己悲"，平和地做着自己该做的事情。

## 敢于低头是魄力，更是能力

如果把我们的人生比作爬山，有的人在山脚刚刚起步，有的人正向山腰跋涉，有的人已攀上顶峰。但此时，不管你处在什么位置，请记住：要把自己放在山的最低处，即使"会当凌绝顶"，也要懂得适时低头。因为，在你所经历的漫长人生旅途中，难免有碰头的时候。敢于低头、适时认输是成大事者的一种人生态度和格局，他们在后退一步中潜心修炼，从而获得比咄咄逼人者更多的成功机会。低头并不是自卑，认输也不是怯弱，当你明白了低头认输的智慧，当你从困惑中走出来时，你会发现，适时的低头，其实是一种难得的境界。

有人问过苏格拉底："你是天下最有学问的人，那么你说天与地之间的高度是多少？"苏格拉底毫不迟疑地说："三尺！"那人不以为然："我们每个人都有五尺高，天与地之间只有三尺，那还不把天戳个窟窿？"苏格拉底笑着说："所以，凡是高度超过三尺的人，要长立于天地之间，就要懂得低头啊。"

很多人在年轻时大都不谙世事，只会冲撞，不懂低头，结果总是碰壁，吃了不少苦头。这是大多数人的通病，不足为奇，重要的是在碰壁后，你要"吃一堑长一智"，慢慢学会低头，才能踏上通畅的人生之路。如果你总也不肯低头，就会处处碰壁，四面楚歌，甚至抱恨终生。

学会低头、懂得低头和敢于低头对我们来说是非常重要的，尤其是在社会竞争激烈的今天，生命的负载过多，人生的负载太沉，低一低头，可以卸去多余的沉重；面对自身的不足，低一低头，就可以赢得别人的谅解和信任，除去不必要的纠纷。

要学会低头，就必须懂得低头是一种智慧，它需要求同存异、应时顺势、谦恭温良。要懂得低头，就必须理解低头是一种境界。在处理人与人之间的矛盾时，懂得低头，那是君子怀仁的风度，是创造和谐社会的必备品格；在处理人与社会的矛盾时，懂得低头，那是闪光的理性人生，是取得共赢的光明之路；在处理人与自然的矛盾时，懂得低头，那是避免盲目蛮干的镇静剂，是实现人与自然和谐共处的有效途径。

要敢于低头，就必须知道低头需要勇气。面对别人的批评时，我们要勇敢地承担责任，接受教训；面对强大的敌人和困难时，我们同样需要避其锋芒，保存实力，以图再战。

不是所有人都能学会低头、懂得低头和敢于低头。现实生活中，总有那么一些人缺乏低头的勇气，结果不是碰壁，就是触网。其实，低一低头，多给自己一次机会，岂不是更好？

低头是一种智慧，低头是一种能力，它不会使你的人生格局变小，相反，会使你的人生格局越来越大。有时，稍微低一下头，你的人生之路会走得更精彩。

## 自满导致毁灭，谦虚打造未来

俄国的列夫·托尔斯泰打了一个很有意思的比方："一个人就好像一个分数，他的实际才能好比分子，而他对自己的估价好比分母，分母越大，则分数的值越小。"真正的谦虚，是自己毫无成见，思想完全解放，不受任何束缚。对一切事物都能做到具体问题具体分析，采取实事求是的态度，正确对待；对于来自任何方面的意见，都能听得进去，并加以考虑。这样的人能做到在成绩面前不居功，不重名利，在困难面前敢于迎难而上，主动进取。他们的谦虚并不是卑己尊人，而是对自己的一种尊重。

有一次，孔子带领众弟子去参观鲁桓公的庙宇，发现了一种叫作"溢满"的容器，这种圆形容器倾斜而不易放平。孔子不解地问守庙人，守庙人说："这是君王放置在座位右边的一种器具。当它空着的时候就会倾斜，装入一半水时就正立着，灌满了就翻倒过来。"

于是孔子就回头叫一个弟子往容器内灌水，果然是在水灌满的时候容器就翻倒过来了。孔子感慨地说："不错！哪有满而不翻的道理呢！"针对这种现象，孔子又趁机向弟子们讲述了一番做人的道理，即做人一定要谦虚，不能骄傲自满，要像大地一样低调沉稳，承载万物；像大海一样虚怀若谷，容纳百川。

当一个人觉得自己不需要提高的时候，就好像被灌满的容器一样，马上就要倾倒了，自满是一个人成长路上最大的阻碍。我们应当做的就是保持一颗谦虚的心，唤醒自己内心深处对学习的渴望，在工作中不断提升自我，用持续的成长，带给自己持续的成功。

有一个年轻人，由于工作出色，很受董事长的重视，不少人隐隐看出来，他已经被董事长作为接班人在培养。

面对工作上的成就和董事长的支持，这个年轻人变得很高傲，自以为是，对不同意见总是无法接受，导致和其他人的关系急剧恶化，而他并没有察觉到。有一次，董事长在大庭广众之下狠狠批评了他一通。对这突然的打击，年轻人很受不了，甚至当场就哭了。晚上回家后，他准备写辞职信。

但冲动过后，他冷静下来，认真反思自己的行为。最终他想通了，认为董事长对他的批评是对的，在公司里，任何人都没有成绩、都没有过去，一切都只从现在开始，为将来努力。于是年轻人将辞职报告撕毁，写了一份检讨书。

从辞职书到检讨书，年轻人的态度终于由骄傲变得谦虚。一个人不管自己有多丰富的知识，取得多大的成绩，或是有了何等显赫的地位，都要谦虚谨慎，不能自视过高。人们应心胸宽广，博采众长，不断地丰富自己的知识，增强自己的本领，进而更深刻地认识自己，获得更大的成功。如能这样，则于己、于人、于社会都有益处。

意大利的达·芬奇在《笔记》中感叹道："微少的知识使人骄傲，丰富的知识则使人谦逊，所以空心的谷穗高傲地举头向天，而充实的谷穗低头向着大地，向着它们的母亲。"其实，人们不应为自己已有的知识和成绩感到骄傲，容器的容量是有限的，假如人能够保持谦虚的心态，则人的心胸可以扩展到无限。人们如能谦虚处世，无疑可以掌握更多的知识，取得更大的成绩。做大事者往往能够审时度势，低头挺住，办成自己的事。

## 放低自己才能飞得更高

只有从起点起步才能到达成功的彼岸，现实社会中，每个人要想成就一番事业，都会忍受内心的光荣梦想与现实生活的反差，并在忍受中一点点地去适应，去放低自己那高傲的心。

"不骄方能师人之长。"一个人要获得智慧和经验，必须把自己放低。放低自己并不是放低自己的理想，放低自己的抱负。放低自己是为达到目的而变换的思考方式，是一种从零、从小、从低做起的心态。一句话：放低自己不是最终目的，而是为了飞得更高。

一个在现实中处处碰壁的年轻人跋山涉水来到法门寺，对住持释圆和尚说："我一心一意要学习绘画，但至今没有找到一个称心如意的老师。许多人都是徒有虚名，有的画技甚至还不如我。"

释圆听后淡淡一笑说："老僧虽然不懂绘画，但也颇爱这门艺术。既然施主画技不比那些名家逊色，就烦请施主为老僧留下一幅墨宝吧。"

年轻人问："画什么呢？"

释圆说："贫僧喜欢茶道，施主可否为我画一个茶杯和一个茶壶呢？"

年轻人听了，心想：这还不容易？于是铺开宣纸，寥寥数笔，就画成了一个倾斜的茶壶和一个造型古朴的茶杯。更栩栩如生的是茶壶的壶嘴正徐徐流出一道茶水来，仿佛要注入那茶杯中去。年轻人问："这幅画您满意吗？"

释圆摇了摇头说道："你画得是不错，只是将茶壶和茶杯的位置放错了，应该是茶杯在上，茶壶在下呀。"

年轻人听了，笑道："大师为何如此糊涂，哪有茶杯往茶壶里注水的？"

释圆听了，说："原来你懂得这个道理啊！你渴望自己的杯子里注入那些丹青高手的香茗，你就不能把自己的杯子放得太高，人只有把自己放低，才能吸纳别人的智慧和经验。"

年轻人恍然大悟，从此虚心学习，终于学有所成。

释圆的一句"把自己放低"，不仅形象地说明了求知为学之道，也说明了为人处世之道。只有放低自己，懂得给自己留有余地才能收获更多，走得更远，飞得更高。

放低自己，是心态问题，也是对自己人生价值的估量问题。从一定意义上来说，放低自己，就是不要把自己看得太重要，太有能耐，太高明。或者说，放低自己就是低调做人，这不但少了别人的中伤和嫉妒，也为自己向更高目标迈进扫清了障碍。这既是一种自知之明，也显示了一种豁达大度。

美国著名政治家帕金斯 30 岁那年就任芝加哥大学校长，有人怀疑他那么年轻能不能胜任大学校长的职位，他知道后只说了一句："一个 30 岁的人所知道的是那么少，需要依赖他的助手兼代理校长的地方是那么的多。"就这短短一句话，使那些原来怀疑他的人一下子放心了。

许多人往往喜欢尽量表现出自己比别人强，或者努力地证明自己是有特殊才干的人，然而一个真正有能力的领袖是不会自吹自擂的，而是像帕金斯那样自谦，所谓"自谦则人必服，自夸则人必疑"就是这个道理。

明代思想家吕坤说："气忌盛，心忌满，才忌露。"想要成就大事，就需要沉住气，放低姿态。当你放低自己的时候，未来才能容纳你。西方有一位哲人说过："想要达到最高处，必须从最低处开始。"海把自己放低，才能够容纳百川之水，从而成就自己；人把自己放低些，真诚地对待每一个人，宽容地面对每一件事，世界就会变成欢乐的海洋，幸福的港湾。

## 保持低姿态更易成功

俗话说，人往高处走，水往低处流。人们通常会一味地往高处走，而忘乎所以，浮躁肤浅。这时，就需要一种逆向思维，有时，放低自己的位置，保持一种低姿态反而能看到不一样的风景，也能为将来的奋起储蓄能量。

在处世中，保持低姿态，能让对方觉得有面子，感到光彩。这样一来，对方与你的关系便走近了一步。最终，得到好处，被人尊重的，还是你自己。可以说，低姿态正是胜利者的姿态，低姿态正是成功者的姿态。

因此，为了把事办成，不妨常以低姿态出现在别人面前，使别人感到安全时，你自己也是安全的。

在秦始皇陵兵马俑博物馆，有一尊被称为"镇馆之宝"的跪射俑。它被誉为兵马俑中的精华，中国古代雕塑艺术的杰作。陕西省就是以跪射俑作为标志的。

它左腿蹲曲，右膝跪地，右足竖起，足尖抵地。上身微左侧，双目炯炯，凝视左前方。两手在身体右侧一上一下做持弓弩状。

如今，秦兵马俑坑已经出土、清理各种陶俑1000多尊，除跪射俑外，皆有不同程度的损坏，需要人工修复。而这尊跪射俑是保存最完整的，仔细观察，就连衣纹、发丝都还清晰可见。

这究竟为何呢？

专家告诉我们，这得益于它的低姿态。首先，跪射俑身高只有1.2米，而普通立姿兵马俑的身高都在1.8至1.97米之间。天塌下来有高个子顶着，兵马俑坑都是地下坑道式土木结构建筑，当棚顶塌陷、土木俱下时，高大的立姿俑首当其冲，低姿的跪射俑受损害就小一些。其次，跪射俑作蹲跪姿，右膝、右足、左足三个支点呈等腰三角形支撑着上体，重心在下，增强了稳定性。

处世也是如此，保持低姿态，避开无谓的纷争，就能避开意外的伤害，更好地发展自己。

如果你想把事做成，不妨以一种低姿态出现在对方面前，表现得谦虚、平和、朴实、憨厚，甚至愚笨、毕恭毕敬，使对方感到自己受尊重，比你聪明，在谈事时也就会放松自己的警惕性，觉得自己用不着花费太多精力去对付一个"傻瓜"了。

赫蒙是美国著名的矿冶工程师，毕业于美国的耶鲁大学，在德国的佛莱堡大学拿到了硕士学位。可是当赫蒙带齐了所有的文凭去找美国西部的大矿主赫斯特的时候，却遇到了麻烦。

那位大矿主是个脾气古怪又很固执的人，他自己没有文凭，所以就不相信有文凭的人，更不喜欢那些文质彬彬又专爱讲理论的工程师。当赫蒙前去应聘并递上文凭时，满以为老板会乐不可支，没想到赫斯特很不礼貌地对赫蒙说："我之所以不想用你，就是因为你曾经是德国佛莱堡大学的硕士，你的脑子里装满了一大堆没有用的理论，我可不需要什么文绉绉的工程师。"

聪明的赫蒙听了不但没有生气，相反，他心平气和地回答说："假如你答应不告诉我父亲的话，我要告诉你一个秘密。"赫斯特表示同意，于是赫蒙小声对赫斯特说："其实我在德国的佛莱堡并没有学到什么，那三年就好像是稀里糊涂地混过来一样。"想不到赫斯特听了笑嘻嘻地说："好，那明天你就来上班吧。"就这样，赫蒙在一个非常顽固的人面前通过了面试。

赫蒙把自己的身份降低，就赢得了大矿主的心。低姿态不仅是种手段，而且是种态度。你越充分地运用这种方法，你就越有可能赢得别人的心。

其实，你以低姿态出现只是一种表面现象，是为了让对方从心理上感到一种满足，使他愿意与你合作。实际上越是表面谦虚的人，反而是非常聪明的人。当你表现出大智若愚来，使对方陶醉在自我感觉良好的气氛中时，对方就会不由自主地配合你，从而达到你的目的。

## 低调的人拥有更多的发展机会

能够取得很大成就的人，都是做人的典范。在他们身上积聚的不仅有智慧，更重要的是为人处世的低调作风。

在现实生活中用"藏巧于拙，用晦而明，聪明不露，才华不逞"等韬略来隐蔽自己的行动，可以达到出奇制胜的目的。表现低调些，做事情过于张扬就会泄露"事机"，就会让对手警觉，就会过早地把目标暴露出来，成为对手攻击和围剿的"靶子"。保护自己的最好方式就是不暴露，尽管这样做会有损失，却能避免很多不可预知的风险。

1998 年，华为以 80 多亿元的年营业额，雄踞当时声名显赫的国产通信设备四巨头之首，势头正猛。而华为的首领任正非不但没有从此加入明星企业家的行列中，反而对各种采访、会议、评选唯恐避之不及，直接有利于华为形象宣传的活动甚至政府的活动也一概坚拒，并给华为高层下了死命令：除非重要客户或合作伙伴，其他活动一律免谈，谁来游说我就撤谁的职！整个华为由此上行下效，全体以近乎本能的封闭和防御姿态面对外界。

2002 年的北京国际电信展上，华为总裁任正非正在公司展台前接待客户。一位上了年纪的男子走过来问他："华为总裁任正非有没有来？"任正非问："你找他有事吗？"那人回答："也没什么事，就是想见见这位能带领华为走到今天的传奇人物究竟是个什么样子。"任正非说："实在不凑巧，他今天没有过来，但我一定会把你的意思转达给他。"

有一次，有人去华为办事，晕头转向地换了一圈名片，坐定之后才发现自己手里居然有一张是任正非的，急忙环顾左右，早已不见踪影。有人在出差去美国的飞机上，与一位和气的老者天南地北地聊了一路，事后才被告知那就是任正非，于是懊悔不迭。这些多少有点传奇的故事，说明想认识任正非的人太多，而真能认识任正非的人却很少。

正是由于任正非的专注做事、低调做人，才使得他有更多的时间和精力打理公司。他每年花大量时间游历全球，在各个发达市场与发展中市场中寻觅机会，在通信设备国际列强间合纵连横，寻觅可用的力量与资源，引领着华为这艘电信行业的巨舰稳健前行。

低调、沉静、务实的"任氏风格"已经融入华为的企业文化之中，这种精神成为华为稳健发展的基石。在工作中，我们也需要这种低调、务实的工作作风。反之，一味出风头、露锋芒不仅阻碍你的进步，也会使你失去更多的发展机会。

王飞是北京某协会的一名普通职员，平时总认为自己有热情、能力超群。某日该协会组织了一次国际论坛，有多国学者参加。为了能让论坛取得圆满成功，协会领导仔细安排了工作，使每个人都有自己的事儿可干。王飞负责的是宾馆安排事务，并没有接洽的职责要求。但当国外来宾到来的时候，王飞认为这是一个自我表现的机会。因为他认为自己的英语比较流利，而接待外宾的小林却显得很一般，于是他便用热情的"中国英语"与外宾打招呼，交谈，并不停地拍对方肩膀以示"鼓励"与"赞扬"，外宾被弄得很尴尬，但又不好吱声，他们不理解对方为何让这个人来接待。

协会的一位领导看到了王飞"忙碌"的身影，赶快把他叫了过来："小王，你过来一下。这边有个事需要你帮忙。"小王被支开以后，大家都松了一口气。

论坛是圆满成功了，但今后协会从上到下对王飞有了"全新"的看法。领导认为他"越权"，同事则背地里觉得他"好显摆"。从此王飞的人际关系一落千丈，当然在协会大展身手的机会也就很少了。

放低姿态才能够走得更远，成就更大。像故事中的王飞一样，举止轻浮，一味喜欢出风头，是很难取得别人的认可与合作的。

不论你想要取得什么样的成功，低调都是必要的品质。只有低调才能够赢得别人的团结，才能够清醒思考，正确行动；只有低调才能够不断学习，不断超越。实际上，不把自己太当回事，坦诚而平淡地生活，是不会有人把你看成是卑微、怯懦和无能的。如果你老是把自己当作珍珠，乐此不疲地向众人展示自己的智慧和竞争力，那么就时时都有被埋没的危险。

## 最大的智慧是知道自己无知

有人问苏格拉底是不是生来就是超人，他回答说："我并不是什么超人，我和平常人一样。有一点不同的是，我知道自己无知。"这就是一种谦逊。无怪乎，古罗马政治家和哲学家西塞罗会说："没有什么能比谦虚和容忍更适合一位伟人。"

一颗谦逊的心是自觉成长的开始，就是说，在我们承认自己并不知道一切之前，不会学到新东西。许多年轻人都有这种通病，他们只学到一点点，却自以为已经学到一切，他们把心封闭起来，自以为是万事通。

哲学家卡莱尔说："人生最大的缺点，就是茫然不知自己还有缺点。"因为人们只知道自我陶醉、自以为是、唯我独尊，就会遭到别人的排斥，使自己处于不利地位。

老子曾用"水"来叙述处世的哲学："上善若水，水善利万物而不争。"意思是说，上善的人，就好比水一样，水总是利万物的，而且水最不善争。水总是往下流，处在众人最厌恶的地方，注入最卑微之处，站在卑下的地方去支持一切。它与天道一样恩泽万物，所以水没有形状，在圆形的器皿中它是圆形，放入方形的容器则是方形。它可以是液体，也可以是气体、固体。这正是我们必须学习的"谦逊"。

　　谦逊永远是一个人建功立业、开创人生大格局的前提和基础。不论你从事何种职业，担任什么职务，只有谦虚谨慎，才能保持不断进取的精神，才能增长更多的知识和才干。因为谦虚谨慎的品格能够帮助你看到自己与别人的差距。永不自满、不断前进可以使人能冷静地倾听他人的意见和批评，进而完善自己，而骄傲自大、满足现状、停步不前、主观武断的人会使工作受到损失，甚至会使事业半途而废。

　　肖恩是一个刚刚毕业的大学生，不但相貌英俊，而且热情开朗。他决定找一份与人交往的工作，以发挥自己的长处。很快，他就得到一个好机会——一家五星级宾馆正在招聘前台工作人员。

　　肖恩决定去试试。于是第二天清早，他就去了那家宾馆。主持面试的经理接待了他。看得出来，经理对肖恩俊朗的外表和富有感染力的表现相当满意。他拿定主意，只要肖恩符合这项工作的几个关键指标的要求，他就留下这个小伙子。

　　他让肖恩坐在自己对面，开门见山地说："我们宾馆经常接待外宾，所有前台人员必须会说四国语言，这一指标你能达到吗？"

　　"我大学学的是外语，精通法语、德语、日语和阿拉伯语。我的外语成绩是相当优秀的，有时我提出的问题，教授们都支支吾吾答不上来。"肖恩回答说。事实上，肖恩的外语成绩并不突出，他是为了获取经理的信赖而标榜自己。显然，他低估了经理的智商。事实上，在肖恩提交自己的求职简历时，公司已经收集了有关的详细信息，其中包括肖恩的大学成绩单。

听了肖恩的回答，经理笑了一下，但显然不是赏识的笑容。接着他又问道："做一名合格的前台人员，需要多方面的知识和能力，你……"经理的话还没说完，肖恩就抢先说："我想我是不成问题的。我的接受能力和反应能力在我所认识的人中是最快的，做前台绝对会很出色。"

听完他的回答，经理站了起来，并且严肃地对他说："对于你今天的表现，我感到很遗憾，因为你没能实事求是地说明自己的能力。你的外语成绩并不优秀，平均成绩只有70分，而且法语还连续两个学期不及格；你的反应能力也很平庸，几次班上的活动你都险些出丑。年轻人，在你想要夸夸其谈时，最好给自己一个警告。因为每夸夸其谈一次，诚实和谦逊都要被减去10分。"

在我们的生活中，像肖恩这样的人并不少见。很多人只知吹嘘自己曾经取得的辉煌，夸耀自己的能力、学识，以为这样就可以博得别人的好感和赞扬，赢得别人的信任，但事实上，他们越是吹嘘自己，越会被人厌烦；越夸耀自己的能力，越受人怀疑。

俄国作家契诃夫曾说："人应该谦虚，不要让自己的名字像水塘上的气泡那样一闪就过去了。"即使拥有广博的知识、高超的技能、卓越的智慧，但没有谦虚的态度的话，他就不可能取得灿烂夺目的成就。永远记住："伟人多谦逊，小人多骄傲，太阳穿一件朴素的光衣，白云却镶上了华而不实的裙裾。"

## 敢于承认自己不如人

中国人常说："人活一张脸，树活一层皮。""面子"在我们的传统道德观念中的地位可见一斑。可以说，中国社会对人的约束主要就是廉耻和脸面，然而若因此就固执地以"面子"为重，养成死要面子的人生态度却不是件好事。

执着，让我们赢得了通往成功的门票，而固执，让我们在死守自己强势死不认输时，却输掉了整个人生。所以，正确剖析自己，敢于承认技不如人，放下不值钱的面子，走出面子围城，这不是软弱，而是人生的智慧。

有一个人做生意失败了，但是他仍然极力维持原有的排场，唯恐别人看出他的失意。为了能重新振作起来，他经常请人吃饭，拉拢关系。宴会时，他租用私家车去接宾客，并请了两个钟点工扮作女佣，佳肴一道道地端上，他以严厉的眼光制止自己久已不知肉味的孩子抢菜。

虽然前一瓶酒尚未喝完，他却还是打开了柜中最后一瓶 XO。当那些心里有数的客人酒足饭饱告辞离去时，每一个人都热情地致谢，并露出同情的眼光，却没有一个人主动提出帮助。

希望博得他人的认可是一种无可厚非的正常心理，然而，人们在获得了一定的认可后总是希望获得更多的认可。所以，人的一生就常常会掉进为寻求他人的认可而活的爱慕虚荣的牢笼里面，可以说面子左右了他们的一切。

50 多年前，林语堂先生在《吾国吾民》中认为，统治中国的三女神是"面子、命运和恩典"。"讲面子"是中国社会普遍存在的一种民族心理，面子观念反映了中国人尊重与自尊的情感和需要，但过分地爱面子如果任其演化下去，终将得不偿失。

有一个博士分到一家研究所，成为学历最高的一个人。

有一天他到单位后面的小池塘去钓鱼，正好正副所长在他的一左一右，也在钓鱼。他只是朝他们微微点了点头，这两个本科生，有啥好聊的呢？

不一会儿，正所长放下钓竿，伸伸懒腰，噌噌噌从水面上如飞地走到对面上厕所。博士眼睛睁得都快掉下来了。水上漂？不会吧？这可是一个池塘啊。正所长上完厕所回来的时候，同样也是噌噌噌地从水上漂回来了。怎么回事？博士生又不好去问，自己是博士生哪！

过了一阵，副所长也站起来，走几步，噌噌噌地漂过水面上厕所。这下子博士更是差点昏倒：不会吧，到了一个江湖高手集中的地方？博士生也内急了。这个池塘两边有围墙，要到对面厕所非得绕 10 分钟的路，而回单位上又太远，怎么办？博士生也不愿意问两位所长，憋了半天后，也起身往水里跨：我就不信本科生能过的水面，我博士生不能过。只听"咚"的一声，博士生栽到了水里。

两位所长将他拉了出来，问他为什么要下水，他问："为什么你们可以走过去呢？"两位所长相视一笑："这池塘里有两排木桩子，由于这两天下雨涨水正好在水面下。我们都知道这木桩的位置，所以可以踩着桩子过去。你怎么不问一声呢?"

上面的这个例子再经典不过了，一个人过于爱惜面子，难免会流于迂腐。"面子"是"金玉在外，败絮其中"的虚浮表现，刻意地张扬面子，或让"面子"成为横亘在生活之路上的障碍，终有一天会吃到苦头。因此，无论是人际关系方面还是在事业上，我们都不要因为小小的面子，为自己的生活带来不必要的麻烦和隐患。其实"面子观"是一种死守面子、唯面子为尊的价值观念和行事思想。"面子观"对我们行事做人有很大的束缚。因此，在不利的环境下我们要勇于说"不"，千万别过多地考虑"面子"，使自己陷入"面子观"的怪圈之中。

事实上，我们没必要为了面子而固执地使自己显得处处比别人强，仿佛自己什么都能做到。每个人都有缺陷，不要试图在每一方面都在人上。聪明的人，敢于承认自己不如人，也敢于对自己不会做的事说不，所以他们自然能赢得一份适意的人生。

# 第二章　经得住诱惑，耐得住寂寞

## 第一节　面对诱惑，给欲望设个底线

### 欲望让你的人生烦恼不安

我们接受教育和训练的目的是什么呢，难道是为了得到别人口头上的称赞吗？当然不是，其实在这个世界上真正值得尊重的事情并不是那种无价值的所谓名声，而是根据自己自身恰当的结构推动自己。即使自己不屈服于身体的引诱，不被感官压倒，只做自己应该做的事情，而不追求其他多余的东西，即不产生任何欲望。

人的一生是短暂的，很快我们就将化为灰尘，被世界遗忘。既然生命如此短暂，那在生活中被我们高度重视的东西也就是空洞的、易朽的和琐屑的，至于在肉体和呼吸之外的一切事物，要记住它们既不是属于你的也不是你力所能及的。

有人问智者："白云自在时如何？"智者答："争似春风处处闲！"

那天边的白云什么时候才能逍遥自在呢？当它像那轻柔的春风一样，内心充满闲适，本性处于安静的状态，没有任何的非分追求和物质欲望，放下了时间的一切，它就能逍遥自在了。

保持自己的理性，放下世间的一切假象，不为虚妄所动，不为功名利禄所诱惑，一个人才能体会到自己的真正本性，看清本来的自己。否则，我们只能使自己的心灵处在一种烦恼不安的状态之中。就好像种植葡萄的人目的在种而不在收，如果还要希望自己的葡萄比别人大、比别人多，那他产生的这种欲望将会使自己失去心灵上的自由。因为他会变得不知足，会变得妒忌、吝啬、猜疑，会变得反对那些比他拥有更多葡萄的人。

县城老街上有一家铁匠铺，铺子里住着一位老铁匠。时代不同了，如今已经没人再需要他打制的铁器，所以，现在他的铺子改卖拴小狗的链子。

他的经营方式非常古老和传统。人坐在门内，货物摆在门外，不吆喝，不还价，晚上也不收摊。你无论什么时候从这儿经过，都会看到他在竹椅上躺着，微闭着眼，手里是一只半导体收音机，旁边有一把紫砂壶。

当然，他的生意也没有好坏之说。每天的收入正好够他喝茶和吃饭。他老了，已不再需要多余的东西，因此他非常满足。

一天，一个文物商人从老街上经过，偶然间看到老铁匠身旁的那把紫砂壶，因为那把壶古朴雅致，紫黑如墨，有清代制壶名家戴振公的风格。他走过去，顺手端起那把壶。壶嘴内有一记印章，果然是戴振公的。商人惊喜不已，因为戴振公在世界上有捏泥成金的美名，据说他的作品现在仅存三件：一件在美国纽约州立博物馆；一件在台湾"故宫博物院"；还有一件在泰国某位华侨手里，是那位华侨 1993 年在伦敦拍卖会，以 56 万美元的拍卖价买下的。商人端着那把壶，想以 10 万元的价格买下它，当他说出这个数字时，老铁匠先是一惊，然后很干脆地拒绝了，因为这把壶是他爷爷留下的，他们祖孙三代打铁时都喝这把壶里的水。

虽然壶没卖，但商人走后，老铁匠有生以来第一次失眠了。这把壶他用了近 60 年，并且一直以为是把普普通通的壶，现在竟有人要以 10 万元的价钱买下它，他转不过神来。

过去他躺在椅子上喝水，都是闭着眼睛把壶放在小桌上，现在他总要坐起来再看一眼，这种生活让他非常不舒服。特别让他不能容忍的是，当人们知道他有一把价值连城的茶壶后，来访者络绎不绝，有的人打听还有没有其他的宝贝，有的甚至开始向他借钱。他的生活被彻底打乱了，他不知该怎样处置这把壶。当那位商人带着 20 万元现金，再一次登门的时候，老铁匠没有说什么。他招来了左右邻居，拿起一把斧头，当众把紫砂壶砸了个粉碎。

现在，老铁匠还在卖拴小狗的链子，据说，他现在已经 106 岁了。

通过这个故事证明，"人到无求品自高"，人无欲则刚，人无欲则明。无欲能使人在障眼的迷雾中辨明方向，也能使人在诱惑面前保持自己的人格和清醒的头脑，不丧失自我。在这个充满诱惑的花花世界里，要想真正做到没有一丝欲望，毫无牵挂的确很难。

要想做到"无欲"，首先要有一颗静如止水的心。不受到外界事物打扰，好好地坚持走正确的道路，正确地思考和行动，就能消除你的欲望。心淡如水是生命褪去了浮华之后，对生活中那些细微处的感动，只有用感恩的心生活，从而在一种幸福的平静流动中度过一生，才能在人生感悟之中找寻到生命的意义所在，才能做到不为"欲"所牵连、不为"欲"所迷惑，在欲望充斥的浊世之中仍能保持心中的一方净土。

## 欲望是一条看不见的灵魂锁链

画，远看则美；山，远望则幽；思想，远虑则能洞察事物本末；心，远放则可少忧少恼。

在某些情境之下，距离是能够产生美的，对名利的疏远尤甚，能够给人带来清明的心智与洒脱的态度。

"天下熙熙，皆为利来，天下攘攘，皆为利往。"从古至今，多少人在混乱的名利场中丧失原则，迷失自我，百般挣扎反而落得身败名裂。古人说得好："君子疾没世而名不称焉，名利本为浮世重，古今能有几人抛？"

这世上的人，有几人能够在名利面前淡然处之，泰然自若？

"人人都说神仙好，唯有功名忘不了"，这是《红楼梦》里的开篇偈语，这一首《好了歌》似乎在诉说繁华锦绣里的一段公案，又像是在告诫人们提防名利世界中的冷冷暖暖，看似消极，实则是对人生的真实写照，即使在数百年后的今天依然如此。世人总是被欲望蒙蔽了双眼，在人生的热闹风光中奔波迁徙，被身外之物所累。

那些把名利看得很重的人，总是想将所有财富收到自己囊中，将所有名誉光环揽至头顶，结果必将被名缰利锁所困扰。

一天傍晚，两个非常要好的朋友在林中散步。这时，有位小和尚从林中惊慌失措地跑了出来，两人见状，拉住小和尚问："小和尚，你为什么如此惊慌，发生了什么事情？"

小和尚忐忑不安地说："我正在移栽一棵小树，却突然发现了一坛金子。"

这俩人听后感到好笑，说："挖出金子来有什么好怕的，你真是太好笑了。"然后，他们就问，"你是在哪里发现的，告诉我们吧，我们不怕。"

小和尚说："你们还是不要去了吧，那东西会吃人的。"

两人哈哈大笑，异口同声地说："我们不怕，你告诉我们它在哪里吧。"

于是小和尚只好告诉他们金子的具体地点，两个人飞快地跑进树林，果然找到了那坛金子。好大一坛黄金！

一个人说："我们要是现在就把黄金运回去，不太安全，还是等到天黑以后再运吧。现在我留在这里看着，你先回去拿点儿饭菜，我们在这里吃过饭，等半夜的时候再把黄金运回去。"于是，另一个人就回去取饭菜了。

留下来的这个人心想："要是这些黄金都归我，该有多好！等他回来，我一棒子把他打死，这些黄金不就都归我了吗?"

回去的人也在想："我回去之后先吃饱饭，然后在他的饭里下些毒药。他一死，这些黄金不就都归我了吗?"

不多久，回去的人提着饭菜来了，他刚到树林，就被另一个人用木棒打死了。然后，那个人拿起饭菜吃了起来，没过多久，他的肚子就像火烧一样痛，这才知道自己中了毒。临死前，他想起了小和尚的话："小和尚的话真对啊，我当初就怎么不明白呢?"

人为财死，鸟为食亡。可见，"财"这只拦路虎，它美丽耀眼的毛发确实诱人，一旦骑上去，又无法使其停住脚步，最后必将摔下万丈深渊。

名利，就像是一座豪华舒适的房子，人人都想走进去，只是他们从未意识到，这座房子只有进去的路，却没有出来的门。枷锁之所以能束缚人，房子之所以能困住人，主要是因为当事人不肯放下。放不下金钱，就做了金钱的奴隶；放不下虚名，就成了名誉的囚徒。

庄子在《徐无鬼》篇中说："钱财不积则贪者忧，权势不尤则夸者悲，势物之徒乐变。"追求钱财的人往往会因钱财积累不多而忧愁，贪心者永不满足。追求地位的人常因职位不够高而暗自悲伤。迷恋权势的人，特别喜欢社会动荡，以求在动乱之中借机扩大自己的权势。而这些人，正是星云大师所说的"想不开、看不破"的人，注定烦恼一生。

权势等同枷锁，富贵有如浮云。生前枉费心千万，死后空持手一双。莫不如退一步，远离名利纷扰，给自己的心灵一片可自由驰骋的广袤天空，于旷达开阔的境界中欣赏美丽的世间风景。

## 名利不过是生命的尘土

有一位高僧，是一座大寺庙的住持，因年事已高，心中思考着找接班人。

一日，他将两个得意弟子叫到面前，这两个弟子一个叫慧明，一个叫尘元。高僧对他们说："你们俩谁能凭自己的力量，从寺院后面悬崖的下面攀爬上来，谁将是我的接班人。"

慧明和尘元一同来到悬崖下，那真是一面令人望而生畏的悬崖，崖壁极其险峻、陡峭。

身体健壮的慧明，信心百倍地开始攀爬。但是不一会儿他就从上面滑了下来。

慧明爬起来重新开始，尽管他这一次小心翼翼，但还是从悬崖上面滚落到原地。

慧明稍事休息后又开始攀爬，尽管摔得鼻青脸肿，他也绝不放弃……

让人感到遗憾的是，慧明屡爬屡摔，最后一次他拼尽全身之力，爬到一半时，因气力已尽，又无处歇息，重重地摔到一块大石头上，当场昏了过去。高僧不得不让几个僧人用绳索将他救了回去。

接着轮到尘元了，他一开始也和慧明一样，竭尽全力地向崖顶攀爬，结果也屡爬屡摔。

尘元紧握绳索站在一块山石上面，他打算再试一次，但是当他不经意地向下看了一眼以后，突然放下了用来攀上崖顶的绳索。然后他整了整衣衫，拍了拍身上的泥土，扭头向着山下走去。

旁观的众僧都十分不解，难道尘元就这么轻易地放弃了？大家对此议论纷纷。只有高僧静静地看着尘元的去向。

尘元到了山下，沿着一条小溪顺流而上，穿过树林，越过山谷，最后没费什么力气就到达了崖顶。

当尘元重新站到高僧面前时，众人还以为高僧会痛骂他贪生怕死、胆小怯弱，甚至会将他逐出寺门。谁知高僧却微笑着宣布将尘元定为新一任住持。众僧皆面面相觑，不知所以。

尘元向其他人解释："寺后悬崖乃是人力不能攀登上去的。但是只要在山腰处低头看，便可见一条上山之路。师父经常对我们说'明者因境而变，智者随情而行'，就是教导我们要知伸缩退变啊！"

高僧满意地点了点头说："若为名利所诱，心中则只有面前的悬崖绝壁。天不设牢，而人自在心中建牢。在名利牢笼之内，徒劳苦争，轻者苦恼伤心，重者伤身损肢，极重者粉身碎骨。"随后，高僧将衣钵锡杖传交给了尘元，并语重心长地对大家说，"攀爬悬崖，意在勘验你们的心境，能不入名利牢笼，心中无碍，顺天而行者，便是我中意之人。"

不去追求虚假的得益，实实在在地施为，高僧传达的正是这个意旨。在这个世界上，名与利通常都是人们追逐的目标。虽然人人都道"富贵人间梦，功名水上鸥"，可真正要一人放弃对名利的追求，如自断肱骨，是难而又难的。对于名利的追求，已经渗入我们的骨髓了。谁不爱名利呢？名利能给人带来优越的生活，显赫的地位。然而，谁又能保证这种"心想事成"的梦幻生活，能保持五年、十年，甚至更久？13岁的李叔同就能写出"人生犹似西山月，富贵终如草上霜"的诗句，佛意十足。他自己也真正视名利如浮云，飘然出家。

出家，不过出的是家门，人仍在红尘内，名与利仍然如炎夏的蔓藤伸出小而软的触手，纠缠不清。做和尚也是有三六九等的，普通僧人青灯古卷，寒衣敝履，有权势的僧人也会出入高屋庙堂与政要周旋，来往前呼后拥，排场十足。弘一法师对此深感惋惜，而他自己对功名利禄更是毫无兴趣。

弘一法师出家后，极力避免陷入名利的泥沼自污其身，因此从不轻易接受善男信女的礼拜供养。他每到一处弘法，都要先立三约：一不为人师，二不开欢迎会，三不登报吹嘘。他谢绝俗缘，很少与俗人来往，尤其不与官场人士接触。

那时弘一法师在温州庆福寺闭关静修时，温州道尹张宗祥慕名前来拜访。能与道尹结交，是一般人求之不得的事情，弘一法师却拒不相见。无奈张宗祥深慕法师大名，非见不可，弘一法师的师父寂山法师只好拿着张宗祥的名片代为求情，弘一一听央告师父，甚至落泪："师父慈悲！师父慈悲！弟子出家，非谋衣食，纯为了生死大事，妻子亦均抛弃，况朋友乎？乞婉言告以抱病不见客可也！"

张宗祥无奈，只好怏怏而去。

一个人，心要像明月一样皎洁，像天空一样淡泊，才能做到与人无争、与世无争。人世皆无争，才能安心做一名淡泊名利的人。心安定了，才能专注于修行。弘一法师研修律宗，最后能成为一代宗师，与他淡泊名利的心境是分不开的。

慧忠禅师曾经对众弟子说："青藤攀附树枝，爬上了寒松顶；白云疏淡洁白，出没于天空之中。世间万物本来清闲，只是人们自己在喧闹忙碌。"世间的人在忙些什么呢？其实不外乎名、利两个字。万物自闲，全是因为人们自己在争名夺利。不入名利牢笼，才能专注于眼前事、当下事，没有烦忧，达到洒脱的精神境界。

## 尘世浮华如过眼云烟

人生像一场梦，无定、虚妄、短促，还要承受某些无法避免的痛苦。人生就像天气一样变幻莫测，有晴有雨，有风有雾。无论谁的人生，都不可能一帆风顺，况且，一帆风顺的人生，就像是没有颜色的画面，苍白枯燥。

一个经历过苦难的人，即使他现在的生活依旧被困境所包围，他的内心也不会有太多的痛苦，苦难之于他，早已化为过去的云烟。生命的诞生即是体味困苦的开始，而因为惧怕苦痛而躲避在尘世之外，则永远也尝不到真正的快乐。

等人老了的时候，回过头看看自己走过的路，开心的、伤心的，不都成了过眼云烟吗？一路走过来，难免会有许多辛酸的泪水，难免会有许多欢乐的笑声，当一切成为过去，谁还记得曾经有多痛，曾经有多快乐。

按照这种思路想来，一切都会过去的。那么，对于眼前的不幸，又何必过于执着？尘世的一切荣华富贵，或是苦难病痛，最终都会如云烟般消散，既然如此，无论是幸或不幸，便没有了执着的缘由。

上帝经常听到尘世间万物抱怨自己命运不公的声音，于是就问众生："如果让你们再活一次，你们将如何选择？"

牛："假如让我再活一次，我愿做一只猪。我吃的是草，挤的是奶，干的是力气活，有谁给我评过功，发过奖？做猪多快活，吃罢睡，睡了吃，肥头大耳，生活赛过神仙。"

猪："假如让我再活一次，我要当一头牛。生活虽然苦点儿，但名声好。我们却似乎是傻瓜懒蛋的象征，连骂人也都要说'蠢猪'。"

鼠："假如让我再活一次，我要做一只猫。吃皇粮，拿官饷，从生到死由主人供养，时不时还有我们的同类给他送鱼送虾，很自在。"

猫："假如让我再活一次，我要做一只鼠。我偷吃主人一条鱼，会被主人打个半死。老鼠呢，可以在厨房翻箱倒柜，大吃大喝，人们对它也无可奈何。"

鹰："假如让我再活一次，我愿做一只鸡，渴了有水喝，饿了有米吃，住有房，还受主人保护。我们呢，一年四季漂泊在外，风吹雨淋，还要时刻提防冷枪暗箭，活得多累呀！"

鸡："假如让我再活一次，我愿做一只鹰，可以翱翔天空，任意捕兔捉鸡。而我们除了生蛋、报晓外，每天还胆战心惊，怕被捉被宰，惶惶不可终日。"

女人："假如让我再活一次，一定要做个男人，经常出入酒吧、餐馆、舞厅，不做家务，还摆大男子主义，多潇洒！"

男人："假如让我再活一次，我要做一个女人，上电视、登报刊、做广告，多风光。即使是不学无术，只要长得漂亮，一句嗲声嗲气的撒娇，一个蒙眬的眼神，都能让那些正襟危坐的大款神魂颠倒。"

上帝听后，大笑起来，说道："一派胡言，一切照旧！还是做你们自己吧！"

人们总渴望获得那些本不属于自己的东西，而对自己所拥有的不加以珍惜。其实，每一个生命的个体之所以存在于这个世界上，自有它存在的意义；每一个人所得的上帝一样不会少给，不该得的，绝不会多给。因此，安心做自己，才是智慧的人。

只有安心做自己的人，才能领会放下的大意境，明天在不断更新，何必总是着眼于过去呢？其实，一切事物都是不增不减的，它有它自然循环的道理。繁华的世态看似好，让人可以过享尽荣华富贵的生活，所以人们不遗余力地追求，但它背后的真实不过如此，为了追求它，人们在不留神之际便沦陷成名利的玩物，失去快乐的生活。在这里，并不是要人们面对幸福和来之不易的金钱而不去享用，只是把这些看得透彻些，活在当下，自在自然，坦然接受所拥有和能够拥有的一切，面对贫富的变迁少一些迷茫，多一些坦然，真正的幸福才能不请自来。

## 最长久的名声也是短暂的

看看周围那些你熟知的人，他们之中的一部分可能没有目标，做着一些对自己、对别人都毫无益处的事情，却不明白自己身上真正的本性是怎样的，有一点虚名就会沾沾自喜。这样的做法是不明智的。相反的，在做事情之前，我们一定要弄清楚自己的本性是什么，之后遵从自己的本性，只做属于自己本性的事情。一定要记住，你做的每一件事都要以这件事情的本身价值来进行判断，不要过分注意那些鸡毛蒜皮的小事，你将会对命运的安排和生活的赐予感到满足。

过去熟悉的一些词语现在已经不用了。同样，那些声名显赫的名字如今也被忘却了，例如卡米卢斯、恺撒、沃勒塞斯、邓塔图斯以及稍后一些时候的西庇阿、加图，然后是奥古斯都，还有哈德里安和安东尼。这些事情很快就过去了，变成了历史，甚至有可能被有些人忘记了。上面提到的这些乃是在历史留下丰功伟绩的人，那么其他的人，一旦呼吸停止了，别人就不会再提起他了。如果这样的话，所谓的"永恒的纪念"是什么呢？只是虚无罢了。所以，认识到了本性的人，早就放弃了对名利的追求，即使他们偶然获得了荣誉，也完全不放在心上，只会淡化自己对于名利的渴望和与人攀比的虚荣。

人的行为都是受欲望支配的，可欲望是无穷的，尤其是对于外部物质世界的占有欲，更是一个无底深渊。现实生活中，到处都是诱惑，人的占有欲往往就这样被强烈地激发出来。但是，虽然人们承认欲望的客观存在，并不代表肯定欲望本身，欲望的永无休止只会给我们带来更深重的灾难，所以我们竭力要避免和舍弃的东西正是在欲望的支配下对名利无休无止的渴望。

## 可以有欲望，但不可有贪欲

伊索有句话说："许多人想得到更多的东西，却把现在所拥有的也失去了。"对于生活，普通的老百姓没有那么多言辞来形容，但是他们有自己的一套语言。于是，老人们会在我们面前念叨：做人啊，要本分，不要丢了西瓜捡芝麻。这个道理其实与文化人伊索说的是一样的。

的确，人生的沮丧很多都是源于得不到的东西。我们每天都在奔波劳碌，每天都在幻想填平心里的欲望，但是那些欲望却像是反方向的沟壑，你越是想填平，它就向下凹得越深。

欲望太多，就成了贪婪。贪婪就好像一朵艳丽的花朵，美得你兴高采烈、心花怒放，可是你在注意到它的娇艳的同时，却忘了提防它的香气，那是一种让你身心疲惫却永远也感受不到幸福的毒药。从此，你的心灵被索求占据，你的双眼被虚荣模糊。

年轻的时候，艾莎比较贪心，什么都追求最好的，拼了命想抓住每一个机会。有一段时间，她手上同时拥有13个广播节目，每天忙得昏天暗地，她形容自己："简直累得跟狗一样！"

事情总是对立的，所谓有一利必有一弊，事业愈做愈大，压力也愈来愈大。到了后来，艾莎发觉拥有更多、更大不是乐趣，反而成为一种沉重的负担。她的内心始终有一种强烈的不安笼罩着。

1995年，"灾难"发生了，她独资经营的传播公司日益亏损，交往了七年的男友和她分手……一连串的打击直奔她而来，就在极度沮丧的时候，她甚至考虑结束自己的生命。

在面临崩溃之际，她向一位朋友求助："如果我把公司关掉，我不知道我还能做什么？"朋友沉吟片刻后回答："你什么都能做，别忘了，当初我们都是从'零'开始的！"

这句话让她恍然大悟，也让她勇气再生："是啊！我们本来就是一无所有，既然如此，又有什么好怕的呢？"就这样念头一转，她不再沮丧。没想到，在短短半个月之内，她连续接到两笔很大的业务，濒临倒闭的公司起死回生。

历经这些挫折后，艾莎体悟到了人生"无常"的一面：费尽了力气去强求，虽然勉强得到，最后依然也留不住。而一旦放空了，随之而来的可能是更大的能量。她学会了"舍"。为了简化生活，她谢绝应酬，搬离了150平方米的房子，索性以公司为家，挤在一个10平方米不到的空间里，淘汰不必要的家当，只留下一张床、一张小茶几，还有两只做伴的小狗。

艾莎这才发现，原来一个人需要的其实那么有限，许多附加的东西只是徒增无谓的负担而已。

人人都有欲望，都想过美满幸福的生活，都希望丰衣足食，这是人之常情。但是，如果把这种欲望变成不正当的欲求，变成无止境的贪婪，那无形中就成了欲望的奴隶。

在欲望的支配下，我们不得不为了权力、为了地位、为了金钱而削尖了脑袋向里钻。我们常常感到自己非常累，但仍觉得不满足，因为在我们看来，很多人生活得比自己更富足，很多人的权力比自己的大。所以我们别无出路，只能硬着头皮往前冲，在无奈中透支着体力、精力与生命。

这样生活，能不累吗？被欲望沉沉地压着，能不精疲力竭吗？静下心来想一想：有什么目标真的非要实现不可，又有什么东西值得我们用宝贵的生命去换取？

# 放弃生活中的"第四个面包"

　　非洲草原上的狮子吃饱以后,即使羚羊从身边经过,也懒得抬一下眼皮。瑞士的奶牛也是一样,只要吃饱了肚子,它就会闲卧在阿尔卑斯山的斜坡上,一边享受温暖的阳光,一边慢条斯理地反刍。

　　有一位作家非常赞赏瑞士奶牛和非洲狮子的生存哲学。他说,假如你的饭量是三个面包,那么你为第四个面包所做的一切努力都是愚蠢的。

　　王立有一个做医生的朋友,几年前王立到一个宾馆去开会,一眼瞥见领班小姐,貌若天仙,便上前搭讪。小姐莞尔一笑,用一种很不经意的口气说:"先生,没看见你开车来哦!"他当即如五雷轰顶,大受刺激,从此立志加入有车族。后来朋友和王立在一起吃饭,几杯酒下肚之后,朋友告诉王立,准备把开了一年的"昌河"小面包卖掉,换一辆新款的"爱丽舍"。然后又问王立买车了没有?王立老老实实地回答:"还没有,而且在看得见的将来也没有这种可能性。"他同情地看着王立:"唉!一个男人,这一辈子如果没有开过车,那实在是太不幸了。"

　　这顿饭让王立吃得很惶惑。因为按他目前的收入水平,买辆"爱丽舍",他得不吃不喝地攒上好几年。更糟糕的是,若他有一天终于买上了汽车,也许在他还没有来得及品味"幸福"滋味的时候,一个有私人飞机的家伙对他说:

"作为一个男人，没开过飞机太不幸了！"那他这辈子还有救吗？

这个问题让王立坐立不安了很长时间。如何挽救自己，免于堕入"不幸"的深渊，让他甚为苦恼。直到有一天，他无意中看到这样一段话：有菜篮子可提的女人最幸福。因为幸福其实渗透在我们生活中点点滴滴的细微之处，人生的真味存在于诸如提篮买菜这样平平淡淡的经历之中。我们时时刻刻拥有着它们，却无视它们的存在。

王立恍然大悟。原来他的朋友在用一个逻辑陷阱蓄意误导他：没有汽车是不幸的。你没有汽车，所以你是不幸的。但这个大前提本身就是错误的，因为"汽车"与"幸福"并无必然的联系。

在一个成功人士云集的聚会上，王立激动地表达了自己内心深处对幸福生活的理解："不生病，不缺钱，做自己爱做的事。"会场上爆发了雷鸣般的掌声。

成功只是幸福的一个方面，而不是幸福的全部。人们对"成功"的需求是永无止境的，没完没了地追求来自外部世界的诱惑——大房子、新汽车、昂贵服饰等，尽管可以在某些方面得到物质上的快乐和满足，但是这些东西最终带给我们的是患得患失的压力和令人疲惫不堪的混乱。

两千多年前，苏格拉底站在熙熙攘攘的雅典集市上叹道："这儿有多少东西是我不需要的！"同样，在我们的生活中，也有很多看起来很重要的东西，其实，它们与我们的幸福并没有太大关系。我们对物质不能一味地排斥，毕竟精神生活是建立在物质生活之上的，但我们不能被物质约束。面对这个已经严重超载的世界，面对已被太多的欲求和不满压得喘不过气的生活，我们应当学会用好生活的减法，把生活中不必要的繁杂除去，让自己过一种自由、快乐、轻松的生活。

## 过多的欲望会蒙蔽你的幸福

人很多时候是很贪心的，就像很多人形容的那样，吃自助的最高境界是：扶墙进，扶墙出。进去扶墙是因为饿得发昏，四肢无力，而扶墙出则是因为撑得路都走不了。人愿意活受罪是因为怕吃亏。而有些时候，人总是对自己不满，还是因为太贪心，什么都想得到。

很多人常常抱怨自己的生活不够完美，觉得自己的个子不够高、自己的身材不够好、自己的房子不够大、自己的工资不够高、自己的老婆不够漂亮，自己在公司工作了好几年却始终没有升职……总之，对于自己拥有的一切都感到不满，觉得自己不幸福。真正不快乐的原因是：不知足。一个人不知足的时候，即使在金屋银屋里面生活也不会快乐，一个知足的人即使住在茅草屋中也是快乐的。

剑桥教授安德鲁·克罗斯比说："真正的快乐是内心充满喜悦，是一种发自内心对生命的热爱。不管外界的环境和遭遇如何变化，都能保持快乐的心情，这就需要一种知足的心态。"知足者常乐，因为对生活知足，所以他会感激上天的赠予，用一颗感恩的心去感谢生活，而不是总抱怨生活不够照顾自己。

有一个村庄，里面住着一个左眼失明的老头儿。

老头儿9岁那年一场高烧后，左眼就看不见东西了。他爹娘顿时泪流满面，唯一的儿子瞎了一只眼睛可怎么办呀！没料他却说自己左眼瞎了，右眼还能看得见呢！总比两只眼都瞎了要好！比起世界上的那些双目失明的人，不是要强多了吗？儿子的一番话，让爹娘停止了流泪。

老头儿的家境不好，爹娘无力供他读书，只好让他去私塾里旁听。他的爹娘为此十分伤心，他劝说道："我如今也已识了些字，虽然不多，但总比那些一天书没念，一个字不识的孩子强多了吧！"爹娘一听也觉得安然了许多。

后来，他娶了个嘴巴很大的媳妇。爹娘又觉得对不住儿子，而他却说和世界上的许多光棍汉比起来，自己是好到天上去了！这个媳妇勤快、能干，可脾气不好，把婆婆气得心口作痛。他劝母亲说："天底下比她差得多的媳妇还有不少。媳妇脾气虽是暴躁了些，不过还是很勤快，又不骂人。"爹娘一听真有些道理，怄的气也少了。

老头儿的孩子都是闺女，于是媳妇总觉得对不起他们家，老头儿说世界上有好多结了婚的女人，压根儿就没有孩子。等日后我们老了，5个女儿女婿一起孝敬我们多好！比起那些虽有儿子几个，却妯娌不和，婆媳之间争得不得安宁要强得多！

可是，他家确实贫寒得很，妻子实在熬不下去了，便不断抱怨。他说："比起那些拖儿带女四处讨饭的人家，饱一顿饥一顿，还要睡在别人的屋檐下，弄不好还会被狗咬一口，就会觉得日子还真是不赖。虽然没有馍吃，可是还有稀饭可以喝；虽然买不起新衣服，可总还有旧的衣裳穿，房子虽然有些漏雨的地方，可总还是住在屋子里边，和那些讨饭维持生活的人相比，日子可以算是天堂了。"

老头儿老了，想在合眼前把棺材做好，然后安安心心地走。可做的棺材属于非常寒酸的那一种，妻子愧疚不已，而老头儿却说，这棺材比起富贵人家的上等柏木是差远了，可是比起那些穷得连棺材都买不起，尸体用草席卷的人，不是要强多了吗？

老头儿活到72岁，无疾而终。在他临死之前，对哭泣的老伴说："有啥好哭的，我已经活到72岁，比起那些活到八九十岁的人，不算高寿，可是比起那些四五十岁就死了的人，我不是好多了吗？"

老头儿死的时候，神态安详，脸上还留有笑容……

老头儿的人生观，正是一种乐天知足的人生观，永远不和那些比自己强的人攀比，用自己的拥有与那些没有拥有的人进行比较，并以此找到了快乐的人生哲学。人生不就这样吗？有总比没有强多了。

其实，我们已经过得很好了，我们能够在偌大的城市拥有着自己的房子，哪怕只是租的，我们不用为吃饭发愁，我们拥有着体贴的妻子，可爱的孩子，有着依旧对自己牵肠挂肚的父母……实际上我们已经拥有的够多了，还有什么不满意的呢？快乐也是在知足中获得。

# 第二节　淡看繁华，拒绝诱惑

## 身外物，不奢恋

从前，有一个非常富有的国王，名叫米达斯。他拥有的黄金数量之多，超过了世上任何人。尽管如此，他仍认为自己拥有的黄金数量还不够多。他碰巧又获得了更多的黄金，这使他非常高兴。他把黄金藏在皇宫下面的几个大地窖中，每天都在那里待上很长时间清点自己有多少黄金。

米达斯国王有一个小女儿名叫马丽格德。国王非常喜欢这个小女儿，他告诉她："你将成为世界上最富有的公主！"但是马丽格德对此不屑一顾。与父亲的财富相比，她更喜欢花园、鲜花与金色的阳光。她大部分时间都是一个人自己玩，因为父亲为获得更多的黄金和清点自己有多少黄金忙得不可开交。和别的父亲不同的是，他很少给她讲故事，也很少陪她去散步。

一天，米达斯国王又来到他的藏金屋。他反锁上大门，将藏金子的箱子打开。他把金子堆到桌子上，开始用手抚摸，看上去他很喜欢那种感觉。他让黄金从手指缝间滑落而下，微笑着倾听它们的碰撞声，仿佛那是一首美妙的曲子。突然一个人影落到了那堆金子上面。他抬起头，发现一个身着白衣的陌生人正对着他笑。米达斯国王吓了一跳。他明明记得把门锁上了呀！他的财宝并不安全！但是陌生人继续对着他微笑。

"你有许多黄金，米达斯陛下。"他说道。

"对，"国王说道，"但与全世界所有的黄金相比，那又显得太少了！"

"什么！你并不满足吗？"陌生人问道。

"满足？"国王说，"我当然不满足。我经常夜不能寐，想方设法获得更多的黄金。我希望我摸到的任何东西都能变成黄金。"

"你真的希望那样吗，米达斯陛下？"

"我当然希望如此了，其他任何事情都难以让我那样高兴。"

"那么你将实现你的愿望。明天早晨，当第一缕阳光透过窗子射进你的房间，你将获得点金术。"陌生人说完便消失了。

米达斯国王揉了揉眼睛。"我刚才一定是在做梦。"他说道，"如果这是真的，我该有多高兴啊！"

第二天米达斯国王醒来时，房间里晨光熹微。他伸手摸了一下床罩。什么也没有发生。"我知道那不是真的。"他叹了口气。就在这时，清晨的阳光透过窗户射进房间。米达斯国王刚才摸的床罩变成了黄金。

"这是真的，是真的！"他兴奋地喊道。他跳下床，在房间中跑来跑去，见什么摸什么。屋里的家具都变成了金子。他透过窗户，向马丽格德的花园望去。"我将给她一个莫大的惊喜。"他自言自语道。

他来到花园中，用手摸遍了马丽格德的花朵，把它们都变成了金子。"她一定会很高兴。"他想。他回到房间中，等着吃早饭。他拿起昨天晚上看过的书，然而他一碰到书，书就变成了金子。"我现在无法看这本书了，"他说道，"不过让它变成金子当然更好。"

就在这时，一个仆人端着吃的东西走了进来。"这饭看起来非常好吃，"他说道，"我先吃那个熟透了的红桃子。"他把桃子拿到手中，但是他还没有尝到桃子是什么滋味，它就变成了金子。米达斯国王把桃子放回到盘子中。"桃子很好看，我却不能吃！"他说道。他从盘子上拿下一个卷饼，但卷饼又立即变成了金子。他端起一杯水，但还没喝水就变成了金子。"我可怎么办啊？"他喊道，"我又饥又渴，我既不能吃金子，也不能喝金子！"

这时，房门开了，小马丽格德手里拿着一枝玫瑰花走了进来，眼里噙满了泪水。

"出了什么事，女儿？"国王问道。

"噢，父亲！你看我的玫瑰花都怎么了？它们变得又硬又丑！"

"嘿，它们是金玫瑰，孩子，你不认为它们比以前的样子更好看吗？"

"不，"她抽泣着说，"它们没有香气，也不再生长。我喜欢活生生的玫瑰。"

"不要在意了，"国王说，"现在吃早饭吧。"

马丽格德注意到父亲没有吃饭，一脸的悲伤。"发生了什么事，亲爱的父亲？"她问道，然后向他跑过来。她伸开双臂，抱住他，他吻了她。但他突然痛苦地喊了起来。他摸了一下女儿，她那漂亮的脸蛋变成了金灿灿的金子，双眼什么也看不到，双唇无法吻他，双臂无法将他抱紧。她不再是一个可爱的、欢笑的小女孩了。她已经变成了一尊小金像。米达斯低下头，大声哭泣起来。

"你高兴吗，陛下？"他听到一个声音问道。他抬起头，看到那个陌生人站在他身旁。

"高兴？你怎么能这样问！我是世界上最不幸的人！"国王说道。

"你掌握了点金术，"陌生人说道，"那还不够吗？"米达斯国王仍低头不语。

"在食物与一杯凉水以及这些金子之间，你更愿意要哪一个？"

"噢，把我的小马丽格德还给我，我愿放弃所有的金子！"国王说道，"我已经失去了应该拥有的东西。"

"你现在比过去明智多了，米达斯国王，"陌生人说道，"跳到从花园旁边流过的那条河中，取一些河水，洒到你希望恢复原状的东西上。"说完这句话，陌生人就消失了。

米达斯一下跳起来，向小河跑去。他跳进去，取了一罐水，然后急忙返回皇宫。他把水洒到马丽格德身上，她的脸蛋立即恢复了血色。她睁开那双蓝眼睛。"啊，父亲！"她说道，"发生了什么事？"米达斯国王高兴地叫了一声，把女儿抱到怀中。从那以后，米达斯国王再也不喜欢金子了，他只钟爱金色的阳光与马丽格德的金发。

物欲太盛造成灵魂变态，精神上永无宁静，永无快乐。正如故事中的国王一样，即使手中已有大量的黄金，还仍不满足。自学会点金术后，他可以拥有更多的金子，然而，凡他手可触及的地方，无论是什么东西，包括他的爱女，均变成了金的。国王陷入了烦恼，失去了快乐，也不再认为拥有更多的金子是幸福的。要想拥有幸福的生活，就要学会控制你的欲望，也要懂得放弃。放弃是一种让步，让步不是退步。让一步，然后养精蓄锐，为的是更好地向前冲。放弃是量力而行，明知得不到的东西，何必苦苦相求，明知做不到的事，何必硬撑着去做呢？须知该是你的便是你的，不是你的，任你苦苦挣扎也得不到。有时你以为得到了，可能失去的会更多；有时你以为失去了不少，却有可能获得了许多。"身外物，不奢恋"，这是思悟后的清醒。谁能做到这一点，谁就会活得轻松，过得自在。

## 放弃复杂欲望，恢复简单生活

一个樵夫上山去打柴，看见一个人在树下躺着乘凉，就忍不住问他："你为什么不去打柴呢？"

那人不解地问："我为什么要去打柴？"

樵夫说："打了柴好卖钱呀。"

"那么卖了钱又有什么用呢？"

"有了钱你就可以享受生活了。"樵夫满怀憧憬地说。

乘凉的人笑了:"那么你认为我现在在做什么?"

这个人没有把自己盲目地投入到紧张的生活中,他过的是恬静的日子——躺在树下轻松自在地呼吸,并且对生命充满由衷的喜悦与感激。这种简单、干净的生活方式是多么令人向往啊。这是一种发自心灵的简单与悠闲。

生活在当下,我们是否应该回头看一看现代人的生活?所有人都莫名其妙地忙碌着,被包围在混乱的杂事、杂务,尤其是杂念之中,一颗颗跳动的心被挤压成了有气无力的皮球,在坚硬的现实中疲软地滚动着。也许是因为在竞争的压力下我们丧失了内心的安全感,于是就产生了担心无事可做的恐惧,所以才急着找事做来安慰自己。这样不知不觉中,我们已经陷入了一种恶性循环,离真正的快乐、甚至真正的生活越来越远。

在20世纪末,人类对自然的征服可谓达到了顶峰,人们恨不得把地球上能开发的地方都开发出来以满足人们日益增长的消费需求。我们被工业、电子、传媒、科技、城市等人工风景紧紧地包围着。信息的汹涌和浩大正如大海的波涛一样,我们每一个人都在这海里沉浮着,在一层层海浪的裹挟下荡来荡去。也许我们并没失去什么,却凭空地感到凄凉。现代人已经很难找到宁静和从容,找到自己内心的真实。

很多时候,并不是我们在行动,而是生活的力量左右我们的行动。但如果我们认识到自己的处境,从而奋力反抗时势的捉弄，还有可能获得抵达遥远彼岸的希望。可怕的是，我们并没有充分认识到这一点，我们的心已被时代蒙住，看不到自我行动的艰难，而思想的虚弱顺理成章，又极易把被动错认成自由。

也许是我们真的太累了。在追逐生活的过程中，我们也应该尝试着放弃一些复杂的东西，还原生命的本源，让一切都恢复简单的面孔。其实生活本身并不复杂，复杂的只有我们的内心。所以，要想恢复简单的生活，必须重新开始。

## 羡慕别人，不如珍惜自己的生活田园

生活中有些人羡慕那些明星、名人日日淹没在鲜花和掌声中，名利双收，以为世间苦痛都与他们无缘。这是羡慕别人的盲区，也是一些人老是羡慕别人光鲜处的原因。事实上，走进明星、名人真正的生活，他们同样有着不为人知的心酸。

俗话说，人生失意无南北，宫殿里也会有悲恸，茅屋里同样也会有笑声。只是，平时生活中无论是别人展示的，还是我们关注的，总是风光的一面，得意的一面。于是，站在城里，向往城外，而一旦走出了围城，你就会发现生活其实都是一样的，有许多我们一直在意的东西，在别人看来也许根本就不算什么。所以，我们根本就没必要将自己的眼光一直投放到别人的生活上，多关注一下自己，欣赏一下自己的人生才能让你真实体会到生活的快乐。

故事一：

在一条河的两岸，一边住着凡夫俗子，一边住着僧人。凡夫俗子们看到僧人们每天无忧无虑，只是诵经撞钟，十分羡慕他们；僧人们看到凡夫俗子每天日出而作，日落而息，也十分向往那样的生活。日子久了，他们都各自在心中渴望着：到对岸去。

一天，凡夫俗子们和僧人们达成了协议。于是，凡夫俗子们过起了僧人的生活，僧人们过上了凡夫俗子的日子。

几个月过去了，成了僧人的凡夫俗子们就发现，原来僧人的日子并不好过，悠闲自在的日子只会让他们感到无所适从，便又怀念起以前当凡夫俗子的生活来。

成了凡夫俗子的僧人们也体会到，他们根本无法忍受世间的种种烦恼、辛劳、困惑，于是也想起做和尚的种种好处。

又过了一段日子，他们各自心中又开始渴望着：到对岸去。

可见，在你眼中他人的快乐，并非真实生活的全部。每个生命都有欠缺，不必与人作无谓的比较，珍惜自己所拥有的一切就好。

故事二：

一青年总是埋怨自己时运不济，生活不幸福，终日愁眉不展。

这一天，走过一个须发俱白的老人，问："年轻人，干吗不高兴？"

"我不明白我为什么老是这么穷。""穷？我看你很富有啊！"老人由衷地说。"这从何说起？"年轻人问。老人没有正面回答，反问道："假如今天我折断了你的一根手指，给你 1000 元，你干不干？""不干！"年轻人回答。"假如斩断你的一只手，给你一万元，你干不干？""不干！""假如让你马上变成 80 岁的老翁，给你 100 万，你干不干？""不干！""这就对了，你身上的钱已经超过了 100 万呀！"老人说完，笑吟吟地走了。

由此看来，那些总是认为自己太差的人，他们心灵的空间挤满了太多的负累，从而无法欣赏自己真正拥有的东西。

永远不要眼红那些看上去幸福的人，你不知道他们背后的悲伤。这个社会上，达官显贵不知平凡，他们的外表实在都令人羡慕，但深究其里，每个人都有一本难念的经，这经甚至苦不堪言。

所以，不要再去羡慕别人，好好珍惜上天给你的恩典。你会发现你所拥有的绝对比没有的要多出许多，而缺失的那一部分，虽不可爱，却也是你生命的一部分，接受并善待它，你的人生会快乐豁达许多。爱你的生命，它会焕发出更明亮的光。

## 金钱不是唯一能满足心灵的东西

金钱并不是唯一能够满足心灵的东西，虽然它能为心灵的满足提供多种手段和工具，但在现实生活中，我们不能只顾享受金钱而不去享受生活。享受金钱只能让自己早早地堕落，而享受生活却能够使自己不断品尝人生的幸福。享受金钱会使自己被金钱的恶魔无情地缠绕，于是自己的生活主题只有"金钱"二字，整天为金钱所困惑，为金钱而难受，为金钱而痛苦，生活便会沦为围绕一张钞票而上演的闹剧。享受生活的人更在意心灵的宁静与快意。享受金钱的人最后会成为金钱的俘虏。享受生活的人会感觉人生是无限美好的，于是越活越有味道。

美国石油大王洛克菲勒出身贫寒，在他创业初期，人们都夸他是个好青年。当黄金像贝斯比亚斯火山流出岩浆似的流进他的口袋里时，他变得贪婪、冷酷。深受其害的宾夕法尼亚州油田地方的居民对他深恶痛绝。有的受害者做出他的木偶像，亲手将"他"处以绞指之刑，或乱针扎"死"。无数充满憎恶和诅咒的威胁信涌进他的办公室。连他的兄弟也十分讨厌他，而特意将儿子的遗骨从洛克菲勒家族的墓地迁到其他地方，他说："在洛克菲勒支配下的土地内，我的儿子变得像个木乃伊。"由于洛克菲勒为金钱操劳过度，身体变得极度糟糕。医师们终于向他宣告一个可怕的事实，以他身体的现状，他只能活到50多岁；并建议他必须改变拼命赚钱的生活状态，他必须在金钱、烦恼、生命三者中选择其一。这时，离死不远的他才开始省悟到是贪婪的魔鬼控制了他的身心，他听从了医师的劝告，退休回家，开始学打高尔夫球，上剧院去看喜剧，还常常跟邻居闲聊。

经过一段时间的反省，他开始考虑如何将庞大的财富捐给别人。于是，他在 1901 年，设立了"洛克菲勒医药研究所"；1903 年，成立了"教育普及会"；1913 年，设立了"洛克菲勒基金会"；1918 年，成立了"洛克菲勒夫人纪念基金会"。他后半生不再做钱财的奴隶，而是喜爱滑冰、骑自行车与打高尔夫球。到了 90 岁，依旧身心健康，耳聪目明，日子过得很愉快。他逝世于 1937 年，享年 98 岁。他死时，只剩下一张标准石油公司的股票，因为那是第一号，其他的产业都在生前捐掉或分赠给继承者了。

对待金钱必须要拿得起放得下。赚钱是为了活着，但活着绝不仅仅是为了赚钱。如果人活着只把追逐金钱作为人生唯一的目标和宗旨的话，那么，人将是一种可怜的动物，人将会被自己所制造出来的这种工具捆绑起来，被生活所遗弃。

有些人谈到富有，单纯指的就是拥有钱财。实际上，金钱本身并不代表富有，唯有具备与金钱价值相等的东西才是真正的财富。人之所以工作，是为了在人生的各个领域中，生活得更有意义，并充分发挥自己的潜能，使得人人生活得更为美好。我们必须领悟：财富是无所不在的。金钱、土地、股票、债券是财富，但是水、空气、太阳、山、海、树木、花草、爱与帮助也是财富。凡是大自然所赋予人类的一切均为财富，若能充分享受这些恩惠，才能算得上是一个内心充盈的人、一个最富有的人。

# 金钱的生命在于运动

在生活中，很多人都喜欢将辛辛苦苦挣得的钱存进银行。的确，财富的积累需要储蓄，但如果只是储蓄，却不进行投资，那么钱就会成为死钱，这样你虽然不会为没钱而忧虑，但你也永远不会成为富翁。钱就像水一样，只有流动起来，才能创造出更多的价值。

人的生命同样在于运动，财富的生命也在于运动。作为金钱，可以是静止的，而资金必须是运动的，这是市场经济的一般规律。资金在市场经济的舞台上害怕孤独、不甘寂寞，需要明快的节奏和丰富多彩的生活。把赚到的钱存在银行，让它静置起来，远不如进行合理的投资利用更有价值、更有意义。

犹太人的金钱法则就是：钱是在流动中赚出来的，而不是靠克扣自己攒下来的。他们崇尚的是"钱生钱"，而不是"人省钱"。有个犹太商人说："很多人如果让钱流通起来，就会觉得生活失去了保障。因此，男人每天为了衣、食、住在外面辛苦工作，女人则每天计算如何尽量克扣生活费存入银行，人的一生就这样过去了，还有什么意思呢？而且，当存折上的钱越来越多的时候，人们会在心理上觉得相当有保障，这就养成了依赖性而失去了冒险奋斗的精神。这样，岂不是把有用的钱全部束之高阁，使自己赚钱的机会溜走了吗？"

一位理财学者曾这样说过："认为储蓄是生活上的安定保障，储蓄的钱越多，则在心理上的安全保障的程度就越高，如此累积下去，就永远不会得到满足。再说，哪有省吃俭用一辈子，在银行存了一生的钱，光靠利滚利而成为世界上有名的富翁的?"

不少人认为钱存在银行里能赚取利息，能享受到复利，这样就算是对金钱有了妥善的安排，是很好的理财方式。事实上，利息在通货膨胀的侵蚀下，实质报酬率接近于零，等于没有理财。

每一个人最后能拥有多少财富，是难以预料的事情，唯一可以肯定的是，将钱存在银行只能保证生活安定，而想致富，则比登天还难。将自己所有的钱都存在银行的人，到了老年时不但不能致富，常常连财务自主的水平都无法达到，这种事例在现实生活中并不少见。选择以银行存款作为理财方式的人，无非是想让自己有一个很好的保障，但事实上，把钱长期存在银行里是最危险的理财方式。

通常，人们对于有人之所以能够致富，较正面的看法是将其归于别人比自己努力或者他们克勤克俭，较负面的想法是将其归于运气好或者从事不正当或违法的行业。但人们万万没想到，真正造成他们无法致富的，是他们的理财习惯。因为人与人的理财方式不同，有的人的财产多是存放在银行里，有的人的财产多是以房地产、股票的形式存放。

一位成功的企业家曾对资金进行了生动的比喻："资金对于企业如同血液与人体，血液循环欠佳导致人体机理失调，资金运转不灵造成经营不善。如何保持充分的资金并灵活运用，是经营者不能不注意的事。"这话既显示出这位企业家的高财商，又说明了资金运动加速创富的深刻道理。

其实，经营者最初不管赚到多少钱，都应该明白俗话所讲的"家有资财万贯，不如经商开店""死水怕用勺子舀"的道理。生活中人们都有这样的感觉，钱再多也不够花。为什么？因为"坐吃山空"。试想，一个雪球，放在雪地上不动，它永远也不可能变大；相反，如果把它滚起来，就会越来越大。钱财亦是如此，只有让它流通起来才能赚取更多的利润。

著名的石油大王洛克菲勒从小便懂得以钱生钱的道理。

洛克菲勒的父亲从他四五岁的时候就让他帮助妈妈提水、拿咖啡杯，然后给他一些零花钱。他们还把各种劳动都标上了价格：打扫10平方米的室内卫生可以得到半美分，打扫10平方米的室外卫生可以得到1美分，为父母做早餐可得到12美分。

他还到父亲的农场帮父亲干活，帮父亲给一头奶牛挤奶、跑运输，包括拿牛奶桶，都算好账。

但这样辛苦挣得的钱，洛克菲勒并不是将它们小心地储蓄起来。他把自己劳动所得的50美元贷给了附近的农民，说好利息和归还的日期之后，到了时间，他就毫不含糊地收回53~75美元的本息。这令当地的农民觉得不可思议：这样一个小孩居然有这么强烈的商业意识。

要想拥有金钱，不但要学会储蓄理财，同时还要学会以钱生钱。在学会"节流"的同时，更重要的是学会"开源"，让资金流动起来。

从经济学的角度看，资金的生命就在于运动。资金只有在进行商品交换时才产生价值，只有在周转中才产生价值。失去了周转，不但不可能增值，而且还失去了存在的价值。如果把资金作为资本，合理地加以利用，就能赚取更多的钱。

当然，从事经营，风险是时刻存在的。古人讲："祸兮福所倚，福兮祸所伏。"赢利是与风险并存的。在金钱的滚动中，在资本的运动中，发挥你的才智，开启你的财商，你就有可能成为新的富豪。

## 虚荣浮华，幸福却在减少

四月的洛阳城，开满了雍容华贵的牡丹，四面八方的人们纷至沓来，只可惜，花开花落，终究摆脱不了一岁枯荣的命运。人们的虚荣正如那一时的争艳，忘我地享受着众人的目光，过后将是无尽的冷遇。

花开到荼蘼，就会影响之后果实的生长，甚至成为无果之花。虚荣岂不同样如此？在花开之后却没有果实作为回报。还记得中学语文课本中的那篇《项链》吗？马蒂尔德为了在舞会上让自我的虚荣心得到满足，于是向富贵的朋友借了一条"价值不菲"的项链作为装饰。她成功了，在舞会上她成为全场的焦点，大放异彩。然而大喜之后的大悲却让她始料未及，项链在舞会结束之后丢失了。马蒂尔德用尽了余生的精力，只是为了偿还朋友的这条项链。

谁知命运弄人，原来这条"价值不菲"的项链居然是假的。在弄清事实之后，马蒂尔德也已年老沧桑。

莫泊桑用他那短小精悍的文章告诫人们虚荣心的可怕，它就像蛀虫一样侵蚀着人们的身心。很多年轻貌美的女性，让自己的青春败落在衣着的鲜亮之中。她们没有身心的修养，没有文化的充实，没有灵魂的洗涤……有的只是光鲜亮丽的外表。这样的女性在容颜渐失之后又有什么收获呢？虚荣带给自己一时的光彩，却让自我丧失了一世的聪慧。

在一个由鸟儿建立起的王国里，每只小鸟都认为自己比其他鸟儿漂亮，它们也常常因此而争吵不休。一天，上帝由于受不了这样的吵闹，于是就宣布："我要在你们中间选出一只最美丽的作为鸟王！在此之后不得有任何一只鸟儿再为美丽而喋喋不休！"

小鸟们为了争夺王冠而修整着自己的羽毛，直到打扮得十分漂亮为止。这时候，在河边徘徊的乌鸦也想要坐上鸟王的宝座。于是它捡起了其他鸟儿落下的羽毛，插在了自己身上。等到美丽的羽毛插满了全身之后，乌鸦探着头往河里一看："天哪！我居然也变成一只美丽的小鸟啦！"

选举的日子终于来临。在诸种鸟儿之中，乌鸦显得格外引人注目。上帝问乌鸦："你是什么鸟类啊？竟然如此漂亮，我决定封你为王。"乌鸦听到这句话后兴奋不已。然而，就在这个时候，鸟儿们发出了异议。一只鸟发现乌鸦的身上插着自己的羽毛，于是就上前将其拔下。之后又有其他的鸟儿接连地从乌鸦身上拔下了自己的羽毛。到最后，乌鸦全身又是一片漆黑。乌鸦羞愧无比，匆忙地躲进树丛中去了。

本来想要炫耀自我，结果却失了身份。乌鸦在无趣之中现了原形，最终成了整个鸟王国的笑柄。就像乌鸦身上的彩色羽毛一样，虚荣一旦被暴露，丢失的不仅是外表，而且是自我的尊严。莎士比亚说："爱好虚荣的人，用一件富丽的外衣遮掩着一件丑陋的内衣。"这不正是乌鸦的所作所为吗？

与其为了虚荣而注重于外表的修饰，还不如潜下心来充实自我的心灵。伟大的寓言家伊索就说过："向往虚构的利益，往往会丧失现在的幸福。"在期望不可能的尽善尽美的同时，人们反而会失去本可得到的美好的东西。花开是美丽的，但是过于盛艳很可能就会一无所有。生活中的我们当然也不能为了博得他人一时的赞美而丢失了精神中最可贵的真挚，不能让虚荣占了上风。

## 把赚钱当作乐趣，而不是负担

我们要赚钱，要理财，要掌控金钱，这都是因为金钱能让我们生活得更好。我们不是为了赚钱而赚钱。再多的金钱也仅仅是手段，把日子过好才是我们的目的。

星云大师曾经说过一句话："有钱是福报，会用钱才是智慧。"很多人想要财富，为此不惜使自己成为了赚钱的工具。很多人拥有财富，却不知道如何将这份福报转化为能滋润到自己和他人的甘霖。

每个人都希望拥有自己的房子，但如果不能和至爱的人住在一起，别墅也就没有了家的感觉；每个人都希望拥有自己的田产，但若不在其中播撒种子，一块荒地也就失去了存在的意义；每个人都希望能拥有巨额的财富，但如果只是紧紧握在手中而不使用，一张永远不能支取的存折的价值又在哪里呢？

从前，有一对兄弟，他们自幼失去了父母，相依为命。他们俩终日以打柴为生，生活十分艰苦。即便如此，兄弟俩也从来没有抱怨过，他们起早贪黑，一天到晚忙得不亦乐乎。而且，哥哥照顾弟弟，弟弟心疼哥哥，生活虽然艰苦，但过得还算舒心。

上帝得知了他们兄弟俩的情况，为他们的亲情所感动，决定下界去帮他们。清晨时分，上帝来到兄弟俩的梦中，对他们说："远方有一座太阳山，山上撒满了金光灿灿的金子，你们可以前去拾取。不过路途非常艰险，你们可要小心！并且太阳山温度很高，你们一定要在太阳出来之前下山，否则，就会被烧死在上边。"说完，上帝就不见了。

兄弟俩从睡梦中醒来，非常兴奋。他们商量了一下，便启程去了太阳山。一路上，他们不但遇到了毒蛇猛兽、豺狼虎豹，而且天空中狂风大作、电闪雷鸣。兄弟俩咬紧牙关，团结一致，最终战胜了各种艰难险阻，来到了太阳山。

兄弟俩一看，漫山遍野都是黄金，金灿灿的，照得人睁不开眼。弟弟一脸的兴奋，望着这些黄金不住地笑，而哥哥只是淡淡地笑。

哥哥从山上捡了一块黄金，装在口袋里，下山去了。弟弟捡了一块又一块，就是不肯罢手。不一会儿整个袋子都装满了，弟弟还是不肯住手。此时，太阳快出来了，可是弟弟仍在不停地捡。

一会儿，太阳真的出来了，山上的温度也在渐渐升高。这时，弟弟才慌了神，急忙背着黄金往回跑，无奈金子太重，压得他根本跑不快。太阳越升越高，弟弟终于倒了下去，被烧死在太阳山上。

哥哥回家后，用捡到的那块金子当本钱，做起了生意，并且时常资助身边需要帮助的人。后来哥哥成了远近闻名的大富翁和慈善家，可弟弟永远留在了太阳山。

这个故事中，弟弟因贪得无厌而命丧黄泉，哥哥却因"不贪"享受到了财富带来的福报。

金钱是人们满足自身物质需求的重要手段，常人对金钱的渴望就如同对物质享受的贪恋。人人都想"拥有"，这无可厚非，但问题在于多数人的欲望没有止境，填饱了肚子，又求珍馐；娶了娇妻，又想美妾；有了房舍，又求豪宅；谋得一职，又求升官；得到千钱，又求万金……宝贵的一生就在这无止境的追求中，苦恼地度过了。

我们要过好日子，就要冷静地面对金钱，控制你对金钱的欲望，在你人生的各个阶段，制订好你的用钱计划是非常必要的和重要的，另外还要进行投资，用钱来赚钱。等你的财富积累到一定程度后，你的资产将会为你带来源源不断的财富。此时，你可以得意地说："我是金钱的'总司令'。"既然是金钱的主人，那就理所当然地让金钱为你工作，你也可以做许多有益于大众、有益于社会的事。

## 把钱花在最需要的地方

居家过日子，同样的钱，会买和不会买相差很多。这里就存在一个如何花钱的问题，你希望你的资金得到最大限度的利用吗？只有在恰当的时间买到适合自己的物品才能算是把钱花对了地方。只有学会花钱，把钱花在最需要的地方，你才会发现情况会大有不同。

要想做到把钱花在刀刃上，那么对家中需添置的物品做到心中有数，经常留意报纸的广告信息。比如：哪些商场开业酬宾，哪些商场歇业清仓，哪里在举办商品特卖会，哪些商家在搞让利、打折或促销等活动。掌握了这些商品信息，再有的放矢，会比平时购买实惠得多，如果你没有事先准备，想想你口袋中的钱，还能办那么多的事吗？

要培养节俭的习惯，但同时也要注意绕开节俭的沼泽地。

"没有投资就没有回报""小处节省，大处浪费"，还有许多家喻户晓的谚语都反映了错误的节约不仅无益反而有害的常识。

英国著名文学家罗斯金说："通常人们认为，'节俭'这两个字的含义应该是'省钱的方法'。其实不对，节俭应该解释为'用钱的方法'。也就是说，我们应该怎样去购置必要的家具，怎样把钱花在最恰当的用途上，怎样安排在衣、食、住、行，以及教育和娱乐等方面的花费。总而言之，我们应该把钱用得最为恰当、最为有效，这才是真正的节俭。"

## 用平和的心态发掘你的第一桶金

第一桶金是一个人将来迈向辉煌人生的奠基石，只有先掘得人生的第一桶金，才能施展你更大的抱负，才能走向人生更大的成功。因为任何一个成功者的第一桶金，都浸透着他的智慧与血汗。有了第一桶金，第二桶、第三桶就会源源不断地来了，并不是因为有了资本，而是因为找到了赚钱的方法。这时候的你，哪怕这第一桶金全部失去了，也有十足的信心与能力重新找回。曾经有这样一则故事：

吕洞宾看见一个乞丐可怜，就在路边捡了一块石头，用手指一点，那块石头就变成了金砖。他将这金砖递给乞丐，却遭到了乞丐的拒绝。吕洞宾奇怪地问乞丐："你为什么不要金砖？"乞丐的回答却是："我想要你那根点石成金的手指。"

第一桶金的意义就在于此，不仅赚了钱，更重要的是找到了赚钱的方法。

赚取第一桶金的过程，实际上就是将普通手指变为点石成金的金手指的过程。创业已经成功的人，他的经历和素质本身就是一笔财富，他可能会失败，导致负债累累，但只要心不死，可以肯定他会成功的。

　　赚取你的第一桶金很重要，它能为你以后事业的发展打下坚实的基础。

　　有背景、有资金、有个富爸爸自然能够解决"第一桶金"，这样的创业者是幸运的。而多数胸怀壮志、身无分文，凭着知识、智慧、毅力和信心去创业的创业者如何获得"第一桶金"就显得至关重要。

　　由于总想尽早挖到"第一桶金"，许多人往往是心浮气躁、怨天尤人，甚至为此而悲观失望，碰上不愿慷慨投资的有钱人更是怨气冲天。其实大多数人的金钱都是来之不易的，所以越有钱的人就越知道赚钱的艰难。创业者应该更多地去挖掘、设计如何自力更生的方法，获取创业所需要的"第一桶金"。

　　创业是一个长期的艰苦过程，不可能在很短的时间内就创造一个神话。但是，挖掘"第一桶金"越是艰难，后来创业便越容易成功。

　　年轻人有的是热情、书本知识，缺少的是经验、金钱。而金钱恰恰是创业所必需的，所谓初次创业成功，就是掘到第一桶金。有了这第一桶金，加之掘金过程中积累的经验，你的创业之路便开始步入正轨了。那么如何得到这宝贵的第一桶金呢？有各种各样的方法。也有一位成功人士说过："创业者的第一桶金往往不是那么干净。只要在法律许可的范围内，找点其他门路也未尝不可。"常言道："窍门到处有，看你瞅不瞅。精诚所至，金石为开。"

# 第三节　在诱惑中坚守，在寂寞中坚持

## 不要迷失自己

人生最重要的就是做自己。然而生活中，有很多人却在忙碌中迷失了自己，他们不断地效仿成功者的方法和模式，但往往是照猫画虎，忘记了真实的自己，忽视了自己的优势。

而聪明人从来不去询问别人，他们只做自己想做的事，做自己该做的事。当愚者为没有遵循成功者的准则而叹息时，聪明人却在轻松坦荡地依照自己的原则生活，这个原则就是："我首先是我自己，然后才向别人学习。"想要成为一个聪明的人，就要敢于做自己。

意大利著名电影演员索菲亚·罗兰，曾经为了实现自己的演员梦，16岁时就到罗马寻求发展。刚开始，她就听到许多不利于自己在演艺界发展的议论。有的说，她个子太高，臀部太宽，有的说，她鼻子太长，嘴太大，下巴太小……种种议论都表明了一个事实，那就是：她的形象根本不适合做一个电影演员。然而，索菲亚不在意这些，她依然坚持自己的人生追求。

不过，幸运的是制片商卡洛看中了她，带她去试了许多次镜头。但摄影师们也都抱怨无法把她拍得美艳动人，因为她的鼻子太长，臀部太"发达"了。于是，卡洛对索菲亚·罗兰说："如果你真想干这一行，就得把鼻子和臀部'动一动'，做一次整容手术。"

索菲亚·罗兰是个有自己主见、不愿意随波逐流的人，她断然拒绝了卡洛的要求。她决心不靠自己的外表而靠内在的气质和精湛的演技来取胜，并理直气壮地说："我为什么非要长得和别人一样呢？我知道，鼻子是脸庞的中心，它赋予脸庞以个性，我就喜欢我的鼻子，必须保持它的原状。至于我的臀部，那也是我的一部分，我只想保持我现在的样子。"

索菲亚·罗兰没有因为别人的议论而停下自己奋斗的脚步，她将压力化成了动力。1961 年，索菲亚·罗兰获得了奥斯卡最佳女演员奖，她成了世界著名影星。

随着索菲亚·罗兰事业上的不断成功，那些有关她"鼻子长，嘴巴大，臀部宽……"的议论都销声匿迹了。在20 世纪末，耄耋之年的索菲亚·罗兰被评为本世纪"最美丽的女性"之一。

索菲亚·罗兰把自己的成就归功于她坚持做自己："我谁也不模仿。我不去奴隶似的跟着时尚走。我只要做我自己。""当你把自己独有的一面展示给别人的时候，魅力也就随之而来了。"

索菲亚·罗兰的成功正是因为她敢于做自己，面对别人的嘲弄和各方面的压力，她并没有听从别人的意见而抱怨自己的长相，相反，她决心依靠演技来征服观众，经过不懈的努力，她终于成功了。

聪明人就是敢于做自己、坚持做自己的人。每一个人都是一个独特的个体，个人魅力和气质是自己最大的优势，是别人所难以模仿的。我们每一个人都是这个世界上的唯一，谁都无法代替。人只要坚持做自己，走自己的路，做自己想做的事，坚持下去，就能获得属于自己的成功。因为只有敢于活出自我本色的人，才能真正成为生命的主角，成为自己命运的主宰。整天随波逐流、人云亦云的人是很难有杰出成就的。古语说得好："刻鹄不成尚类鹜，画虎不成反类犬。"

每一个人都要敢于选择做真实的自己，放弃抱怨，放弃在意别人的言论，走自己的路。这条路，也许热闹，也许冷清，也许寂寞，也许快乐。走在路上，需要的不仅是不败的意志，更需要有不屈的勇气。我们一定要懂得经营自己的人生，把自己的人生打拼得有声有色，活出自己真实的风采。

## 永远笑对生活

人在什么时候最有魅力？就是在微笑的时候。

微笑是一种富有感染力的表情，它证明一个人内心不带虚伪的自然喜悦，这种好的情绪马上会影响到周围的人，给他人留下一个良好的第一印象。

现实生活中，许多人都意识到了服饰仪容对自己社交、办事的重要性，所以，出门前我们总是要对着镜子特意整理一番，看头发是否凌乱、领带是否平整、化妆是否恰到好处，唯恐因衣着和妆饰的不雅而被人轻视。然而，我们也不能忽略另一种重要的魅力，那就是微笑，因为微笑是一个人最好的化妆品。

说到这里，我们就不能不提到以微笑服务冠名于全球的希尔顿酒店。

希尔顿于 1887 年生于美国新墨西哥州，他的父亲去世的时候，只给年轻的希尔顿留下 2000 美元的遗产。加上自己的 3000 美元，希尔顿只身去了得克萨斯州，买下了他的第一家旅馆。

当旅馆资产增加到 5100 万美元的时候，他欣喜而自豪地告诉了他的母亲。但是，母亲却淡然地说："依我看，你和从前根本没有什么两样，事实上你必须把握比 5100 万美元更值钱的东西。除了对顾客诚实之外，还要想办法使每一个住进希尔顿旅馆的人住过了还想再来住，你要想一种简单、容易、不花本钱而行之有效的办法去吸引顾客，这样你的旅馆才有发展前途。"

希尔顿听后，苦苦思量母亲严肃的忠告：究竟什么"法宝"才能具备母亲所指示的"一要简单，二要容易做，三要不花本钱，四要行之可久"呢？终于希尔顿想出来了——这个法宝就是微笑。只有微笑具备这四大条件，也只有微笑能发挥如此大的效力！于是希尔顿要求员工无论如何辛劳都必须对旅客保持微笑。他确信：微笑将有助于希尔顿旅馆世界性的发展。

希尔顿开会时经常这样对自己的员工说："缺少微笑，就好比花园里失去了春天的太阳和春风。如果我是顾客，我宁愿住进那虽然只有残旧地毯，却处处见到微笑的旅馆，而不愿走进只有一流设备而不见微笑的地方……"

现在，希尔顿旅馆已经吞并了号称为"旅馆大王"的纽约华尔道夫的奥斯托利亚旅馆，买下了号称为"旅馆之后"的纽约普拉萨旅馆。与此同时，他的名言："你今天对客人微笑了吗？"也在世界各大旅馆流传开来。

微笑是希尔顿旅馆最宝贵的无形资产，也是它制胜的魅力所在。希尔顿的成功，就是从微笑服务开始的。中国古人说："人无笑脸莫开张。"希尔顿的成功为这句话作了十分精彩的佐证，再将这句话套用一下，那就是"为人处世要微笑"。

因为微笑是人类最好的表情，是一句世界通用语，是一把打开心扉的万能钥匙：教师对学生微笑，学生就会自信；护士对病人微笑，病人就会心情愉快；就连警察向犯错的的哥微笑，的哥也愿意挨罚。

其实，生活中最廉价也最为珍贵的礼物便是笑，因为它让我们的生活充满阳光，身心愉悦。

## 好心态要守住

拿破仑·希尔说："把你的心态放在你所想要的东西上，使你的心远离你所不想要的东西。对于有积极心态的人来说，每一种逆境都含有等量或者更大利益的种子，有时，那些似乎是逆境的东西，其实往往隐藏着良机。"微笑面对生命的一切，永远积极地生活，这才是每个人都应该拥有的人生态度。

1995 年，胡桂萍从武汉国棉三厂下岗了。要离开干了15 年，留下自己青春年华的工厂，胡桂萍心中十分难过。过惯了平和稳定的生活，突然要面对这个陌生的社会，无助和忧虑感油然而起。胡桂萍不禁流下了辛酸的眼泪，但是她并没有因此一蹶不振，她相信依靠自己的双手能够为自己创造出美好的生活。为了生计，她曾经在街头摆地摊，到鄂州、成都等地租柜台、打工。几年下来，吃了很多苦，赚了很少钱。1999 年的一天早上，她上街买菜，看见一名擦鞋女，半小时擦了 5 双鞋，赚了 5 元钱。她心头一动：如果能在一个热闹的地方，开个专门擦鞋的小店，让顾客擦鞋的同时也能舒服地歇一下脚，还不用担心刮风下雨的天气，生意一定会不错。

1999 年 4 月 20 日，胡桂萍筹划的全国第一家室内擦鞋店在武汉成立了。胡桂萍在店门口摆了一个纸箱，把一张 5毛钱的纸币贴在箱子上，由顾客自主投币，表明本店擦鞋只收 5 毛钱。她的诚意让人们对她很是信任，进店擦鞋的人逐渐多了起来。

胡桂萍很会把握顾客的需要。她看到有的顾客鞋坏了，想在店里修一修，有的想擦完鞋以后换双鞋垫。她由此发现擦鞋这个不起眼的行当潜伏着巨大的商机，根据顾客需求，她购置了修鞋设备和鞋油、鞋垫等配套用品，还推出皮衣皮包护理、足部按摩等系列服务项目，这些新项目都很受顾客欢迎，擦鞋店的生意一天比一天红火。如今在她的擦鞋公司，除擦鞋外，还生产销售鞋油、鞋垫、耐磨贴、修脚器、干脚器等和脚有关的产品。2000 年 8 月，武汉翰皇一元擦鞋有限公司成立。现在，胡桂萍已在全国 50 多个城市，开了 1000 多家连锁店，她成为中国第一个开着轿车的擦鞋女皇。

就像面对失败一样，对于有坏心态的人来说，它是烈火冰窟，它是凛冽的北风，令自己望风而逃、一蹶不振；但对于有好心态的人来说，没有什么事不能办到。常言说，否极泰来，绝处逢生，这正是在挫折与失败时磨炼自己的好机会。

守住好心态才能一生幸福，才能在生活中获得你所想要的一切。或许你不敢相信自己的心态能价值无限，但你要知道，如果你能保持一个良好的心态，放弃不良的心态，你的世界就会完全改观。在我们的生活中，桑叶能变成丝绸；黏土能变成堡垒；树木能变成殿堂；生铁能变成飞机、大轮船；等等。如果桑叶、黏土、树木、钢铁经过人的改造，它们可以成百上千倍地提高身价，那么，你为什么不能让自己身价百倍呢？

人们在生命过程中，参与着一场场较量，计较着一次次输赢，但生命终结时还是两手空空地离开这个世界。宇宙无限，时间无限，而你的生命是有限的，输输赢赢，不过是尘世中张贴的虚华。得到与失去，放弃与拥有，不过是组成你人生的一幕又一幕。你要以一个良好的心态去看待、去面对输赢，才不会过喜或过悲，才不会为名誉所累。没有真正的输赢人生，你总能找到自己赢的一面，也总能找到自己输的一面。

每一个生命都有自己的尊严、价值和光泽，学会守住好心态，一定会有收获！

## 成功有时需要等待

在漫长的人生旅途中，总有一段除了等待以外再也没有办法可以通过的阶段。人的能力是有限的，总会碰到好多事情，自己没有能力解决而无可奈何，为了更好地生存和发展，在这个阶段，我们必须等待。人生没有过不去的坎，遇到不顺利的事情，如果无法改变，我们就需要暂时的等待。

蛹只有经过等待破茧，才能化为漂亮的蝴蝶。人生何尝不是如此呢？煎熬、磨炼、挫折、困难……这些都是成长的必然过程与代价。只有经过等待，才能体会到快乐的来之不易，才能体会战胜困难的喜悦，才能变得更加坚强，才能更好地领会人生的意义。

一条小河，此岸遍布荒草和荆棘，彼岸却繁花似锦，鸟鸣嘤嘤。此岸有几条毛毛虫，非常向往彼岸，它们抱怨它们的母亲为啥把它们降生在这种鬼地方。蝴蝶母亲说："你们知道吗，出生在这边比那边更安全。要想到彼岸，一定要等到长大，现在还不是时候。"毛毛虫们都不以为然，只有一只例外。

一天，一个男孩在小河里游泳，出于好奇，游到此岸。几条毛毛虫迫不及待地爬到男孩头上，想乘机到彼岸去。不想男孩返回时，在下水的瞬间，发现了头上的异样，三两下就弄死了那几条毛毛虫。

　　不久，彼岸又游过来几只鸭子，又有几条毛毛虫蠢蠢欲动，想借助鸭子到达对岸，尽管这种尝试异常危险。但它们还是瞅准机会，落在几只鸭子的身上。鸭子们起初并不知道。就在毛毛虫们暗自得意的时候，鸭子们发现了彼此身上的美味，接下来就是饱餐一顿。

　　尽管如此，剩下的毛毛虫对彼岸的向往并未消失。它们仍然在寻找机会。机会终于来了。一日，河里起了大风，风向竟是从此岸吹向彼岸。毛毛虫们纷纷爬上落叶。落叶顷刻就被风吹到河里，这正是它们想要的：以叶为舟，渡过河去。但不幸，风太大，那些树叶都被掀翻了，毛毛虫们都被淹死了。

　　那唯一听妈妈话的毛毛虫，慢慢长大，变成一只蝴蝶，飞过河，到达了美丽的彼岸。

　　确实，人生并非处处顺利平坦，不总是莺歌燕舞，反而常会伴随着几多不幸，几多烦恼。一旦遭遇不顺和困难，我们就需要慢慢等待，毕竟，胜利的喜悦和醇厚的美酒，都是需要时间的积淀才能享受的。

　　梅花斗艳，独立寒枝，是在等待春天；雨声潇潇，花木入梦，是在等待晨曦；江河咆哮，一泻千里，是在等待入海；鹰立如睡，虎行似病，是在等待出击。

　　所以，等待不是无所作为，而是为了有所作为。因此我们必须放弃等待中无所事事的埋怨，学会积极地等待，学会用等待驱散黑暗，用等待走出逆境，用等待迎接命运的每一次挑战。

　　等待，是静候时机的自然成熟，它不存在一丝的侥幸，更不需无所事事的埋怨，它只需要平心静气。有时候，有些事情，我们必须慢慢等待。

# 成为金钱的主人

古语说得好，君子爱财，取之有道，用之有度，这是一种对待金钱应该有的正确态度。生活在经济社会中，我们需要金钱，但是我们要做金钱的主人，不能被金钱所役使。金钱固然可以换取诸多物质享受，可不一定能换取真正的开心与幸福。

一个富翁忧心忡忡地来到教堂祈祷后，去请教牧师。

"我虽然有了金钱，但我感觉不到幸福，我甚至不知道应该用我的金钱做些什么？它能买来欢乐和幸福吗？"

牧师让他站在窗前，看外面的街道，富翁说："我看到来来往往的人群，感觉很好。"

牧师又把一面很大的镜子放在他面前，富翁说："我看到了自己，我很忧愁。"

牧师语重心长地对他说："是啊，窗户和镜子都是玻璃制作的，不同的是镜子上镀了一层水银。单纯的玻璃让你看到了别人，也看到了美丽的世界，没有什么阻拦你的视线，而镀上水银的玻璃只能让你看到自己，是金钱阻挡了你心灵的眼睛，你守着你的财富，就像守着一个封闭的世界。"

富翁听罢，顿悟。

从此以后，他总是尽可能多地去资助那些困难的人，而得到帮助的人则用无尽的感激和祝福报答他。由此，富翁也感到了从未有过的快乐和幸福。

富翁找回了属于自己的幸福，是因为他明白了金钱不等于幸福，有些东西是无法用金钱买来的。"金钱永远只能是金钱，而不是快乐，更不是幸福。"这是希尔的一句名言。

在当今物欲横流的社会中，金钱可以换取各种各样的物质快乐，没有金钱寸步难行，但金钱并不一定能买到所有的东西，比如幸福，因为幸福是每个人的内心感受，而金钱只能买到身外之物。

有一个大富翁，家有良田万顷，身边妻妾成群，可是日子过得并不开心。挨着他家高墙的外面，住着一户穷铁匠，夫妻俩整天有说有笑，日子过得很开心。一天，富翁的小老婆听见隔壁夫妻俩唱歌，便对富翁说："我们虽然有万贯家产，但是还不如穷铁匠开心！"富翁想了想笑着说："我能叫他们明天唱不出声来！"于是拿了两根金条，从墙头上扔过去。

打铁的夫妻俩第二天打扫院子时发现不明不白的两根金条，心里又高兴又紧张，为了这两根金条，他们连铁匠炉子上的活儿也丢下不干了。男的说："咱们用金条置些好田地。"女的说："不行！金条让人发现，别人会怀疑是我们偷来的。"男的说："你先把金条藏在坑洞里。"女的摇头说："藏在坑洞里会叫贼娃子偷去。"他俩商量来，讨论去，谁也想不出好办法。从此，夫妻俩吃饭不香，觉也睡不安稳，以往的快乐再也没有了。

打铁的夫妻俩原本过得虽清贫但还算是幸福，然而拥有了金条并没有使他们得到幸福，因为他们被金钱所累没有能真正成为金钱的主人。太在意金钱，反而变成了金钱的奴隶。

金钱够用则已，毅然拒绝诱惑，这才是智慧。否则，盲目地追求只能让自己背上沉重的包袱，累得喘不过气来。人的一生当中，享受生命比追求财富更重要。人要在有限的生命进程中尽量让自己活得富裕一些，但是不可不择手段地获取财富，承担风险的享受远不如心安理得的清贫日子安逸。

因此，放弃那些使我们的生命过分沉重的金钱欲望，更不要做金钱的奴隶，才能使金钱为我所用，为自己服务，我们才能真正成为金钱的主人。

## 卸下人生中不必要的负累

生命之舟需要轻载，太多的行李不仅使我们筋疲力尽，而且也会使生命之舟不堪负重，甚至有负载沉没的危险。然而，很多人却忽略了这一点，总是在寡情中悲伤，在失意中哀叹，使自己平白地添了许多心事。这样的人背着超负荷的行李上路，重担压弯了肩膀，使自己透不过气来，在人生的路上非但不能加快步伐，反而会越来越吃力。

只有卸下不必要的负累，轻装上阵，我们才能有更多的精力去体会生活中的美好。

有一个寡妇，为了抚养年幼的儿子，辛辛苦苦地教书赚钱。儿子长大成人后，又被送到美国留学。完成学业后，儿子在国外娶妻生子，建立了美满的家庭和辉煌的事业。

寡妇为此欣慰不已，打算退休后前往美国与儿子一家人团聚。于是，她在距离退休不到三个月的时候，赶紧给儿子写了一封信，说明了自己的想法。信寄出后，她一面等待儿子的回音，一面把产业、事务逐一处理。

不久，她接到儿子的回信。信一打开，有一张支票掉落下来，她捡起来一看，是一张 3 万美元的支票。她觉得很奇怪：儿子从来不寄钱给她，而且自己就要到美国去了，怎么还寄支票来？莫非是要给她买机票用的？她心中涌上一丝喜悦，赶紧去读信。只见信上写道："妈妈，我们经过讨论，还是决定不欢迎你来美国同住。如果你认为你对我有养育之恩，以市价计算，为 2 万多美元，现在我给你寄上一张 3 万美元的支票，希望你以后不要再写信打扰我们了。"

寡妇的一颗心由欣喜的巅峰，坠入了痛苦的谷底。自己辛辛苦苦地抚养儿子，就换来了如此的忘恩负义。她老泪纵横，只觉得一生守寡，到头来老年凄凉，如风中残烛，她难以接受这个事实。

她心情沉重，几乎难以自拔。一天下来，她就苍老了很多。望着红彤彤的夕阳，她忽然有所觉悟：自己一生劳碌，没有一天轻松地生活，而退休后，将无事一身轻，何不出去透透气？如此一想，她就振作起来，为自己规划了一趟环游世界之旅。

世界之旅非常愉快，于是她又寄了一封信给她的儿子："你要我别再写信给你，这封信就当作是以前所写信的补充好了。我用你寄来的支票规划了一次成功的世界之旅。感谢你让我懂得放宽自己的胸襟，让我看到天地之大，自然之美。"

我们经常听到老人因为子女不孝而痛苦不堪的故事，这些子女的行为的确令人发指，但是作为父母，如果看不开，必然心中怒不可遏，一旦怒气难消，必因怨恨攻心而生病，病倒后死去，这又有什么意义可言？反过来我们再看看故事中的这个老妇人，她是多么的明智，生命之舟已然负重，又何必和自己过不去，让它更加沉重，直至超载？

人生本来就是一个背负行李前去旅行的愉快而放松的过程，这就需要你在一个个驿站里卸去人生的旧行李，丢弃那些不必要的负累，这样人生才不至于太沉重和痛苦，这样才能真正地欣赏和享受自己的人生。

## 名不可简成，誉不可巧立

墨子在《修身》篇中说："名不可简成也，誉不可巧而立也。"意思是成就事业要能忍受孤独、潜心静气，才能深入"人迹罕至"的境地，汲取智慧的甘饴。如果过于浮躁，急功近利，就可能适得其反，劳而无功。

急于求成是许多人身上常见的败因，它就是造成人们做事目的与结果不一致的一个重要原因。《论语·子路》中有一句话："欲速则不达。"意思是说一味主观地求急图快，违背了客观规律，造成的后果只能是欲速则不达。一个人只有摆脱了速成心理，一步步地积极努力，步步为营，才能达成自己的目的。

邓亚萍小时候因为个子很矮，被省乒乓球队以"个子太矮，没有发展前途"为由退回，这让邓亚萍深受打击，但她没有认输，而是谨记爸爸的话："先天不足后天补，只要有特长和扎实的基本功，何愁不会脱颖而出！"从此，她开始了更加刻苦的训练。

当时，郑州市乒乓球队的条件十分艰苦，连一个固定的训练场地都没有。邓亚萍和她的队友们一开始在一间暂时不用的澡堂里练球，后来又转移到一个小学的礼堂，最后才搬到市体育场靶场二楼的训练房。夏天，训练房里的温度非常高，可队员们在里面一待就是一整天，挥汗如雨，连衣服都湿透了。冬天，室内十分寒冷，队员们的双手常常肿得像个面包，甚至开裂。

无论训练多么严格、条件多么艰苦，全队年纪最小、个头最矮的邓亚萍都咬牙坚持下来，甚至比别人做得更出色。训练房离邓亚萍的家不远，但她从不擅自回家，她那不服输的拼劲，让很多比她大的队员都自叹不如。正是在这里，邓亚萍练出了"快、怪、狠"的战术，那就是正手球快、反手球怪、攻球狠，这成了她以后最突出的打球风格。

功夫不负有心人，邓亚萍的努力得到了丰厚的回报。1988年，15岁的邓亚萍在国际、国内各项大赛上所向披靡，并夺得了第六届亚洲杯乒乓球比赛的女子单打冠军。

进入国家队后，邓亚萍依然保持着勤奋、刻苦的精神。

平时，队里规定上午练到 11 点，她给自己延长到 11 点 45 分；下午训练到 6 点，她练到 6 点 45 分或 7 点 45 分；封闭训练时晚上规定练到 9 点，她练到 11 点。一筐 200 多个训练用球，邓亚萍一天要打 10 多筐，练一组球的脚步移动，相当于跑一次 400 米，邓亚萍的一堂训练课，相当于跑一次 1 万米，这还没算上数千次的挥拍动作。有人做过统计，邓亚萍平均每天加练 40 分钟，一年就比别人多练 40 天。

教练曾经做过统计，她一天要打 1 万多个球。邓亚萍每天练球，都要带两套衣服、鞋袜，湿了一套再换一套。她经常因为训练错过吃饭的时间，有时食堂会为她专设"晚灶"，但更多时候她只能用方便面对付一下。

一次次的南征北战，邓亚萍捧回了一枚枚金牌，并又一次次地把目光投向更高的目标。在 1992 年巴塞罗那奥运会和 1996 年的亚特兰大奥运会上，邓亚萍蝉联了乒乓球女子单打、双打的冠军。

1997 年，邓亚萍从她所深爱着的国家乒乓球队退役了。这时，她已经将自己的名字刻遍了世界大赛的金杯，为祖国争得了荣誉。虽然她的身高只有 1.5 米，但她却是乒坛的巨人。

一点一滴的积累，超人的付出，不服输的精神，使邓亚萍的球艺和战术不断升华，在身高上先天不足的她最终理所当然地站在了乒乓球运动的巅峰。

朱熹有一句十六字真言："宁详毋略，宁近毋远，宁下毋高，宁拙毋巧。"这告诉我们，凡事都要脚踏实地，顺应客观规律去完成，即使短暂的突击得到了瞬间的效果，但终究是不牢固的，是经不起岁月的洗礼和时间的考验的。

名不可简成，誉不可巧立。古今中外，概莫能外。门捷列夫的化学元素周期表的诞生，居里夫人发现镭元素，陈景润在哥德巴赫猜想中摘取的桂冠等，都是他们在寂寞、单调中，沉得住气，扎扎实实做学问，在反反复复的冷静思索和数次实践中获得的成就。

大道至简，知易行难。艰难困苦玉汝于成，急于求成是永远不会获得想要的结果的，只有脚踏实地才能获得最终的成功。

## 循序渐进才是做事的根本

做事情老是求快，就会追求了速度，却忘记了质量。浮躁的人就有这样的缺点，他们希望成功，也渴望成功，但在如何获得成功的心态上，却显得比常人更为急躁。

很多人虽然充满梦想，但他们不懂得如何为自己规划人生，不懂得梦想只有在脚踏实地的工作中才能得以实现。因此，面对纷繁复杂的社会，他们往往会产生浮躁的情绪。在浮躁情绪的影响下，他们常常抱怨自己的"文韬武略"无从施展，抱怨没有善于识才的伯乐。

一个忙碌了半生的人，这样诉说自己的苦闷："我这一两年一直心神不定，老想出去闯荡一番，总觉得在我们那个破单位待着憋闷得慌。看着别人房子、车子、票子都有了，心里慌啊！以前也做过几笔买卖，都是赔多赚少；我去买彩票，一心想摸成个暴发户，可结果花几千元连个声响都没听着，就没有影了。后来又跳了几家单位，不是这个单位离家太远，就是那个单位专业不对口，再就是待遇不好，反正找个合适的工作太难了！天天无头苍蝇一般，反正，我心里就是不踏实，闷得慌。"

生活中，就是常有这样的一些人，他们做事缺少恒心，见异思迁，急功近利，成天无所事事。面对急剧变化的社会，他们心神不宁，对前途毫无信心。浮躁是一种情绪，一种并不可取的生活态度。人浮躁了，会终日处在又忙又烦的应急状态中，脾气会暴躁，神经会紧绷，长久下来，会被生活的急流所挟裹。

有一个人得了很重的病，给他看病的医生对他说："你必须多吃人参，你的病才会好！"这个人听了医生的话，果然就去买了一支人参来吃，吃了一支就不吃了。

后来医生见到这个病人就问他："你的病好了吗？"病人说："你叫我吃人参，我吃了一支人参，就没有再吃了，可我的病怎么还没有好？"医生说："你吃了第一支人参，怎么不接着吃呢？难道吃一支人参就指望把病治好吗？"

故事中的病人不明白治病需要循序渐进、坚持治疗，而是寄希望于吃一支人参就能恢复健康。现实生活中，很多人也是因为不懂得坚持忍耐，只想着一蹴而就。这样的人，自然是无法触摸到成功的臂膀的。

许多浮躁的人都曾经有过梦想，却始终壮志未酬，最后只剩下遗憾和牢骚，他们把这归因于缺少机会。实际上，生活和工作中到处充满着机会：学校中的每一堂课都是一个机会；每次考试都是生命中的一个机会；报纸中的每一篇文章都是一个机会；每个客户都是一个机会；每次训诫都是一个机会；每笔生意都是一个机会。这些机会带来教养、带来勇敢，培养品德，带来朋友。

脚踏实地的耕耘者在平凡的工作中创造了机会，抓住了机会，实现了自己的梦想；而不愿俯视手中工作，嫌其琐碎平凡的人，在焦虑的等待机会中，度过了并不愉快的一生。

## 不要舍近求远，机遇就在你身边

现实生活中，很多心浮气躁的人总喜欢放眼向远处望去，总认为远处的东西好，其实俯身向下看，最好的东西就在你的脚下。舍近求远就是忘记眼前，只看遥远不可及的地方，反而会把眼前的机遇错过，白费工夫。

不要以为机会随时都在等着你，我们多数人的毛病是，当机会朝我们冲奔而来时，我们兀自闭着眼睛，很少有人能够去主动追寻自己的机会，甚至在绊倒时，还不能见着它。

在森林中，一只饥肠辘辘的狮子正在觅食，它看到一只熟睡中的野兔，正想把兔子吃掉时，却又看到了一只鹿从旁边经过，狮子想，鹿肉要比兔肉实惠多了，便丢下兔子去追捕鹿。但无奈，狮子因为太过饥饿，体力不支，没有追上鹿。

等它放弃，回到原地找兔子的时候，兔子也不见了，狮子难过地说："我真是活该，放着眼前的食物不吃，偏要去追鹿，结果这两样都没有得到。"

机会就摆在狮子的面前，它只要一张嘴就可以吃到美味的食物，可是它偏偏放弃，而去追捕难以得到的猎物。这个世界上，不是有很多像狮子这样的人吗？他们放弃眼前的事物，去追寻虚无缥缈的东西，最终等他们醒悟，回过头来的时候，曾经摆放在眼前的东西，也早已经不见了。

小张是一名外企职员，他兢兢业业，工作十分努力，业绩提升得很快，部门经理十分欣赏他，打算提拔他为部门副经理。可是小张却有自己的打算，他觉得在这家公司已经发展到了尽头，再待下去也没有多大意思了，便想着跳槽。

在有了跳槽这个念头后，小张对工作便没有以前上心了，隔三岔五地请假去面试，工作还老出错。后来，经理看到他这样，便打消了提拔他的念头。

在得到了一家非常小的公司的应聘回复后，小张把辞职信放在了经理的面前。

经理看着小张，平静地从抽屉里拿出了一个文件，小张打开一看，大吃一惊，原来是经理推荐小张当副经理的文件。此时的小张后悔不迭。

因为浮躁，小张总想去外面寻找发展机会，却忽视了眼前的机会，导致机会白白溜走。现实生活中，太多的人终其一生千辛万苦地去寻找这个合适的机会，为了他们可以拥有光荣的时刻。然而眼前的机会他们却看不见。

因此，我们要沉住气，强化机遇意识，把握机遇、善待机遇，并学会创造机遇。

## 人生之路分阶段，到啥阶段唱啥歌

知名企业家李开复在自己的创业论坛中曾表示：成功很大程度要顺应现实，要在正确的时候做正确的事情。李开复的这番感言可谓是对时下很多年轻人最实在的忠告。

近年来，网络上充斥着八零后的"普遍焦虑"：最年长的一批八零后早已迈入而立之年，他们感叹自己前途渺茫，悲哀自己竟成了"房奴""卡奴"等新一代被剥削阶层，自嘲是"最不幸的一代"。他们从消费者转变为生产者，由聚光灯下的绝对主角转变为荧幕前的观众——身处这个人生阶段，压力自然倍感沉重。因而，八零后的不满是可以理解的，其言论也恰好印证了八零后的社会转型。

然而他们不应忘记，每一代人的人生轨迹，都是存在不同阶段的。如今的八零后，与他们的前辈乃至后辈一样，无论生于哪个时代，到了而立之年，都必须勇敢地扛起家庭与社会的重担，都必须走过这从懵懂到稳重、从依赖他人到自力更生的一段路。虽然世事变迁，眼下的具体矛盾与老一辈面对的矛盾已有很大不同，但面对人生的方法是不会改变的："阳光总在风雨后"，"不经历风雨，怎么见彩虹"——歌词如此浅白，却也恰恰是最为实在的真理。

有这样一则发人深省的小故事：

有一天，上帝心血来潮，漫步在自己创造的大地上。看着田野中的麦子长势喜人，他深感欣慰。这时，一位农夫来到他的脚边，恳求道："全能的主啊！我活了大半辈子，从未间断过向您祈祷，年复一年，我从未停止过祈愿：我只希望风调雨顺，没有雨雪风霆，也没有干旱与蝗灾。可是无论我如何做祷告，却始终不能顺遂心意。您为何不理睬我的祈祷呢？"上帝温和地对答："不错，的确是我创造了世界，但也创造了风雨、旱涝，创造了蝗虫、鸟雀。我创造了包括你在内的万事万物，这并不是一个能事事如你所愿的世界。"

农夫听罢一言不发。突然，他匍匐到上帝的脚边，带着哭腔祈求道："仁慈的主啊，我只祈求一年的时间，可以吗？只要一年，没有狂风暴雨，没有烈日干旱，没有虫灾威胁……"上帝低头看着这个可怜人，摇了摇头，说："好吧，明年，不管别人如何，一定如你所愿。"

第二年，这位农夫看着自家麦穗越长越多，欣慰地感念上帝宅心仁厚，深察民情。然而到了收获的季节，他却发现，这些麦穗竟全是干瘪的空壳。农夫噙着眼泪望着天空："主啊，仁慈的主，全能的主，这是怎么一回事，您是不是搞错了什么？您明明答应过我……"上帝的声音在他耳边响起："我的确答应过你，我也没有搞错什么。真正的原因是，不经历自然考验的麦子只会是孱弱无能的。风雨、烈日，都是必要的，甚至虫灾也是必要的。你只看到了风雨带给麦子的生长威胁，却没有看到它们唤醒了麦子内在灵魂的事实。"

　　上帝的话是意味深长的，因为人的灵魂亦如麦穗的内在灵魂，是需要感召的。诚然，不少人希望自己永远被保护在温室里，天天衣食无忧，有人打点一切，时时风调雨顺、称心如意，恰似农夫田地里的那些麦穗。可是现实不可能是这样，也不应该是这样：在人生每一个重要阶段，唯有品尝生活的考验，人的精神才能得到磨砺，人才能逐步成熟，否则人将只能是空空如也的躯壳。

　　人们常常把人生划分为少年、成年与老年：少年时代是艺术，天马行空，无拘无束，创作自己的梦想；成人之年是工程，步步为营，稳扎稳打，建筑自己的事业；垂暮之年是历史，心怀万物，气定神闲，翻阅自己的过往。可见，无论从哪个角度审视，人生都是有其发展轨道的，没有哪一个阶段可以回避，也没有哪一个阶段能够飞越。

　　所以，社会规律无法改变——正是在这一转型期当中，人们得以从少年发展成青年，从稚拙走向成熟。在此期间，人们的经验与人脉得到了有效积累，社会现实被更好地认识与把握，人们自身，也得到了更为充分的调整。

　　因此，无论是哪个年代的人，无论处于人生的哪个阶段，人所经历的一切都是生命中不可或缺的组成部分。对于它们，我们应当勇敢正视，我们应当积极体验，不能急功近利，而是应该到什么山唱什么歌，到什么阶段就要有什么追求：年轻的时候，要用自己那股单纯与执着的力量，努力学习、奋发进取、不断拼搏；到了成年，要以老练成熟的眼光看待一切，要着力开发自己潜在的发展空间、拓展自己的事业；到了老年，要懂得返璞归真，要注重个人修养，以一颗平和、安逸、祥和的心看待世间万物。

　　朋友们，不管你是转型期的八零后中的一员，还是才华横溢的少年、历练丰富的中年，请不要抱怨人生的低谷，也不要做一蹴而就的美梦，应换一种角度，静下心来，思考人生阶段的必要性，坦然接受当下的挑战，稳扎稳打，在正确的时间做正确的事。唯有这样，我们才能从容面对当下的得失与成败。

# 第三章  看得透人，想得开事

## 第一节  看懂人心，建立良好人际关系

### 读懂人心才不会雾里看花

人的复杂性不仅仅是生理构造上表现出的复杂性，还在于心理上表现出的复杂性。因此，当你不了解某人时，最好不要轻易被他的表象所左右。因为，这种表象很可能是一种假象。

美国心理学者奥古斯特·伯伊亚曾经做过一个实验，让几个人用表情表现愤怒、恐怖、诱惑、漠不关心、幸福、悲哀，并用录像机录下来，然后，让人们猜哪种表情表现哪种感情。结果，每人平均只有两种判断是正确的。当表现者做出的是愤怒的表情时，看的人却认为是悲哀的表情。

人是一个矛盾的综合体。人们的喜怒哀乐，远非自身所表现出来的那么简单。欢笑并不一定代表高兴，流泪并不一定代表伤心，鞠躬并不一定代表感谢，拍手并不一定代表赞赏……

要想与他人建立亲善关系，必须善于揣摩他人的心理。你只有读懂他人心，才不会雾里看花，才能替他人遮掩难言之隐。

郑武公的夫人武姜生有两个儿子，长子是难产而生，因而叫寤生，相貌丑陋，武姜心中深为厌恶；次子名叫段，成人后气宇轩昂，仪表堂堂，武姜十分疼爱。武公在世时武姜多次劝他废长立幼，立段为太子，武公怕引起内乱，就是不答应。

郑武公死后，寤生继位为国君，是为郑庄公。封弟段于京邑，国中称为共叔段。这个共叔段在母亲的怂恿下，竟然率兵叛乱，想夺位。但很快被老谋深算的庄公击败，逃奔共国。庄公把合谋叛乱的生身母亲武姜押送到一个名叫城颍的地方囚禁了起来，并发誓说："不到黄泉，母子永不相见！"意思就是要囚禁他母亲一辈子。

一年之后，郑庄公渐生悔意，感觉自己待母亲未免太残酷了点，但又碍于誓言，难以改口。这时有一个名叫颍考叔的官员摸透了庄公的心思，便带了一些野味以贡献为名晋见庄公。庄公赐其共进午餐，他有意把肉都留了下来，说是要带回去孝敬自己的母亲："小人之母，常吃小人做的饭菜，但从来没有尝过国君桌上的饭菜，小人要把这些肉食带回去，让她老人家高兴高兴。"

庄公听后长叹一声，道："你有母亲可以孝敬，寡人虽贵为一国之君，却偏偏难尽一份孝心！"颍考叔明知故问："主公何出此言？"庄公便原原本本地将发生的事情讲了一遍，并说自己常常思念母亲，但碍于有誓言在先，无法改变。颍考叔说："这有什么难处呢！只要掘地见水，在地道中相会，不就是誓言中所说的黄泉见母吗？"庄公大喜，便掘地见水，与母亲相会于地道之中。母子两人皆喜极而泣，即兴高歌，儿子唱道："大隧之中，其乐也融融！"母亲相和道："大隧之外，其乐也泄泄！"颍考叔因为善于领会庄公的意图，被郑庄公封为大夫。

这个事例告诉我们：与人相处，最重要的是那一份"心领神会"。有些事别人心里在想但不好说出来，更不用说去做了，这时，需要旁人的默契配合来解围。

但是读懂他人的心，准确领会其意图，并非一日之功，需要平时细心留意，学会观察生活。

## 多一分理解，就能少一分摩擦

在美国的一次经济大萧条中，90%的中小企业都倒闭了，一个名叫丹娜的女人办的齿轮厂的生意也一落千丈。丹娜为人宽厚善良，慷慨体贴，交了许多朋友，并与客户保持着良好的关系。在这举步维艰的时刻，丹娜想要找朋友、老客户出出主意、帮帮忙，于是就写了很多信。可是，等信写好后才发现：自己连买邮票的钱都没有了！

这同时也提醒了丹娜：自己没钱买邮票，别人的日子也好不到哪里去，怎么会舍得花钱买邮票给自己回信呢？可如果没有回信，谁又能帮助自己呢？

于是，丹娜把家里能卖的东西都卖了，用一部分钱买了一大堆邮票，开始向外寄信，还在每封信里附上2美元，作为回信的邮票钱，希望大家给予指导。她的朋友和客户收到信后，都大吃一惊，因为 2 美元远远超过了一张邮票的价钱。每个人都被感动了，他们回想了丹娜平日的种种好处和善举。

不久，丹娜就收到了订单，还有朋友来信说想要给她投资，一起做点什么。丹娜的生意很快有了起色。在这次经济萧条中，她是为数不多能站住脚而且有所成就的企业家。

我们如果想要与他人建立亲善关系，就要学学例子里的丹娜，多理解他人一分，我们交往的摩擦也就少了一分。

时常有些人抱怨自己不被他人理解，其实，换个角度可能别人也有同样的感受。当我们希望获得他人的理解，想到"他怎么就不能站在我的角度想一想呢"时，我们也可以尝试自己先主动站在对方的角度思考，也许会得到一种意想不到的答案。许多矛盾误会也会迎刃而解。

一位女孩刚开始上网的时候，个性十足，上论坛最喜欢批评人，当然也挨批评。挨批评了，她心里不好过，吃饭都吃不下去。好友知道后对女孩说了一句话："上网是为了快乐。"这句话如同醍醐灌顶，让女孩一下子释怀。

想想看，大家来自不同的城市甚至不同的国家，有不同的看法，操着不同的口音，如果没有网络，大家如何能彼此交谈？如何能够彼此分享快乐，分担忧伤？相识，本来就是缘分。珍惜缘分，珍惜彼此。伤人不快乐，被伤更不快乐。

后来再上网，女孩再也没有和人吵过架，没有恶意抨击过别人——不为别的，只为大家都要寻求快乐。

沟通大师吉拉德说："当你认为别人的感受和你自己的一样重要时，才会出现融洽的气氛。"我们需要多从他人的角度考虑问题，如果对方觉得自己受到重视和赞赏，就会报以合作的态度。如果我们只强调自己的感受，别人就会和你对抗，正如例子里的女孩最终所体会到的一样。

换个角度替对方多思考一下，多理解对方一下，关系立刻就会变得缓和。所以，如果我们想与他人建立亲善的关系，就应该给他人多一分理解，多一分宽容。这样，我们的人际交往才会更顺利。

## 解读表情的能力是人际和睦的关键

俗话说："出门看天色，进门看脸色。"无论做什么事，对什么人，只有读懂对方的表情，摸清对方的心思后，再付诸行动，才能做到得心应手，万无一失。

中国民间就有这样的说法，老人总是告诫小孩子要学会"看脸色"，也就是从对方的神态表情和其他身体语言中探知对方的心，从而做出一些顺从对方的事情，或者避免做出一些让对方不满意的事情。

关于"看人脸色"，还有一个关于康熙皇帝的故事。

据说康熙皇帝到了晚年，由于年纪大了，产生了一个怪脾气——忌讳人家说老。如果有谁说他老，他轻则不高兴，重则要让对方触霉头。所以，左右的臣子们都知道他这个心思，一般情况下都尽量回避说他老。

　　有一次，康熙率领一群皇妃去湖中垂钓，不一会儿，鱼竿一动，他连忙举起钓竿，只见钩上钓着一只老鳖，心中好不喜欢。谁知刚刚拉出水面，只听"扑通"一声，老鳖却脱钩掉到水里又跑掉了。康熙长吁短叹，连叫可惜，在康熙身旁陪同的皇后见状连忙安慰说："看样子这是只老鳖，老得没牙了，所以衔不住钩子了。"

　　话没落音，旁边另一个年轻的妃子却忍不住大笑起来，而且一边笑一边不住地拿眼睛看着康熙。康熙见了不由得龙颜大怒，他认为皇后是言者无心，而那妃子则是笑者有意，是含沙射影，笑他没有牙齿，老而无用了。于是将那妃子打入冷宫，终生不得复出。

　　为什么皇后在说话时明显说到"老"字，康熙并没有怪罪她，而妃子只是笑了一笑，康熙却怪罪她呢？首先是康熙的忌讳心理，他不服老，忌讳别人说他老，一旦有人涉及这个话题，心理上就承受不了。再者由于皇后与妃子同康熙的感情距离不同。皇后说的话，仔细推敲一下，有显义和隐义两个意义，显义是字面上的意义，因为康熙与皇后的感情距离较近，他产生的是积极联想，所以他只是从字面上去理解，知道皇后是一片好心的安慰。妃子虽然没有说话，只是笑了一笑，但她是在皇后的基础上故意引申，是把那只逃掉的老鳖比作皇上，是对皇上的大不敬。

　　所以，同样的问题，同样的环境，由于不同的人物的不同理解，便引出不同的结果来。正所谓"说者无心，听者有意"，实际上究其原因，还是那个妃子没有用心观察别人脸色，不能读懂皇帝心思的缘故。

生活中，与人交往如果不用心，就会遇到许多想象不到的问题，因为你并不知道自己什么时候就把别人给得罪了。所以要想与人建立亲善关系，一定要学会解读对方的表情，学会用心，否则你就会面临一道道难以预测的障碍。

## 听懂话里的"弦外之音"，交往才能顺利进行

在日常交往中，通常存在着两种类型话语：一种是表面话语，而另一种是"弦外之音"。"弦外之音"才是一个人真正表达其感情或祈求的内心话，因此，如果想要正确地理解他人，让交往顺利进行，我们就必须懂得如何去听取对方话语中的"弦外之音"。

在日常的对话之中，我们是很难从对方话语的表面去了解他的真意。这时，就必须从隐藏在对话背后的"弦外之音"上着手探索，才能够使彼此的意思或感情得到有效的沟通，才有助于建立亲善关系。

举一个例子来说：

在一个天气暖和的上午，晓惠坐在公园里的一张长椅上欣赏风景。

这时候，坐在离晓惠不远的长椅上的一名男士，突然向她说："今天天气很好啊！天上一片云彩也没有。"

如果从他这句话的表面来想，他只是向她叙述天气的状况，可是实际上，它还隐藏着许多的意义。

首先，表示他很想和晓惠谈话。其次，由于他怕晓惠不愿意和他这样一名素不相识的人对话，所以，就借这句

话来试探她的反应。

如果他一开口就问："你从事哪一方面的工作""你有几个小孩""请问贵姓"这类问题，很可能晓惠会不理他，那么他不是会很尴尬吗？所以，他就借叙述天气而和晓惠攀谈。

为了能够敏感地听懂别人的弦外之音，我们必须养成这样的习惯：当自己听别人在说话，或者是自己在和别人对话时，要自问一下："他为什么要这么说？他那句话中的'弦外之音'是什么？"

如果对方是在炫耀他那光荣的过去，这时候我们就要留心了，因为此时他心里正在期待着我们的夸奖，所以，只要顺其意夸奖他，你就一定能够获得他的好感。

同时，我们也要懂得如何听出讥讽、嘲笑、挖苦等言外之语。对方之所以会向我们说这种话，一定是因为对我们感到不满才会这样的。遇到这种情况时，我们不要立刻反驳或一味生气，就当作没有听到好了，免得和对方发生不必要的冲突。不过，事后最好能自己检讨一下，为什么别人会讥讽我？我本身是否有什么缺点？或者是无意中得罪了人家，才会引起别人的怨恨，而使别人以讥讽来消除他心中的怨恨呢？当我们得知了其中的原因之后，并且及时改正自己的行为，那么，虽然受到别人的讥讽，也可以说是"因祸得福"了。

如果我们能够做到以上所说，与他人顺利交往，建立亲善关系会变得更容易。

## 亲善，是一切交流的基础

亲善的意思是"建立或重建和谐友好的关系"，也就是说，我们可以通过建立亲善关系，创造一种相互信任、相互满意和相互合作的人际关系。

亲善是人们建立亲密私人关系的首要条件，同时也是一切交流的基础。如果你没有和对方建立亲善关系，那么，哪怕是让孩子把鞋放入鞋柜里这样简单的事也会举步维艰，因为对方根本不会听你的。

一个总统有了这种与他人建立亲善关系的能力，可以和世界其他国家搞好关系，可以使国家的政府要员团结在他的周围，将自己推行的政策执行好。

一个公司总裁有了很好的人际关系的能力，他可以有效地通过和其他公司的总裁打交道，来完成自己的目标；他可以有效地在公司内部建立起自己的威信，来完成公司的业绩。

一个销售人员如有很好的人际关系能力，可以将他的产品有效地销出去；一个办公室职员有了很好地与他人建立亲善关系的能力，他可以处理好与同事以及上司的关系，这对他的升迁以及职场发展是极为有利的。

一个老师有很好的人际关系能力可以和学生、和同事、和领导搞好关系，使他的教学更有效果，使他的同事喜欢他，领导也会更重用他。

正如唐太宗所说："水能载舟，亦能覆舟。"人在社会中生存，人际关系既能推动你走向成功，同时也能让你倾刻间一无所有。所以，我们一定要注重与他人建立亲善的关系，因为它是一切交流的基础，同时也是我们的人生发展能否顺利的重要因素之一。

## 良好的人际关系加速成功的进程

有人才华横溢，却终生不得志；也有人能力平平，却能够节节高升。其中，个人的机遇是一方面，另外很重要的则是个人的人际关系状况。一个人如果孤立无援，那他的一生就很难幸福；一个人如果不能处理好人际关系，就犹如在雷区里穿行，举步维艰。

古往今来，许多杰出的人士，之所以被能力不如自己的击垮，就是因为不善于与人沟通，不注意与人交流，被一些非能力因素打败。而人际关系好的人则可以在每条大路上任意驰骋。

刘邦出身低微，学无所长，文不能著书立说，武不能挥刀舞枪，但刘邦生性豪爽，善用他人，胆识过人。早年穷困时，他身无分文，却敢当座上宾。押送囚徒时，居然敢违王法，纵囚逃散。以后斩白蛇起义，云集四方豪杰，各种背景的人都为他所用，如韩信、彭越，这些威震天下的英雄。至于刘邦身边的文臣武将，如萧何、曹参、樊哙、张良等，都是他早期小圈子里的人，萧何、曹参、樊哙更是刘邦的亲戚。他们在楚汉战争中劳苦功高，最终帮助刘邦建立了西汉王朝。

可以说刘邦能够成就自己的帝王之业，离不开他手下的那些朋友。不仅帝王将相需要借他人之力，就是平民百姓也离不开朋友、离不开良好的人际关系。

人际关系背后的意义，其实比我们所能想得到的还要深远。正如魏斯能在采访了 280 位企业总裁后写《不上，则下》一书时说："那企业的总裁们，非常致力于发展'双赢'互利关系的基础。他们每个人都有如何步步高升到金字塔顶端的精彩故事，而大多数人把他们的成功归功于身旁人的提拔。"

美国作家柯达同样认为："人际网络非一日所成，它是数十年来累积的成果。你如果到了 40 岁还没有建立起应有的人际关系，麻烦可就大了。"

连美国石油大亨洛克菲勒在总结自己的成功经验时也曾表示："与太阳下所有能力相比，我更关注与人交往的能力。"正是洛克菲勒的这种卓越的人际关系能力成就了他辉煌的事业。

每个人都将成功作为自己追求的人生目标，因为在竞争的社会里只有拥有事业的成功才是完美的人生。一个人的成长、发展、成功，都是在人际交往中完成的，甚至一个人的喜怒哀乐也都与他的人际关系息息相关。没有良好的人际关系，人们无法预测自己的前途，无法面对困难，无法面对天灾人祸；没有良好的人际关系，人们就组不成家庭、社会和国家，更谈不上个人的前途和发展。

所以，别忽视了与他人建立良好的人际关系，它会在通向成功的道路上助你一臂之力，给你的成功加速。

# 每个人都喜欢与自己相似的人

中国有句古话是"物以类聚，人以群分"。说的是人们对和自己相似的人看着比较顺眼，相似的两个人容易成为朋友。

走在街上你会发现，浓妆艳抹的美女总是和同样打扮前卫的女人并肩而行，素面朝天的女生身边也总是一个同样打扮简单的女生。从外表上看就验证了那句"物以类聚，人以群分"的老话。从深层次来看，浓妆艳抹的女人可能都对美容、服饰、流行这些东西感兴趣，而素面朝天的女生则可能喜欢看书、看电影。

由此可见，通常情况下，人们喜欢那些在各方面与自己存在某种程度相似的人。

钟子期和俞伯牙的友谊流传千古。俞伯牙有出神入化的琴技，而只有钟子期才能听出他琴技的高妙，于是钟子期和俞伯牙成了最知心的朋友。后来钟子期病死，俞伯牙非常伤心，在钟子期的坟前将琴砸得粉碎，终生不再弹琴。因为已经没有人能够听懂他的琴声了，何况这还会勾起他对钟子期的怀念和伤感。

钟子期、俞伯牙之所以有超乎寻常的友情，就是因为他们有个相似的特点——对音乐有高超的鉴赏力。因为无人能取代钟子期，所以他在俞伯牙心中的地位是独一无二的。

科学家曾人为地将某大学的学生宿舍进行了安排，他们先以测验和问卷的形式了解了部分学生的性情、态度、信念、兴趣、爱好和价值观等，然后把这些学生分为志趣相似和相异的两类，然后把志趣相似的学生安排在同一房间，再把志趣相异的也安排在同一房间，然后就不再干扰他们的生活和学习。过了一段时间，他们再对这些学生进行调查，发现志趣相似的同屋人一般都成了朋友，而那些志趣相异的则未能成为朋友。

那么，为什么人会喜欢与自己有相似性情、类似经历的人交往呢？

当人们与和自己持有相似观点的人交往时，能够得到对方的肯定，增加"自我正确"的安心感。他们之间发生冲突的机会较少，容易获得对方的支持，很少会受到伤害，比较容易获得安全感。

此外，有相似性情的人容易组成一个群体。人们试图通过建立相似性的群体，以增强对外界反应的能力，保证反应的正确性。人在一个与自己相似的团体中活动，阻力会比较小，活动更容易进行。

所以，每个人都喜欢与自己相似的人。如果你想与他人建立亲善关系，不妨把自己"变成"他人，让你们拥有相似的地方，这样能迅速拉近距离，增进感情。

## 适当重复对方的话，以获得好感

很多人都有这样的错误认识，认为总是重复对方的话好像显得自己比较啰唆，容易引发他人的不满，其实实际情况并非如此。的确，过多的重复容易给人造成一种错觉，然而要是重复得恰到好处，适当地重复对方说话的重点，那么对方便认为你很重视这次谈话，能够抓住谈话的重点，那样，效果就不一样了。

在与人交谈的过程中，适当重复对方的话，既可以增强自己的理解程度，体现对对方的尊重，还可以对问题和结果进行强化，激发对方对谈话的兴趣、加深自己和朋友之间的交往，必须给人以信任感，这是不言而喻的。那么，怎样才能让朋友对你产生信任感呢？其实很简单——沟通的过程是最容易获得朋友信任的时候，而沟通过程中能否适当地重复对方的话尤为重要。

在恰当的时候重复对方说话的重点，这是一种加深他人对我们印象的一种最简单有效的方法。这是因为，大部分的人对自己的语言都有一种特殊的感情，尤其是在某些情况下经过深思熟虑之后的发言，这类发言对于他们自我满足感来说相当重要，这个时候一旦我们对他人的话不以为意或者不加重视，那么很难让他人对我们有什么深刻的好印象，相反还会把我们纳入一种不能"志同道合"的陌生人的范畴，那样我们就无法和这样的人接触、获得他的好感了。其实，在这个过程中，我们只要以同样的心情了解对方的烦恼与要求，满足一下他们内心的满足感或者虚荣心，很容易收到相反的效果的。

因此，当我们与他人交谈时，听取了他人的某种意见后，一面要点头表示自己同意，一面要适当重复对方的话，这样就能让对方感觉受到了重视，从而拉近你们的距离，不由自主地将心里话说给你，将你当作好朋友来对待。

## 第二节　洞悉人性，满足他人心理需求

### 让出谈话的主动权，满足他人的倾诉欲

有人说："不肯留神去听人家说话，这是不能受人欢迎的原因的一种。一般的人，他们只注重于自己应该怎样说下去，绝不管人家要怎样说。须知世界上多半是欢迎专听别人说话的人，很少欢迎自己说话的人。"

很多人在生活中常易犯一个毛病：一旦打开话匣子，就难以止住。其实，这种人得不偿失，因为话说得多了，既费精力，给他人传递的信息又太多，还有可能伤害他人。另外，无法从他人身上吸取更多的东西，因为他们总是不给别人机会。其实，每个人天生都有一种渴望倾诉的心理，希望能够畅快地表达自己，希望有人能够安静地听自己说话。在与人交谈的过程中，我们应该随时关注人们的这种心理，学会做一个认真的倾听者，让出谈话的主动权，满足他人的倾诉欲。

与人交谈时要暂时忘记自己，不要老是没完没了地谈个人生活、自己的孩子、自己的事业。你要在交谈中给对方发表意见的机会，可以尽量去逗引别人说他自己的事情。同时，你以充满同情和热诚的心去听他的叙述，一定会让对方高兴，给对方留下最佳的印象。

如果有几个朋友聚在一起谈话，当中只有一个人口若

悬河，其他人只是呆呆地听着，这不就成为他的演讲会了，让在场的其他人感到无可奈何和愤怒。每个人都有着自己的发表欲。小学生对老师提出的问题，争先恐后地举起手来，希望教师让自己回答，即使他对于这个问题还不是彻底地了解，只是一知半解地懂了一些皮毛，还是要举起手来的，也不在乎回答错误要被同学们耻笑，这就说明人的表现欲是天生的，因为小学生远不如成年人有那么多顾虑。成人们听着人家在讲述某一事件时，虽然他们并不像小学生那样争先恐后地举起手来，然而他的喉头老是痒痒的，他恨不得对方赶紧讲完了好让他讲。

阻遏别人的发表欲，人家一定不高兴，你在此情况下很难得到别人的认同，为什么要做这样的傻事呢？你不但要让别人有发表意见的机会，还得设法引起别人说话的欲望，使人家感觉到你是一位使人欢喜的朋友，这对一个人的好处是非常之大的。

在与人交谈的过程中，与其自己唠唠叨叨地说废话，还不如爽爽快快，让别人去说，反而会得到意想不到的结果。如果能够给别人说话的机会，你就给别人留下了一个好印象，以后，别人就会更愿意与你交谈了。

能说会道的人很受欢迎，而善于倾听的人才真正深得人心。话多难免有言过其实之嫌，或者被人形容夸夸其谈。静心倾听就没有这些弊病，倒有兼听则明的好处。用心听，给人的印象是谦虚好学，是专心稳重，诚实可靠。所以，有时候用双耳听比说更能赢得他人的认可和赞誉。

## 别人得意之事挂在嘴上，自己得意之事放在心里

虚荣心人人都有，是人类天性的一部分，每个人都喜欢炫耀自己的成绩，引起别人的注意。一方面，我们在人际交往的过程中，要学会洞悉他人的虚荣心理，多说说别人得意的事情，不失时机地满足对方的虚荣心；另一方面，要尽量把自己的得意事放在心里，别伤害了对方的虚荣心，尤其是别人失意时，更要注意维护对方的心理。聪明人会将自己的得意放在心里，而不是放在嘴上，更不会把它当做炫耀的资本。当你和朋友交谈时，最好多谈他关心和得意的事，这样可以赢得对方的好感和认同，从而加深你们之间的感情。

小柯刚调到市人事局的那段日子里，几乎在同事中连一个朋友也没有，他自己也搞不清是什么原因。原来，他认为自己正春风得意，对自己的机遇和才能满意得不得了，几乎每天都使劲向同事们炫耀他在工作中的成绩。但同事们听了之后不仅没有人分享他的"得意"，而且还极不高兴。后来，还是他当了多年领导的老父亲一语点破，他才意识到自己的症结到底在哪里。以后，每当他有时间与同事闲聊的时候，总是谈论对方的得意之事，久而久之，同事们都成了小柯的好朋友。

诚然，人在得意时都会有张扬的欲望，都想及时地把得意的事和大家分享，以显示自己的优越感，但是当你想谈论你的得意时，要注意说话的场合和对象。你可以在演

说的公众场合谈，对你的员工谈，享受他们投给你的钦羡目光，也可以对你的家人谈，让他们以你为荣，引以为豪，但就是不要对失意的人谈。因为失意的人最脆弱，也最敏感，更容易触发内心的失落感。你的每一句得意之言都会在他心中形成鲜明的对比，你的谈论在他听来都充满了嘲讽的味道，让失意的人感受到你"看不起"他。

一个周末，晓楠约了几个要好的朋友来家里吃饭，这些朋友彼此都是很熟悉的。晓楠把他们召集到一起，主要是想借着热闹的气氛，让一位目前正处于人生低潮的朋友心情好一些，希望他早点从心情的低谷中走出来。

这位朋友在不久前因经营不善，关了一家公司，他的妻子也因为不堪生活的重负，正与他谈离婚的事。内外交迫，他实在痛苦极了，对生活也失去了信心。

来吃饭的朋友都很同情这位朋友目前的遭遇，也非常理解他现在的心情，因此大家都避免去谈那些与事业有关的事。但是其中一位朋友因为目前生意好，赚了很大一笔钱，按捺不住内心的喜悦，酒一下肚就忍不住开始大谈他的赚钱本领和花钱功夫，那种得意的神情，连晓楠看了都很不舒服。那位失意的朋友沉默不言，心中的苦涩全写在脸上了，一会儿去拿东西，一会儿去抽烟，最后还是提早离开了。晓楠送他出去，在巷口，他愤愤地说："那家伙会赚钱也不必在我面前说得那么神气。"

晓楠了解他的心情，因为在多年前她也遇到过低潮，曾经对生活绝望，每次有正风光的亲戚、朋友在她面前炫耀自己的薪水、奖金，那种感受就如同把针一枚枚插在心坎一般，说不出的心酸与痛苦。

一般来说，失意的人较少具有攻击性，郁郁寡欢、沉默寡言、多愁善感是最普遍的心态，但别以为他们只是如此。当他们听到你的得意言论后，他们普遍会产生一种心理——怨恨。这是压抑在内心深处的不满，你说得唾沫横飞、得意忘形，其实，不知不觉中已在失意者心中埋下一颗情绪炸弹。一般情况下，失意者对你的怀恨不会立即显现，因为他无力显现，但他会通过各种方式来泄恨，比如说你坏话、扯你后腿、故意与你为敌，在暗地里给你下套，这样做的主要目的则是——看你得意到几时，而最明显的则是疏远你，避免和你碰面，这样你就少了一个朋友，其他的朋友甚至也会孤立你，这样的结果得不偿失。

自己的得意事放在心里，别人的得意事挂在嘴边。只有铭记这一点，才不会被人讨厌，才有可能真正被人接纳，找到成事的"切入点"，让自己的人生多一条坦途，少一分牵绊。

## 任何时候都要维护他人的自尊

每个人都有自尊，都渴望得到别人的尊重。人与人之间虽然在财富、地位、学识、能力、肤色、性别等许多方面各有不同，但在人格上是平等的。维护自己的自尊是每个人最强烈的愿望，在人际交往中，我们如果伤害了别人的自尊，对方就很有可能千方百计地伤害我们的自尊；而如果我们维护了别人的自尊，别人也会反过来回报我们对他的尊重。

余伟是一家食品店的老板，他的一名店员经常粗心大意地把商品的价格标签贴错，并由此引起了混淆和顾客的抱怨，余伟每次批评他，但还是屡屡犯错。最后，余伟把这名店员叫进了办公室，任命他为价格标签的主管，负责将整个食品店货物架子上的标签都贴在合适的位置上。新头衔和职责让他的工作态度发生了彻底的改变，从此以后，他做的工作都很令人满意。

许多人自尊心非常强，不到万不得已不轻易求人。因为一旦乞求别人的帮助就意味着自己是弱者而对方是强者，自己受别人的恩惠，就要看人家的脸色，在别人面前气短三分。正因为如此，我们在为别人提供帮助时，也要考虑自己的说话办事的方法，不要伤及对方的尊严，才能使他真正得到帮助。否则人情没有做成，反而招人埋怨。

一位女士讲述了她祖父的故事。

当年祖父很穷，冬天来了，他没有钱买木柴，就去向一个富人借钱。富人爽快地答应借给他两块大洋，很大方地说："拿去花吧，不用还了！"

祖父犹豫了一下，还是接过钱，小心翼翼地包好，就匆匆往家里赶。富人冲他的背影又喊了一遍："不用还了！"

第二天大清早，富人打开院门，发现门口的积雪已被人扫过了。他在村里打听后，得知这事是借钱的人干的。

富人想了想，终于明白了：自己昨天的举动是给别人一份施舍。于是他让借钱人写了一份借条，约定以扫雪来偿还借款。

祖父用扫雪的行动提醒富人，任何人都有尊严。可见，即使是在帮助别人的过程中，也要考虑对方的感受，不要一副"施舍"的姿态，否则一片好心反而遭来怨恨，得不偿失。

由此可见，无论我们与什么身份、什么地位的人打交道，都要随时注意维护他人的自尊，这样才能赢得别人的尊重，避免不必要的麻烦和损失。

## 让别人感觉他比你聪明

装傻是一种人生大智慧。每个人都希望比别人显得更聪明，装傻可以满足这种心理。他会感觉自己很聪明，至少比你聪明一些。一旦他意识到这一点，他将再也不会怀疑你可能有更加重要的目的。

在一个小镇上，有一个孩子，人们常常捉弄他。其中最为乐此不疲的一个游戏是挑硬币，他们把一枚5分硬币和一枚1角硬币丢在孩子面前，他每次都会拿走那个5分的。于是大家哈哈大笑，感叹一番"真傻""傻得不可救药"，等等。

一个女教师偶然看到了这一幕，心中非常难过，她为那些没有同情心的人感到可悲。她把那孩子拉到一边，对他说："孩子，你难道不知道1角钱要比5分钱多吗？为什么要让人家嘲笑你呢？"

出乎意料的事发生了，孩子双眼闪出灵动的光芒，他笑着说："当然知道！可是如果我拿了那 1 角钱，以后就再也拿不到那许多的 5 分钱了。"

这个孩子正是那种貌似愚钝、内心聪明的人，他的傻只是一种伪装，那些肤浅的人在嘲笑他的同时，却扮演了被愚弄的角色。谁聪明谁傻，从表面上是看不出的，真正的聪明人往往不是光彩外露的。在纷繁复杂、变幻莫测的世界上，那些智者不得不故意装疯卖傻，以一副糊涂表象示之于众人。然而也唯有如此，方称得上有"大智慧"，是"大聪明"。装傻是大智若愚、大巧若拙，是为人处世的大艺术，是保全自我的好方式。

有的人外表似乎固执守拙，而内心却世事通达、才高八斗；有的人外表机敏精灵，而内心却空虚惶恐、底气不足。

人生是个万花筒，一个人在复杂莫测的变幻之中要用足够的聪明智慧来权衡利弊，以防失手于人。但是，有时候不如以静观动，守拙若愚。这种处世的艺术其实比聪明还要胜出一筹。聪明是天赋的智慧，装傻是后天的聪明，人贵在能集聪明与愚钝于一身，需聪明时便聪明，该装傻时装傻，随机应变。

老子自称"俗人昭昭，我独昏昏；俗人察察，我独闷闷"。而作为老子哲学核心范畴的"道"，更是那种"视之不见，听之不闻，搏之不得"的似糊涂又非糊涂、似聪明又非聪明的境界。人依于道而行，将会"大直若屈，大巧若拙，大辩若讷"。庄子说："知其愚者非大愚也，知其惑者非大惑也。"人只要知道自己的愚和惑，就不算是真愚真惑。是愚是惑，各人心里明白就足够了。圣贤将"装傻"上升到哲学的高度，其中的深意耐人寻味。

## 不把别人比下去，不被别人踩下去

每个人都难免有一些嫉妒心，你太优秀、太耀眼，难免刺伤别人的自尊和虚荣。想想看，当你将所有的目光和风光都抢尽了，却将挫败和压力留给别人，那么别人在你的光芒的压迫之下，还能够过得自在、舒坦吗？要知道，一个人锋芒太盛了难免刺伤他人。在名利场中，要防止盛极而衰的灾祸，必须牢记"持盈履满，君子兢兢"的教诫。有才却不善于隐匿的人，往往会招来更多的嫉恨和磨难。

唐人孔颖达，字仲达，八岁上学，每天背诵一千多字。长大后，很会写文章，也通晓天文历法。隋朝大业初年，举明经高第，授博士。隋炀帝曾召天下儒官，集合在洛阳，令朝中学士与他们讨论儒学。孔颖达年纪最小，道理说得最出色。那些年纪大、资深望高的儒者认为孔颖达超过他们是耻辱，便暗中刺杀他。孔颖达躲在杨玄感家里才逃过这场灾难。到唐太宗，孔颖达多次上疏忠言，因此得到了国子司业的职位，又拜酒之职。太宗来到太学视察，命孔颖达讲经。太宗认为讲得好，下诏表彰他，但后来他却辞官回家了。

南朝刘宋王僧虔，是东晋名士王导的孙子，宋文帝时官为太子庶子，武帝时为尚书令。年轻的时候，王僧虔就以擅长书法闻名。宋文帝看到他写在扇面上的字，赞叹道：

"不仅字超过了王献之，风度气质也超过了他。"当时，宋孝武帝想以书名闻天下，王僧虔便不敢显露自己的真迹。大明年间，他曾把字写得很差，因此平安无事。

当你把别人比下去，就给了别人嫉妒你的理由，为自己树立了敌人。所以，在与人逞强之前请先三思。

如果你确实有真才实学，又有很大的抱负和理想，不甘于停留在一般和平庸的阶层，那么，你可以放开手脚大干一场，但有一点，你必须时刻提防周遭人的嫉妒。

要想使自己免遭嫉妒者的伤害，你需要注意自己的言行，尽量不要刺激对方的嫉妒心理。对于你周围的嫉妒者，可回避而不宜刺激。同事的嫉妒之心就像马蜂窝一样，一旦捅它一下，就会招来不必要的麻烦。既然嫉妒是一种不可理喻的低层次情绪，就没必要去计较你长我短、你是我非，更不必针锋相对，非弄个水落石出、青红皂白不可。你须知，这不是学术讨论，更不是法庭对质，你的对手不会用逻辑、情理或法律依据与你争锋的。

事实上，嫉妒之人本来就不是与你处在同一档次上，因而任何据理力争都会使你吃亏，浪费时间，虚掷精力，最佳的应对方式是胸怀坦荡、从容大度。对嫉妒者的种种雕虫小技，完全可以视若不见、充耳不闻，以更为出色的成绩来证实自己的实力。

# 人生三修

思履 —— 编著

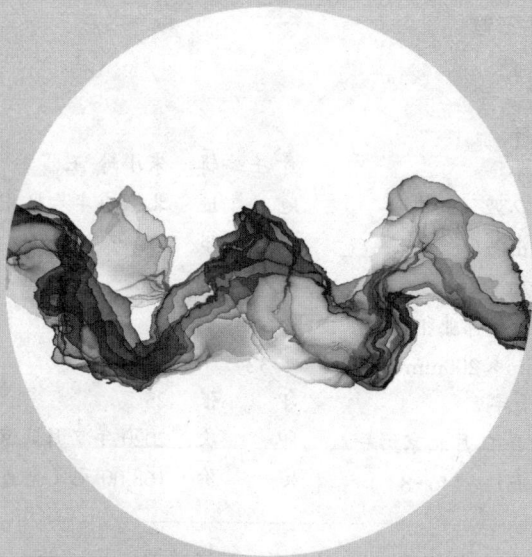

红旗出版社

图书在版编目（CIP）数据

人生三修 / 思履编著 . — 北京：红旗出版社，

2020.4

（人生修炼课 / 张丽洋主编）

ISBN 978-7-5051-5146-8

Ⅰ . ①人… Ⅱ . ①思… Ⅲ . ①人生哲学 – 通俗读物

Ⅳ . ① B821–49

中国版本图书馆 CIP 数据核字 (2020) 第 042481 号

| 书　　名 | 人生三修 | | |
| --- | --- | --- | --- |
| 编　　著 | 思　履 | | |
| 出 品 人 | 唐中祥 | | |
| 总 监 制 | 褚定华 | 责任编辑 | 朱小玲 王馥嘉 |
| 选题策划 | 三联弘源 | 地　　址 | 北京市丰台区中核路 1 号 |
| 出版发行 | 红旗出版社 | 编 辑 部 | 010–57274504 |
| 邮政编码 | 100070 | 发 行 部 | 010–57270296 |
| 印　　刷 | 天津海德伟业印务有限公司 | | |
| 成品尺寸 | 138mm×200mm | 1/32 | |
| 字　　数 | 400 千字 | 印　　张 | 25 |
| 版　　次 | 2020 年 7 月北京第一版 | 印　　次 | 2020 年 7 月北京第一次印刷 |
| IBSN | 978–7–5051–5146–8 | 定　　价 | 168.00 元（全五册） |

欢迎品牌畅销图书项目合作　　联系电话：010–57274504

凡购买本书，如有缺页、倒页、脱页，本社发行部负责调换

# 前　言

　　生活中，我们常常为境遇所苦，为得失所累，为名利所惑，为喧嚣所扰；在顺境中迷失，在困境里彷徨；失去了就抱怨，得到了却不知足；穷困时不知如何自处，富有时被烦恼缠身，总是不得解脱。要解决这些问题，我们需要学会修心、修性、修行。

　　房间需要经常打扫，不然就会很快落满灰尘，人的心灵也是如此。唯有靠自我修炼才能拂去那些看不见、摸不着、感觉不到的心尘，才能使心灵时时保持洁净、澄澈。修心就是净化内心的过程：消除烦恼，留下欢乐；赶走悲伤，留下坚强。脱离金钱、名利、权位的束缚，让自己的心灵更有力量去承受和面对这世间种种的坎坷和磨难。静下心来，时时自省，让从容和淡然在体内散开，让我们的心灵永远向善、向美、澄澈安宁。如此，人生的幸福也将依次在我们眼前展现。修心，让每个人都能执一盏灯，驱散心内的黑暗与迷茫，在疲惫中找到安心之所，在忙碌中找到定心之处，在喧嚣里找到静心之地。

　　修性，不是让你不屑一切，只是使你少了份热烈，多了份稳重；不是无所求，庸碌一生，而是放下妄想与执着；不是看破红尘、不思进取，而是经过岁月磨砺后看淡世俗名利。学会修性的人，拥有超人的自信和勇于担当的奋斗豪情，拥有不怕寂寞、脚踏实地、百折不回的执着，常怀宽容之心，豁达而坚强，凡事不妄求于前，不追念于后，从容平淡，自然达观，随心、随情、随性。保持坦然愉快的心情，强大自己的内心，在每天结束的时候看到一个新我，拥有一个超然的人生。

人生就是一次修行，在经历了挫折和磨难的考验之后，总能在逆境中找寻到前行的方向，不断提升修为，增强自控能力，拥有智慧的头脑、积极的心态、准确的眼光、强有力的行动和钢铁般坚强的意志，做到从容应对。在各种诱惑面前耐得住性子，不为之所动；保持清醒的头脑，"不戚戚于贫贱，不汲汲于富贵"；远离虚伪和诱惑，明白什么是爱、什么不是爱，什么属于自己、什么不属于自己；不以物喜，不以己悲；有足够的时间和心情去品评人生的况味，享受人生的乐趣；在世事的牵累、终日的忙碌中偷出空闲，滋养自己，表现出端庄的气度、深厚的内涵；知道爱恨情仇、恩怨得失虽无法忘记，但可以宽宥，从而让一切慢慢沉淀在记忆里。于简单中活出丰富，于苍白处增添斑斓的色彩。

《人生三修：修心 修性 修行》从现实生活的实际出发，以睿智的富有哲理的观点和看法，教人看透人生真谛，教你正确面对生活中的种种不如意，能选择，懂放弃。教你懂得尽人事，听天命，不贪婪，不妄求，懂宽容，知进退，宠辱不惊，成功了不扬扬自得，失败了不悲观失意，在忙碌之中体会内心的宁静和生活的乐趣。本书逻辑缜密、符合实际，富有现实的指导意义，将道理与故事相结合，文字灵动而深刻，句句触动人心，帮助读者找到自身问题的所在，调整心态，调整看问题的角度，最终摆脱烦恼和痛苦的困惑，活出属于自己的幸福和快乐。

行走在喧嚣人世，修心、修性、修行，给自己修一条宽广的人生大道，在风雨得失中昂起头颅，在悲喜的大潮中挺直脊背，接受人生的各种挑战，忍受住各种突如其来的磨难和苦厄，在一点一滴的积累中逐渐让自己强大起来，在人生的赛场上成为笑到最后的人。

# 目　录

## 第一章　修　心

# 第二章 修 性

## 第一节 随性：回归本性，做真正的自己

## 第二节 淡泊：放下负累，别把贪、嗔、痴装进行囊

# 第三章 修 行

# 第一章　修　心

# 第一节
## 观心：修好心才能转好运

### 先学做人，再谈成功

　　近些年有一句流行语，叫"先做人，后做事"，颇受推崇，尤其是一些年轻人，动辄把它挂在嘴边上。但仔细观察，他们在做人方面也没什么值得称道之处，做人，对他们来说就是一块踏板，或者是幌子。如果后面不跟着"做事"，还要不要好好"做人"了？好多人其实缺乏这样简单却直击内心的追问。

　　那为什么不直接说"先做人，后成功"呢？实在是成功学太泛滥了，鸡汤大家都喝过了，只好变个说法。其实成功本身有什么问题呢？成功人人渴望，教人成功也总比教人失败好。成功也并不等同于大富大贵，跟从前的自己相比，素质、技能、内涵等获得提升的人，都是成功。所以，我们用不着欲说还休，扭扭捏捏，相反我们还有必要把做人与成功的内在关系好好谈谈，谈得越清楚越好。

　　简单来说，学做人其实就是一种自我塑造，这是从内在到外在的一种自我完善。比如，你的人生观、价值观、道德观、世界观、审美观、善恶观……等等，这些都要通过你内在的思想或意识来实现，然后才会有相应的行为。有些人搞不明白"修行"这个词的本义，所以选择敬而远之，其实它并不神秘，修行，不就是修正自己的言行吗？但是如果心里面想的都是污言秽语和暴力，又怎么可能修正自己呢？

比如，你如果有了同情心，见到乞丐或者别的需要帮助的人，会自然升起施舍心。就算你可能也很贫困，爱莫能助，但你至少会同情他们。

又比如，当你觉得钱比感情重要的时候，尤其是当你有了这种理念并且面临选择的时候，你就会为了钱而背叛感情。反之亦然。你的想法，你的观念，你的意识，你的价值观，都代表着你做人的标准。

学做人，就是让人通过学习拥有真确的人生观、价值观、道德观、世界观、审美观、善恶观、是非观……等等。只有你拥有正确的观念，正确的想法，才能做出正确的事情。当你具备这样的素养的时候，人们才愿意跟你合作，给你机会，因为你至少不会恩将仇报。如果你恰好还懂得知恩图报，懂得回馈，乃至"受人点滴之恩，定当涌泉相报"，那么你的成功肯定不会来得太晚。

学做人，也不仅仅是做个好人那么简单。烂好人没有用，老好人未必讨好，我们要做德才兼备之人，这才是真正的成功人士。除了善良，还要真诚；除了勤奋，还要智慧；除了灵活，还要踏实；除了洒脱，还要担当……学做人，只有下限，没有上限，它就是一个不断完善自己的过程。

但现实生活中，很多人苦苦寻觅幸福，却忘了做好自己。很多人梦想成功，却懒得做好眼前的事。其实，学做人也好，成功也好，不能奔着你崇拜的那个成功人士的身外之物而去，而应该奔着他的本质中最优质的部分去学。

学做人，不应该奔着皮相去学，那些真正值得学习的东西，往往存在于人间最平常的地方，存在于我们每个人的生活的每个细节之中。

## 踏踏实实，保持真实的自己

"木末芙蓉花，山中发红萼。涧户寂无人，纷纷开且落。"这是王维的一首诗，名叫《辛夷坞》。这首诗写的是在辛夷坞这个幽深的山谷里，辛夷花自开自落，平淡得很，既没有生的喜悦，也没有死的悲哀。无情有性，辛夷花得之于自然，又回归自然。它不需要赞美，也不需要人们对它的凋谢洒同情之泪，它把自己生命的美丽发挥到了极致。

自然即美，真实即美。以朴实著称的法国博物学家法布尔也说过："我们所谓的丑美脏净，在大自然那里是没有意义的。"所谓的美丑，其实是人的分别心。

当然，世俗意义上的美与丑也是不能无视的。那我们就聊聊这个时代包装出来的"美人"们。中国人赞美一个人生得美，往往离不了白，在女子，是"欺霜赛雪""肤若凝脂"，在大老爷们，则是"白面书生""面如冠玉""面似银盆"，等等。在人格、社会位置方面，"白"也是正派、美德的代名词，如，白道、清白、洁白无瑕。在化妆品行业，"美"与"白"从来都是连在一起的。你经常可以听到这样的广告："白白嫩嫩，你值得拥有！""别担心，我很快就能白回来！"等。如你所知，我并不是老封建，爱美之心，人皆有之，我也能理解美、艺术和商业，但是，它们的底线在哪里？过去，我们称女性的身材为"曲线美"。

可现在叫什么呢？答对了——事业线。

这不叫美。用钱钟书先生的话说，这叫开肉铺，是污染源。

当今世界，几乎没有什么不能漂白的。但除了那些本质洁白的东西，所有的漂白背后，都是伤害，不仅本身是伤害，还会持续伤害。比如原本该是土黄色的粉丝、粉条、蘑菇，等等。

马祖也说过："道不用修，但莫污染。"道本天然，切不可刻意，刻意就会污染。比如前面我们一直强调的美，追求美并没有错，但为了美不吃饭、动刀子、不修心，即便美，也是病态的美、表面的美、东施效颦的美、不能持久的美、玷污美的美。

真正的"美"，必然与"真"并行。在道家，干脆把得道之人称作"真人"。我们不必拘泥于这些宗教观念，把它们解释得通俗点反倒更好：所谓真人，就是说真话，做真事，待人真诚，懂得世界的真理，能以真性情处世的人。

遗憾的是，我们总是看到社会上一些无良小青年，戴着佛珠手链，动粗手、爆粗口。在一些电影中，我们还往往看到一些干了十恶不赦的坏事的人，拜在佛像前，求其保佑……实在是绝妙讽刺，贻笑大方。

知乎有个著名的段子：卖什么赚钱？答案是向青少年卖娱乐，向少妇卖仁波切，向老女人卖青春，向屌丝卖性暗示，向纯屌丝卖小贷，向中年人卖油腻，向老年人卖续命，向家长卖焦虑感，向资本家卖移民，向中产卖生活方式，向无聊者卖短视频，向伪勤奋者卖付费知识，向所有人卖区块链空气币……

就把它当作段子吧，别较真。我们只需知道，我们的生活中不是没有美，我的殿堂里也不是没有大师，但也不乏一些包装出来的美，塑造出来的大师，虚报的 GDP，歇斯底里的 slogan。这些始作俑者与二世、三世、N 世操盘手、操刀手们并非不知道，欺骗公众就是欺骗自己。只是在面对现实利益时，很少有人愿意展露自己的真实一面。而这，正是真正意义上的大师与普通人的区别。

讲一个弘一大师李叔同的故事：

有一次，一个经常去看他的老友惊奇地发现，寺里一株枯死多年的古树，竟然发出了新芽，便说："这树死了多年，现在又发芽了，大概是因为你这位高僧住到这里，感动了它，使它起死回生的吧！"李叔同说："我哪有那么大的本事？我只是给它浇了一些水，没想到它竟然活了过来。"老友听了，佩服之余，自叹不如。

为什么？因为如果不是李叔同本人道破缘由，谁又知道那枯树重新发芽的真正原因是什么？若是碰上个有炒作需要的，还少不了一番大力宣传，引得一些稀里糊涂的粉丝前仆后继，让"大师"名利兼收。

不过那位老友也不是一点道理没有，如果不是高僧给枯树浇水，怎么会有这种奇迹发生。世界太奇怪，真正境界高的人，总会把自己放低再放低，做一些旁人不屑甚至认为是无聊的事情；而越是境界低的人，偏偏越是爱给自己扣各种"伟大"的帽子，吃个早点都得雇八个保镖。至于到底谁是高人，谁是能人，不是洞悉世事的人，很难分辨。

## 主动孤独，沉淀一切烦恼

有的人生性好静，懒于在灯红酒绿、尔虞我诈的社交场合敷衍应酬，闲暇时更愿意伴与青灯古卷，品茗读书，抑或独自远行，涉足山川沃野。但是，更多的人害怕孤独，无论是独自垂钓的宁静和淡泊，还是众人皆醉我独醒的超然，于他们而言，都是不堪忍受的折磨。

佛家将孤独的形式分为四种：

第一种是"主动的孤独"。就是为了修行而主动创造一个与他人隔绝的环境，无论打坐诵经，还是读书写作，都完全不受外界的干扰，只留下一颗求知之心。

第二种是"被动的孤独"。可以理解为情感上的孤独，是一个人从内心深处感受到的寂寞，或被团体成员所排斥时，即使身在团体之中依然能感觉到的孤独。

第三种是"思想的孤独"。当一个人的观点不为他人所接受，思想得不到他人认可时，就会感受到精神上的孤立无援。

第四种是"权势的孤独"。高处不胜寒的感受是大多数身居高位的人所共有的。

孤独的形式有所不同，但孤独的味道每个人都品尝过。下面这个故事中的修行者，就是一个切身体会到孤独并为此痛苦的人。

在一次禅七（禅宗的参禅方法，以七日为期坐禅修行）中，一位修行者突然哭了起来。圣严法师问他为何哭泣，他回答："生活在世界上的孤独感让我害怕。"

圣严法师说："难道你不知道每个人都是独自来到这个世界，最后也独自离开吗？"

修行者说知道，但是仍然害怕。

圣严法师问："那么在禅七修行中你还害怕吗？"

他说不怕，但是一回到日常生活中，由孤独而生的恐惧与不安就会再度袭来。

这个修行者所体验到的更多是情感上的孤独，情感无所寄托让他感到茫然和痛苦。在现实生活中，孤独是不可避免的，但是我们可以改变面对孤独的态度。事实上，孤独是修行与生活中都必不可少的状态，尤其对于真正有心修行的人来说，热闹的场合固然可以参与，但更应该适应孤独的情境，并且要能够出于自愿随时置身于孤独之中，追求"主动的孤独"。

一位禅宗大师曾闭关修行多年，在闭关之前，一位年老的居士前来拜访，并问他："你想成为什么样的和尚？"禅师并未做出明确的回答，这就像无法预计陶器经过炉火的烧烤会变成什么样子。孤独的修行与学习就像陶器烧制的过程一样，痛苦在所难免，但能使人得到提升。

一个人独处时，最好的知音是自己，最大的敌人也是自己。对于修佛之人而言，倘若一个人的修行功夫不够深，就很容易被自己的妄念左右。对于普通人来说更是如此，在孤独的环境中，若不能踏踏实实地潜心学习，就可能迷失在自己所设的迷障中。

孤独固然令人痛苦，但能让人变得更加坚强、更加成熟。"主动的孤独"更是如此，无论是修行，还是日常的学习，孤独的环境都能够让人获得平静的心态和静谧的氛围，不容易受到外界杂务琐事的干扰。在孤独的环境中，人最好的知音就是自己。通过"主动的孤独"，平静地面对自己，调理身心，思考生命。当人处于孤独之中时，一切烦恼和牵挂都沉淀下来，这样他会更容易看见自己的内心深处，更容易在内心深处找到自我，了解自己。只有真正了解自己，才能在现实生活中找到适合自己的人生方向，并努力贯彻，坚持到底。

## 自省的力量

自省，就是自我反省、自我检查，自知己短，从而弥补短处、纠正过失。佛陀强调自觉觉他，强调以达到觉行圆满为修行的最高境界。要改正错误，除了虚心接受他人意见之外，还要不忘时时观照己身。自省自悟之道，可以使人在不断的自我反省中达到水一样的境界，在至柔之中发挥至刚至净的威力，具有广阔的胸襟和气度。

"知人者智，自知者明。"观水自照，可知自身得失。人生在世，若能时刻自省，还有什么痛苦、烦恼是不能排遣、摆脱的呢？佛说："大海不容死尸。"水性是至洁的，表面藏垢纳污，实质水净沙明，至净至刚，不为外物所染。

古代，一位官员被革职遣返，心中苦闷无处排解，便来到一位禅师的法堂。禅师静静地听完了此人的倾诉，将他带入自己的禅房之中。禅师指着桌上的一瓶水，微笑着对官员说："你看这瓶水，它已经放置在这里许久了，每天都有尘埃、灰烬落在里面，但它依然澄清透明。你知道这是何故吗？"官员思索了良久，似有所悟："所有的灰尘都沉淀到瓶底了。"

禅师点了点头，说道："世间烦恼之事数之不尽，有些事越想忘掉却越挥之不去，那就索性记住它好了。就像瓶中水，如果你不停地振荡它，就会使整瓶水都不得安宁，混浊一片；如果你愿意慢慢地、静静地让它们沉淀下来，用宽广的胸怀容纳它们，那么心灵不但并未因此受到污染，反而更加纯净。"官员恍然大悟。

观水学做人，时常自省，便能和光同尘，愈深邃愈安静；便能至柔而有骨，执着而穿石，以"天下之至柔，驰骋天下之至坚"。时常自省，便能灵活处世，不拘泥于形式，因时而变，因势而变，因器而变，因机而动，生机无限；时常自省，便能清澈透明，纤尘不染；时常自省，便能润泽万物，有容乃大，通达而广济天下，奉献而不图回报。

古人说："以铜为镜，可以正衣冠；以史为镜，可以知兴替；以人为镜，可以明得失。"如果没有自省的态度，那么，即使明镜摆在面前，也是视若无睹，何谈正衣冠、知兴替、明得失呢？

佛陀为了说明自省过失的重要性，做了一个比喻，记载于《百喻经》中。

有一个村庄的人合伙偷得了一头牛，并将它宰杀后分食。

失牛的人追踪到村子里，问村人："我的牛在你们村庄里吗？"

偷牛的村人答："我们没有村庄。"

失牛人问："池边不是有棵树吗？"

村人答："没有树。"

失牛的人又问："你们是不是在村庄的东边偷牛？"

村人仍旧回答："没有'东边'。"

失牛的人再问："你们是不是在正午偷牛？"

村人还是回答："并没有'正午'。"

于是，失牛的人说："没有村庄，没有池塘，没有树还算合理，可是天底下怎么会没有东边，没有正午呢？所以你们一直在说谎，牛一定是你们偷的。"

那些村人再也无法抵赖，只好承认。

佛陀用这个故事来比喻那些犯了戒条却极力隐藏，不肯自省忏悔、改过迁善的人，他们总是用一个谎言来掩盖另一个谎言，最终无法掩盖其罪。只有勇于承认自己的过失，恳切地发出忏悔，才能走上光明的大道。

人人都犯过错误，但很少有人能自省，因为自省是一次自我解剖的痛苦过程，好比一个人拿起刀亲手割掉身上的毒瘤，需要巨大的勇气。认识到自己的错误或许不难，而用坦诚的心灵面对它，却不是一件容易的事。懂得自省，是大智；敢于自省，则是大勇。割毒瘤可能会有难忍的疼痛，也会留下疤痕，却是根除病毒的唯一方法。只要"坦荡胸怀对日月"，心地光明磊落，自省的勇气就会倍增。

自省是道德完善的重要方法，是治愈错误的良药，它能给混沌的心灵带来一缕光芒。在我们迷路时，在掉进了罪恶的深渊时，在灵魂被扭曲时，在自以为是、沾沾自喜时，自省就像一道清泉，将思想里的浅薄、浮躁、消沉、自满、狂傲等污垢荡涤干净，重现清新、昂扬、雄浑和高雅，让生命重放异彩、生机勃勃。

## 有约束，才不会走错路

佛法中之所以有十分严格的持戒，是因为任何事物都需要一定的约束。俗话说，"没有规矩，不能成方圆"，世间万事万物都受到一定的约束，没有事物拥有绝对的自由，只有不同约束条件下的相对自由。

约束和自由并非绝对，而是相对的。有了约束才会有自由，因为自由存在的前提是束缚，没有道德、法律上的约束和规定，或者各种人为的规则和要求，自由就无从谈起；另一方面，没有自由，约束也就失去了其意义和作用。

不仅是人，自然界里的其他生物亦如此。"大鱼吃小鱼，小鱼吃虾米"这句话，阐述的是生物链，而生物链就是自然界中自由与约束的关系。没有一种生物是没有天敌的，它们在和同类生活的同时，也要提防天敌的袭击。假设哪天狮子不吃羊了，豹不食兔子了，所有动物都安乐地繁殖，那么终有一天，世界上的动物会越来越多，那么除了"人口危机"外，还会出现"动物危机"，到时候动物们是不是也需要找一个星球来移居呢？

人与动物最根本的区别在于，人有一种非凡的能力，那便是自我约束。自我约束就是自律，是人生很重要也很难得的品德，也是一个人修养的体现。一个声誉良好的人总是能使自律成为习惯，正因为自律，他的品行才能经受住多种考验。而只要一时的忽视，就可能前功尽弃，使数年名声化为流水。

这天，刚刚做完日常佛事，僧侣们正要走出禅房时，方丈守心法师扬手碰落了供台上的一个瓷瓶，瓷瓶摔得粉碎。众弟子一下愣在那里，不知方丈这一举动是有意为之，还是无意所致。守心法师见学僧都以探询的眼光看着自己，便语气凝重地说："一泥土，不知经历了多少工序，经过了多长时间的煅烧，才超脱成珍贵的瓷瓶，被我们摆上神圣的供桌，成为一件高贵圣洁的法器。如果保存好了，千百年都不会损坏，可以万世流传。可是，扬手之间，它就坠落于地，一文不值了。同理，一个人，尤其是敛德修行的僧人，取得了法号，悟出了境界，不是件易事，若不珍惜、不自律，堕落起来便与瓷瓶无异！"僧侣们都默默无语，有些人忽然有所顿悟，合掌跪地，深表忏悔。

正如守心法师所言，人若不珍惜、不自律，堕落起来便与坠地的瓷瓶一样，一文不值。名声品行积累起来不容易，但挥霍一空只是眨眼之间，令人痛惜，所以古人总是强调谨小慎微、善始善终。

约束看似抽象，但事实上，世间万物都是由它构成的。河床是河流的约束，如果河流没有了河床的约束，那么它将泛滥成灾；轨道是火车的约束，如果火车失去了轨道，那么它将无法行驶；土壤是植物的约束，如果植物离开了土壤，那么它将不能生存。道德与理智是人的约束，如果人失去了理智，没有了道德与规定的约束，那么这个世界将一片狼藉，也就不会有今天的文明了。

约束是必要的，对人对事物具有促进的作用。放任自流将导致泛滥成灾，只有约束才能成就秩序、成就和谐、成就圆满。生活中唯有学会自律，学会自我控制和自我约束，修炼一颗坚毅守矩的心，才能拥有坚强的意志，成就美好人生。

## ～〰 以勇气忏悔，用真诚改过

现代法国小说之父巴尔扎克说："悔和爱是两种美德。"一个人能为自己的过错忏悔，是有力量的表现，是心灵接近纯净光明的象征。在佛家看来，忏悔能消一切业，能增长善法功德。

常惭愧、常反省、常忏悔，才能常进步。一颗时时自省、时时惭愧、时时忏悔的心，如一盏警示灯，保证生活航路的平稳安全。如果一个人从懂事的时候开始，就经常惭愧对父母的孝顺不够，对老师的尊敬不够、对亲人的照顾不够，经常惭愧对晚辈的提携不够、对别人的恭敬与沟通不够，经常惭愧不懂世间的各种学术、没有能力担当世间的各种责任，并在这种惭愧之上自省，进而忏悔改正，就一定会奋发图强，有所作为。这是学佛者的佛道，也是为人者的人道。

佛陀让弟子们在庭院中竖起一根大铁柱。

在新年的前夜，佛陀叫来阿难，请他先去沐浴，然后换上一件新袈裟。等阿难梳洗完，穿着新装来到佛陀面前时，佛陀慈爱地对阿难说：

"阿难！我要请你帮我做一件很重要的事。"

阿难急忙问："世尊，您要我给您做什么事呢？"

佛陀微微一笑，指着那根竖立在不远处的铁柱对阿难说：

"你去敲一敲那根铁柱，一定要用力地敲，使劲地敲。"

阿难点头答应后就走到那根铁柱旁，拾起地上一块坚硬的石头，对着那根铁柱先试着比画了几下，随后用力敲了一下。

猛然间，那根铁柱发出了响亮的声音，这声音几乎传遍整个舍卫国，连地狱里的饿鬼和畜生道的畜生们也都听见了。更奇怪的是，大家听到这声音后，所有的痛苦、烦恼都消失了。这些事阿难在敲击铁柱前并没有想到，事实上，连阿难自己也被声音震撼了。

这声音将在僧房中休息的比丘们召唤了出来，他们都会聚到讲经堂。

佛陀对他们说："众位弟子，明天就开始新的一年了，大家已学习了一年的佛法，现在你们应该反省一下自身，我也同样需要反省。你们两人一组，各自向对方检讨自己的过失，并要对自己所犯的过失做出忏悔，使自己的身心清净不染杂念。"

所有弟子都遵从佛陀的吩咐，两人一组，认真检讨自身，忏悔后重新回到了自己的座位上。

这一天中，有一万个比丘感受到了佛义，消除了一切杂念，另有八千个比丘修成了阿罗汉。

使八千比丘修成阿罗汉，使一万比丘除却杂念，这就是忏悔的力量。忏悔能让你战胜内在的敌人，清除自己灵魂深处的污垢尘埃，减轻精神痛苦并净化自己的精神境界。

忏悔是吾日三省吾身的坚毅，是放下屠刀的睿智，是对过去丑陋行为的诀别。如果一个人有了忏悔的需要，是因为他发现了美好而光明的东西。忏悔并不是一件容易的事情，因为它意味着完全袒露内心，正视自己的过失，这需要很大的勇气。

忏悔能洁净灵魂，在忏悔中，我们能认识并改正已犯下的过错，在此基础上防止同样的错误再次发生，并且不断地改进并完善自身。其实，无论是学佛修行，还是工作生活，都应该正视自己的不足。唯有认识到自己的不足，才能够使自己更完美，由此使生活更完美。

敲响心灵的忏悔之钟，以莫大的勇气，严肃而诚挚地看待自己的瑕疵，探索内心，找出自己的缺陷，并诚心改正这些缺陷，修一颗真诚的忏悔心。

## 心不动，荣辱皆安定

"不动心"是一个人修养和定力的体现，若一个人心无定力，就会被外界环境左右，随外界的境遇而动摇。佛家认为，心是一切的基础，一个人如果想要真正入定，必须先从修心开始。修心即是净心，心灵不随外物而转，就能达到心智的自由。

五色幡升空时迎风飘动，一僧说是幡动，一僧说是风动，六祖惠能从旁边经过，笑谈，既非风动，也非幡动，乃二僧心动。

风动、幡动，都不过是外境的变迁，不动心，才能真正认清自我，保持内心的安宁。

人们想要净心时，往往习惯于用理性去控制，但这样做很可能适得其反。虽然在不断告诉自己"不能动心，不能动心"，其实这个时候心已经在动了；提醒自己"心不能随境转"，这个时候心已经转了。真正的净心不是刻意控制，也不是刻意把握它。什么时候都知道自己的心，心自然而然就不因外在环境而波动。心不动了，人就不会为外界的诱惑所动，从而可以净化自身。

仰山禅师有一次请示洪恩禅师："为什么吾人不能很快地认识自己？"

洪恩禅师回答："我给你说个譬喻，如一室有六窗，室内有一猕猴，蹦跳不停，另有五只猕猴从东西南北窗边追逐猩猩。猩猩回应，如是六窗，俱唤俱应。六只猕猴，六只猩猩，不容易很快认出哪一个是自己。"

仰山禅师听后，知道洪恩禅师是说吾人内在的六识（眼、耳、鼻、舌、身、意）和追逐外境的六尘（色、声、香、味、触、法），鼓噪繁动，彼此纠缠不清，如空中金星蜉蝣不停，如此怎能很快认识哪一个是真的自己？因此便起而礼谢道：

"适蒙和尚以譬喻开示，无不了知，如果内在的猕猴睡觉，外境的猩猩欲与它相见，且又如何？"

洪恩禅师便下绳床，拉着仰山禅师，手舞足蹈似的说道：

"好比在田地里，防止鸟雀偷吃禾苗的果实，竖一个稻草假人，所谓'犹如木人看花鸟，何妨万物假围绕'？"。

仰山终于言下契入（在言语中体会佛法真意）。

人之所以难以认清自己，是因为真心蒙尘，就像一面镜子，被灰尘遮盖，就不能清晰地映照出物体的形貌。真心不显，妄心就会占据人心，时时刻刻攀缘外境，心猿意马，不肯休息。

不识本心，内心不定，心就会随物转；倘若能了知自己的心，动静如一，那么万象万物都可以随心而转。净心才能入定，从而摆脱外物的牵绊；心不因外物而动才能真正认清自己，遇到顺境不动，遇到逆境也不动，不受任何外在的影响。"心不在焉，视而不见，听而不闻，食而不知其味"，不管世间如何变化，在心静的人看来，都是一样。

可是，大部分时候我们的心不但无法静定，无法转物，还常常随着外境的变动团团转。心灵之所以做不了主，是因为世间诱惑太大，我们容易被虚名所惑，被虚利所迷，无法摆脱欲望的纠缠。

人们常常有一种随波逐流的从众心理，做事的动机往往不是那么明确，看到别人怎么做自己也怎么做，而不是按照自己的主观愿去行动，尤其是在通往成功、幸福、快乐的道路上，一切似乎已经有了约定俗成的标准。

俗话说："众口铄金，积毁销骨。"能在多数人的否定中肯定自我的人是具有大智慧的人，也是能走向成功的人。能够在多数人的打击中昂然挺立，坚持自己的判断，不为外物所动，这样的人一定能有所成就。只要心中澄澈清明，就不会被欲望牵制。

## 每个人都有无可取代的优点

有一位得道高僧说："如果你认定自己是块陋石，那么你可能永远只是一块陋石；如果你坚信自己是一块无价的宝石，那么你就是无价的宝石。"

人如果能够正确地看待自己，就是成功的一半，关键在于，人很难做到正确地看待自己。

佛陀或者高僧度人，就是要教人们找到自身的慧根，告诉人们成佛的关键在于自己的修为和领悟。度人的第一任务，是教会别人认清自己的优点。

有一次，石屋禅师和一个偶遇的青年男子结伴同行。天黑了，那个男子邀请禅师去他家过夜："天色已晚，不如在我家过夜，明日一早再赶路？"

禅师向他道谢，与他一同来到他家。半夜的时候，禅师听见有人蹑手蹑脚地进入他的屋子里，禅师大喝一声："谁？"

那人被吓得跪在地上，禅师揭去他脸上蒙着的黑布一看，原来是白天和他同行的青年男子。

"怎么是你？哦，我知道了，原来你留我过夜是为了这个！我一个和尚能有多少钱，你要干就干大买卖！"

那男子说："原来是同道中人！你能教我怎么干大买卖吗？"

禅师对他说："可惜呀！你放着终生享用不尽的东西不去学，却来做这样的小买卖。这种终生享用不尽的东西，你想要吗？"

"这种终生享用不尽的东西在哪里？"

禅师突然紧紧抓住男子的衣襟，厉声喝道："它就在你的怀里，你却不知道，身怀宝藏却自甘堕落，枉费了父母给你的身体！"

一语惊醒梦中人，这个人从此改邪归正，拜石屋禅师为师，后来成为著名的禅僧。

在失败或者不如意的时候，人们往往怨天尤人，觉得世道不公。事实并非如此。人们之所以有这种想法，是因为他们忽略了自身的力量。正像故事中所表达的，很多时候我们都对自身高贵的灵魂视而不见。这个灵魂是我们最忠实的朋友，只要需要它、相信它，它就不会离我们而去。

任何人都不要觉得自己过于平凡、不值一提，每一个人都拥有佛性，关键在于能否给予自己肯定。人是可以改变的，一切就看自己怎么看待。如果太早给自己下定论，屈服于现有的命运，那么，一生将只能停留彷徨。

在学会肯定他人之前，应当先学会肯定自己。自我肯定，要有"我能、我会、我可以"的自信。一个能自我肯定的人，自然拥有自信。

每个人身上都有独一无二的优点，认清自身的宝藏，了解自己的心，对自己有坚定不移的信心，才能实现自我，走出一条正确的道路来。

# 第二节
## 安心：真正的贫穷是心无安处

### 明浮躁源，戒浮躁心

无论外界怎样，我们都应该随时提醒自己不要有一丝一毫的浮躁，认认真真、踏踏实实才是处世之道。

浮躁，是轻浮急躁的意思，是造成人们做事的目的与结果不一致的常见原因。心浮气躁的人做起事来一味追求速度，既无准备，也无计划，恨不能一日千里、一蹴而就，结果往往遭遇挫折和失败，由此给自己造成心理上的痛苦和烦恼。要从浮躁中解脱身心，首先必须找出浮躁的根源。

浮躁源自急于求成的心态和希望立刻拥有一切的贪婪。一个人若是贪求太多，心中的念头就会一个接着一个，不得平息。念头一多，情绪波动就大，而情绪越是起伏不定，做事就越急躁，越不得要领，因此也就难以达到目标。

有位著名的音乐人讲过，没有手的人才能玩好乐器，没有声带的人才能唱好歌。这话初听起来很玄，实际上一点儿也不玄，它有点类似于武侠小说中所说的"人剑合一"境界，即忘掉哪儿是手，哪儿是剑，融身心剑于一体，你就是剑，剑就是你，全身心地投入一挥一刺之中。这是一种高度的专心，这种专心当中又包含有很大的平常心，不带一丝功利之心。

宫本武藏和柳生又寿郎的故事很能说明问题。

二人都是日本近代著名剑客，宫本武藏是柳生又寿郎的师父。最初，柳生又寿郎刚刚拜师，就问："师父，依你看，以我的资质要练多久才能成为一流的剑客？"

"最少也要十年吧！"

"十年！太久了。假如我加倍苦练，多久可以成为一流的剑客呢？"

"那就要二十年了。"

"假如我晚上不睡觉，日以继夜地苦练呢？"

"那你会累死，九流剑客也做不成了。"

柳生又寿郎很奇怪，又问："为什么我越努力效果越差呢？"

宫本武藏说："我的意思不是说努力没用，而是说做一流剑客的首要条件，是必须永远保留一只眼睛注视自己，不断反省自己。现在，你两只眼睛都盯着剑客的招牌，哪里还有眼睛注视自己呢？"

柳生又寿郎听了，当下醒悟，后来终成剑术名家。

世上无难事，只怕有心人。练剑也好，学禅也好，做世俗之事也罢，只要静下心来努力去做，很少有做不到、做不好的。切不可急躁冒进。急躁本身，就是缺乏定力与信心的表现，也是错误的思路已经萌生的表现。不加以遏止，人就会在错误的思路中越陷越深，越来越难以摆脱痛苦。

宋朝的朱熹十五六岁就开始研究禅学，而到了中年之时才感觉到，速成不是创作良方。于是，他以"欲速则不达"这句话警醒自己，之后下苦功，方获得了一定的成就。他有一句十六字箴言："宁详毋略，宁近毋远，宁下毋高，宁拙毋巧。"

然而，对于"只争朝夕"的现代人来说，追求形式上的成功和表面的风光，远比踏踏实实追求理想容易。我们总是希望尽可能多地拥有美好的东西，于是心浮气躁、汲汲营营地追求，但往往求得了这个，丢失了那个，心中满是愤懑。求不得、舍不得，懊恼不堪，生命就这样在拥有和失去之间流走。

如果我们真正想要成就一番事业，就必须静下心来，脚踏实地，摆脱速成心理，戒除急躁。具体可以参考以下几点：

一、梳理情绪，掌控情绪。不要被急躁的心情牵着鼻子走，要了解每一种情绪的来龙去脉，然后将它们分门别类，这样才能让内心纷杂的念头安定下来。

二、收敛自己的心，不要四处贪求，为了得不到的东西烦恼。

三、专注眼前。别想太多，试着用心留意此时此刻的呼吸，顺着它的节奏，让杂念在一呼一吸间逐渐沉淀。

四、明确最根本的目标，制订计划，细分步骤，一步一个脚印地走下去，循序渐进地达到目标。

无论外界怎样，我们都应该随时提醒自己不要有一丝一毫的浮躁，只有认认真真、踏踏实实地生活，才能保持宁静平和的心态，为每一个目标做好充足的准备，耐心做好每一阶段的事，最终获得成功。

## 心常在静处

与其让浮躁影响我们正常的思维，不如放开胸怀，静下心来，默享生活原味。

"非宁静而无以致远。"诸葛亮如此告诫幼子。静是什么？是泰山崩于前而色不变，是大胸襟，也是大觉悟，非丝非竹而自恬愉，非烟非茗而自清芬。

静，是一种大知大觉的灵机，是高山野云般的空灵智慧，是修行有素之人才有的定力与智慧。"宁静即释迦"，我们的心若能常常清静，没有贪、嗔、痴，遇到什么境界都不受影响——不论外在的利诱，还是险恶的威胁，内心都不受其影响，才称得上真正的宁静。

人们常常为名誉、钱财等身外之物奔波劳碌，殊不知，身外的堆积越多，离生活最本真的清静就越远。心浮气躁、患得患失之间，人很难得到沉静的安宁。与其让浮躁影响我们正常的思维，不如放开胸怀，静下心来，默享生活的原味。

宁静并不与成功、成就背道而驰，有人这样理解，缘于无知和浮躁。

宁静只会让你走得更稳，更远。

著名作家林夕写过一个小故事：

他是我老师的好友，早年在部队工作，后来跻身商界，他主持运作的几个项目非常成功，一度传为商界佳话。也因为这样非凡的经历，经常有一些胸怀志向的年轻人，慕名前来向他求教，问一些如何经商赚钱之类的问题。那年，我大学毕业即将踏入社会，在老师的引荐下，去他家拜访。

见面寒暄过后，我便迫不急待地提出我的问题："如何才能赚钱？用最快的速度？"他听了，微微皱了一下眉，说："如何赚钱而且要最快，告诉你，年轻人！最快的赚钱速度就是：你现在拿两个手榴弹或炸药包出去，我保证你两个小时内就能拿到钱。但是后两个小时你在哪儿，我可不能保证。"

我忍不住大笑。他也笑了，耸耸肩，说："和你开玩笑。很多人都问过我这个问题，开始我感到很奇怪，你们怎么会有这样的想法？后来问得多了，也不见怪了。"

也许是为了更好地回答我提出的这个问题，他给我讲了他经商的一个故事。"你们都听说过我卖钢琴的故事，我在两年之内卖掉12万台钢琴，在全国兴起狂热的的钢琴购买浪潮，创造了一个广为大家传颂的钢琴神话。可是你知道，我是怎么做的吗？"

"如果把我做的所有工作细节都说出来，三天三夜也说不完。我只能概括地讲：我走访了当时所有的钢琴厂家，以及供应生产钢琴的原材料厂家，在全国15个城市做了上百万份的市场调查，光是收集的材料叠起来就有三米高。这个过程了5个月，然后开始做行销方案，整个方案分为三大部分，每一部分又由十几个方案组成。就这样，前期市场调查、案头工作用了将近一年。整个销售过程用了三年。三年中我每天只睡4个小时。别人只看到我成功的一面，可是其中经历的过程却没有人看到。"

"年轻人，我和你讲这些，只是想告诉你：世界上一定有最快的赚钱速度，但是，赚钱的速度和灭亡的速度是一样的。我今年55岁了，从25岁踏入社会到现在，整整走过30年的人生历程，我唯一能够给你的人生经验就是：人生如同登山，你一生的有效时间按30年计算，在第一个10年，你要学会攀登的技能，为登山做准备；第二个十年，你要在登山的实践过程中边体验、边修正、边完善自己的攀登技能；第三个十年，你要一鼓作气，攀登上人生之山的最顶峰！"

人生如同登山，人生也如同旅行，不积跬步，何以至千里？在尘嚣浮躁、物欲熏心的当今社会，缺乏脚踏实地的精神的人，不仅在成功路上走不了多远，还往往误入歧途，迷途难返。所以，朋友们，静下心来，走好、走稳每一步，每一步就都是我们的舞台。

## 细沙含一方世界，野花藏一座天堂

一旦我们懂得放慢脚步，为自己寻找一方安静心空，就可以在遭遇困难时仍拥有幸福的感觉，也可以从容地面对生活中的压力和挫折。

"尽日寻春不见春，芒鞋踏遍陇头云，归来笑拈梅花嗅，春在枝头已十分。"一路行走一路歌是人人向往的境界，一路行走一路愁却是大多数现代人生活的常态。生活的旅途中，人们常常忽略美好而执着于痛苦，在不停歇的拼搏和追逐中，疲惫万分。

步履匆匆，以至于忽视了路边美景；身在花丛，却嗅不到满园芬芳。古人说"月影松涛含道趣，花香鸟语透禅机"，禅门语"青青翠竹，尽是法身；郁郁黄花，无非般若"，细沙中包含的那一方世界，野花中蕴藏的那一座天堂，你是否看到了呢？

有好多天，慧海和尚独坐寺内，郁闷不语。师父看出其中玄机，并不言语，微笑着和慧海走出寺门。

半绿的草芽、斜飞的小鸟、流动的小溪，门外是一片大好的春光，慧海和尚深深地吸了一口清新的空气，偷窥师父，师父正安详地打坐于半山坡上。慧海有些纳闷，不知师父葫芦里卖的什么药。

过了一个上午，师父才起身，还是不说一句话，只打个手势，把慧海领回寺内。

刚入寺门，师父突然向前一步，轻掩两扇木门，把慧海关在寺外。慧海不明白师父的意思，独自坐于门前，纳闷不语。很快天色就暗了下来，雾气笼罩了四周的山冈，树林、小溪，连鸟语、水声也变得不明朗起来。

这时师父在寺内朗声叫慧海的名字，进去后师父问："外边怎么样？"

"全黑了。"

"还有什么吗？"

"什么也没有了。"

"不，"师父说，"外边的清风、绿野、花草、小溪一切都在。"

慧海顿悟，明白了师父的苦心。

慧海和尚沉浸在心里的烦闷之中，看不见身旁大好的春光。漆黑的天色正如慧海被烦恼遮蔽的双眼，掩盖了白天的美景。其实，清风绿野一直都在，只是人们对此视而不见罢了。

心中装满各种纷杂的思想，自然无法闻到近在鼻端的花香，只有身处安宁的境界中，一切才可寻。安宁是心灵的平静，能够让人在嘈杂浮华中找到自己的心灵空间。安宁并不是一种懒散、没有生气的状态，而是一种清澈空灵的心灵之境。一旦我们懂得放慢脚步，为自己寻找一方安宁心空，就可以在遭遇困难时仍拥有幸福的感觉，也可以从容地面对生活中的压力和挫折，欣赏到生活中的美好。

我们常常会看到这样一类人：他们勤奋、努力地工作，但是脾气暴躁，生活也因此变得混乱不堪。他们只顾匆匆赶路，却忘了欣赏路边的风景，从而葬送了自己安静的生活，失去了自己本该拥有的幸福。

真正能享受平和宁静的人，才是离自我、离幸福最近的人。在当今这个忙碌的社会里，人们会因各种各样的事情而狂躁不安，会因自我控制能力的弱化而情绪大幅波动，会因焦虑和多疑而饱受煎熬。只有那些明智的人，才会掌控并引领自己朝着他们原本需求的方向走去。

无论我们身在何处，要做什么，要往哪里去，都应记住：在生活的沙漠中，总会有一片绿洲等待我们去发现，总会有一些花朵为我们绽放。不妨放慢脚步，好好欣赏周围的风景，很多时候，幸福只是躲在安宁背后的一道风景，等待着我们将一切纷乱沉淀下来，在去除心灵的阴霾之后，用心去寻找，去发现。

## 越亲近自然，焦虑越易消失

大自然具有无穷无尽的美，能给人们疲惫的心灵带来抚慰。

王维《鸟鸣涧》诗云：

人闲桂花落，夜静春山空。

月出惊山鸟，时鸣春涧中。

人人皆以为王维只是在写自然界景物的美丽，其实这首诗不只体现了自然界的美丽，更是诗人内心的写照，体现了诗人心中禅心与禅境的完美结合。这首诗的境界之所以如此静谧、寂远，原因在于诗人心无挂碍，眼中只有山间花落、月出、鸟鸣融为一体的美丽，不见人生的烦恼。

很多禅修之人，修行了几十年，仍无法达到自悟的程度，这是因为他们受到俗世的羁绊，心生浮躁之气，缺少清净、纯洁的安详。

有位虔诚的佛教信徒，每天都从自家的花园中采撷鲜花到寺院供佛。一天，当她送花到佛殿时，碰巧遇上无德禅师从法堂出来，无德禅师非常欣喜地道："你每天都这么虔诚地以鲜花供佛，根据佛典记载，常以鲜花供佛者，来世当得庄严相貌的福报。"

信徒非常高兴地回答："我每次来您这里礼佛时，觉得心灵就像洗涤过似的清凉，但回到家中，心就烦乱起来。作为一名家庭主妇，如何在喧嚣的尘世中保持一颗清凉纯洁的心呢？"

无德禅师反问道："你以花礼佛，对花草总有一些常识，我现在问你，你如何保持花朵的新鲜呢？"

信徒答道："保持花朵新鲜的方法，莫过于每天换水，并且在换水时把花梗剪去一截儿，因为这一截儿花梗已经腐烂，腐烂之后不易吸收水分，花就容易凋谢！"

无德禅师说："保持一颗清凉纯洁的心也是这样啊，我们生活的环境就像瓶中的水，我们就是花，唯有不停净化我们的心灵，改变我们的气质，并且不断地忏悔、检讨，改掉陋习、缺点，才能不断汲取大自然的养分啊。"

信徒听后，幡然醒悟。

无德禅师的话就像一泓清新的山泉，浇灌着人的心田。的确，要想心灵保持纯洁，就要不断地忏悔，改掉自己的缺点。如此，无论生活多么眼花缭乱，都可以化作装点心灵的花，衬托心灵的美。

在如今这个高速发展的时代，都市的噪声及紧张的生活节奏令人焦虑不安，适度地离开熙攘的尘嚣世界，接近大自然，享受大自然带给我们的乐趣，是品味生活的良好方式。在自然中放松自己的方法包括以下几种：

首先，在空虚或焦躁时，不妨走近自然，欣赏大自然的壮观美景，感受大自然的宽广胸襟，心情就会愉快起来，一切苦闷和阴影也都会散去。

其次，让眼睛看向远方的地平线，凝视自然地形、色彩的变化，感受自然的香味和声音，可以获得和大自然融为一体的感觉，由此也可以缓解生活中的压力。

再次，凝视天际时，不妨想象眼睛的肌肉已释放所有的紧张。在古代，面对大自然时产生的渺小感几乎令人害怕，今天我们对于一泻千里的瀑布或高耸的悬崖峭壁依然感到敬畏。站在它们脚下，我们能用更宽广的角度看自己，并调整我们看事情的角度。我们花越多时间在大自然的美景中，就有越多的焦虑远离我们。

## 修一颗不为身体境遇所动的心

能做到成败骤然降临而不惊，宠辱无故加诸己身而不动，便是拥有了一种笑看花开花落的淡定和智慧。

人或得意，或失意，不管什么样的心境皆是由身而来。身处何境，甚至身体上具体的痛楚，都能时时影响人的心理状态。因此，所谓的"修养"，一言以概之，便是修炼出一颗不为身体境遇所动的心。

宠，是得意的表象；辱，是失意的代号。当一个人功成名就时，如果平素就有淡泊名利的真修养，就不会欣喜若狂，喜极而泣，甚至得意忘形。得意中不忘形，顺境中居安思危，就能在功名加身时保持心境的淡然。如果面对一时的失意也依然挺直脊背，坦然面对挫折，就能时刻守住心灵的平和，在逆境中奋发，最终走出失意的阴影。

做到得意失意皆平和并不容易，就连为人达观洒脱的文豪苏轼，受人羞辱也难以淡然处之，可见宠辱不惊的修为之难。

宋朝时苏轼在江北瓜州地方任职，和江南金山寺只一江之隔，他和金山寺的住持佛印禅师经常谈禅论道。一日，苏轼自觉修持有得，撰诗一首，派遣书童过江，送给佛印禅师印证，诗云："稽首天中天，毫光照大千；八风吹不动，端坐紫金莲。"八风是指人生所遇到的"嗔、讥、毁、誉、利、衰、苦、乐"八种境界，因其能侵扰人心情绪，故称之为风。

佛印禅师将诗阅后，拿笔批了两个字，就叫书童带了回去。苏轼以为禅师一定会赞赏自己修行参禅的境界，急忙打开禅师的批示，一看，只见上面写着"放屁"两个字，不禁无名火起，于是乘船过江找禅师理论。船到金山寺时，佛印禅师早已站在江边等待苏轼，苏轼一见禅师就气呼呼地说："禅师！我们是至交，我的诗、我的修行，你不赞赏也就罢了，怎可骂人呢？"禅师若无其事地说："骂你什么呀？"苏轼把诗上批的"放屁"两字拿给禅师看。禅师哈哈大笑说："言说八风吹不动，为何一屁打过江？"

苏轼闻言惭愧不已，自觉修为不够。

"八风吹不动"是一种心不随身而动的修为境界，可是要将这种境界时刻落到实处，并不容易。

要做到八风不动、宠辱不惊，首先，人们要用广阔的视角去看待事物，运用全方位的思考方式来解决问题。一旦思维钻入了牛角尖，就可能对任何挫折都耿耿于怀，无法腾出空间来整理思绪，因此也就没有办法以坦然之心面对困境。

其次，遇事不慌张。别人讲的话，做的事，都要在自己脑中先过一遍，细细想一想再做出反应。无论是来自他人的赞美、帮助，还是羞辱、侵害，都应以理智来应对。

再次，要做到不动心。不为名利而动，不为苦难而动，不为权势而动，不为嗔怒而动，不为毁谤而动。

《菜根谭》里说："宠辱不惊，闲看庭前花开花落；去留无意，漫随天外云卷云舒。"为人做官能视宠辱如花开花落般平常，才能"不惊"；视职位去留如云卷云舒般自然，才能"无意"。"闲看庭前"大有"躲进小楼成一统，管他冬夏与春秋"之意；"漫随天外"则显示了目光高远，不似小人一般浅见的博大情怀；一句"云卷云舒"又隐含了"大丈夫能屈能伸"的崇高境界。对事对物，对功名利禄，失之不忧，得之不喜，正所谓"淡泊以明志，宁静以致远"。

修持一颗淡定之心，做到得意时淡然，失意时坦然，方能心态平和、恬然自得，方能达观进取、笑看风云。

## 做第三类人：提起，放下

我们要放下浮躁的心，提起淡定的心。无论进退，都不喜不忧，处于低谷不消沉，登上顶峰也不迷失。

人可以分为三类：第一类，提不起、放不下；第二类，提得起、放不下；第三类，提得起、放得下。

第一类人占据了芸芸众生中的大多数，他们只懂享受，却从不承担。他们的内心放不下对功名利禄的追求，像是寄居在荨麻茎秆上的菟丝子，攀附在其他植物之上，毫不费力地汲取着养分，却从不奉献什么。

第二类人有担当，有责任心，而且往往目标明确，会凭借着自己的能力向上攀登。可他们一旦有所获得就舍不得放下，往往拖着越来越重的行囊，艰难上路。

第三类人有理想、有魄力、有担当，而且心地坦然，头脑睿智，可攻可守，可进可退。

提放自如，并非一件简单的事情。提起需要承担责任的勇气，放下也需要斩断妄念的魄力。提起什么，放下什么，也需要有所选择。

一天，寺前来了两个陌生人，年长的仰头看看山，问寺里的和尚："这就是世上最高的山吗？"

"大概是的。"和尚轻轻地答道。年长的没再说什么，就开始往上爬。

年轻人对和尚笑了笑，问："等我回来，你想要我给你带什么？"和尚看着年轻人说："如果你真的到了山顶，就把那一时刻你最不想要的东西给我就行了。"

年轻人很奇怪，但也没多问，就跟着年长的人往上爬。斗转星移，不知又过了多久，年轻人独自走下山来。

又是那座寺前，和尚问年轻人："你们到山顶了吗？"

"是的。"

"另一个人呢？"

"他，永远不会回来了。"

"为什么？"

"唉，对于一个登山者来说，一生最大的愿望就是战胜世上最高的山峰，当他的愿望真的实现了，也就没了人生的目标，这就如同一匹好马折断了腿，活着与死去，已经没有什么区别了。"

"他……"

"他从山崖上跳下去了。"

"那你呢？"

"我本来也要一起跳下去，但我猛然想起答应过你，把我在山顶上最不想要的东西给你，看来，那就是我的生命。"

"那你就来陪我吧！"

年轻人在庙旁搭了个草房，住了下来。人在山旁，日子过得虽然逍遥自在，却如白开水般没有味道。年轻人总爱默默地看着山，在纸上胡乱画着。久而久之，纸上的线条渐渐清晰了，轮廓也明朗了。后来，年轻人成了一个画家，绘画界宣称一颗耀眼的新星正在升起。接着，年轻人又开始写作，不久，他就以文章回归自然、清秀隽永而一举成名。

许多年过去了，昔日的年轻人已经成了老人，当他回想往事的时候，他觉得画画、写作其实没有什么两样。最后，他明白了一个道理：其实，更高的山并不在人的身旁，而在人的心里，只有忘我才能超越。

故事中年长的登山者就属于第二类人，他执着地追求着登上世界最高峰的荣誉，而愿望实现了，他却不能将之放下并继续前行，所以他认为只有绝路可寻；而另一位年轻人也有了轻生的念头，但因为不能违背对和尚的承诺，他才有机会了悟真正的禅机——世界上更高的山在人的心里。收放之间，我们便能不断得到提升，只有坦然放下一切俗物俗心的牵绊，才能真正觅得生命的意义。

星云大师曾说，做人要像一只皮箱，随时提放自如，当提起时提起，当放下时放下。光是提起，拖累太多，非常辛苦；光是放下，要用的时候，就会感到不便。提放自如，意味着不浮躁、不虚荣、不自私，意味着心灵宁静，不被任何外界因素动摇。

要做到提放自如，首先，要把去恶行善的心提起，把争名逐利的心放下。"诸恶莫作，众善奉行，自净其意，是诸佛教。"去恶行善是佛教的基本教义之一，行善是分内事，止恶也是该主动承担的责任。真正的智者应该孑然一身，不受虚名牵绊，也不为富贵诱惑。

其次，要把成己成人的心提起，把成败得失的心放下。成就自己的目的是为了成就别人，只有充实自己，才有足够的能力去帮助别人。在充实自己的过程中，失败是难免的，要能够在失败中汲取教训，在成功中积累经验，而不只是沉浸在收获的快乐或者失败的痛苦中不能自拔。

最后，要把淡定的心提起，把浮躁的心放下。无论进退，都不躁进冲动，都不喜不忧，不沉醉不迷失，专注于自身，如此方能收获心灵的平和与充足。

## 〰〰 在喧嚣处，修得暇满身

真正的清闲应是身处繁华世间，心中能不生浮躁，不起烦恼，拥有一颗无分别的心，从容面对任何境遇。

人们生活在喧嚣之中，不仅环境的喧嚣无处不在，内心深处不息的追逐和欲望带来的喧嚣，也令人不得安宁。人们或许可以回归大自然，寻找片刻的宁静，然而大多数时候，人们身陷凡尘，无法平复内心的欲求和骚动，因为人们不懂得在喧嚣处为自己留一份清静。

历史上，许多得道禅师远离世俗，独自在佛法中寻得了内心的宁静，这份宁静，使他们曾经孤单的内心绽放出芬芳的莲花，荒凉如沙漠的灵魂注入一股清泉。他们孤单，但并不寂寞，内心感到的只是清净。这份清净，使他们能听到落叶的声音，明白时光的絮语。

有的人可能认为清净是一种难耐的寂寞，但在禅师们的心中，清净是生活中难能可贵的境界。

赵州禅师问新来的僧人："你来过这里吗？"

僧人答："来过！"

赵州禅师便对他说："吃茶去！"

又问另一个僧人："你来过这里吗？"

僧人答："没有。"

赵州禅师也对他说："吃茶去！"

在一旁的院主奇怪地问："怎么来过的叫他去吃茶，没有来过的也叫他去吃茶呢？"

赵州禅师就叫："院主！"院主答应了一声，赵州禅师对他说："走，吃茶去！"

心若清净，才能有心思吃茶，才能品味出茶的清香。一个想得太多的人，心灵如同投进石子的湖面，失去了原来的平静。偶尔如此没有关系，若常常如此，心湖没有静止的时候，人们便永远体会不到安宁。内心清净的人，不会想太多，亦不会要求太多，就像母体中的婴儿，处于一种无可无不可的快乐无忧的境界。

心若清净，凡事简单，如此，才能尽享生命的清闲之福。暇满之身就是健康有闲，可世界上的人有清闲不肯享受，有好身体要去消耗掉，而且真到了清闲暇满，自己反而悲哀起来。这类人内心是喧嚣的，他们不知道清净的重要，不懂清闲的滋味。

真正的清闲应是身处繁华世间，心中能不生浮躁，不起烦恼，拥有一颗无分别的心，从容面对任何境遇。

唐朝时，有一位懒瓒禅师隐居在湖南南岳衡山的一个山洞中，他曾写下一首诗，表达他的心境：

世事悠悠，不如山岳，卧藤萝下，块石枕头；

不朝天子，岂羡王侯？生死无虑，更复何忧？

这首诗传到唐德宗的耳中，德宗心想，这首诗写得如此洒脱，作者一定也是一位洒脱飘逸的人物吧！应该见一见！于是就派大臣去迎请懒瓒禅师。

大臣拿着圣旨东寻西问，总算找到了懒瓒禅师所住的岩洞。见到懒瓒禅师时，正好瞧见禅师在洞中生火做饭。大臣便在洞口大声说道："圣旨到，赶快下跪接旨！"洞中的懒瓒禅师却毫不理睬。

大臣探头一瞧，只见懒瓒禅师以牛粪生火，炉上烧的是地瓜，火愈烧愈炽，整个洞中烟雾弥漫，熏得懒瓒禅师鼻涕纵横，眼泪直流。大臣忍不住说："和尚，看你脏的！你的鼻涕流下来了，赶紧擦一擦吧！"

懒瓒禅师头也不回地答道："我才没工夫为俗人擦鼻涕呢！"

懒瓒禅师边说边夹起炙热的地瓜往嘴里送，并连声赞道："好吃，好吃！"

大臣凑近一看，惊得目瞪口呆，懒瓒禅师吃的东西哪是地瓜呀，分明是像地瓜一样的石头！懒瓒禅师顺手捡了两块递给大臣，并说："请趁热吃吧！世事都是由心生的，所有东西都来源于知识。贫富贵贱，生熟软硬，你在心里把它看作一样不就行了吗？"

大臣看不惯禅师这些奇异的举动，也听不懂那些深奥的佛法，不敢回答，只好赶回朝廷，添油加醋地把懒瓒禅师的古怪和肮脏禀告皇上。德宗听后并不生气，反而赞叹道："我们国内能有这样的禅师，真是我们大家的福气啊！"

懒瓒禅师是真正达到佛的境界的人，他的眼中没有富贵贫贱，没有生熟软硬，万物在他心里都是一样的，他的心是真正清净、没有分别的。就像六祖慧能的禅语："菩提本无树，明镜亦非台。本来无一物，何处惹尘埃。"

一个人的大清净，不是寂静无声、死气沉沉，而是看透繁华后的欢喜。一心清净，即使是冰天雪地、万物沉眠，心里的莲花也能处处开放。

世间熙攘喧嚣，因此世人心生浮躁。在喧嚣处为自己留一份清静，不时从热闹的俗世中退回来，调和内心，就能在纷扰中安顿自己。

# 第二章 修 性

# 第一节
## 随性：回归本性，做真正的自己

### 人生随时要保持单纯的本性

有一次看电视，恰好演到一个主持人问一个小女孩："如果你开的飞机没油了，飞机上还有好多乘客，其中包括你的亲戚，但只有一个降落伞，你会给谁用？""我会安排好乘客，让他们安静下来，然后我就会用降落伞跳下去。"小女孩说。摄像机对准观众席，有人摇头，有人哄笑。小女孩急了："我……我还会回来的，我……我只不过是去取点儿油！"

古代蒙学读本《三字经》开篇即说：人之初，性本善。然而遇事能够像故事中的小女孩那样想问题的，太少太少。有人说，这是因为社会太乱，坑蒙拐骗太多，尔虞我诈太多，钩心斗角太多，短视太多，拜金太多，出卖太多……唯独不愿意反省：是世界太残酷，还是我们自己太阴暗？

其实，人本来生下来都很朴素、很自然，而后天的教育、环境的影响，种种原因，把圆满自然的人性雕琢了，刻上了多余的花纹雕饰，反而掩盖了原本的朴实。"玉不琢，不成器"，但不要以为这些花纹和雕饰就是真正的自己，要看透雕饰下面的自我，保持最单纯的本性。

苏东坡就很值得效仿。除了喜欢开些不合时宜的玩笑，苏东坡其实是历史上少有的纯真、光明之人。他曾经对弟弟苏辙说："吾上可陪玉皇大帝，下可以陪卑田院乞儿。眼前见天下无一个不好人。"事实上他也真的达到了这种境界。纵观苏东坡的一生，除了被起用，就是被贬黜，富贵和灾难始终相伴。但无论沉浮升降，他始终宠辱不惊，也始终坚持着自己的原则：只做好人，不做坏事。就算因为乌台诗案，获罪下狱，生死未定，他也照吃照睡，鼾声大作。恰好，皇帝为了试探他是不是于心有愧，坐卧不安，派人暗中监视，又有一众君子营救，最终脱险。

比苏东坡稍早的邵雍，他的做法更具现实意义。邵雍是当时著名的哲学家，自己不爱做官，却收了一大批在朝为官的弟子，很多官宦贵胄也以能和他交往为荣。宋神宗执政时期，任命王安石为相，推行新法，造成了某些州县的骚乱。邵雍的几个弟子和老友写信给他，说我们准备弹劾王安石，然后辞官回家，眼不见心不烦。邵雍回信劝他们说："正所谓家贫显孝子，国破见忠臣。当前正是需要有志之士报效国家的时候，新法固然严苛，但诸君在执行中能够放宽一分，老百姓就能多得到一分的好处。而你们弹劾王安石，除了发泄一通私己的愤怒，这对维护老百姓的利益又有什么好处呢？"

当下也有不少类似的人。在他们那里，你听不到一丝中国的好，全是腐败、黑暗、落后等，另一方面，他们张嘴就是美国民主、英国博爱、法国有人文情怀。记得李敖先生在一次演讲中说过："今天，你们进到这大学、那高校，将来你们会毕业，会成熟，那时候老问题就出现了：你要不要做自了汉？别人都不管，只管我自己？自了汉什么标准？有点钱，读了博士，在外国住下去，管我自己的生活，这叫自了汉。我告诉各位，这个观念是错的。你的根就在这里，对中国你可以抱怨，你可以不满，你可以诅咒，可是告诉你，你的根在这里。"清华大学社会学系教授孙立平老师也说过："你有良知，中国便不会沉沦；你有尊严，中国便不会没有脊梁；你找准了正确的方向，中国便不会后退。你我的选择，决定中国的未来；你我的未来，就是中国的希望。无论中国怎样，请记得：你所站立的地方，就是你的中国；你怎么样，中国便怎么样；你是什么，中国便是什么；你光明，中国便不黑暗。"

的确，太阳是光明的源头，但阳光也有照不到的地方。世界越是黑暗，就越是需要卫道者。只要我们不被黑暗淹没，我们就是阳光，就是烛火，不仅能照亮自己，还能点亮世界。不然，就是移民到太阳上，顶多也是个太阳黑子。

## 想得少点儿，活得简单

一个人若追求复杂而奢侈的世俗生活，则不仅贪欲无度，烦恼缠身，而且日夜不宁，心无快乐。复杂往往会浪费生命中宝贵的时间，奢侈则极有可能断送美好的人生。

人的一生中，会有很多追求、很多憧憬，有人追求真理、追求理想的生活、追求刻骨铭心的爱情；也有人追求金钱，追求名誉和地位。有追求就会有收获，我们会在不知不觉中拥有很多，有些是必需的，而有些却是完全用不着的。那些用不着的东西，除了满足虚荣心外，就只是一种负担。

我们已经拥有很多，却仍旧不满足，贪恋名利，贪恋这个世界上的一切繁华。我们总以为人生在世，不尽可能多地得到，就无法实现自己的价值。殊不知，得到得越多，烦恼也就越多。于是我们背负着沉重的拥有，疲累而苦恼，却不懂得停下脚步，倾听一下内心的声音。

想过美满幸福的生活，希望丰衣足食，这是人之常情，但是把这种欲望无限放大，变成不正当的欲求，变成无止境的贪婪，就会在无形中成为欲望的奴隶。其实，静下心来想一想，有什么目标是非实现不可的？又有什么东西值得用宝贵的生命去换取？

再大的权势，再多的财富，也终有一日成空，没有什么能够代替内心的幸福。我们需要的是简单的生活，因为简单使人宁静，宁静使人快乐。尤其是在面临人生重大的选择时，更需要除去多余的念想。

有这样一个故事：

某地发生了山洪，一个农民从洪水中救起了他的妻子，但孩子却被淹死了。事后，人们议论纷纷。有人说他做得对，因为孩子可以再生一个，妻子却不能死而复活。有人说他做错了，因为妻子可以另娶一个，孩子却没法死而复活。这件事传到了当地的电视台，电视台便派记者前去采访，这位初出茅庐的记者不假思索，上来就问农民：当时为什么没选择救孩子。农民倒是没有责怪他，坦言自己救人时什么也没想，只是因为洪水袭来时妻子就在身边，他抓起妻子就往山坡上游。待返回时，孩子已被洪水冲走了，来不及救了，仅此而已。

这个故事未必是真的，但我们可以通过它阐释一个道理，那就是简单是一种睿智的生活方式，就事论事，这个农民如果进行一番抉择，事情的结果会是怎样呢？洪水袭来，妻子和孩子都被卷进漩涡，片刻之间就会失去性命，这个农民还在进行艰难抉择，是妻子重要，还是孩子重要？那么，他最终谁也救不了。

在人的一生中，许多时候并没有机会和时间进行抉择。抉择很困难，但也很简单，困难在于人们总是把抉择当作抉择，并为每一次抉择附加太多的意义，患得患失；简单在于别去考虑抉择问题，而是遵循生命自然的方式，不要被多余的考虑束缚身心，活得简单，才能于简单中发现生命真正的芳华。

世间的繁华是没有尽头的，一切繁华其实都是人内心制造的幻影，以为自己得到了它，实际上还离得很远，我们只不过用自己的人生为繁华作了一个注脚。在追求物质的过程中，人最容易丧失自我。因为对物质的追求永无止境，而人的生命是有限的。

拥有物质不一定就能得到幸福，这就好比带着枕头被子出门，不但没有得到很好的休息，反而增加了负担。拥有再多的物质也仍会有不满足的时候，心灵则因为被物质挤压，无处容身。

在有限的生命里，扪心自问，我们是不是在拥有的同时失掉了简单，失去了幸福？

## 做人不掺杂念

人活在世上，应当眼界开阔，看得透人生诸多名利与荣辱背后的真相。眼界狭小的人，只看得见眼前的得失，为每一次得失大喜大悲，你争我夺，看不清前途所在，看不清祸福，看不清生死，对于生活的意义、生命的价值一无所知，自我在其中迷失，万千的烦恼也应运而生。懂得放开眼量的人，不会被生活中一时的忧乐所惑，从而能驾驭生活，而不是被生活所困。

现实生活中，真正懂得放开眼量的人并不多，这是因为人在世间行走的过程中，学到的东西有很多，好的、坏的，混杂在一起，善和恶纠结不清，接触到的世界越宽广，接受的观念和思想越多，欲望也就越多，人心渐渐失去了判断力，失去了向外寻找和向内探求的力量。

佛家修行讲究心无杂念，大千世界、世间万象都在心中，心中却能一片空明，无一杂念，这是一种修佛的境界。做人也是一样，陷入生活的泥沼之时，也要善于摆脱杂念，少一念就少一分烦恼，不掺杂念的心就像赤子之心一般珍贵。

从前有一个老者和一个小孩子生活在一起，这个老者从来不教孩子各种礼仪和做人的道理，只是让他自然而然健康地成长。

有一天，一个云游四方的僧人，在老者家中借宿，见孩子什么也不懂，于是教了他很多礼仪。

孩子很聪明，很快就学会了。晚上，孩子见老者从外面回来，于是恭敬地走上前去问安。老者十分惊讶，就问孩子："是谁教给你这些东西的？"

孩子如实回答："是今天来的那个和尚教我的。"

老者马上找到和尚，责备说："和尚你四处云游，修的是什么心性啊？这孩子被我捡来养了两三年，幸好保持了他一颗天然可爱的本心，谁知道一下子就被你破坏了！拿起你的行李快出去吧，我家不欢迎你！"

小孩秉持天然个性成长，和尚却用俗礼污染，被老者赶出家门着实不冤。人无识，便心境明澈；无知，便身无烦恼。如此做人，才是最本真的方式。当然，这只是一种理想的境界，在现实中几乎不可能达到。

每个人从降生于世到长大成人，都会接受各种教育，即使不接受教育，在社会上生存，也必然会有各种各样的人生经历，这些经历将给人磨砺，促使人成长。人不可能做到绝对的无识无知，但可以在被生活的苦楚纠缠时，退回内心，重新找回面对人生的力量。

退回内心并不是简单的逃避，而是一种洞见心性的智慧。一个人只有明了自己真正的心性，才能在抬头看世界时，保持正确的视角和心态，而不被短视迷住心窍。在内心摆正了自身的位置，才能不掺任何杂念，在实现人生目标的道路上不被外物所惑，笔直前行。

## 〜 除去心中累赘，回归自然天性

人的本性是自然的，但在尘世中行走多年，有多少人能保持纯净质朴的初心呢？

人之初，性本善。初临人世的时候，大家都是头脑空空的婴儿，只懂得饿了要吃，困了要睡，既不懂各种人欲，也不知所谓荣耀，仅仅以一颗纯真的初心，好奇地观望这个世界，享受这个世界带给我们的恩典。

然而，进入俗世久了，一颗初心便面目全非。比如，很多人刚进入社会时，都满怀希望与抱负，遭受多次挫折，经历艰难困苦之后，一颗原本纯真的心就变了。原本爽直的人变得吞吞吐吐，心灵也变得扭曲，丧失了希望与抱负，最后变得畏缩。原本发誓兼济天下的人，恨不得把全天下的财富装进他一个人的荷包。

究其原因，就是因为心中的累赘多了。所谓"去山中之贼易，去心中之贼难"，心中之贼，不过是大师们鼓吹的贪婪与恐惧。

凡人就是这样，品尝过失败，便会畏惧失败；品尝过痛苦，就会逃避痛苦；品尝过财富和权势的味道，便要死死抓住，不肯再放开手。久而久之，我们的心越来越沉重，各种累赘堆满了心灵的每个角落。渐渐地，我们什么都不敢再尝试，什么也不肯轻易丢弃，于是再也看不见身边的风景，再也感受不到快乐和安宁。因为失去了好奇地观望世界的那双眼睛，失去了最初充满童心童趣的自己。

网上有这样一个小故事：

朋友有一辆四轮双驱吉普车，平常就停在小区院中，每次去开车，车前身的"4×2"字样后都会被小孩子用粉笔写上"=8"，头一天将它擦去，第二天还会写上。后来，朋友干脆在"4×2"后面用油漆喷上了"=8"的字样，原本想"这下不用再写了吧"，谁知第二天去开车，"4×2=8"后面竟被人用粉笔打了个对号！

这就是我们的孩子，这就是曾经的我们。只要是认谁了的事情，多苦多累，多没意义，多没价值，孩子们都能乐在其中。因为在他们的世界里，生活原本就该是一道完整的算式，每一个算式都只有唯一的答案。少了那些让人头疼的意义，少了那些似是而非的答案，自然也就远离了那些斩不断、理还乱的烦忧。

我们为什么喜欢孩子？很大程度上是因为孩子没有成人世界的复杂，他们因为单纯而可爱，因为单纯而快乐，这种快乐对于我们成人世界来说难能可贵。孩子们一天到晚也很忙，但他们只为快乐而忙。他们耽于游戏，也能遵守游戏规则；他们善于把垃圾场打造成游乐园，他们没有玩具也能玩得不亦乐乎；他们也不会计较结果。这一切，都源自于他们那颗纯真的童心。所以，人们总是称那些快乐的人"童心未泯"。

每年寒暑假，《西游记》都会热播，包括大人，人们为什么喜欢孙悟空？这不仅表现在孙悟空反对玉皇的造反精神上，同时也表现在他天真活泼、喜欢玩儿、喜欢找乐子的充满童真童趣的性格上，这种性格反映出的正是带有人类原初本真特色的健康的精神状态——童心。

哲人说，一个人长大的过程，就是把简单变成复杂的过程。成年人看似忙忙碌碌，实际上是在不断地游走于正确与错误之间，疲于奔命，牵扯纠缠，最终不免迷失在滚滚红尘，失却纯然的本性。

每个人都程度不同地怀有童心，只是名缰利琐和各种"角色意识"让我们习惯了紧绷着脸，故作正经，让我们不能随心所欲。久而久之，除了身心疲惫，还会变得越来越世故，越来越虚伪。

明末大思想家李贽在《童心说》中写道："夫童心者，真心也。若以童心为不可，是以真心为不可也……"意思是说，童心实质上是真心，如果认为人不该有童心，就是认为人不该有真心。童心其实是人在最初未受外界任何干扰时一颗毫无造作，绝对真诚的本心。如果失掉童心，便是失掉真心；失去真心，也就失去了做一个真人的资格。而人一旦不以真诚为本，就永远丧失了本来应该具备的完整的人格。

## ❁ 聪明累，过无机心的人生

《华严经》中有偈云："诸法无自性，一切无能知；若能如是解，是则无所解。"意思是说，世间一切现象没有固定不变的，也没有永恒不变的真理。

人们正是因为很难认识到这一点，或者认识了也很难从心底接受，以致执着于自己的一腔信念，却不知这种想法本身已经错了。这种自以为是的聪明，常常会成为算不清的糊涂账，倒不如去除杂质，于单纯中得正道。

聪明是一种先天的东西，人们总是羡慕聪明人的智商，殊不知这种表面的光芒不一定能令人成功，在现实中也确实存在着众多一事无成的聪明人。聪明这种天赋犹如水一样，可以载舟，也可以覆舟。

苏东坡在《洗儿》一诗中写道："人皆养子望聪明，我被聪明误一生。唯愿孩儿愚且鲁，无灾无难到公卿。"苏东坡对于自己一生因聪明而受的苦刻骨铭心，以至于希望自己的儿子愚蠢一点，以躲避各种灾难。聪明本是天生禀赋，机关算尽却成为人的痛苦之源。

才智也有困窘的时候，神灵也有考虑不到的地方。正所谓难得糊涂，聪明难，糊涂难，由聪明而转入糊涂更难。摒弃小聪明方才显示大智能，除去矫饰的善行方能使自己真正回到自然的善性。聪明常被聪明误，一个人身处世间，应当除去自己的机心，以最率真的心做人。

有一天，佛陀带着弟子们到王舍城托钵。路过一家染布店的时候，佛陀停下了脚步，站在店铺旁边，专心地看着染布师傅染布，直到整个染布的过程结束后，佛陀才继续向前走。

回到精舍，佛陀问随行的弟子："今天外出，有什么感想和收获吗？"

一个弟子回答："城里很繁华，很热闹。大家都在忙着出售、购买。"

"这么多人都在买卖，你们从中又看出了什么？"佛陀又问。

另一个弟子回答道："买卖的目的都是为了谋生。"

"对！"佛陀点点头，说，"除了生活需要滋养之外，我们的心灵也需要滋养。"

弟子们十分好奇，问佛陀："要用什么来滋养我们的心灵呢？"

佛陀说："今天，我看到染布店的师傅，他的全身沾染了很多的颜色，最后却染出了一匹洁白的布，整个过程他都非常细心，就是为了不让布匹被染脏。"

众人终于明白佛陀白天的时候为什么会在染布店停驻了。

佛陀接着说："其实修行也一样，我们处在这个混浊而又复杂的世界，最重要的是保持心的纯净。我们原有的本真就像那块白布，若不小心呵护，即便染布师傅的技艺再好，它的色泽也不会有之前那么好。所以，我们要学染布师傅，仔细地呵护我们的心。"

布弄脏了，再去漂白就好，可是漂白之后的白，已恢复不了最初的洁白。我们的心也是这样，贪、痴、嗔等各种污秽侵入心灵，使得它忐忑不安，无法平静，不复最初的纯真。很多时候，迫于世俗的种种压力，真实的自我往往裹着厚厚的外衣，让人无法看到真正的面目。浓妆艳抹的风姿虽然能够在第一时间吸引住别人的目光，但洗尽铅华后的本色将更加持久。

人存活于世间，去掉心灵的遮蔽，以本色天性面世，不费尽心机，不被那些无谓的人情、规矩所约束，能哭能笑，能苦能乐，真实自然，保持自己的个性特点，岂不是乐事？

纯净率真的心是这个世界的原始本色，没有一点儿功利色彩。就像花儿的绽放、树枝的摇曳、风儿的低鸣、蟋蟀的轻唱，听凭内心的召唤，这是本性使然，没有特别的理由。

在世人眼中，禅是很高的境界，可望而不可即，其实，古往今来的禅师反复强调，禅的境界就在人间，在每个人的身上。一个人只要能够除去多余的机巧之心，保持自己的本色，发挥自己的天然个性，就是达到了禅的境界。

在这个世界上，每一个人都是独一无二的。每个人都有自己的独特个性和特色，不必去寻求这样或那样的机心，而应以自我的真心对待万事万物。只要我们在遵守规则的前提下去除机心，保持自我本色，不人云亦云，不亦步亦趋，就能创造出属于自己的美好人生。

## 做人要有一颗直心

《维摩经菩萨品第四》中有一句名言："直心是道场。"拥有一颗直心，就是拥有坦荡光明的心境，心口如一，言行如一，心地磊落，没有牵挂纠缠。

心口如一，就是嘴里所说的话，与心中当下所想的内容是一致的，没有欺骗自己和别人。可是，这并不意味着毫无遮拦地和盘托出心里所想的一切，以致不顾后果、不管别人的感受，甚至毫不在乎地用言语伤害别人，这不是直心，而是粗暴和无知，是没有智慧和不慈悲的表现。

在现实生活中，人们为了自己的利益需要，往往会说一些违心的话。佛家有"方便妄语"之说，意思是有时我们为了不伤害别人，可以说一些善意的谎言。不过，善意的谎言一定要出自真心，才符合心口如一的要求。倘若只是为了利益需要而说谎，就谈不上善意，更谈不上直心。

言行如一，是怎么说就怎么做，把自己所说的话原原本本地落实到行动上，这样的心才称得上爽直。与此相反的，就是把自己所说的话，变成口号，话说得很好听，却从来不将它落到实处。现实生活中，我们或多或少都会犯这种言行不一的错误，有时是为现实所迫，有时则是因为自身的惰性，面对困难的事情，总是为自己找借口，不愿意付出努力。久而久之，受害的其实是自己。

做到了心口如一、言行如一之后，就离直心不远了。如果我们觉得自己的心很混乱，不得安宁，这是因为我们还有着太多的牵挂与纠缠，以及由此而产生的执着与烦恼。我们需要找到烦恼的根源，给自己的心松绑。对于烦恼的来源，《维摩诘所说经》里说得很清楚："何为病本？谓有攀缘。"攀缘心就是，我们的六根对着六识时，总忍不住要去攀附，由此生出无穷无尽的欲望和烦恼，原本清净坦荡的内心也被扭曲。

要想拥有一颗直心，就要从放下攀缘心开始，只要拥有一颗直心，便处处都是道场。

一天，光严童子为寻找适于修行的清净场所，决心离开喧闹的城市。在他快要出城时，遇到维摩居士。

维摩也称为维摩诘，是与佛祖同时代的著名居士，他妻妾众多，资财无数，一方面潇洒人生，游戏风尘，享尽世间富贵；

一方面又精悉佛理，崇佛向道，修成了救世菩萨，在佛教界被喻为"火中生莲花"。

光严童子问维摩居士："你从哪里来？"

"我从道场来。"

"道场在哪里？"

"直心是道场。"

听到维摩居士讲"直心是道场"，光严童子恍然大悟。

直心即纯洁清净之心，即抛弃一切烦恼，灭绝了一切妄念，存一无杂之心。有了直心，在任何地方都可修道；若无直心，就是在清净的深山古刹中也修不出正果。

能够做到时时心口如一，处处言行如一，心地光明磊落，没有牵挂纠缠，就不必去追寻世外桃源，也不必向往人间净土，更不必东攀西附。做好自己，哪怕身处喧闹世俗也不受影响，那么，心内便是净土。

人心本来纯真无私、正直光明，但随着年龄与阅历的增长，渐渐发现周围的许多人都心有城府、尔虞我诈、钩心斗角，便不由自主地随波逐流，放弃了自己的直心道场。

世上最累人的事，莫过于虚伪地过日子。做真实的自己，活出自己的性格，才能得到发自内心的快乐。尊重自己的行为方式，做真正想做的事，做想做的人，才会达到快乐自在的人生状态。

# 第二节
## 淡泊：放下负累，别把贪、嗔、痴装进行囊

### 欲望的海水越喝越渴

有这样一个故事：

由于经济不景气，一个商人受了很大影响，心情变得很郁闷，晚上睡不着觉。妻子见他愁眉不展的样子，十分心疼，就建议他去找心理医生看看。

见到医生，医生看看他遍布血丝的双眼，便问："怎么了，是不是失眠？"

商人说："可不是嘛！"

医生开导他说："这没有什么大不了的！你先回去，试着数数绵羊，还睡不着再找我！"商人道谢后离开了。

没几天，他又来了，这一次情况更差，精神更加不振了。

医生吃惊地问："你照我说的话去做的吗？"

商人委屈地回答："是呀！我每天都数到3万多只羊呢！"

医生又问："数了这么多，难道没有一点儿睡意？"

商人说："本来是困极了，但一想到3万只绵羊有那么多毛，不剪我怎么睡得着觉！"医生于是说："那剪完不就可以睡了？"

商人叹了口气说："问题是，剪完这3万只羊，织成的毛衣去哪儿找买主呀！一想到这儿，我就睡不着了！"

这个商人并不是个案，商品经济时代，每个人都把自己经营成了一个商人，上班的有兼职，创业的搞体系，投资的讲生态，不累才怪。当我们发现自己在现实生活里奔波不停，像陀螺一样疲于旋转、永不止息时，有没有想过，那用鞭子抽打我们的，到底是现实本身，还是我们自己心里过多的贪欲？

在人生的漫漫旅途中，每个人或多或少都会遇到一些机关陷阱，而这些陷阱之中，有一种最为可怕，却是我们自己挖掘的，这就是贪婪。贪婪之人眼中只有欲望。

曾有人说："欲望像海水，喝得越多，越是口渴。"诚然，欲望不加节制就会"越喝越渴，越渴越喝"，最后不但没能满足欲望，反而迷失了自己。

奥勒留在他那本著名的《沉思录》中告诫我们："要时不时想一下：有多少医生在他们一辈子都眉头紧锁地面对病人之后，自己也踏上归西的路；有多少占卜师，在提前预言了他人之死后，自己也难逃暴卒的命运；有多少哲人，在探讨了一辈子的生与死之后，悄然离世；有多少"英雄"，在夺去了千百人首级之后，自己的性命也被死神带走；有多少暴君，在草菅人命并把自己当作不死之躯的唯我独尊者之后，同样难逃一死；还有多少城市也归于消灭了，赫利斯、庞贝、赫库莱尼恩以及其他数不胜数的名人之城皆属此例。你可以把你所知道的人随便地加入进去，一个接着一个。今天是你给别人送终，明天可能就是别人给你送终。世间事，不过白驹过隙。……"

托尔斯泰也写过一个寓言，大意是说，一个叫巴霍姆的俄国人得到了一个可以拥有大片土地的良机，双方约定，只要他能够在日落前回到出发地，那么他在一天中所走过的地都是他的，但是他必须在日落前回到出发地。于是他就走啊走，试图圈最大面积的土地，因为走得太远，后来不得不拼命往回跑，结果累死在了出发点。托尔斯泰不无讽刺地说："雇工拿起铲子给巴霍姆挖了一个坑，从头到脚有三俄尺长，就把他埋了。"

对一个不知足的人来说，欲望永远没有满足的那一刻，只有死亡才能让他们停下匆匆的脚步。欲望如同海水，越喝越渴，也如同烈火，柴放得越多，火烧得越旺，而火烧得越旺，人就越有添柴的冲动，很多人，都是火急火燎地把自己的生命匆匆"烧尽"了。

## 想抓住的太多，能抓住的太少

在佛理看来，人世中一切事、一切物都在不断变幻，没有一刻停留；万物有生有灭，没有瞬间停留。对这种现象，佛教中有一个形象的名词——无常。宋朝诗人苏东坡曾写过这样两句诗："人似秋鸿来有信，事如春梦了无痕。"国学大师南怀瑾先生认为这两句诗很好地说明了无常的现象，他对这两句诗的解释非常有趣，他说："人似秋鸿来有信，苏东坡要到乡下去喝酒，去年去了一个地方，答应了今年再来，果然来了。事如春梦了无痕，一切的事情过了，像春天的梦一样，人到了春天爱睡觉，睡多了就梦多，梦醒了，梦留不住，无痕迹。"

在《大智度论》中有这样一个关于海市蜃楼的故事：

在沙漠中有一座美丽的城堡。人们在太阳刚升起时，可以见到城门、望台、宫殿，以及来来往往的行人。可随着太阳的升高，城堡会慢慢消失不见。这其实是海市蜃楼，但总有人将它当作一个快乐的天堂，而不知道这只是沙漠中的幻象，根本不可得。

有一群从远方来的商人，无意间看到这座沙漠中的城堡，便想到那里做生意赚钱致富，于是他们飞快地赶去。可他们越接近城堡，就越是找不到。此时他们又渴又热又累，当他们看见热浪犹如奔驰的野马群时又以为是水，急忙向前奔去，同样他们仍一无所得。

渐渐地，他们疲乏到了极点，来到穷山狭谷中，忍不住大叫大哭。就在这个时候，他们听到自己的回音，误以为是有人在附近，于是又燃起一线希望，决定再打起精神继续向前走。走着，走着，他们走了很远仍看不到人的踪迹，于是愈走愈灰心。最后，他们猛然发现：他们追逐的只是幻象。当下，他们停止了渴求，恍然大悟。

荣华总是三更梦，富贵还同九月霜。这荣华富贵与沙漠幻城又有何异？名是缰，利是锁，尘世的诱惑如绳索一般牵绊着众人，一切烦恼、忧愁、痛苦皆由此来。任何东西都有代价，鱼上钩是鱼垂涎鱼饵的代价；被名利所蛊惑的心，往往要付出跳进陷阱的代价。乾隆皇帝下江南时，来到江苏镇江的金山寺，看到山脚下大江东去，百舸争流，不禁兴致大发，随口问道济和尚："你在这里住了几十年，可知道每天来来往往多少船？"道济和尚回答："我只看到两只船。一只争名，一只夺利。"

名与利的供养真的是越多越好吗？未必。在佛祖看来，过于优渥的供养如芭蕉结子、竹子开花，不但于修行无益，反而会毁坏正法。修行人不要太在意物质的享受，那只会给修行带来阻碍。不追求官爵的人，就不因为高官厚禄而喜不自禁，不因为前途无望、穷困贫乏而随波逐流、趋炎附势。如果在荣辱面前一样达观，人也就无所谓忧愁。

慧忠禅师曾经对众弟子说："青藤攀附树枝，爬上了寒松顶；白云疏淡洁白，出没于天空之中。世间万物本来清闲，只是人们自己在喧闹忙碌。"世间的人在忙些什么呢？其实不外乎是名和利。万物清闲，人又何必为了争名夺利而使自己不得清闲呢？摆脱名利等外物的束缚，才能体会"闲看庭前花开花落，漫随天外云卷云舒"的惬意。

## 除去闲名，禅师本是和尚

古人有云："声名，谤之媒也。"意思是说人们常常为声名所累，这个声名即是人们常说的虚名。虚名者，有名无实，或要其名而不要其实之谓也。然而，就是有很多的人对此贪恋不已。比如，有些人已经是财大气粗的老板、总裁，却偏要花钱买个教授、研究员的头衔；有些人已经官至县长、市长，却还要顺手捎带个硕士、博士文凭。其实，虚名非福而是祸。宋襄公为虚名而祸国，慈禧太后为虚名而殃国；一些人为虚名滥上项目，动辄数亿、数十亿资金付诸东流；一些人为虚名投机钻营，损人利己。人们鄙视虚名，视虚名为国之敌、人之敌、己之敌，无论先贤今人，无一不告诫世人不要贪图虚名。

洞山禅师知道自己即将离开人世了，这个消息传出去以后，人们从四面八方赶来，连朝廷也派人赶来了。

洞山禅师走了出来，脸上洋溢着净莲般的微笑。他看着满院的僧众，大声说："我在世间沾了一点闲名，如今躯壳即将散坏，闲名也该去除。你们之中有谁能够替我除去闲名？"

没有人知道该怎么办，院子里一片沉静。

忽然，一个前几日才上山的小和尚走到禅师面前，恭敬地顶礼之后，高声说道："请问和尚法号是什么？"

话刚一出口，所有人都投来埋怨的目光，有的人低声斥责小和尚目无尊长，对禅师不敬，有的人埋怨小和尚无知，院子里闹哄哄的。

洞山禅师听了小和尚的问话，大声笑着说："好啊！现在我没有闲名了，还是小和尚聪明呀！"于是坐下来闭目合十，就此离去。

小和尚眼中的泪水再也止不住，流了下来。他看着师父的身体，庆幸在师父圆寂之前，自己还能替师父除去闲名。

过了一会儿，小和尚立刻被人围了起来，他们责问道："真是岂有此理！连洞山禅师的法号都不知道，你到这里来干什么？"

　　小和尚看着周围的人，无奈道："他是我的师父，他的法号我岂能不知？"

　　"那你为什么要那样问呢？"

　　小和尚答道："我那样做就是为了除去师父的闲名！"

　　世上能做到舍弃名利的人有几个呢？在你面对各种诱惑之时，如何能够超越？生活像是一个圈，无论得到多少，最终还是会回到原点。古代圣贤教诲："安贫乐道，恬于进趣，三辅诸儒莫不慕。"

　　虚名能为人带来一时的心理满足感，但它本身毫无价值、毫无意义，任何一个真正的有识之士，都不会看重虚名。为了虚名而争斗，是人世间各种矛盾、冲突的重要起因，也是诸多烦恼、愁苦的根源所在。历史上不少悲剧是因争名夺誉而起，人们只看到虚名表面的好处，却不知道，在虚名的背后，隐藏了很多辛酸和苦难。为了承受这么一个毫无价值的虚名，人们暗中钩心斗角，邻里打得头破血流，朋友反目成仇，兄弟自相残杀，被这些虚名所累，有什么好处？金银、名气固然重要，但是当离开人世时，这些都和我们没有任何的关联。

　　时下，人们追逐名利之心日盛，在利益的追逐中尔虞我诈，原本纯净的心在红尘俗世中日渐蒙尘。某一天，当你厌倦了钩心斗角地追名逐利，心生淡泊之意时，不妨褪尽名利心，任道心滋生，如陶渊明"采菊东篱下，悠然见南山"一般。

## 幸福的本质是实现，不是占有

"清贫"的生活符合自然，尽量节约，崇尚朴实，是一种返璞归真的生活。或许会有人把"吝啬"等同于"清贫"，但两者的实质截然不同：清贫者追求的是一种简单的生活，尤其是家境较为宽裕的人，不花钱并不是因为舍不得；悭吝人是因为舍不得给自己，更舍不得给他人，所以才节省。

金钱是用来实现人的某种理想生活方式的一种手段，而许多人却把它当成了生活的全部。生活的目的远远超越物质的层面，人的内心深处都追求着精神的自由，没有精神做支撑，人就只是一具在人世间麻木地行走的躯壳而已。在这个世间生活的人，都是在实现着一种理想的生活方式或者内心信仰，如此说来，金钱远远支撑不了世人的生活。

珠光宝气并不是高贵的象征，人之所以高贵，更重要的是因为内在的气质和品格，而非外在的浮华。

一个皇帝想要整修京城里的一座寺庙，他派人去找技艺高超的设计师，希望能够将寺庙整修得美丽而又庄严。后来有两组人员被找来了，其中一组是京城里很有名的工匠与画师，另外一组是几个和尚。皇帝不知道到底哪一组人员的手艺比较好，所以决定比较一下。他将两组人分别带到需要整修的小庙，并给了同样多的钱让他们随意支配。

工匠买了一百多种颜色的漆料，还有很多工具；和尚只买了抹布与水桶等简单的清洁用具。

三天之后，皇帝来验收。他首先看了工匠们所装饰的寺庙——一座被装饰得五颜六色、金光璀璨的寺庙。

皇帝满意地点点头，接着去看和尚们负责整修的寺庙。他看一眼就愣住了——和尚们所整修的寺庙没有涂任何颜料，他们只是把所有的墙壁、桌椅、窗户等都擦拭得非常干净，寺庙中所有的物品都显出了它们原来的颜色，而它们光亮的表面就像镜子一般，映照着外面的色彩。天边多变的云彩、随风摇曳的树影，甚至是对面五颜六色的寺庙，都变成了这个寺庙美丽色彩的一部分。在正殿中，很多香客在虔诚地向佛祖跪拜。

皇帝问和尚："你们把钱花在哪里了？"

和尚合掌回答："陛下，那些接受了您施舍的流浪者，正在佛前为您祈福！"

皇帝被深深地震撼了。

和尚修整的没有任何装饰的寺庙似乎有一种神奇的魔力，如同镜子一般光亮的表面映照着外面的色彩，更折射出朴素到极致的美丽。

这则禅宗故事告诉我们：极致的朴素也可能是极致的美丽，时尚华丽固然吸引人的眼球，朴素淡然也同样精彩。和尚们用最简单的方法完成皇帝的任务，却把更多的福泽与需要者分享。唯有自己朴素、简单，才会有更多的东西给人；如果自己浪费了、享受了，能给人的东西就减少了。在这个故事中，金钱充当了实现善施的道具。

从事佛学研究及教学、弘法的知名法师济群法师说过："佛法认为，解脱痛苦的方法，首先是了解痛苦的现状，然后，由此寻找痛苦之源。人类痛苦固然与外在环境有关，究其根源，还是生命内在的问题。从般若思想来看，一切痛苦都是对'有'（存在）的迷惑和执着造成的，想要摆脱痛苦，必须对存在具备正确认识。"

与其在眼花缭乱的花花世界中迷失了方向，不如做个清淡、简朴的清贫者，实现自己理想中的生活，清心少欲，在朴实、简单的生活中安定下来，不随物质世界颠倒起伏。

## 取舍都是为了心的快乐

"舍得"一词出自《佛经·了凡四训》，是禅的一种哲理。在佛家看来，在舍得之中世间万物达到了和谐统一。在古代，"舍"曾被视为一种处世态度；现如今，"舍"却成了不上进的表现。的确，人往高处走，水往低处流。人应有理想有追求，但是我们不仅仅要有追求，也要学会有所舍。因为，太盛的物欲会让人起贪念，而贪念又是一切恶行的起源之一。古人说："养心善莫寡欲。"而对财色的过分追求犹如舔刀口之蜜，为一甜而受割舌之害。世事并不总尽如人意，因此，生活就是一连串取舍的过程，有取就有舍，有舍才有得。懂得用心取舍的人，才能选择最适合自己的生活，才能获得心的快乐。

生活有时需要我们做出选择，但什么才是最难舍弃的，是一种道义，还是一段感情？为什么不能抛开和牺牲一些东西，而去获得另一些永恒呢？

《百喻经》里有一个故事，从前有一只猩猩，手里抓了一把豆子，高高兴兴地在路上一蹦一跳地走着。一不留神，手中的豆子掉落了一颗，为了这颗掉落的豆子，猩猩将手中其余的豆子全部放置在路旁，趴在地上，转来转去，东寻西找，却始终不见那一颗豆子的踪影。

最后猩猩只好用手拍拍身上的灰土，回头准备拿取原先放置在一旁的豆子，怎知原先那一把豆子已被路旁的鸡鸭吃得一颗也不剩了。

想想我们现在，是否也放弃了手中的一切，仅仅为了追求"掉落的那一颗豆子"？

失去某种心爱之物大都会给我们的心理造成阴影，有时甚至因此而备受折磨。究其原因，就是我们没有调整心态面对失去，没有从心理上承认失去，而沉湎于已不存在的过去，没有想到去创造新的未来。与其怀恋过去，不如抬起头，去争取未来。放弃一些烦琐，是为了轻便地前行；放弃一丝怅惘，是为了轻快地歌唱；放弃一段凄美，是为了美好的梦想。

我们心中的欲望像是看见红色斗篷的斗牛，他人暴富的经历，让我们血脉偾张、跃跃欲试；时尚名牌漫天飞，哪能心如止水；美女香车招摇过，我们的心早已蠢蠢欲动；更不能忍受的是别墅洋房的诱惑。因此，很多时候，我们被世上的名利、金钱、物质所迷惑，心中只想得到，只想将其统统归为己有，而不想舍弃。于是心中充满了矛盾、忧愁、不安，心灵上承受了很大的压力，以至于活得很累。《出曜经》中"佛度悭贪长者"的故事说的正是这种因不舍而矛盾忧愁的人。

从前，在舍卫城住着"最胜"和"难降"两位长者。他们富可敌国，但异常悭吝。他们给自己的家设了森严门禁，禁止乞丐入内，还用铁网围遮房屋以防止飞鸟来啄食稻谷，用铁墙壁避免老鼠凿墙进入房中咬坏器物。

当时，佛陀的五大弟子都无法度化这两位悭吝的长者。佛陀得知后，便亲自在两位长者面前显示神通，并且放大光明，为长者宣说微妙圣法。可是，两位长者仍然无法理解佛法大义，只是觉得不能让佛陀空手而归，于是决定用一条白毡布来供佛陀。

悭吝的"最胜"长者挑了一条差的毡布，拿出来后却发现变成了上等的毛毡。长者十分不舍，于是又转回库房挑了一条次等毡布，可取出一看，又变成极好的毛毡。如此，无论长者如何挑选，他最后拿在手上的毡布都比他原本挑选的要好。悭吝的长者在布施与悭吝之间犹豫不决。

恰在此时，天上的阿修罗与忉利天人正在交兵，双方各有占上风的时候。佛陀得知长者的悭贪心与布施心正在交战，于是说了一首偈子："施与战同处，此德智不誉。施时亦战时，此事二俱等。"

"最胜"长者听到佛陀所说的话，感到十分惭愧，认识到自己应当改吝向善，于是挑选了一条上等毡布来供养佛陀，而"难降"长者也至诚供养佛陀五百两金。

摆脱了与悭贪交战的两位长者，因施得福，领悟了佛陀的妙法。

佛家认为，悭贪不舍会让人心清明的自性受蒙蔽，而只有放下悭贪的执着，才能让心宽广起来。这就是这个故事告诉我们的道理。

诚然，人不能没有欲望，没有欲望就没有前进的动力。但如果不舍弃过度的欲望，就会陷入欲望的沟壑，给自己带来无穷无尽的烦恼和麻烦。生命属于个人，每个人都有权设计自己的生活和道路。所有的心愿，只要符合法律和道德的要求，都应该得到尊重。我们必须明白：在生命中，一切物质及肉体都是不可靠的奴仆，想让自己得以升华，就必须舍弃这些本性之外的东西，去追求生活本身的淳朴，这样才能活得惬意，活得洒脱。

## 轻囊至远，静心久行

在匆忙的现代社会中，人们面临着前所未有的机遇，也身处在前所未有的困境之中。忧郁、迷茫、烦躁、冷漠，当灵魂将这些厚厚的外衣一件件穿上的时候，我们最终只会窒息。有些许禅悟的人们，不能再做一只挣扎的困兽，而要做一只展翅的大鹏，掌控自己的翅膀与命运！绝云气，负青天，击水三千，扶摇而上九万里！

我们生活在这个世界，最难做到的无疑就是放下，自己喜爱的固然放不下，自己不喜爱的也放不下。爱憎之念常常霸占住我们的心房，哪里能快乐自主呢？

情能否放得下？人世间最说不清、道不明的就是一个"情"字。凡是陷入感情纠葛的人，往往容易失控。若能在情方面放得下，可称是理智的"放"。

成败能否放得下？李白在《将进酒》诗中说："天生

我材必有用，千金散尽还复来。"如能在成败方面放得下，那可称得上是非常潇洒的"放"。

名能否放得下？高智商的人，患心理障碍的概率相对较高。原因在于他们一般喜欢争强好胜，对名看得较重，有的甚至爱"名"如命，累得死去活来。倘若能对名利放得下，就可称得上是超脱的"放"。

忧愁能否放得下？现实生活中令人忧愁的事实在太多了，就像宋朝女词人李清照所说的："才下眉头，却上心头。"如果能对忧愁放得下，那就可称得上是幸福的"放"。

懂得放下的人是智慧的，理智的"放"、潇洒的"放"、超脱的"放"、幸福的"放"，无论是哪一种放下，都会获得自在。很多人总是抱怨自己很累，身体累，心也累，总之就是疲惫不堪。那是因为我们的身心被自己分裂成了两块，甚至更多块。

人生在世，就像一次旅途，装的东西太多，就会走不动，那还怎么去更远的地方看更好的风景？轻囊才可至远，静心方能行久。

## 〰️ 别为了流泪，而错过满天繁星

别为了流泪，而错过满天繁星！——印度大诗人泰戈尔的这句诗相信很多人都听过，他用如此优美而隽永的诗句提醒我们：如果我们一味地沉湎于过去的得失、悲伤，那么今天的、将来的美丽，都将与我们擦肩而过。

《世说新语》中记载了一个"破甑不顾"的故事：

东汉人孟敏，字叔达，钜鹿人。他在太原时，有一次在街上买了一个甑。甑是用来煮饭的一种陶器，在拿回家的路上，一不小心掉在地上摔破了。他一点也没有流露出惊恐之状和惋惜之意，连头也不回，泰然而去。这时刚好过来一人，名叫郭泰，是个很有学问的人。他见孟敏"破甑不顾"，觉得这人颇不平凡，就赶上去，礼貌地把他叫住问道："好好一个饭甑，这样摔破了，你怎么看都不看一眼？"孟敏答道："反正已经破了，看它又有什么用呢？"

英国有一句类似的谚语："别为打翻的牛奶哭泣"，意即中文的覆水难收，其寓意也不外乎是在告诉人们不要为那些无法挽回的即定事实大伤脑筋、后悔不迭、痛不欲生……生活中，每个人都会为曾经失去的机会，或者曾经的失足耿耿于怀，每当失意的时候，人们就会感慨或抱怨，"如果当初我不那样做就好了""如果当初我那样选择就不是今天这个样子了"，这摆明了是跟自己过不去，摆明了是在自寻烦恼。世上没有卖后悔药的，如果可能，就不要打翻牛奶。万一打翻了牛奶，就彻底忘掉它。

戴尔·卡耐基在《人性的弱点》一书中讲述，他的事业刚刚起步时，曾经试着在密苏里州开办过一个成人教育班，成功后，他又迅速地在全国开设了许多分部，由于他缺乏经验，又不懂财务管理，结果数个月过去后，他没有从中得到任何回报。虽说侥幸没赔什么钱，但卡耐基还是很苦恼。他不断地抱怨自己，无法走出这种不良状态。后来，卡耐基偶遇他的老师乔治·约翰逊，老师得知卡耐基的遭遇后，劝解他说："是的，牛奶被打翻了，漏光了，怎么办？是看着被打翻的牛奶哭泣，还是去做点别的？记住，被打翻的牛奶已成事实，不可能重新装回到瓶中，我们唯一能做的，就是吸取教训，然后忘掉这些不愉快。"老师的话如醍醐灌顶，卡耐基的苦恼顿时不翼而飞，人也变得振奋起来，重新投入到了自己热爱的事业中。

的确，追忆、悔恨不能解决任何问题，我们不该过分地为曾经的快乐陶醉，也实在没有必要为过去犯过的错误而不停地谴责自己。不管过去发生过什么，是大幸还是大悲，是时光的激荡抑或是岁月的捉弄，都已然成为可被诉说却无法追回的过往，我们只能当作经验来总结，而不能作为绳索将自己捆绑。

我们要着眼于现在，看看自己能做什么，该做什么，这样才能在错过太阳后，不错过群星的璀璨。

听说过这样一个小故事：

古时候，有个青年问一位长者："我总是为一些事情懊悔，这是为什么呢？"

长者说："是么？你且先听我的十后悔：逢师不学去后悔；遇贤不交别后悔；事亲不孝丧后悔；对主不忠退后悔；见义不为过后悔；见危不救陷后悔；有财不施失后悔；爱国不贞亡后悔；因果不信报后悔；佛道不修死后悔。以上这十种后悔，你是哪种？"

青年想了想说："这些后悔，我都有！"

长者说："你既然知道，就火速治疗吧！"

青年又问："我该如何入手呢？"

长者开示道："你只要把十后悔中的'不'字改为'要'字就可以了，即'逢师要学，遇贤要交，事亲要孝，对主要忠，见义要为，见危要救，得财要施，爱国要贞，因果要信，佛道要修'。这一服药，你好好服用！"

故事就是故事，听听就好。这个故事主要是启发我们，只要变"不"为"要"，在当下积极践行，即可治愈我们的悔恨。知道了，并且做到了，就是知行合一，就能够在错过太阳后，"满载一船星辉，在星辉斑斓里放歌"！

# 第三章 修 行

# 第一节
## 一撇一捺，一个"人"字能写多大

### 〜 人生有所"止"

《诗经》中有这样一句诗："缗蛮黄鸟，止于丘隅。"意思是"那只叽叽喳喳叫的黄鸟啊，栖息在小山丘上"。本来这是一句很普通的"起兴"，远不如"关关雎鸠，在河之洲"有美感，但是在《大学》中，孔子对这句诗情有独钟，并专门挑出来讲了一番道理：

《诗》云：'缗蛮黄鸟，止于丘隅。'子曰：'于止，知其所止，可以人而不如鸟乎？'"

这里提到一个概念——"止"。

从字面上理解，止就是停止、站立的意思，宋代大儒朱熹对这个"止"字的解读是"必至于是而不迁之意"，即一个人必定要到达，并且到达之后再也不能更改的地方。

止，是《大学》的核心思想。《大学》的"大学"，并不是清华、北大这种高等教育学府，而是指做人做事的大学问。在儒家看来，这门大学问最核心的问题，就是知道自己应当止于何处，用现在的话说，就是应当有自己的人生目标。

大千世界中，并不是每个人都有自己的人生目标，做一天和尚撞一天钟的人不在少数。所以孔子说："你看《诗》

里那只叽叽喳喳的黄鸟，尚且知道要找一个小山丘作为自己安身立命的地方，现在的人却不知道给自己找一个人生目标。"

不过，在儒家的观念中，光有"止"还不够，一个人还需要知道止于何处。因为儒家思想是一种人生观、价值观、世界观，它要我们思考的是：一个有高度的人生，应当有一个怎样的目标？

这个问题的答案就是《大学》的开篇语："大学之道，在明明德，在亲民，在止于至善。"人的一生应当有所止，止于哪里？止于至善！

儒家认为，人活一世，应该有一个至高无上的理想作为自己的目标，要把最远大的理想作为自己的人生追求。

一个人应把人生目标定得高一点儿，再高一点儿。追求吃饱穿暖，固然是一种"止"，但是对于一个人来说，还不够。苏格拉底说："人吃饭是为了活着，但活着不是为了吃饭。"这与儒家思想异曲同工，有理想才有动力，有目标才有奋斗的方向。一个人若是没有远大的理想，一生都只能是等吃、等睡、等死的"三等公民"，不可能取得多大的成就。

美国哈佛大学对一批大学毕业生进行了一次关于人生目标的调查，结果发现，27%的人，没有目标；60%的人，目标模糊；10%的人，有清晰而短期的目标；3%的人，有清晰而长远的目标。

25年后，哈佛大学再次对这批学生进行跟踪调查，结果是：

那3%的人，25年间始终朝着一个目标不断努力，几乎都成为社会成功人士、行业领袖和社会精英；那10%的人，他们的短期目标不断实现，成为各个领域中的专业人士，大都生活在社会中上层；那60%的人，过着安稳的生活，也有着稳定的工作，却没有什么特别的成绩，几乎都生活在社会的中下层；剩下27%的人，生活没有目标，并且不断抱怨他人，抱怨社会不给他们机会。

历史上伟大的人物，大都有远大的人生目标。有理想，才有奋斗的动力和坚持的勇气，才能取得更大的成就，获得更大的成功。

远大的理想不仅能够让人更加成功，还是人生境界的重要表现。一个有远大理想的人和一个混吃等死的人，所表现出的人生境界是截然不同的。

南北朝名将宗悫还很小的时候有人问他有什么志向，小宗悫大声地回答："愿驾长风，破万里浪！"长辈们都觉得这个小孩儿将来肯定不简单。

比宗悫早一些的晋朝名将祖逖也是如此。

祖逖年轻的时候和好友刘琨一起在司州当秘书。当时的西晋王朝正处于"八王之乱"的前夕，贾后乱政，朝野乌烟瘴气。祖逖对这种局势充满了担忧，常常和刘琨议论国家大事到深夜。

一天半夜，祖逖睡下没多久，就听到院子里的公鸡开始打鸣了，突然心有所思，起床叫醒了刘琨，说："你听见公鸡的打鸣声没有？这可是个好声音啊！以后我们每天早上听到公鸡叫就起来练武如何？练就一身好武艺，如果将来天下乱了，我们便去杀敌报国，成就一番大事业！"

刘琨被祖逖宏大的人生理想激励得热血澎湃，当即同意了祖逖的提议，从此，每天天不亮，两人就在院子里练剑。这就是成语"闻鸡起舞"的来历。

果然，几年后，"永嘉之乱"爆发，洛阳沦陷，皇室南渡，祖逖也随之来到了江南。但是，当其他贵族都在忙着求田问舍、兼并土地的时候，祖逖毅然挥师北伐，带着几千将士连战连捷，击溃了北方的豪强石勒，收复了黄河以南的大片领土。可惜，就在渡河前夕，祖逖病危，于农历九月病死在河南雍丘，终年五十六岁。

出师未捷身先死，长使英雄泪满襟。祖逖的一生，是为理想而奋斗的一生。那些声色犬马的东晋士族不理解祖逖，因为祖逖所追求的人生目标远远超过了他们的境界，祖逖的人生价值也远远高于那些腐朽的贵族。

人活一世，草木一秋。既然有幸能来这个世界走一遭，就该做出一番像样儿的事业，活出些精彩留给世人和后人。一个没有远大抱负、没有崇高理想的人，一辈子庸庸碌碌，一无所成，而他的人生在漫长的历史中也如电、光、火、石般，留不下任何痕迹。

《钢铁是怎样炼成的》中主人公保尔·柯察金说过："人最宝贵的是生命，生命属于每一个人，但只有一次。人的一生应该这样来度过：当他回首往事时，不因虚度年华而悔恨，也不会因碌碌无为而羞耻。"为自己的人生找一个远大的目标，为这个目标努力奋斗，这样的人生才不算虚度。

## 人生的重与远

人生究竟止于何处才算"止于至善"？怎样的理想才算"远大的人生目标"？亚历山大想要征服世界的理想算不算远大？秦始皇、汉武帝想当神仙的理想算不算远大？

至少在儒家看来，这些都不算。

怎样才算？《论语》中，曾子说："士不可以不弘毅，任重而道远。仁以为己任，不亦重乎？死而后已，不亦远乎？"

曾子说，一个人要大气，要刚毅。在追求人生理想的路上，背负的东西很重，前面的路很远。

什么叫任重？曾子说，把实现"仁"的理想当作自己的人生目标，能不重吗？什么叫"道远"？这样的理想一直要坚持到死，能不远吗？所谓任重道远，指的就是背负远大的理想，至死不渝。

曾子把远大理想解释为对"仁"的追求，"仁"在儒家思想中是一个大而化之的概念，可以用来指代至高无上的美德。能够承载这样的美德的人生，自然是有重量的人生。

这让人想起了诗人韩瀚的短诗《重量》："她把带血的头颅/放在生命的天平上/让所有苟活者/都失去了——重量。"

究竟怎样的背负能让所有人都失去重量？是对真理的

追求和对国家、社会、人民的责任感、使命感。

在孔子和孟子的时代，国家也被称为天下，儒家思想中，士大夫以天下为己任的社会责任感占据了十分重要的位置。

孔子一生逐于鲁，被围于蒲，伐树于宋，受困于陈、蔡，颠沛于列国间，被人称为"惶惶如丧家之犬"，但是孔子从没放弃过对天下的责任。《史记》记载，孔子经过宋国的时候，在宋国国都的一棵大树下给弟子讲课，宋国大司马桓很讨厌孔子，就命人提着斧子把大树给砍倒，间接地告诉孔子，我不会让你有立足的地方。

面对桓的恐吓，孔子丝毫没有害怕，而是非常镇定地说："天生德于予，桓其如予何。"这句话的意思是说："上天生下了我，我担负着拯救天下苍生的使命，桓能把我怎么样！"

即便在最困难的时候，孔子的使命感也从来没有动摇过。据说有一次，仪的领主来见孔子，见过一面之后，仪的领主对孔子的弟子评价说："二三子何患于丧乎？天下之无道也久矣，天将以夫子为木铎。"意思是："你们何必怕跟着孔子没有前途呢？天下无道已经很久了，孔子就是上天派下来号令天下的那口木铎啊。"木铎就是木舌头的钟，是古代天子发布政令时用来召集老百姓的。孔子把成为"天下的木铎"作为自己的人生理想，为了恢复周礼并建立他心目中的理想国而往来奔走，不辞辛劳，此真可谓"任重而道远"。

这也是儒家文化对中国人影响最大的一点：传统文化所认可的中国人不管处于怎样的位置，都能胸怀天下，有着一颗忧国忧民的心。比如孟子就曾说过："五百年必有王者兴，其间必有名世者。"即自己担负着平治天下，实现"王道"的使命，怕人听不明白，孟子还补了一句："如欲平治天下，当今之世，舍我其谁也？"

正是这种"舍我其谁"的社会责任感，给人无比强大的力量，这也是中国传统知识分子的典型特征之一。每一个正统儒家知识分子心中都有着强烈的使命感和责任感，范仲淹的"先天下之忧而忧，后天下之乐而乐"和顾炎武的"天下兴亡，匹夫有责"都表达了这一思想。这种责任感推动了社会的进步，让无数人在追求理想的道路上前仆后继，死而后已，"亦余心之所善兮，虽九死其犹未悔"的屈原，更用生命践行了自己的责任感。

或许有人会说，在人人向"钱"看的今天来提倡这种社会责任感还有价值吗？这对我们的人生又有什么指导意义呢？

要知道，这种责任感是儒家思想能在中国立足千年的根基。也许，它并不能帮助我们赚钱，也不能帮助我们升职，但是，它能让我们的人生更有重量、更有境界。从功利的角度来考虑，则任不必重，以事业为己任足矣，谈什么天下？道不必远，升官发财而后已，何必要死？

但是，人活着总该有一些超越功利的追求，尤其是现在这个传统道德遭受冲击、新的道德还没有建立起来的时代，许多社会问题，归根结底都是缺乏社会责任感引起的。

面对小偷、劫匪和其他种种暴力强权，我们为什么选择沉默？不只是因为恐惧，更是因为我们缺少社会责任感，所以事不关己高高挂起。

食品安全问题频发，假冒伪劣产品屡屡曝光，从三聚氰胺到地沟油，为什么黑心商家如此丧尽天良？不只是因为利益的驱使和监管的不力，更是他们缺少社会责任感，所以才毫无愧疚地残害国民。

人活着不能没有理想，在儒家观念中，人生的终极目标应该是担负起对天下、对社会的使命与责任，我们的人生也应该如此。

固然，人应该为自己考虑，该赚的钱要赚，该升的职要升，该过的日子得过，但人生应该有更高的精神追求。我为人人，也就是人人为我，对社会保持着一份责任感、使命感，不仅是为了让我们的人生境界更高，也是为了让我们的世界更美好。

## 夫子有病不得医

周平王东迁之后，王室衰微，礼崩乐坏。孔子一生都在为恢复周代的礼乐文化而奋斗，但是各国诸侯都忙着抢钱、抢粮、抢地盘，对孔夫子的学说根本没有兴趣，孔子四处碰壁，在列国之间来回奔走。

有一次，孔子在路上遇见一个隐士，叫微生亩。微生亩对孔子说："孔丘啊，你这么忙忙碌碌究竟在忙什么呢？你是想讨好什么人吗？"微生亩问得很不客气，因为道家的隐士往往看不起儒家奔忙一生的人生态度。孔子的回答却很有意思、很幽默："我哪里是为了讨好什么人啊，这忙忙碌碌的人生是我的陈年老病，改不了了。"

　　孔子的幽默一方面是对微生亩的回应，一方面也可以看作是自嘲。一直以来，尽管处处碰壁，但孔子从来没有放弃过对理想的追求，以至于有一次子路在外面说起孔子的时候，居然有人问："孔子？是那个'知其不可为而为之'的孔子吗？"有时候连孔子自己都觉得，自己对理想的坚持简直像是一种病。

　　这种病叫作"偏执症"，是一种"知其不可为而为之"的魄力，是"虽千万人吾往矣"的胆气，是不达目的誓不罢休的坚持。对理想的执着是儒家知识分子人格中很重要的一个方面。

　　这是一种没药医的病，只要理想没有实现，只要对人生还有信念，这种偏执就无法治愈。在中国历史上，把这种"偏执症"发挥到极致的是明朝的海瑞。

　　海瑞，民间称之为"海青天"，但在当时的官场上，海瑞真正的绰号是"海阎王"。因为海瑞在南平县学宫任职时铁面无私，狠抓学校纪律，学生们又敬又怕，于是给他起了这么个绰号。后来，海瑞升任浙江淳安县县令，不仅本人从不收受贿赂，还革除了县里所有的"灰色收入"。由于明朝官员的待遇非常低，海瑞不得不忍受贫穷的生活，一个县太爷过得还没有一个普通的小商人滋润。据说有一次海瑞的母亲过大寿，海瑞上街买了半斤肉居然都传为奇闻，甚至传到了两江总督胡宗宪的耳朵里。

　　即便如此，海瑞也没有放弃自己对理想的执着。他要当一个清官，两袖清风，清清白白地做人。海瑞对这一理想的执着已经到了偏执的地步，他忍受着贫民般的生活，甚至从来没有思考过以当时的经济水平来看自己每个月的收入是否太低。海瑞不考虑这些，因为他的脑子已经被理想所占据了。

对于这样的"病人"，究竟应该怎样评价呢？在旁人看来，他们也许是疯子，但是社会需要这样的疯子，这些疯子改变了我们的世界。

吉利集团董事长李书福也是这样一个"偏执症患者"。

1997 年李书福开始造汽车的时候，中国的汽车市场已经被大众、通用、标致、丰田这样的国际巨头所占领，根本没有国产自主品牌的立足之地。早在 1991 年的 11 月 25 日，中国仅存的国产轿车——上海牌轿车就宣告停产。在此之前，国人曾经引以为傲的红旗轿车也已经停产。至此，新中国成立后的两大轿车品牌均告消亡。

在这样的环境下，李书福不顾亲友反对，决意投资 5 亿元进军汽车行业，并抛出一句"汽车不过就是四个轮子加两张沙发"的疯话。然而，这种疯狂的背后是李书福的魄力和胆气。

造汽车，资金是前提。李书福不是金融家，没有金融领域赚来的大把的钱做支持。他手里有的，只是从实业上赚来的几个亿而已，而且他也没有高层关系，不能把吉利集团做成国家的试点。当今天吉利成为一个拥有好几个车型的高速成长的汽车公司的时候，我们很难想象，吉利第一款汽车的设计师竟然是吉利的钣金工。让钣金工做一辆汽车的设计师多少有些寒酸，不过对于李书福和当时的吉利来说，也只能这样了。

从钣金工开始造车，这就是吉利的现实。在吉利引以为豪的创业史中，无处不鲜明地体现着吉利的艰难。在如此艰难的环境中一路打拼到现在，这就是李书福的毅力。

人活着得有点儿追求，但为了理想而拼搏不是一件容易的事情，需要魄力，需要胆气，更需要毅力，只有近乎疯狂的偏执，才能成就成功的人生。

## 一颗小小的螺钉

有人问孔子："子奚不为政？"孔子回答说："《书》云：'孝乎惟孝，友于兄弟，施于有政。'是亦为政，奚其为为政？"意思是，有人问孔子为什么不去做官，孔子回答说："《尚书》里说：'对父母孝顺、对兄弟友善就是治理国家。'我把平时的事情做好就是为政，为什么一定要去当官才算治理国家呢？"

孔子这番话可以说是儒家人生观的重要体现，儒家经典《大学》中说："所谓治国必先齐其家者，其家不可教而能教人者，无之。故君子不出家而成教于国。"在儒家思想中，修身齐家是治国平天下的基础，只要能够做好手头的事情，把基本的道德准则贯彻到平时的生活工作中，把自己的家人和朋友教化成贤人，就可以不离开家而让这个国家得到治理了。

从这个角度来看，儒家思想和新中国成立后提倡的"螺钉精神"是一致的。

一个国家、一个社会本身就像是一架精密的飞机，不可能每个人都成为发动机，成为机翼。何况，难道其他的部件就没有做出贡献了吗？飞机的平稳飞行是每一个零件共同努力的结果，哪怕一颗螺丝钉出问题，都可能带来机毁人亡的事故。

儒家思想要求我们每一个人都培养对社会的责任感，要求我们对社会做出贡献，成为一个有用之材。但是，怎样才能对社会有所贡献？儒家思想告诉我们，"君子不出家而成教于国"，在平凡的岗位上，一样能够做出不平凡的贡献。

多次被评为全国劳动模范，2009 年被评为新中国成立以来 100 位感动中国人物之一的徐虎，出生在上海市郊，1975年因征地进了城，成为上海市普陀区房管局中山北路房管所的一名水电维修工。当时，中山北路以老旧公房为多，居民家中水电故障频繁。房管所和其他单位一样，"大家下班我下班"，而下班后的时段正是居民家中用水用电的高峰，也是故障高峰，由于无人及时维修，居民生活中有许多不便和困难。

1985 年 6 月 23 日，徐虎制作了 3 只"特约报修箱"挂在居委会、电话间墙上。上书："凡附近公房居民遇到夜间水电急修，请写清地址，将纸条投入箱内，本人将为您提供维修服务。开箱时间：19 时。徐虎"。多年来，他每天晚上 7点准时打开报修箱，义务为居民修理 2100 余处故障，花费了6300 多小时的业余时间。有 8 个除夕夜，他都在工作一线度过，被群众亲切地称为"晚上七点的太阳"。

榜样的力量是无限的。水电工王耀齐自 1986 年调入徐虎所在的班组后，跟着徐虎学"艺"，耳濡目染师父的言行，于 1989 年 1 月在管弄新村以个人的名义挂出了 3 只夜间特约报修箱，并把家中的地址公布于众，被居民称为"徐虎第二"。继王耀齐之后，在普陀区东新地区，出现被誉为"徐虎第三"的黄卫国；在普陀区曹安地区，出现了被誉为"徐虎第四"的蒋德宽；在普陀区曹杨地区还出现了被誉为"徐虎第五"的水电工冯宝荣。他们或挂出报修箱，或在服务地区公开报修电话和自己的联系方式，或索性将铺盖搬到所里值班室，热情地为居民排忧解难。凭借着热心服务，他们先后当选为上海市劳动模范。

劳模的精神确确实实得到了传递和发扬，在徐虎精神的感召下，社会上形成了广泛的"徐虎效应"。从编号的"徐虎"到未编号的"徐虎兵团"，越来越多的"徐虎"涌现出来，投身于无私奉献的事业中。

一个水电维修工可以感动中国，我们每个人只要把自己的工作做好，修炼好自己的品德，一样可以成为一个有价值、有贡献的人。

## 清高的人是可耻的

很难想象，孔子也有被人骂得灰头土脸的时候，而且骂他的人还是孔子最讨厌的阳虎。

一次，孔子走在路上，遇见阳虎。孔子很讨厌阳虎，尤其阳虎还想让自己出来当官，做他的下属，这让孔子很不满。惹不起，躲得起，所以孔子索性绕着走。

结果没绕过去，阳虎看见孔子，喊了一声："来！予与尔言。"孔子无奈走上前去，阳虎就说："怀其宝而迷其邦，可谓仁乎？"意思是说，怀着一肚子才华，却不用来治理国家，让国家迷失了发展的方向，能算仁吗？这是一个无可置疑的反问句，孔子只好回答："不算。"阳虎继续问："想要有所作为却老是错失发挥才干的时机，能算智吗？"这仍是一个反问句，孔子也还是只能回答："不算。"被阳虎这么一质问，孔子也没话说了，只好说"诺，吾将仕矣"，也就是答应出来当官了。

自古以来，儒道两家几乎占据了中国知识分子的精神世界。儒家代表着建功立业的入世精神，道家则代表出世自由的隐士文化。两家之间相互都有些指责，道家认为儒家活得太累，太不潇洒，儒家则一方面羡慕道家的逍遥，一方面认为那样的做法是对社会的不负责任。用阳虎的话说，就是"怀其宝而迷其邦"——一个本该对国家社会有所贡献的人才，却只想着自己逍遥快活，不顾社会上还有许多挣扎在生存线上的人。

有时候，冷漠和清高之间很难划出清楚的界限来。一个人明明有能力帮助别人，却因为世道艰险而选择了明哲保身，这是一种清高，更是一种冷漠。中国古代的隐士往往衣食不愁，他们号称"躬耕"，吃的、喝的却大都是地方上的官员和地主赠送的。换句话说，他们吃的也是"民脂民膏"，只是自己没有亲自参与剥削而已。

退一步讲，那些清高到不惜用生命来维护自己清白的人，既然能舍得用生命来维护自己的清高，难道就不肯用生命来做出一些贡献吗？司马迁在《报任安书》中写道，自己在接受宫刑之前，完全可以用自杀的方式来成全自己的清高名节，但是，他选择了忍辱苟活，因为他要把《史记》写出来，"藏之名山，传之后人"。这是司马迁的理想，为了理想，他不惜放弃清高。如果当时司马迁选择了自杀，清高是有了，但中华民族就损失了史学和文学上的一颗璀璨的明星。

孔子虽然老是说"邦有道则现，邦无道则隐"，但也只是说说而已，我们看到的孔子是一边赞叹着宁武子能够在国家动荡的时候表现出明哲保身的智慧，一边自己却知其不可为而为之，不撞南墙不回头。孟子更是如此，高歌着"虽千万人吾往矣"，越是污浊越要往里跳，因为他们的理想就是用自己的全部精力来改变礼崩乐坏的乱世，拯救战火之中遭涂炭的生灵。如果连他们都选择了退缩，那么谁来净化污浊的社会呢？

清高的人是高尚的人，因为他们不愿意与世俗同流合污；但清高的人也是懦弱的人，因为他们不敢去改变这个世界。当今社会，物欲横流，但清高的人并没有减少，这是一件好事，也是一件坏事。尤其是年轻人，正处在应当有所作为的时候，如果选择了随波逐流，被世俗同化，那就不值得再说什么了；如果因为害怕或者厌恶世道的艰辛和人心的险恶，就以清高的名义想着独善其身，或者抱怨连连，那于己于人又有什么好处呢？

中华民族之所以能够历经几千年而屹立不倒，就是因为总有一些中国人敢于逆流而上，即使在最黑暗的时刻也依然保持着改造社会的勇气。如果人人都学做隐士，都以清高自处，没有人来做事，那么黑暗永远都不可能消散。

英国作家狄更斯在《双城记》的开头写道："这是最好的时代，也是最坏的时代。"任何一个时代都不是十全十美的，当今的社会有它的问题，但有问题才更有改造的价值，如果就此选择了逃避，那么，谁来解决问题？

## 有才无德不足观

西周礼法制度的创始人周公姬旦一直是孔子的偶像，孔子对他的崇拜甚至到了经常梦见他的地步。有一回，孔子还感叹道："唉，我好久没有梦到周公了呀。"

尽管孔子如此敬仰周公，他仍说："如有周公之才之美，使骄且吝，其余不足观也。"意思是，即使有周公那样的才能和那样美好的资质，只要骄傲吝啬，其余的一切也都不值一提了。

这其中，才能和资质属于才的方面，骄傲吝啬属于德的方面。也就是说，如果一个人才高八斗而德行不好，那么圣人也是不屑于关注他的，只有德才兼备的人才是真正的人才。如果二者不可兼得，那么德是熊掌才是鱼，孟子舍鱼而取熊掌，明智的人舍才而取德。

有一位老锁匠一生修锁无数，技艺高超，收费合理，深受人们敬重。老锁匠的年纪渐渐大了，为了不让自己的技艺失传，他决定为自己物色一个接班人。最后老锁匠挑中了两个年轻人，准备将一身技艺传给他们其中一个。一段时间以后，两个年轻人都学会了不少东西，但两个人中只有一个能得到真传，老锁匠决定对他们进行一次测试。

老锁匠准备了两个保险柜，分别放在两个房间里，让两个徒弟去开，谁花的时间短谁就是胜者。结果大徒弟只用了不到10分钟就打开了保险柜，而二徒弟却用了半个小时，众人都认为大徒弟必胜无疑。

老锁匠问大徒弟："保险柜里有什么？"大徒弟眼中放出了光亮："师父，里面有很多钱，全是百元大钞。"老锁匠又问二徒弟同样的问题，二徒弟支吾了半天说："师父，我没看见里面有什么，您只让我打开锁，我就打开了锁。"

老锁匠十分高兴，郑重宣布二徒弟为他的正式接班人。大徒弟不服，众人也不解，都来询问老锁匠，他微微一笑说："不管干什么行业，都要讲一个'信'字，尤其是我们这一行，更要有很高的职业道德。我收徒弟是要把他培养成一个高超的锁匠，他必须做到心中只有锁而无其他，对钱财视而不见。否则，心存私念，稍有贪心，打开保险柜取钱易如反掌，最终只会害人害己。我们修锁的人，每个人心上都要有一把不能打开的锁才行。"

老锁匠的话耐人寻味，他把道德作为选择接班人的最终标准，所以二徒弟虽比大徒弟才能差一些，但因为品德良好而被师父选为接班人。可见，德才兼备的人最为珍贵，当两者失衡时，品德就要重于才能了。

在儒家的理念当中，"道"一直是一个重要的方面，孔子曾经说："骥不称其力，称其德也。"就是说："对于千里马，不称赞它的力气，要称赞它的品质。"重视品质超过重视才能，这是儒家的人才思想，也是中国人一直以来的人才观。一个能力再出众的人，如果品行不过关，那么在中国也很难吃得开。

深受儒家思想影响的新加坡前总理李光耀在全面总结儒家学说的基础上也指出，儒家思想的核心是"忠、孝、仁、爱、礼、义、廉、耻"，并以这八种德行作为新加坡政府的"治国之纲"和新加坡每一位公民都必须具有的道德品质，他的这一举动在新加坡得到极大的认同。

我们的确可以看到这样一种现象，一个人如果品质不好、能力差，那么他对别人和社会的危害不会太大。但是一个能力非常强、智商非常高的人，如果品德败坏、野心很大，那他造成的危害可能更大，比如南宋奸相贾似道。

历史上的贾似道可不是光会斗蟋蟀，处理政事的能力也非常高，这使得他在人才凋敝的南宋末年得到重用，最后坐上宰相的位置。然而，这个能力出众的贾似道也成了史上著名的奸臣，断送了南宋江山。如果贾似道只是一个无能的纨绔子弟，就算他再坏，也无法对国家和民族造成太大的影响。

反之，一个人品行很好，能力虽然差了点，但他只要虚心好学，努力提高自己，也会逐渐进步，把事情做得很好。当然，需要特别注意的是，我们不能因此走向另一个极端，忽略人的能力，不尊重知识，不尊重人才。毕竟，德行是行走人生的前提，才能是创造美好人生的手段，有才无德的人是坏人，有德无才的人是废物，坏人是不好，但废物也好不到哪里去。

## 要鱼还是要熊掌

有一句名言，叫"鱼与熊掌不可兼得"，这句话出自孟子，原文是："鱼，我所欲也；熊掌，亦我所欲也。二者不可得兼，舍鱼而取熊掌者也。生，亦我所欲也；义，亦我所欲也。二者不可得兼，舍生而取义者也。"意思是说：鱼是我所想要的，熊掌也是我想要的，如果这两种东西不能同时得到，那么我就只好放弃鱼而选取熊掌了。生命是我所想要的，道义也是我所想要的，如果这两样东西不能同时俱有的话，那么我就只好牺牲性命而选取道义了。

由此可见，孟子之意不在鱼和熊掌，在于探讨生命与义的轻重。孟子宣扬"舍生取义"，但并没有否认生命的价值，所以说"生亦我所欲也"。在儒家思想中，世界上有许多比生命更重要的东西。人生短暂，如白驹过隙，一个人就算活得再久，在天地宇宙面前又算得了什么？传说中彭祖活了八百岁，但这八百年也不过是人类历史的瞬间而已。我们不仅应该追求生命的长度，更应该追求生命的广度和深度。匈牙利诗人裴多菲有一首诗："生命诚可贵，爱情价更高，若为自由故，两者皆可抛。"裴多菲追求的是自由，儒家知识分子追求的则是道义。

在中国历史上，为了道义而付出生命的人，数不胜数。

秦朝末年，韩信发兵袭齐。齐军败退，齐将田横悲愤交加，为图复国之计，自立为王，率部属五百人隐入海岛。

公元前202年，刘邦称帝，为消灭各地残余的反抗势力，刘邦派使者来岛招降："田横来，大者王，小者封侯，不来则举兵加诛。"面对刘邦的召见，田横出于"国家危亡，利民至上"的考虑，为保全五百部属性命，毅然带着两名随从前往洛阳觐见刘邦。但行至洛阳三十里外的尸乡时（今河南偃师），田横获悉刘邦召见的目的在"斩头一观"，愤然对随从说："当初我和刘邦都想干一番大事业，而如今一个贵为天子，一个却要做他的臣子，我忍辱负重只不过是想保全我五百部属的性命，刘邦见我，无非是想看我的面貌。此地离洛阳三十里，若拿着我的人头快马飞驰去见刘邦，我的面貌还不会变。"言外之意是说："我死，刘邦会认为岛上群龙无首，五百人的性命也就保住了。"说完，不顾随从再三跪求，遥拜齐国山河，悲歌："大义载天，守信覆地，人生遗适志耳。"然后拔刀自刎。田横自杀后，二随从急将田横之首送至洛阳，刘邦看到田横能为五百人自杀，感动地说："竟有此事，一介平民，兄弟三人为国前仆后继、宁死不屈，这能说不是贤德仁义的人吗？"遂派两千禁军，以王礼葬田横于河南偃师，并封田横的二随从为都尉，二随从不被官位所动，埋葬田横后，随即在其墓旁挖坑自尽。留岛的五百兵士听说田横为他们而自杀，为表达对田横的忠义之心，遂集体挥刀自刎。

田横大义载天守信覆地、舍生取义的大无畏精神叫人敬佩，真乃大英雄也。司马迁曾说："田横之高节，宾客慕义而从横死，岂非至贤！"唐朝的韩愈也说："自古死者非一，夫子（田横）至今有耿光。"像田横这样的人便活出了人生的极致。

文天祥在别人以"人生如寄"的诗句劝降时，挥笔写下《浩浩歌》，表明自己舍生取义的心志。寥寥数言，义与利之间的取舍跃然纸上。"浩浩歌，人生如寄可奈何，乃知世间为长物，唯有真我难灭磨。"

孔曰成仁，孟曰取义，孔孟之道从不教人去死，但告诉我们世上有比生命更重要的东西。"蝼蚁尚且贪生"，这当然不错，但人和蝼蚁总是有些区别的。在大是大非面前，舍鱼而取熊掌，舍得牺牲自我，便能活出生命的极致。

## 那"仁"却在灯火阑珊处

所谓"仁义礼智信"，"仁"居其首，可以说，在中国传统的道德体系中，"仁"占据了重要的地位。那么，究竟什么样才叫"仁"呢？

儒家亚圣孟子有一句很著名的话，叫作"仁者爱人"。这句话最早出自孔子之口："樊迟问仁，子曰'爱人'。"简简单单的两个字，道出了仁的本质，仁就是爱人。

《论语·乡党》记载了孔子生活的一些小片段，其中有这样一个小故事："厩焚，子退朝，曰：'伤人乎？'不问马。"有一次，孔子退朝回家，发现家里的马厩失火了，孔子首先问的是："有人受伤了吗？"并没有去问马的事情。

有人说这件事很普通，但这就是"仁者爱人"的体现。而且，在孔子的时代，除了少数贵族之外，有一些人的地位还不如牛马这些"贵重财物"，孔子能够在这种情况下关心人的生命，其"爱人之心"可见一斑。一个蔑视生命，在他人的生死面前无动于衷的人，无论如何都算不上"仁"。

当然，在"仁"的思想中，爱人不仅仅是尊重他人的生命，更体现在我们生活的每一个细节中。

《论语》中还记载了孔子生活中的另一个小故事。"师冕见，及阶，子曰："阶也。"及席，子曰："席也。"皆坐，子告之曰："某在斯，某在斯。"师冕出，子张问曰："与师言之，道与？"子曰："然。固相师之道也。"师冕是个盲人，在春秋时代，被称为"师"的人往往是乐师，通常都是盲人。孔子和师冕会面的时候，到了台阶前，孔子就跟师冕说："前面有台阶。"到了座位前，孔子就说："前面有席子。"等大家都坐下之后，孔子一一告诉师冕："某某坐在某个位置。"

为什么孔子要这么做？因为师冕是盲人，什么都看不见，孔子一句小小的提醒对师冕来说却有巨大的帮助。所谓爱人，就是从这样的生活小细节中体现出来的。

其实，要做到爱人是一件非常容易的事情，有时候只是举手之劳。

有一篇文章是关于电梯的，文中讨论为什么电梯里面要装一面镜子。这个细节相信很多坐电梯的人都遇到过，有些人可能还会抱怨电梯里的镜子，觉得挺吓人的。

但是，当坐轮椅的残疾人乘电梯的时候，通过镜子，他不用掉转轮椅就可以知道电梯到了第几层，这就是电梯中镜子的用途之一。

只是一面小小的镜子，却也体现出对人的关爱，这就是"仁"。

曾子曾经评价孔子说："夫子之道，忠恕而已。"意思是说孔子一生的学问，归结起来就是两个字，一个是"忠"，一个是"恕"。忠指的是忠诚、孝悌、信用等，恕指的就是一个"仁"字。

什么叫恕？用孔子自己的话说，就是八个字："己所不欲，勿施于人。"自己不想要的东西，就不要强加在别人身上。什么是"仁"？这就是爱人。我们谁都不希望无端失去生命，所以也该尊重别人的生命；我们谁都不希望在自己落难的时候被别人落井下石，所以遇到有困难的人也该帮他一把；我们谁都不希望自己的缺陷被人嘲笑，所以也该尊重别人的人格尊严。

"仁"在儒家理想中是一种至高无上的美德，同时也是一种贴近人心的美德，每个人都可以做到。我们需要做的，只是多为别人着想，将心比心，在生活的细节当中，体现对他人的爱心。

拯救生命这样的壮举不是每个人都能遇到的，但是碰到一个盲人为他指路这样的举手之劳，对我们来说，又有何难呢？

孔子说："仁远乎哉？我欲仁，斯仁至矣。"意思是说："仁德难道离我们很远吗？我想要仁，仁就会来到了。"

## 千古一辩义与利

《孟子》一书的开篇是梁惠王与孟子的一番对话。梁惠王开场就是："你大老远跑过来，是有什么利益要给我吗？"孟子一听，说："我没带什么利益，我只带了仁义过来。大王为什么开口闭口都是利益，利益是个好东西吗？利益不是个好东西，你为什么不去追求仁义呢？"

类似的对话在《孟子》一书中出现了好几次，基本表达了孟子的观点：利和义相比，义更重要。

什么是义？这是孟子思想中的一个核心概念，简而言之，就是在"仁"的思想指导下做该做的事情，义是仁的外化。在孟子看来，义比生命还重要，更何况是利呢？

义比利重要，是中国人的一个基本道德标准，如果人人舍义而逐利，那么整个社会就会变成冷血的丛林。

李白有诗曰："安能摧眉折腰事权贵，使我不得开心颜。"正是这些舍利而取义的人，为中国历史画下了浓墨重彩的一笔。其中最著名的，莫过于"采菊东篱下"的陶渊明。

在晋安帝义熙即位的那年夏天，陶渊明被任命为彭泽县县令。他上任不到3个月便接到上级官员送来的一封公函。公函上说，郡里有个官员要来彭泽县检查公务，文中暗示陶渊明放聪明些，小心谨慎地伺候。

陶渊明一向正直，一生办事公道，从不阿谀奉承。接到公函后，他感到很纳闷，猜不透文中的深层含义，便叫县衙里的师爷来给他解释一下。

师爷看完之后，心领神会，说："历任的县太爷为迎接上级官员，都要好生准备，恭恭敬敬地到路边迎候，安排欢迎仪式，为的是讨得他们的欢心。"

"讨得他们的欢心又如何？"陶渊明问。

"啊，这您还不懂？要是讨得这些官老爷的欢心，那升官发财之路就光明了。否则，恐怕连您头上的这顶乌纱帽也保不住。大人，您可千万别马虎啊！"陶渊明听到这里，拍案而起，愤怒地说："岂有此理，怎能为这五斗米的官俸向乡里小人折腰！这官，我不做了！"

说完，陶渊明脱下官服，交出官印，毅然回家耕田去了。

陶渊明自然是孟子"利和义相比义更重要"的践行者。不过，对于利的问题，也不可以走极端，不能把利当作洪水猛兽，碰都不敢碰。

义，固然重要，但难道就不能提利了吗？讲得明白些，就是人生在世，怎能不讲利？人类文化思想包含了政治、经济、军事，乃至人生的艺术、生活等，都以求利为目的。人类第一次爬下大树，第一次直立行走，第一次使用工具不都是为了求利吗？

义是需要的，这是人类社会得以稳定的基础，也是个人为人处世的根本；但利也是必不可少的，利是人类社会发展的动力，也是人生存下去的根本。

即便是陶渊明，当官的初衷也是逐利。在《归去来兮辞序》中，陶渊明就把自己当官的目的说得很明确："余家贫，耕植不足以自给。幼稚盈室，瓶无储粟，生生所资，未见其术。亲故多劝余为长吏，脱然有怀，求之靡途。会有四方之事，诸侯以惠爱为德，家叔以余贫苦，遂见用于小邑。"这段话的意思概括起来就是："我穷，没办法，于是走了叔叔的后门，去彭泽县当了官。"

陶渊明和普通人一样，为了生计难免要逐利，但陶渊明和普通人最大的区别在于，当义和利发生冲突的时候，他毅然选择了义。陶渊明晚年时十分贫穷，但他再也没有提过当官的事情，因为这和他"不为五斗米折腰"的义是相冲突的。

儒家思想的核心是"内圣外王"，即注重个人的修养，力求人人皆为尧舜，明代李贽在《与庄纯夫书》中写道："孝友忠信，损己利人，胜似今世称学道者。"但有时，一味放弃自己应得的利，处处宽容退让，只会助长小人的贪婪。鲁迅先生曾说："道德这事，必须普遍，人人应做，人人能行，又于自他两利，才有存在的价值。"在义的前提下追求自己应得的利，是正常且正当的，正所谓"君子爱财，取之有道"。

利，我所欲也，义，亦我所欲也，只有当二者不可兼得的时候，我们才应该舍利取义。若是能在符合义的情况下又能得利，何乐而不为呢？

## 今天你诚信了吗

中国一向以礼仪之邦自居，如今却正面临着诚信缺失的问题。我们不禁要问，如今诚信的缺失究竟是谁之过？

信，是儒家传统伦理准则之一，在孔子看来，信是一个人立身处世的基点。一个人如果没有诚信，就等于失去了做人的基本条件。孔子把"信"列为对学生进行教育的"四大科目"（言、行、忠、信）和"五大规范"（恭、宽、信、敏、惠）之一，强调要"言而有信"，认为只有信，才能得到他人的信任（信则人任焉）。孔子打过一个比方："人而无信，不知其可也。大车无輗，小车无軏，其何以行之哉？"輗和軏都是古代马车上重要的部件，这句话套用现代社会中常见的事物来说就是，人如果不讲信用，就像轿车没有油门，卡车没有刹车。没有油门和刹车的车无法上路，没有诚信的人也无法立身处世。

唐朝元和年间，东都留守名叫吕元应。他酷爱下棋，养有一批陪他下棋的食客。吕元应与食客下棋，谁如果赢了他一盘，出入可配备车马；如赢两盘，可携儿带女来门下投宿就食。

一日，吕元应在庭院的石桌旁与食客下棋。正在激战之际，卫士送来一摞公文，要吕元应立即处理。吕元应便拿起笔开始批复，下棋的食客见他低头批文，认为他不会注意棋局，便迅速地偷换了一子。哪知，食客的这个小动作，吕元应看得一清二楚。他批复完公文后，不动声色地继续与食客下棋，食客最后胜了这盘棋。食客回房后，心里一阵欢喜，盼望着吕元应提高自己的待遇。

第二天，吕元应带来许多礼品，请这位食客另投门第。其他食客不明所以，很是诧异。十几年后，吕元应弥留之际，他把儿子、侄子叫到身边，谈起那次下棋的事，说："他偷换了一个棋子，我倒不介意，但由此可见他心迹卑下，不可深交。你们一定要记住这些，交朋友要慎重。"

吕元应凭多年的人生经验，深觉一个不讲信用的人绝对不能深入交往。当代也有一个关于诚信的小故事，一个留学生在餐馆里刷盘子，按规定要刷六遍，他只刷五遍，还谎称自己就是刷了六遍。这件事被揭穿之后，他因为不诚信被解雇了。接着，房东听说了他的不诚信记录，拒绝把房子再租给他。学校听说了这件事，把他劝退了。他去找工作，也没有公司愿意聘用他。这个留学生无奈之余，只能回国。

中国是讲求诚信的国家，自古以来，诚信二字都深深地烙在每个中国人心里。父母教育儿女的时候，也从诚信教育入手。

为人所熟知的"曾子杀猪"就是一个很好的例子。曾子是孔子的学生，一次，曾子的妻子准备去赶集，由于孩子哭闹不已，曾子的妻子许诺孩子说回来后杀猪给他吃。曾子的妻子从集市回来后，曾子便捉猪来杀，妻子阻止说："我不过是跟孩子闹着玩儿的。"曾子严肃起来，说："和孩子是不可以说着玩儿的。小孩子不懂事，凡事都跟着父母学，听父母的教导。现在你哄骗他，就是教孩子骗人啊。"曾子深深懂得，诚实守信、说话算话是做人的基本准则。若失言不杀猪，那么家中的猪保住了，却失掉了孩童诚实守信的赤子之心。

有人说，诚信的缺失是因为市场经济条件下人心浮躁了，殊不知，市场经济本身就是一种诚信经济，诚信是市场经济的基石。在病态的社会风气下，不诚信的行为确实可以带来短暂的收益。选择撒谎似乎成了每个人的最优策略，有些人热衷于作假，有些人不得不作假，于是，诚信逐渐被人们遗忘了。但是，不诚信摧毁的是市场环境、政治环境、社会环境和一个民族的道德体系，最终受害的是社会中的每一个人。

《管子·枢言》写道："诚信者，天下之结也。"诚实守信是中华民族的传统美德。千百年来，这一美德伴随着一代代中国人走过沧海桑田，历经风雪磨砺，最终沉淀为民族的精髓，它不应该毁在现代人的手里。

## 挺直脊梁骨

在道义和自己信念的问题上，任何强权、任何诱惑都不能使自己的信念和道义有丝毫动摇，这就叫临大节而不可夺，中国文化中还有一个词专门用来称呼这种品质，即"气节"。

1283年，历经三年囚禁和无数次的威逼利诱之后，文天祥终于求仁得仁，慷慨赴死，给后人留下一段悲壮的故事。

文天祥本来是个文官，可为了反抗蒙古人的入侵，保卫家国，他勇敢地走上了战场。那时蒙古派出大军，要消灭南宋，文天祥听到消息后，拿出自己的家产，招募三万壮士，组成义军，抗元救国。有人说："蒙古大军人数那么多，你只有这些人，不是虎羊相拼吗？"文天祥则说："国家有难而无人解救，是令我心痛的事。我即使力量单薄，也要为国尽力！"后来，南宋的统治者投降了蒙古军，但文天祥仍然坚持抗战。他对大家说："救国如救父母。父母有病，即使难以医治，儿子还是要全力抢救啊！"不久，他兵败被俘，坚决不肯投降，写下了有名的诗句"人生自古谁无死，留取丹心照汗青"，表明自己坚持民族气节至死不渝的决心。他拒绝了蒙古人的多次劝降，最终舍身报国，慷慨就义。

有人说，国家都已经没了，文天祥还在为谁效忠？况且，难道他以为他的死可以阻挡蒙古大军的铁蹄吗？

确实，文天祥的死不管是对自己，还是对时局，都没有一点"好处"。然而，文天祥追求的不是"好处"，而是气节。文天祥慷慨赴死不为什么，只为保全自己的气节。

孟子有一段著名的话，可以作为"气节"的最佳注解，即"富贵不能淫，贫贱不能移，威武不能屈"。在道义和信念面前，有气节的人不会被财富和地位诱惑，也不会被卑贱和贫穷改变，更不会向强权屈服，这样的人才算是顶天立地的大丈夫。

1941年12月，日本侵占中国香港的那一天，留居香港的梅兰芳开始蓄起唇髭。没过几天，浓黑的小胡子就挂在了唱旦角的艺术家脸上。他年幼的儿子梅绍武好奇地问："爸爸，您怎么不刮胡子了？"

梅兰芳慈祥地回答说："我留了胡子，日本人还能强迫我演戏吗？"

不久，他回到上海，住在梅花诗屋，闭门谢客，拒绝为日本人演戏。他时常在书房里的台灯下作画，年复一年仅靠卖画和典当度日，生活日渐窘迫。上海的几家戏院老板见他生活如此困难，争相邀他演戏，却都被他婉言谢绝了。

一天，汪伪政府的大头目褚民谊突然闯入梅兰芳家中，要他作为团长率领剧团赴南京、长春和东京进行巡回演出，以庆祝所谓"大东亚战争胜利"一周年。

梅兰芳用手指了指自己的脸，沉着地说："我已经上了年纪，很长时间没有吊嗓子了，早已退出戏台。"

褚民谊阴险地笑道："小胡子可以刮掉，嗓子吊吊也会恢复的。哈，哈，哈！"

笑声未落，只听梅兰芳说："我听说您一向喜欢玩儿票，大花脸唱得很不错。您作为团长率领剧团去慰问，岂不是比我强得多吗？何必非我不可！"褚民谊听到这里，顿时敛住笑脸，脸上红一阵白一阵，支吾了两句，狼狈地离开了。

梅兰芳一身傲骨，不畏强权，为了坚守心中的正义，宁可舍弃心爱的艺术，可谓"临大节而不可夺"的典型。

即使身处逆境也坚贞不屈，正如于谦的《石灰吟》所言：粉身碎骨浑不怕，要留清白在人间。气节表现的不仅仅是人的精神状态，更是人生的道德观念。这里所说的道德观念，是指为了达到理想目标，生死关头不苟且偷生，淫威之下不卑躬屈膝，诱惑面前不低头弯腰的精神。

中华民族几千年来经受了无数的苦难，却依然能够在世界东方屹立不倒，靠的就是中国人心中的气节。气节，是中华民族挺立的脊梁，也应当是每个中国人的脊梁。

# 第二节
# 一个人应该怎样活，一生应当怎样过

## 找准自己的位置

多年以前，一个德国男孩迷上了小提琴，经过一段时间的刻苦练习，父母把他带到一位音乐教授面前，当男孩在教授面前勉强奏完一曲后，教授直截了当地告诉他，"这辈子别指望靠拉小提琴出人头地"。男孩非常难过，小提琴告一段落。据说，直到老年，他仍然只能勉强奏完那支唯一的曲子。但他的名字在很多领域也是唯一的——爱因斯坦。

类似例子还有很多，比如先学钢琴后学哲学的马克思、先学文学后学生物学的达尔文，等等。他们的成长轨迹，都在在说明了做人首先是找到自己，站在你应该站的位置，经营自己的长处，而不是在死胡同里浪费时间。

著名漫画家朱德庸也说过："我相信，人和动物是一样的，每个人都有自己的天赋。比如老虎有锋利的牙齿，兔子有高超的奔跑、弹跳能力，所以它们能在大自然中生存下来。人也是一样的，不过很多人在成长过程中把自己的天赋忘了，就像有的人被迫当了医生，他可能是怕血的，那他不会快乐，更不会成功。我还好，天赋或者说本能没有被掐死。"

朱德庸这么说，其实是有感而发。按照一般人的思维，20多岁就红透宝岛的朱德庸，上学时成绩肯定很好，但他实际上是一个典型的差生，甚至差到了像个皮球似的被学校踢来踢去，到最后连最差的学校都不愿意接收。

回想起那段日子，朱德庸说："我的求学过程非常悲惨！在学校里受了老师的打击，我敢怒不敢言，但一回到家我就拿起笔丑化他，然后心情就会变好……幸运的是，我的父母从来不给我施加压力，一直让我自由发展。"

宝贝放错了地方就是废物。我们要学会跳出圈审视自己，既不夜郎自大，也不妄自菲薄，对自己有客观的认识，给自己一个中肯的定位，才不会高估或低估自己的能量，才不会忽略自己的最佳发力点，从而走出一条真正适合自己的人生路。

## 心不动，方识自身

阿瑟刚当上军官时，心里很高兴。每当行军时，阿瑟总是喜欢走在队伍的后面。

一次在行军过程中，他的敌人取笑他说："你们看，阿瑟哪儿像一个军官，倒像一个放牧的。"

阿瑟听后，便走在了队伍的中间，他的敌人又讥讽他说："你们看，阿瑟哪儿像个军官，简直是一个十足的胆小鬼，躲到队伍中间去了。"

阿瑟听后，又走到了队伍的最前面，他的敌人又说："你们瞧，阿瑟带兵打仗还没打过一个胜仗，他就高傲地走在队伍的最前边，真不害臊！"

阿瑟听后，心想：如果什么事都得听别人的话，自己连走路都不会了。从那以后，他想怎么走就怎么走了。

"走自己的路，让别人说去吧！"自己的路自己走，与人何干？谁能代替你走路吗？谁能代替你做决定吗？自己的人生要自己做主，自己的命运需要自己主宰。人，要依据自己的心，作出自己的判断，不能总被外界的境遇左右。

为什么人最难认清自己？主要是因为真心蒙尘。就像一面镜子，被灰尘遮盖，就不能清晰地映照出物体的形貌。真心不显，妄心就会成为人的主人，时时刻刻攀缘外境，心猿意马，不肯休息。人体如一村庄，此村庄中主人已被幽囚，为另外六个强盗土匪（前六识）占有，他们常在此兴风作浪，追逐六尘，让人不得安宁。

心不动才能真正认清自己。遇到顺境不动，遇到逆境也不动，这样才能不受任何外在的影响。现代人的状况大多相反，遇到顺境的时候高兴得不得了，遇到逆境的时候痛苦得不得了，这就带来许多痛苦。

其实，我们遇到的任何外境都一样，如果我们能够了解这一点，就不会被六尘所诱惑，亦不会被六识所蒙蔽。

## ❧ 有自我评判标准

不要让众人的意见淹没了你的才能和个性。一味地听从别人的意见，你就会迷失自我。你只需听从自己内心的声音，做好自己就足够了。

一位小有名气的年轻画家画完一幅杰作后，拿到展厅去展出。为了能听取更多的意见，他特意在他的画作旁放上一支笔。这样一来，每一位观赏者，如果认为此画有败笔之处，都可以直接用笔在上面圈点。

当天晚上，年轻画家兴冲冲地去取画，却发现整个画面都被涂满了记号，没有一笔一画不被指责的。他十分懊丧，对这次的尝试深感失望。

他把他的遭遇告诉了另外一位朋友，朋友告诉他不妨换一种方式试试。于是，他临摹了同样一张画拿去展出。但是这一次，他要求每位观赏者将其最为欣赏的妙笔之处标上记号。

等到他再取回画时，结果发现画面也被涂遍了记号。一切曾被指责的地方，如今却都换上了赞美的标记。

"哦！"他不无感慨地说，"现在我终于发现了一个奥秘：无论做什么事情，不可能让所有的人都满意。因为，在一些人看来是丑恶的东西，而在另一些人眼里或许是美好的。"

不同的人在面对同一件事物时，持有相异的观点，往往会发出不同的感慨。有时同一个人关于同一事件的观点，也会因时间的推移而变化，如果我们想用追随他人的喜好的方法来讨好他们的话，那是一件多么辛苦的事情啊。因为我们不可能让所有人都喜欢，人生来就有差异，喜好、兴趣、性格等也由此不同，唯有"以不变应万变"才是最佳的生存方法。

## 〰️ 坚持自己的主张

盲目听从他人的意见是非常可悲的事情，最终将导致一事无成。

鹤拿起针线要在自己的白裙子上绣一朵花。刚绣了几针，孔雀过来问："鹤妹你绣的什么花呀？"

"我绣的是桃花，这样能显出我的娇媚。"鹤羞涩地说。

"咳，干什么要绣桃花哩？桃花是易落的花，不吉祥，还是绣月月红吧，又大方、又吉利！"鹤听了孔雀的话觉得很有道理，便把绣好的金线拆了改绣月月红。正绣得入神时，只听锦鸡在耳边说道："鹤姐，月月红花瓣太少了，显得有些单调，我看还是绣朵牡丹吧。牡丹是富贵花呀，显得多么华贵！"

鹤又觉得锦鸡说得对，便又把绣好的月月红拆了，重新开始绣牡丹。

绣了一半，画眉飞过来，在头上惊叫道："鹤嫂，你爱在水塘里栖歇，应该绣荷花才是，为什么要去绣牡丹呢？这跟你的习性太不协调了，荷花是多么清淡素雅，出淤泥而不染，亭亭玉立的多美呀！"鹤听了，觉得也是，便把牡丹拆了改绣荷花……

每当鹤快绣好一朵花时，总有人提不同的建议。她绣了拆，拆了绣，最终没有绣成一朵花。

很多人都有一种随波逐流的从众心理，他们做事的动机往往不是那么明确，看到别人怎么做自己也怎么做，而不是按照自己的主观意愿去行动。尤其是在通往成功、幸福、快乐之类的道路上，一切似乎已经有了约定俗成的标准。可是，长此以往，人就会逐渐失去自我。

个人品性的锻炼应该从认识自我开始。人能够突破环境，就是在基于自我意识和自知之明的双重思虑中产生的出色动力。

我们怎样看待自己，不但影响自己的态度和行为，也影响我们看待他人的方式。我们处处以他人为镜子，将使自己的个性不够完善，导致自我的迷失。俗话说："众口铄金，积毁销骨。"能在无数人的否定中肯定自我的人是具有大智慧的人，也是能走向成功的人。能够在无数人的打击中昂然挺立，坚持自己的判断，这样的人又怎能不有所成就？

## 凡事不可先入为主

在现实生活中，我们需要有自己的判断，但是不能凭空判断，陷入先入为主的境地。固执地以自己的原则为他人设定框架，一旦他人超出我们设定的框架，我们就感到失望，感到烦恼和痛苦。

有这样一个小故事：

一个小镇上，两位长者在下棋。这时，一位陌生人骑马来到他们身边，把马停下来，向他们问道："两位老人家，请问这里是什么镇？住在这里的居民属于哪种类型？我正想决定是否搬到这里居住。"

一个长者抬头望了一下这位陌生人，反问道："你刚离开的那个小镇上住的人，是属于哪一类的人呢？"

陌生人回答说："住的都是些不三不四的人，素质十分低下，我住在那儿感到不愉快，因此打算搬到这儿来居住。"

另一位长者说："恐怕你搬到这里来住也会感到失望的，因为这个镇上的人与你离开的那个镇上的人完全一样。"

过了不久，又有另一位陌生人向长者打听同样的事情，一位长者又反问他同样的问题。

这位陌生人回答说："啊，我以前居住的小镇上的人都十分友好，我的家人在那儿度过了一段美好的时光，但我正在寻找一个比我以前居住的地方更有发展机会的城镇，因此我们搬出来了，尽管我们还很留恋以前的城镇。"

两位长者异口同声地说："年轻人，你很幸运，在这里居住的人都是跟你差不多的人，相信你会喜欢他们，他们也会喜欢你的。"

的确，念由心生，心随意转，地球不停在旋转，总有一面有阳光，另一面则是黑暗。如果你以欢喜之心看待这个世界，自然看万事万物都欢喜，如果你以悲苦之心看待这个世界，自然看万事万物都悲苦。

虽然每个人心目中所认为应该的，或我们对每个人所认为应该的，各有不同，但包含"应该"之念是一致的。换言之，我们大多数人常以理想的标准来要求别人，要求这个世界。然而，我们却也由此对别人、对世界产生了失望之情。所以，自主不是随意的一己之念，而是以深入了解为前提的。

## 让自己成为珍珠

有一个自以为是全才的女郎，毕业以后屡次碰壁，一直找不到理想的工作。她觉得自己怀才不遇，对社会非常失望，认为没有伯乐来赏识她这匹"千里马"。

痛苦绝望之下，她来到大海边，打算就此结束自己的生命。

在她正要自杀的时候，正好有一个老妇人从这里走过。老妇人问她为什么要走绝路，她说自己不能得到别人和社会的承认，得不到欣赏和重用……

老妇人从脚下的沙滩上捡起一粒沙子，让女郎看了看，然后就随便地扔在地上，说："请你把我刚才扔在地上的那粒沙子捡起来。"

"这根本不可能！"女郎说。

老妇人没有说话，接着又从自己口袋里掏出一颗晶莹剔透的珍珠，又随便扔在了地上，然后对女郎说："你能不能把这个珍珠捡起来呢？"

"这当然可以。"

"那你应该明白是为什么了吧？你应该知道，现在你自己还不是一颗珍珠，所以你还不能苛求别人立即承认你，如果要别人承认，那你就要由沙子变成一颗珍珠才行。"

当我们抱怨现实对我们不公之时，先问一下自己到底是珍珠还是沙子。

如果暂时还不是珍珠，那就努力让自己成为珍珠，相信沙子再多，也掩盖不住珍珠的光彩。生活中，怀才不遇时，不妨审视一下自身，看看是否还存在某些不足。但不管实际情况是不是如此，人都应该端正心态，能屈能伸，只有这样，你才能脚踏实地地为自己赢来生活的转机。

## 富贵不在天

现代人最缺什么？

有人做过精辟的总结：人，表面上最缺的是金钱；本质上最缺的是信心；脑袋里最缺的是观念；对机会最缺的是了解；命运里最缺的是选择；骨子里最缺的是勇气；改变上最缺的是行动；肚子里最缺的是知识；事业上最缺的是毅力；内心里最缺的是胆色……

古人也说，授人以鱼，不如授人以渔。贫穷的最缺不是金钱，送人金钱，不如启发他的内在动力，这才是一个生命能够走向未来的最根本的保证。

一天早上，一位只有一只手的乞丐来到一座大宅向女主人乞讨，女主人看上去很和善，但却毫不客气地指着门前一堆砖对乞丐说："你帮我把这些砖头搬到后院去，我就给你饭吃！"

乞丐很生气地说："我只有一只手，怎么搬砖头呢？不愿给就不给，何必这么捉弄人呢？"说完他怒气冲冲地要走。

女主人笑笑，用一只手搬起一块砖头，说道："这样的事一只手也能做得到，你为何不愿去做呢？"

乞丐一听也是，便不再争辩什么，就用他的一只手依女主人的话搬起砖头来。

他整整搬了一个上午，才把砖搬完。

最后，女主人递给乞丐一些钱，乞丐接过钱，很感激地说："谢谢你！"

女主人说："不用谢我，这是你凭自己的劳动赚到的钱。"

乞丐说："我永远不会忘记你的。"说完深深地鞠了一躬，就上路了。

过了不久，这座大宅门前来了另一位乞丐，他很年轻，而且双手健全。女主人把他带到后院，指着那堆砖头对他说："你把这堆砖头搬到屋前，我就给你饭，给你钱。"但是这个乞丐却鄙夷地瞪了她一眼，头也不回地走开了。

女主人的孩子走过来问："妈妈，上次你叫乞丐把砖头从屋前搬到后院，这次你又叫乞丐把砖头从屋后搬到屋前，你到底想把砖头放到后院，还是屋前？"

女主人微笑着对孩子说："对我们来说，砖头放在屋前和放在屋后都一样，可搬与不搬对乞丐来说就不一样了。"

若干年以后，一位衣着体面的人来到女主人家，专程拜访。他气度不凡，但美中不足的是，他只有一只左手，原来他就是用一只手搬砖头的那位乞丐。他说，自从女主人让他搬砖以后，他明白了女主人的用意，找到了自己的价值，然后靠自己的手劳动，靠自己的头脑思考，奋力拼搏，终于有所成就。而那位双手健全的乞丐，已经成为了一名资深乞丐，附近村镇的人们都认识他。

故事很简单，却告诉我们一个深刻的道理：如何依靠自己的力量寻找到自我的价值。也就是靠自己的双手劳动、靠自己的头脑思考，从自身发现自我。可是我们放眼望去，是不是每个人都具备这两种最基本的品格呢？是不是每个人都能无愧地称"流自己的汗，吃自己的饭"呢？

那个一只手的乞丐，在一开始并没有意识到他的价值所在，他认为自己是个残疾人，已经失去了一个正常人的生活能力，从而自暴自弃，放弃了可以依靠自己有尊严地生活的可能。但是女主人的言行触动了他，让他有机会思考，有机会认识到他虽然少了一只手，可并不妨碍他用劳动给自己创造生存下去的机会，而且可贵的是他勇敢地去做了，最后他发现了自己的价值所在。

与之相反的是另一个双手健全的乞丐，他很直接地放弃了给自己一个发现自我价值的机会，丝毫也不理会女主人的一番良苦用心，所以就注定这个人不可能走向成功。

其实生活在现实中的每一个人，都可能会遇到这样或那样的挫折和困难，问题的关键在于我们如何去认知自己，找到自我的价值所在，然后去努力拼搏最终走向成功。

## 〰 问自己竭尽全力了吗

娜拉小时候学芭蕾舞时，父亲对她严格得近乎残酷。每当她想停下来休息时，父亲总是问："你竭尽全力了吗？"娜拉便咬着牙继续练，到精疲力竭无法站立时，才瘫坐在地上休息。日复一日枯燥乏味的练功生活使娜拉觉得学芭蕾舞简直是一种痛苦，她开始厌烦练功，打算放弃芭蕾舞。

父亲得知她的打算后问："当初是谁决定让你学芭蕾舞的？"

娜拉惭愧地说："是我。"

父亲说："你今天放弃了芭蕾，明天还会放弃别的，因为干任何事情都会遇到无法预料的艰难。如果你决定去做什么事，你就要用尽全力去做，否则你会一事无成。"

娜拉委屈地说："可我天天的生活都是一样的，那就是练功。"

父亲说："任何一个学芭蕾舞的人都是这样，别人都能做到，你为什么不能，除非你是弱者。"

娜拉不想成为弱者，她用父亲经常说的"你竭尽全力了吗？"这句话反问自己，练功累了就用海绵擦洗一下四肢，借以恢复体力。最后她的舞步练得灵巧如燕，终于成了一名著名的芭蕾舞演员。

"你竭尽全力了吗？"任何一个渴望改变现状而没有什么变化的人都该这样问问自己。有了前进的目标，就要坚定自己的信念，竭尽全力地去实现它。只有竭尽全力地付诸行动，理想才能成为现实；如果犹疑不决，三心二意，成功只会与你失之交臂。

如果你感觉自己奋斗了，可是境况却没有什么变化，你一定要问问自己，竭尽全力了吗？

## 每个生命都有自己的光彩

一只老鼠掉进了一只桶里，怎么也出不来。老鼠吱吱地叫着，它发出了哀叫，可是谁也听不见。可怜的老鼠心想，这只桶大概就是自己的坟墓了。正在这时，一只大象经过桶边，用鼻子把老鼠吊了出来。

"谢谢你，大象。你救了我的命，我希望能报答你。"

大象笑着说："你准备怎么报答我呢？你不过是一只小小的老鼠。"

过了一些日子，大象不幸被猎人捉住了。猎人用绳子把大象捆了起来，准备等天亮后运走。大象伤心地躺在地上，无论怎么挣扎，也无法把绳子扯断。

突然，小老鼠出现了。它开始咬绳子，终于在天亮前咬断了绳子，替大象松了绑。

大象感激地说："谢谢你救了我的性命！你真的很强大！"

"不，其实我只是一只小小的老鼠。"小老鼠平静地回答。

每个生命都有绽放光彩的一面，即使一只小小的老鼠，也能够拯救比自己体形大很多的大象。一个真正有道的人，即使别人看不起他，把他看成是卑贱的人，他也不受影响，因为他知道自己的人格、道德，不一定要求别人来了解、来重视。他依然会在自我的生命驿旅中将智慧的种子撒播到世间各处。

也许你只是一朵残缺的花，只是一片凋零的叶，一张平凡的白纸，或只是流转的岁月长轴中平淡的一抹笔调，但只要你拥有自己的信仰，并将自己的长处发挥到极致，就会成为成功驾驭生活的勇士。

## 选准适合自己的角色

从前，一位陶工制作了一只精美的彩釉陶罐，他把这只精美的陶罐搬回家中放到了屋角的一块石头上。

陶罐认为主人把自己放错了地方，整天唉声叹气地抱怨说："我这么漂亮，这么精致，为什么不把我放到皇宫里作为收藏品呢？即使摆放到商店展出，也比待在这儿强啊！"

陶罐底下的石头听了忍不住劝它："这儿不是也挺好吗？我比你待的时间还久呢。"

陶罐听了讥讽石头说："你算什么东西？只不过是一块垫脚石罢了，你有我这么漂亮的图案么？和你在一起我真感到羞耻。"

石头争辩说："我确实不如你漂亮好看，我生来就是做垫脚石的，但在完成本职任务方面，我不见得比你差……"

"住嘴！"陶罐愤怒地说，"你怎么敢和我相提并论！你等着吧，要不了多久，我就会被送到皇宫成为收藏品……"

　　它越说越激动，不提防摇晃了一下，"哗啦"掉在地上，摔成了一堆碎片。

　　一年一年过去了，世界发生了许多事情，一个又一个王朝覆灭了，陶工的房子早已倒塌了，石块和那堆陶罐碎片被遗落在荒凉的场地上。历史在它们的上面积满了渣滓和尘土，一个世纪连着一个世纪。

　　许多年以后的一天，人们来到这里，掘开厚厚的堆积，发现了那块石头。

　　人们把石块上的泥土刷掉，露出了晶莹的颜色。"啊，这块石头可是一块价值连城的宝玉呢！"一个人惊讶地说。

　　"谢谢你们！"石块兴奋地说，"我的朋友陶罐碎片就在我的旁边，请你们把它也发掘出来吧，它一定闷得够受了。"

　　人们把陶罐碎片捡起来，翻来覆去查看了一番，说："这只是一堆普通的陶罐碎片，一点儿价值也没有。"说完就把这些陶罐碎片扔进了垃圾堆。

　　社会是一座舞台，要想在这个舞台上当一名好演员，就必须根据自己的素质、才能、兴趣和环境条件，选择适合自己的社会角色。只能演配角就不要去争当主角，适合当士兵就别奢望当将军。如果认不清自己，不满足于普通的角色，把自己摆错了位置，到头来只会白费力气，一事无成。反之，一旦选准了适合的角色，走向成功也是顺理成章的事情。

## 永远不要贬低自己

在一次演讲会上，一位著名的演说家手里高举着一张10美元的钞票，讲了一句开场白后，面对大厅内的听众，他问："谁想要这10美元？"

一只只手举了起来。

"我打算把这10美元送给你们中的一位，但在这之前，请准许我做一件事。"他说着将钞票揉成一团，然后问："谁还要？"

仍有人举起手来。

"那么，假如我这样做又会怎么样呢？"他接着把钞票扔到地上，又踏上一只脚，并且用脚蹍它。当钞票变得又脏又皱的时候，他才捡起来，说："现在谁还要？"

还是有人举起手来。

个人的才能如同那张钞票，即使会受到刁难否定，它的实际价值也不会变的，它依然是10美元。在人生路上，我们常会遭遇各种各样的逆境，这使我们对自己产生怀疑，认为自己似乎一文不值，结果被现实击倒。其实，才能本身是不会贬值的，能使才能贬值的是一颗怀疑、不自信的心。

我们的才能不是取决于别人对我们的态度，也不会因为我们遭受挫败而贬值，无论别人怎么侮辱你、诋毁你、践踏你，你的能力依然存在。因此，正视自己的能力，不要因为别人的评价和态度而改变对自己的看法，无论别人怎么说，你的能力都不会因此而改变。

在生活中，谁都想最大限度地发挥自己的能量，在更大程度上获得社会的承认。而要做到这一点，你就必须根据自己的特长和爱好选准适合自己扮演的社会角色。

## 天生我材必有用

一个人不怕没有地位，最怕没有什么东西让自己站得起来。古人认为三件不朽的事业为：立德、立功、立言，这些成就或许很难达到。对于普通人来说，"立"是自己真实的本领，要让自己有一技之长。孔子曾对仲弓说："犁牛之子骍且角，虽欲勿用，山川其舍诸？"天地之神不会把有用的材具平白无故地投闲置散的。孔子是在告诫仲弓，你心里不要有自卑感，不要介意自己的家庭出身如何，只要自己有真才实学，别人不用你，天地鬼神都不会答应的。

一个有能力的人是不必担心没有机会的。只要自身有真本领，就一定能出人头地。

毛遂最初在平原君门下当食客，整整三年一直默默无闻，总得不到施展才华的机会。一次，碰上秦军大举进攻赵国，秦军将赵国都城邯郸团团围住，情况十分危急。赵王只好派平原君出使楚国，向楚国求救。平原君到楚国去之前，召集他所有的门客商议，决定从这千余名门客中挑选出 20 名能文善武、足智多谋的人随同前往。他挑来挑去，最终只有 19 人合乎条件，还差 1 个人，却怎么挑也觉得不满意。这时，毛遂主动站了出来，说："我愿随平原君前往楚国，哪怕是凑个数！"

平原君一看，是平常不曾注意的毛遂，便不以为然，只是婉转地说："你到我门下已经三年了，却从未听到有人在我面前称赞过你，可见你并无什么过人之处。一个有才能的人在世上，就好像锥子装在口袋里，锥子尖儿很快就会穿破口袋钻出来，人们很快就能发现他。而你一直未能出头露面显示你的本事，我怎么能够带上没有本事的人去楚国呢？"毛遂并不生气，他心平气和地据理力争："您说的话并不全对。我之所以没有像锥子从口袋里钻出锥尖儿，是因为我从来没有像锥子一样放进您的口袋里呀。如果您早就将我这把锥子放进口袋，我敢说，我不仅像锥尖儿钻出口袋，我还会将整个锥子像麦穗子一样全部露出来。"平原君觉得毛遂说得很有道理且长得气度不凡，便答应毛遂作为自己的随从，连夜赶往楚国。后来凭着毛遂的帮助，终获成功。

世间沧海桑田，总有永恒不变的东西。才能便是其中的一种。要相信自己，不轻贱自己，不要对自己产生怀疑，否则，即使你再有才能，也如同蒙尘的珠玉，被视为毫无价值的沙粒。

## 做真实的自己

一个不爱自己的人，也无法爱他人。

有一只乌龟在沙滩上晒太阳时，几只螃蟹爬过来，它们看到乌龟背上的甲壳，便嘲笑道："瞧瞧，那是一只什么怪物啊，身上背着厚厚的壳不说，壳上还有乱七八糟的花纹，真是难看死了。"

乌龟听后，觉得很羞愧，因为它自己早就痛恨这身盔甲，可这是从娘胎里带出来的，没法儿改变，它只能把头缩进壳里，想来个眼不见、耳不听，还能落得个清静。

谁知螃蟹们见乌龟不反驳，便得寸进尺："哟，还有羞耻心呢，以为把头缩进去，就能改变你一出生就穿破马甲的命运吗？"乌龟没有应答，螃蟹自讨没趣，于是走了。

乌龟等螃蟹们走后，伸出头，迈动四肢，找到一处礁石，把它的背部靠在礁石上不停地磨，想磨掉那件给它带来耻辱的破马甲。

终于，乌龟把背磨平了，马甲不见了，但弄得全身鲜血淋漓，疼痛不堪。

这天，东海龙王召集文武百官开会，宣布封乌龟家族为一等伯爵，并令它们全体上朝叩谢圣恩。

在乌龟家族里，龙王一眼就瞧见了那只已没有马甲的乌龟，大怒道："你是何方妖怪，胆敢冒充乌龟家族成员来受封？"

"大王，我是乌龟呀！"

"放肆，你还想骗朕，马甲是你们龟类的标志，如今你连标志都没有了，已失去了本色，还有什么资格说是乌龟！"说完，龙王大手一挥，虾兵蟹将们就将这只丢掉本色的乌龟赶出了龙宫。

可怜的小乌龟并不知晓自己甲壳的作用，最后将自己弄得面目全非，被赶出乌龟家族。

正如世上没有两片相同的树叶一样，在这个世界上，也没有两个人是完全相同的。我们每一个人在这世上都是独一无二的。以前没有像我们一样的人，以后也不会有。

遗传学告诉我们，人是由父亲和母亲各自的 24 条染色体组合而成的，这 48 条染色体决定了这个人的遗传，每一条染色体中有数百个基因，任何单一基因都足以改变一个人的一生。事实上，人类生命的形成真是一种令人敬畏的奥妙。

我们每一个人都是崭新的、独一无二的。如果我们要独立自主，发展自己，只有靠自己。但这并不表示我们一定要标新立异，并不表示我们要奇装异服或是举止怪诞。事实上，只要我们在遵守团体规则的前提下保持自我本色，不人云亦云，不亦步亦趋，就能做我们自己。

每个人都是独一无二的，不同的人有不同的特质，各式各样的人都有属于自己的精彩。我们只需做真实的自己，活出自我本色，就是对生命的最大尊重。

## 虚荣吞噬一切

有一只高傲的乌鸦非常瞧不起自己的同伴。它到处寻找孔雀的羽毛，一根一根地藏起来。等搜集得差不多了，它就把这些孔雀的羽毛插在自己乌黑的身上，直至将自己打扮得五彩缤纷，看起来真有点儿像孔雀为止。然后，它离开乌鸦的队伍，混到孔雀群中。但当孔雀们看到这位新同伴时，立即注意到这位来客插着它们的羽毛，忸忸怩怩、装腔作势，大伙都气愤极了。它们扯去乌鸦所有的假羽毛，拼命地啄它、扯它，直揍得它头破血流，痛得昏死在地。

乌鸦苏醒后，不知该怎么办才好。它再也不好意思回到乌鸦同伴那里去。想当初，自己插着孔雀羽毛，神气活现的时候，是多么地看不起自己的同伴啊！

最后，它终于决定还是老老实实地回到同伴们那儿去。有一只乌鸦问它："请告诉我，你瞧不起自己的同伴，拼命想抬高自己，你可知道害羞？要是你老老实实地穿着这件天赐的黑衣服，如今也不至于受这么大的痛苦和侮辱了。当人家扒下你那伪装的外衣时，你不觉得难为情吗？"说完，谁也不理睬它，大伙一起高高飞走了。

地面上，那只梦想当孔雀的乌鸦被孤零零地留下了。

莎士比亚说："轻浮的虚荣是一个十足的饕餮者，它在吞噬一切之后，结果必然牺牲在自己的贪欲之下。"虚荣是一件无聊的、骗人的东西。我们要时时提醒自己远离虚荣，以免被它撞得头破血流。

虚荣是虚妄的荣耀，是掩耳盗铃的现代解释，是无知无能的人最想依赖而实际上最依靠不住的心灵稻草。稻草人是用来吓唬乌鸦及其他动物的，而你是人，是有智商的，你想用稻草人来保护自己，真是愚蠢至极。

虚荣心是一种为了满足自己荣誉、社会地位的欲望。虚荣心强的人往往不惜玩弄欺骗、诡诈的手段来炫耀、显示自己，借此博取他人的称赞和羡慕，最大限度地满足自己的虚荣心。但是由于这种人自身素质低、修养差，经常是真善美与假恶丑不分，往往把肉麻当有趣，将粗俗当高雅；打扮不合时宜，矫揉造作，不伦不类，使人感到很不舒服，甚至产生恶心之感。

乌鸦，因为贪慕虚荣，盲目追求标新立异的效果，结果弄巧成拙，成为了笑柄。

没错，华丽的外表无法掩饰心灵的空虚。很难想象一个爱慕虚荣的人能有多大的成就，因为他们总是把一些浮在表面上的东西作为提高自己地位的条件，而不是扎实地生活和工作。由于虚荣心具有许多负面的东西，是一种扭曲的人格，它多半会遭到他人的反感和敌意，甚至攻击，因此要尽量克服它。

要克服虚荣心，关键是要树立正确的荣辱观，即对荣誉、地位、得失、面子要持有一种正确的态度，不可过分地追求荣华富贵、安逸享受，否则就真的陷入爱慕虚荣的怪圈了。

虚荣心会将你带入无知的深渊。你如果只是追求名誉、地位，看重他人对你的看法，那你就会在无意中将真实和真理拒之于千里之外。追求虚荣是一种心态，是与追求真理相悖的一种肤浅意识。

## ～ 活着只为充实自己

从前，在夏威夷有一对双胞胎王子。有一天，国王想为大儿子娶媳妇了，便问他喜欢怎样的女性。

大王子回答："我喜欢瘦的女孩子。"

知道了这消息的岛上年轻女性想："如果顺利的话，或许能攀上枝头做凤凰。"于是，大家争先恐后地开始减肥。

不知不觉，岛上几乎没有胖的女性了。不仅如此，因为女孩子一碰面就竞相比较谁更苗条，甚至出现了因为营养不良而得重病的情况。

但后来却出现了意外的情况，大王子因为生病一下子就过世了，于是，国王决定由其弟弟来继承王位。

于是，国王又想为小王子娶媳妇，便问他同样的问题。"现在女孩都太瘦弱了，而我比较喜欢丰满的女性。"小王子说。

知道消息的岛上的年轻女性，又开始竞相大吃特吃。于是，岛上几乎没有瘦的女性了，岛上的食物也被吃得匮乏，甚至连为预防饥荒的粮食也几乎被吃光了。

最后，王子所选的新娘，却是一位不胖不瘦的女性。

王子的理由是："不胖也不瘦的女性，更显青春和健康。"

没有自我的生活是苦不堪言的，没有自我的人生是索然无味的，没有自我的命运是可悲可叹的。要想拥有美好的生活，必须自强自立，拥有良好的生存能力。没有生存能力又缺乏自信的人，肯定没有自我。一个人若失去自我，就没有做人的尊严，就不能获得别人的尊重。

活着应该是为充实自己，而不是为了迎合别人。没有自我的人，总是考虑别人的看法，这是在为别人活着，所以活得很累。有些人觉得：老实巴交吧，会吃亏，会被人轻视；表现出格吧，又引来责怪，遭受压制；甘愿瞎混吧，实在活得没劲；有所追求吧，每走一步都要加倍小心。家庭之间、同事之间、上下级之间、新老之间、男女之间……

天晓得怎么会生出那么多是是非非：你和新来的女同事有所接近，有人就会怀疑你居心不良；你到某领导办公室去了一趟，就会引起这样或那样的议论；你说话直言不讳，人家必然感觉你骄傲自满，目中无人；如果你工作第一，不管其他，人家就会说你不是死心眼太傻，就是有权欲野心……凡此种种飞短流长的议论和窃窃私语，可以说是无处不生，无孔不入。如果你的听觉视觉尚未失灵，再有意无意地卷入某种旋涡，那你的大脑很快就会塞满乱七八糟的东西，弄得你头昏眼花，心乱如麻，岂能不累？

我们无法改变别人的看法，但能改变自我的想法。想要讨好每个人是愚蠢的，也是没有必要的。与其把精力花在一味地去献媚别人，无时无刻不去顺从别人上，还不如踏踏实实做人，兢兢业业做事。改变别人的看法总是艰难的，改变自己却是容易的。

有时自己改变了，也能恰当地改变别人的看法。太在乎别人随意的评价，自己不努力自强，人生就会苦海无边。别人公正的看法，应当作为我们的参考，以利修身养性；别人不公正的看法，不要把它放在心上，以免影响我们的心情。如此一来，我们就不会为别人的看法而耿耿于怀，就能够按照自己的意愿去生活了。

# 第三节
## 知人者智，自知者明

### 唯有自知，方能不失

尼采曾说："聪明的人只要能认识自己，便什么都不会失去。"可见"自知"的重要性。做人最重要的是有"自知之明"，然而"聪明人"很多，他们习惯揣摩别人的心理，而不习惯向内观照自己，于是对别人了如指掌，对自己反倒看不清楚。因而说知人易，知己难，人们常常"认识诸世间，不能认识自己"。

法国著名散文家、思想家蒙田在《论自命不凡》的随笔中写道："对荣誉的另一种追求，是我们对自己的长处评价过高。"这是我们对自己怀有的本能的爱，这种爱使我们不能认清自己。而如果能对自己多一分了解，也会对生命多一分正确的认识。

有一位老师，常常教导他的学生说："人贵有自知之明，做人就要做一个自知的人。唯有自知，方能知人。"有个学生在课堂上提问道："请问老师，您是否知道您自己呢？"

"是呀，我是否知道我自己呢？"老师想，"嗯，我回去后一定要好好观察、思考、了解一下我自己的个性、我自己的心灵。"

回到家里，老师拿来一面镜子，仔细观察自己的容貌、表情，然后再来分析自己的个性。首先，他看到了自己亮闪闪的秃顶。"嗯，不错，莎士比亚就有个亮闪闪的秃顶。"他想。

他看到了自己的鹰勾鼻。"嗯，英国大侦探福尔摩斯——世界级的聪明大师就有一个漂亮的鹰勾鼻。"他想。他看到自己的大长脸。"嗨！伟大的林肯总统就有一张大长脸。"他想。

他发现自己个子矮小。"哈哈！拿破仑个子矮小，我也同样矮小。"他想。

他发现自己具有一双大髫脚。"呀，卓别林就有一双大髫脚！"他想。

于是，他终于有了"自知"之明。"古今中外名人、伟人、聪明人的特点集于我一身，我是一个不同于一般的人，我将前途无量。"第二天，他对他的学生说。

这当然是一个幽默故事，然而生活中这样的人不少。认识自己，并不是一件简单的事，它要求我们必须从性格、爱好等各方面全面分析自己。只有正确地认识自己，才能保持本色，找到适合自己的位置。认识自己，并且按自己的意图去办事，你才能具有无穷的魅力。

有这样一个青年，他从小家境富有，接受了良好的教育，在各方面都有潜能，成绩也不错，几乎可以称得上是一个全面发展的人。可是，他对自己的成功之路一筹莫展。

他喜欢运动，却没有吃苦锻炼的勇气和毅力，因此当不了运动员。他发表过不少作品，可他根本静不下心来写出一部有分量的著作，成为一名真正的作家。他的兴趣变化不断，似乎很多领域都有涉猎，却没有专长。他根本不知道自己最适合做什么，也不清楚自己准备成为什么样的人。

其实，他的内心也非常矛盾，他是想好好地认识自我，然后选择符合他的发展方向，同时也想尽可能地尝试更多、更好的东西，发现自己的兴趣，挖掘出自己的潜能，找到最适合自己发展的道路。

我们很多人也许都面临这样的问题：对自己的认识还很不够，可能工作了好几年，却发现自己根本就不适合这个行业。一个人的成功过程就是一个不断自我认识的过程。一个人对自我认识是伴随着人的年龄的增长和阅历的丰富而完成的。虽然自我认识不是一件容易的事，但人完全有能力正确地认识自我。因为只有正确地认识了自我，才可以做出正确的决断和准确的选择，才能把握机会，获得成功。

有很多人认为，认识自我就是认识自己的缺点。于是，有很多人在机会到来的时候没有采取任何行动，他们会说："我的能力恐怕不足，何必自找麻烦呢？"

认识自己的缺点是好的，可以加以改进。但如果仅认识自己的消极面而不能自拔，就会陷入混乱，使自己变得自卑，远离成功。因此，要正确、全面地认识自己，首先就不能看轻自己。

你知道自己的优点吗？所谓的优点是任何你能运用的才干、能力、技艺与人格特质，这些优点也就是你能有贡献、能继续成长的要素。但是，我们大家总觉得说自己的优点是不对的，会显得太不谦虚。肯定自己的优点绝不是吹牛，相反，这是在表现自己，展示自己的能力。

要想认清你的优点，你首先必须重视自己，要塑造自己对自己的好印象。如果你能用积极的心态看你的过去，就能用积极的心态看你的现在。你必须仔细地看你自己，发现自己具有哪些优良的特质，利用这些优良的特质成就你的人生。

认识自己方能更好地认识人生，驾驭人生，做自己的主人。与其花费心思去揣摩别人的喜好，不如好好地认识自我。因为，只有了解自己，才能更好地经营自己的人生。

## 认识诸世间，更要认识自己

著名音乐人陶喆有一首歌曲，叫《找自己》，很受年轻人的喜欢。主要一点，就是歌词写得好，直击现实，比如"挤在公车像个沙丁鱼，上班下班每天是规律。这么多的人到哪里去？每个面孔写着无奈，爸爸妈妈彼此没有爱。难道这就是生命的真理？……可不可以让我再一次回到那个美丽世界里去逃避？……我只希望能够再一次回到那个美丽时光里，找回自己"。

每个新生儿，从刚刚睁开眼睛那一刻起，就开始认识世界了。但很多成年人，甚至一把年纪的人，未必认识过自己。

事情就是这么有意思：有个人，离自己很近也很远，很亲也很疏，很容易想起也很容易忘记，这个人就是我们自己。其实我们很多人看似成熟，实际上都像个婴儿一样，好奇地打量着外部的世界，积极地探索着这个世界中的未知，但是却忽视了自己。连自己都没有真正认识的人，又如何深刻了解这个复杂的世界呢？

很多时候我们求"知"总是外指的，希望自己能够了解整个外部世界，却往往忽视了对自己内心的探求。其实，无论是做事还是做人，我们首先要做的就是认识自己。只有认识了自己，才能了解我们外部的世界。

只有完全认识了自己，才能更好地去接触世界，但是往往认识自己比认识世界要困难得多。哲人曾这样教导我们：在认识自己的时候，要把眼睛生在心里，观察自己；要把嘴巴长在心上，评论自己。时时刻刻都想到自己。人唯有如此，生活才不会疏远，感情和理智也会相得益彰，也不会为自己制造麻烦。

罗永浩说过，彪悍的人生不需要解释。纵观他这一路走来，的确是够彪悍的。这个传奇的青年，高中辍学后，摆过地摊、开过羊肉串店、倒卖药材、做期货、销售电脑配件、从事文学创作、当老师、造手机、玩直播……有很多人骂他，但也有更多人挺他。骂他的人认为他是个自吹自擂的跳梁小丑，挺他的人，用艾未未的话说，则是因为"他是普通人里面完全凭借自己的能力和智慧走向成功的范例，这对年轻人是一个鼓励。老罗完全是个从'垃圾坑'里爬出来的人。他出生在吉林延边一个小县城里，他的人生是一部典型的小镇青年励志片。他浑身泛着叛逆气息、以斗士的姿态嘲弄与迎战不公正的社会秩序，并且成功。

他让正在从'垃圾堆'往外爬的年轻人们觉得自己前途有望。而那些已经被生活击碎了雄心、甘于埋没在'垃圾堆'终此一生的平凡青年，对这个替自己圆了梦的人更有复杂的感情"。

把梦想寄托在别人身上，是对自己的残忍。要知道，你也是这个世界的唯一，你也应该唱你自己的歌，画你自己的画，跳你自己的舞，创造一个属于你自己的小花园，在生命的交响乐中演奏你自己的小乐器。而这一切，还是要从寻找自我、认识自我说起。

在寻找自我的过程中，要先认识到自己的缺点，再肯定自己的优点。以照镜子为例，一般人对自己的缺点，大都采取隐瞒、掩盖或不愿检讨和承认的态度。这种人，往往是一脸的灰尘、油垢，但不愿自我反省和检查。他也许曾照过镜子，但看到又脏又丑的自己，就没有勇气再面对镜子。这种人不清楚、不了解自我长相，拒绝看清自己的缺点，往往是自我膨胀的。就像火鸡看到外敌时，颈部和身上的毛就竖直膨胀，借以夸大实力，希望让对手以为它体形变大了，但大家都清楚，那是假象。而真正睿智的人，会以史为镜，以人为镜，大千世界，万事万物，都可以使他们自省，都能够让他们觉察，从而在不断反思中，深入认识自己，了解自己有什么缺点需要改正，有什么优点需要保持，知道自己可以做什么事情，不可以做什么事情，从而在由知转行的过程中走得更稳健，在知行合一中获得进步与收获。

## 由识心而找心，由找心而明心，由明心而安心

如前所述，认识世界之前，先要认识我们自己。认识自我，关键在于认识自己的心。由识心而找心，由找心而明心，由明心而安心，这是先哲总结出来并且经过实践检验的有效途径。

一个普通人，仅仅是能认识到这一层，也算是进入了不错的境界。因为一切凡夫都有我执，先打破对自己的执念，才能拨开迷雾见青天，认识一个全新的自己，与这世界形成和谐的关系。

普通人可以先试着从情绪控制着手。我认识一位很棒的中学老师，整天面对着青春期的、叛逆期的、精力过于旺盛的半大孩子们，她坦诚自己有时候会被气疯，但每天这时候，她都会对着自己或着相关的学生说一句，"稍等，让我冷静一下"，就这么一句，自己就算坐在火山上，马上也可以冷静下来。如果再不行，就借故上卫生间、打电话等，暂时离开那里几分钟，哪怕看一眼窗外的白云也好，总之就是不能让自己的情绪伴着各种难以接受的言辞爆发。

当你感到沮丧、生气或紧张时，也可以试着用开阔和智慧来对待。所谓"菩提即烦恼，烦恼即菩提"，不要因为感觉不好就马上对抗这些情绪，如果能够正面接纳，并且知道它们终会过去，就可以让我们温和而优雅地离开负面情绪，回归心灵的正面状态。只要你能保持优雅与镇定，只要你很镇定，它们就会像落日一样消失在夜幕中。明天，

又是崭新的一天。明天，已经是有所提升的一天。

一味地接纳未必就是好办法，明智的人会选择疏导。古人称之为移情，具体如何做到，诸子百家，各有各法。比如医家认为："七情之病者，看书解闷、听曲消愁，有胜于服药者。"除此之外，还有运动移情法、琴棋书画移情法等。但这些方法都有些"阳春白雪"之感，尤其是当情绪忽然上来的时候，哪里还有工夫去琴棋书画呢？其实，我们并不需要一定有一个刻意的程序去转移它，只要你抽出一点时间，看看周围的事物，你情绪就会平稳很多。如果我们不把视线聚焦在与人钩心斗角、计较成败得失上，只要稍微挪开一下，注意一下周围轻松快乐的风景，就很容易平复心中的情绪。

飞速发展的现代社会，为人类提供了前所未有的物质的丰裕和生活的多样化，这是无可辩驳的事实。然而，平和、安宁和从容也正越来越稀缺。本来，现代社会提供给人们最激动人心的许诺是：每一个人都可以有无限多样的充裕的选择。人们似乎应该利用各种机会和手段去选择过一种更适然、更惬意的生活。事实却恰恰相反，人们最终的选择结果，往往是在日常生活中不知所从，不知所属，忙乱不堪，浮躁不堪，喧嚣不堪。

只有真正强大的人，才不会受其困扰。这样的人去任何地方，做任何事情，无论是错过了火车，还是火车晚点，无论天下雨了，还是下雪了，还是他的人生旅程因为某个预想不到的问题而被耽搁，都不会影响到他。他会一声不响地调整自己的状态，或者对不利的处境提出解决问题的办法，或者干脆不理它，转而去做别的重要事情。

他们内心和谐、安宁、乐观和从容，他们身负很多事情，但他们能分清主次，有条不紊，从容自若。"天塌下来，还有高个子顶着。"他们什么都不怕、什么都不惧，他们优哉游哉、从从容容、游刃有余地应对一切。关键时刻，人们发现，原来他们就是那个天塌下来也能顶住的"高个子"。

## 向内观照自己，自省洞明人生

一个女人经常背着自己的丈夫偷偷地出去会情人。一天，她又打扮得花枝招展去河边会情人，可是怎么等也没有等到她的情人。在这时，有一只狐狸叼着一块肉路过这里，它看见水里的鱼儿，马上就跳到水中去捕鱼，鱼儿马上就游到深水里去了。狐狸没有捕到鱼，回到岸上，一看自己的肉已被一只正好路过的乌鸦叼走了。那个女人看见狐狸这样，就讥笑狐狸说："馋嘴的狐狸，你扔掉自己的肉，去捕鱼，结果弄得两手空空，真是好笑！"

狐狸反击道："你这个女人抛弃自己的丈夫，偷偷来会情人，情人却没有等到，现在不也是两手空空吗？"

那个女人只顾指责狐狸，却不知道自己犯了和狐狸一样的错误。其实，很多人都是这样，指责别人已经成为习惯，反省自己却比登天还难。因为，人都习惯朝外看，而不喜欢向内看。

每个人都生活在内外两个世界中，也具有向外发现和向内发现的两种能力。向外是一个无比辽阔、精彩绝伦的世界，向内则是一个无比深邃、亟待挖掘的天地。观察外部世界需要一双明亮的眼睛，探究内心的天地则需要清醒的头脑和善于反省的意识。

自省是向内观照自己的必经途径。自省就在于不断地反省自我，善于承担生命给你的那一份责任。但不是人人都能反省，都能承担起生命的这份责任。有一种人的眼睛只看到别人的缺点，却看不到自己的缺点；嘴巴只讲别人的过失，却从不检讨自己。星云大师说，这一类人不仅不肯反省，甚至会刻意掩藏自己的过失，又何谈知错能改呢？

星云大师还说过，现在很多人常常自作聪明地遮蔽自己的错误，不仅不肯认错，还会为自己所犯的错误寻找各种各样的借口。他曾经举例，当有的年轻人未能把吩咐给他的事情做好的时候，不仅不做自我检讨，反而会找来各种推辞，比如打碎了碗，他并不认为这缘于自己的鲁莽和冒失，反而会抱怨"地太滑了""磨石子路太硬，不方便走路"或者"碗太不结实了"之类。他自作聪明地认为这些借口似乎能够堵住他人的责备之口，殊不知这只会让自己变得更加可笑。

所以，人要常常自省，要发惭愧心，要肯认错，要懂得感恩。能够行事不昧、自我反省的人，都是有良知的人。此外，对于那些良心发现、忏悔过往的人，要给予包容、协助，这也是人性的善美、光辉、伟大之处。

自省是一次自我解剖的痛苦过程。它就像一个人拿起刀亲手割掉身上的毒瘤，需要巨大的勇气。认识到自己的错误或许不难，但要用一颗坦诚的心灵去面对它，却不是一件容易的事。懂得自省，是大智；敢于自省，则是大勇。割毒瘤可能会有难忍的疼痛，也会留下疤痕，但它却是根除病毒的唯一方法。只要"坦荡胸怀对日月"，心地光明磊落，自省的勇气就会倍增。古人云："君子之过也，如日月之食焉。过也，人皆见之；及其更也，人皆仰之。"这句话的意思是，日食过后，太阳更加灿烂辉煌；月食复明，月亮更加皎洁。人的过错就像日食和月食，人人都看得见，但是改过之后，会得到人们更崇高的尊敬。

## 好说己长便是短，自知己短便是长

孟子说："权，然后知轻重；度，然后知长短。物皆然，心为甚。"意思是说一件东西，用秤称过，才知道它的轻重；用尺量过，才知道它的长短。世间万物，也都是这个样子，要经过某些标准的衡量，才知道究竟。而一个人的心理，更应该如此，经常反省衡量，才能认识自己、改善自己。

而反省对道德修养的重要，就像秤与尺在权衡上所占的分量一样重要，我们如果不及时反省，就会犯错误，所以，检讨自己的行为，多加反省，才可能知道自己是不是合乎道德的标准。如不反省，就无法知道自己的思想、心理行为中，有哪些地方需要改过，有哪些地方需要发扬光大。

自省，简而言之就是自我反省、自我检查，以能"自知己短"，从而弥补短处，纠正过失。"人无完人，金无足赤"，反省自己是十分必要的。

有位哲学家在他晚年的时候刺瞎了自己的双眼。别人都不理解他的这一举动。他说，我只是为了更好地看清自己。

　　每一个人都有一个自我，自我当然离自己最近，应该最容易认识。事实证明却相反，自我最不容易认识。上帝在每个人的肩上都挂了两个袋子，一个在胸前，一个在背后。前面的袋子装着自己的优点，后面的袋子则装着自己的缺点，结果，每个人只要一睁开眼睛，看见的就是自己的优点和别人的缺点。所以，一般的情况是，人们往往把自己的才能、学问、道德、成就等评估过高，永远是自我感觉良好。每个人都认为自己最优秀，而别人最愚蠢，因而对别人总是求全责备，对自己总是肯定赞扬。这对自己是不利的，对社会也是有害的。许多人事纠纷和社会矛盾由此而生。

　　真正的聪明人必须具备自知之明。何谓自知之明？孔子说："知之为知之，不知为不知，是知也。"孔子的学生曾子也强调："吾日三省吾身。"成功之人都有自知之明，无非是因为他们都留着一只眼睛审视着自己。

　　陈子昂是我国初唐著名诗人。他的老家是梓州射洪（现在的四川省射洪县），幼年时他就随父亲一起来到了京城长安。由于父母平时对他非常娇惯，所以他长到十几岁时仍然不爱读书，每天只知道跟他的朋友出城打猎、游玩，要不就是四处找人斗鸡赌钱。

　　随着时间的流逝，陈子昂渐渐长大，这时他的父母才发现自己的宝贝儿子不学无术、一无所长，并开始为他的前途担忧。父母对他平日里的行为也看不下去了，多次劝他除掉身上的恶习，潜心攻读。可陈子昂早就游荡惯了，哪里听得进去。

　　有一天，他在游玩途中路过一处书塾，在窗外无意中听到老师在说这样一段话："一个人是否能够享有荣誉或蒙受耻辱，完全取决于他本人的品德。品德好的人，自然会享受荣誉；品德坏的人，也自然会蒙受耻辱。一个人如果放任自流，行为举止傲慢，身上具有邪恶污秽的东西，就无法得到他人的尊敬。要想成为一名君子，就要让自己博学多才，还要经常用学来的道理对照自身进行检点。如果坚持这样做下去，你的学问和知识就会越来越多，行为上也很难有什么过失了。俗话说得好：'少壮不努力，老大徒伤悲。'在生活中，我们看到别人能做一番大事业时总是非常羡慕人家，可是你哪里知道，人家之所以能够取得成功，是下了一番苦功夫的！不经过自身的努力就想得到学问，那就如同缘木求鱼一样幼稚得可笑。"

　　无意中听到的这一番话，使陈子昂的内心受到很大的触动。他忘记了游玩，马上赶回家，在自己的屋中反思起来，回首自己以前做过的荒唐的事情，心里追悔莫及。从那一天起，陈子昂毅然跟原来那些朋友断绝了来往，把在家中饲养的各种小动物也都放掉了，从此和书本成了朋友，每天书不离手，勤奋刻苦地学习，直至最后成为一名伟大的诗人。

　　反省是一面镜子，它可以照见心灵上的污点，继而照亮前进的路途。因此我们要留一只眼睛看自己，才能看住自己那一颗狂野的心和无限的贪欲，你才能明白自己到底是谁，你才能明白这世间什么事可为，什么事不可为。

留一只眼睛看自己，你才能看清人的本性，从而看清别人。因为你所思正是别人所思，你所欲正是别人所欲，你所苦正是别人所苦，这样推己及人，既看清了自己，又看清了别人。只有这样，才能明白人生在世，应当有所为、有所不为，从而获得内心的自在和宁静。

人生最大的敌人是自己。那些认真审视自己，时刻反省自己的人，才可能真正觉悟。

反省是一棵智慧树，只有深植在思维里，它才能与你的神经互联，为你提供源源不断的智慧，让人生这条路变得简单、精彩起来。

## 见贤思齐，见不贤而内自省

"人以铜为镜，可以正衣冠；以古为镜，可以见兴替；以人为镜，可以知得失。"一代谏臣魏徵死后，唐太宗李世民如是说。对于他来说，魏徵就是那面可以帮助他知得失的"人"镜，因而会有"魏徵没，朕亡一镜矣"之说。

镜子客观地折射出最真实的样子，但在照镜子的人眼中，却未必能将所有的真实尽收眼底，尤其是未必能看到，或者即便看到也未必能正视自己的弱势与他人的长处。

一天，天神中的主神朱庇特说："凡是有生命的动物，都来到我的御前，谁对自己的身体外貌感到不满，尽管直说，不用害怕，我将予以补救。过来，猴子，你有理由先说，把大家的美丽与你相比，你能满意吗？"

"我吗？"猴子说，"为什么不？难道我的四肢不如别人？我的模样至今没让我出丑。倒是熊大哥，样子似乎太粗糙，照我看，请相信，他绝不会让人画像。"

大熊走上前，好像要抱怨，相反，他对自己评价极高，却对大象横加指责：说他应该把尾巴加长，削掉些耳朵；如今实在是又笨重又丑陋。

大象很聪明，同样要花招，照他看来，鲸鱼似乎太大。和他相比自己已十分俊美了。朱庇特听完他们各自的意见之后，便打发他们回家了。

这些动物个个都是以他人为镜，来审视自我的。但他们看到的，全是他人的不足，而完全看不到自身的缺点，就像马来西亚谚语里所说的那样："天上的繁星再多也数不清，自己脸上的煤烟却看不见。"他们个个认为自己是最棒的，正是这种自我感觉良好，使他们错失了朱庇特可能给予他们的更好的改变。

现实生活中，人们也会有相似的心理，在他人的"镜子"里将自己的短处包裹得密不透风，却始终盯着他人的缺点欣赏，口中心中坚持认为自己才是最优秀的，其实说到底，不过是自欺欺人而已。不仅如此，无法正视自身缺点的人，必定会任由其肆意蔓延、扩大，而不对其加以改正。

显然，这样的"以人为镜"与唐太宗李世民所要表达的，从他人身上发现自己的过失并加以改进截然不同。

曾子的"吾日三省吾身"和荀子的"君子博学而日参

省乎己"都是必不可少的自我提升过程。除了这种对于自身的反省之外，还可以借助他人的力量，帮助自省，即"人们具有比一般动物更高的智能，我们除了要到水边照镜子之外，也可以自己照镜子。这个镜子就是你的益友"。

"以益友为镜"，不只是一个口头上的主张，也是一生自我修为不断提高的重要手段。

墨子曾说："有才德的人，不会以水为镜，而会以人为镜。因为以水为镜只能照见自己的容貌，而以人为镜方能得知如何为利，如何为弊。"一个益友，总是能让自己看到身上存在的不足，能帮助自己取得巨大的进步。孔子在《论语·里仁》中也说："见贤思齐，见不贤而内自省。"足见"以益友为镜"实乃一种自我修为，提升品质的良方。

## 认识自己，接受自己

有一个叫爱丽莎的美丽女孩，总是觉得自己没有人喜欢，总是担心自己嫁不出去。她认为自己的理想永远实现不了，她的理想也是每一位妙龄女郎的理想：和一位潇洒的白马王子结婚、白头偕老。爱丽莎总以为别人都有这种幸福，自己却永远被幸福拒之于千里之外。

一个周末的上午，这位痛苦的姑娘去找一位有名的心理学家，因为据说他能解除所有人的痛苦。她被请进了心理学家的办公室，握手的时候，她冰凉的手让心理学家的心都颤抖了。他打量着这个忧郁的女孩，她的眼神呆滞而绝望，声音仿佛来自墓地。她的整个身心都好像在对心理学家哭泣着：

"我已经没有指望了！我是世界上最不幸的女人！"

心理学家请爱丽莎坐下，跟她谈话，心里渐渐有了底。最后他对爱丽莎说："爱丽莎，我会有办法的，但你得按我说的去做。"他要爱丽莎去买一套新衣服，再去修整一下自己的头发，他要爱丽莎打扮得漂漂亮亮的，告诉她星期一他家有个晚会，他要请她来参加。爱丽莎还是一脸闷闷不乐，对心理学家说："就是参加晚会我也不会快乐。谁需要我？我能做什么呢？"心理学家告诉她："你要做的事很简单，你的任务就是帮助我照顾客人，代表我欢迎他们，向他们致以最亲切的问候。"

星期一这天，爱丽莎衣衫合适、发式得体地来到晚会上。她按照心理学家的吩咐尽职尽责，一会儿和客人打招呼，一会儿帮客人端饮料，她在客人间穿梭不停，来回奔走，始终在帮助别人，完全忘记了自己。她眼神活泼，笑容可掬，成了晚会上的一道彩虹，晚会结束后，有三位男士自告奋勇要送她回家。

在随后的日子里，这三位男士热烈地追求着爱丽莎，她终于选中了其中的一位，让他给自己戴上了订婚戒指。

不久，在婚礼上，有人对这位心理学家说："你创造了奇迹。""不，"心理学家说，"是她自己为自己创造了奇迹。人不能总想着自己，怜惜自己，而应该想着别人，体恤别人，爱丽莎懂得了这个道理，所以变了。所有的女人都能拥有这个奇迹，只要你想，你就能让自己变得美丽。"

人的一双眼睛的作用应当是这样：一只眼睛观察世界，

一只眼睛发现自己。学会发现自己的优点，这是我们共同的义务，也是寻找自己的优势、挖掘潜能的重要方式。事实上，爱丽莎对自身产生怀疑，归根结底是因为没有发掘出自己的闪光点，她看到了别人的精彩，却错失了自己的光亮。其实，每个人都是自己最优秀的载体，接受自己，你并不是一无是处。

每个人都不可能完美无缺，只有从内心接受自己，喜欢自己，坦然地展示真实的自己，才能拥有成功快乐的人生。伟大的哲学家伏尔泰曾说："幸福，是上帝赐予那些心灵自由之人的人生大礼。"这句话足以点醒每一个追求幸福的人：要做幸福的人，你首先要当自己思想、行为的主人。换言之，你只有做自己，当个完完全全的你自己，你的幸福才会降临！这就是幸福的秘密。

我们都要知道，在这个世界上，你是自己最要好的朋友，你也可以成为自己最大的敌人。在悲喜两极之间的抉择中，你的心灵唯有根植于积极的乐土，你的自信才能在不偏不倚的自爱中获得对人对己的宽宏，达到明辨是非的准确。学会从内心善待自己，你会觉得阳光、鲜花、美景总是离你很近。你平和的心境是滋养自己的沃土。

爱自己首先要按自己喜欢的方式去生活。因为我们要想生活得幸福，必须懂得秉持自我，按自我的方式生活。如果你一味地遵循别人的价值观，想要取悦别人，最后你会发现"众口难调"，每个人的喜好都不一样，失去自我，便会是自己人生中痛苦的根源。

辛迪·克劳馥，对于中国的中青年人来说，几乎是无人不晓。作为一代名模，她也和许多名模一样，缺乏主见，也几乎和许多名模一样，差点沦为有钱人玩弄的花瓶。但她及时意识到了自己的个性弱点，主动调整自己的性格，展示出了自己的独有魅力，牢牢将命运掌握在自己手中。

辛迪·克劳馥在18岁的时候进入了大学的校门。大学里的辛迪，是一朵盛开在校园的鲜艳花朵，走到哪里，哪里就发出一阵惊呼。那个时候，她已经身材修长、亭亭玉立，再加上漂亮的脸蛋，匀称修长的腿，实在是美极了。当时，人们对她赞不绝口。在同学当中，她是那么的引人注目。

在这期间，有一个摄影师发现了她，拍了她一些不同侧面的照片，然后挂在他自己的居室墙上。同时，她的照片刊在《住校女生群芳录》中，她的脸、她的身影、她的名字，第一次出现在刊物上。很快，她被领着去城市里的模特经纪公司。但是一开始，她就碰了壁。这家公司竟说她的形象还不够美。她感到伤心，而令她更感到伤心的是，那个经纪人认为她嘴边的那颗痣，必须去掉，如果不去掉，她就没有前途，但她不肯。

成名之后，她回忆起这件事的时候说："小时候，我一点儿都不喜欢那颗黑痣，我的姐妹们都嘲笑它，而别的孩子总说我把巧克力留在嘴角了。那颗痣让我觉得自己和别人不一样。后来，我开始做模特儿，第一家经纪公司要我去掉那颗痣。但母亲对我说，你可以去掉它，但那样会留下疤痕。我听了母亲的话，把它留在脸上。现在，它反而成了我的商标。只有带着它到处走，我才是辛迪·克劳馥。其他人跑来对我说，她们过去讨厌自己脸上的小黑痣，但现在她们认为那是美丽的。从这个意义上来说，这是件好事，因为人们变得乐于接受属于自己的一切，尽管他们过去并不一定喜欢。"

辛迪·克劳馥的经历告诉我们，你才是你自己的中心，一个人无须刻意追求他人的认可，只要你保持自我本色，按自己的方式生活，生活中没有什么可以压倒你，你可以活得很快乐、很轻松。人应该爱自己的全部，那样你才会感到自身的魅力。一旦你看上去既美丽又自信，就会发现周围的人对你刮目相看了。正如美国歌坛天后麦当娜所说："我的个性很强，充满野心，而且很清楚自己想要什么。就算大家因此觉得我是个不好惹的女人，我也不在乎。"而事实上，并没有人因此而讨厌她，相反，人们更加着迷于她的优美歌声和独特个性。

人生修炼课

的人生智慧课

# 方与圆

思履 —————— 编著

红旗出版社

图书在版编目（CIP）数据

方与圆的人生智慧课 / 思履编著 . —— 北京：红旗
出版社 , 2020.4
　　（人生修炼课 / 张丽洋主编）
　　ISBN 978-7-5051-5146-8

　　Ⅰ . ①方… Ⅱ . ①思… Ⅲ . ①人生哲学 – 通俗读物
Ⅳ . ① B821–49

中国版本图书馆 CIP 数据核字 (2020) 第 042480 号


书　　　名　　方与圆的人生智慧课
编　　著　　思　履
出 品 人　　唐中祥
总 监 制　　褚定华　　　　　　责任编辑　　朱小玲 王馥嘉
选题策划　　三联弘源　　　　　　地　　址　　北京市丰台区中核路 1 号
出版发行　　红旗出版社　　　　　编 辑 部　　010-57274504
邮政编码　　100070　　　　　　　发 行 部　　010-57270296
印　　刷　　天津海德伟业印务有限公司
成品尺寸　　138mm×200mm　　　　1/32
字　　数　　400 千字　　　　　　印　　张　　25
版　　次　　2020 年 7 月北京第一版　印　　次　　2020 年 7 月北京第一次印刷
IBSN　978-7-5051-5146-8　　　　　定　　价　　168.00 元（全五册）

# 前　言

　　"方"与"圆"是中国传统文化里两个相对应的具有深刻哲理内涵的意象：方是刚，圆是柔；方是原则，圆是机变；方是做人之本，圆是处世之道。方与圆相结合，刚柔相济，阴阳相生，变幻无穷，可以不变应万变，亦可以万变应不变，其中包含了做人的智慧精髓，浓缩了处世的技巧精华，自古以来被视为人生之大道，做人之大智，做事之大端。在做人做事中，如果能做到方外有圆，圆内有方，能方能圆，亦方亦圆，方圆合一；则必能进退自如，游刃有余，从容周旋，化危机于无形，赢得广阔的生存空间。

　　方与圆这一人生大智慧，在现实生活的做人做事中，会以不同的形式表现出来。本书从不同角度对其在为人处世、生存竞争、人际交往、求人办事、领导管理、商场经营等方面的运用进行深入的阐述，全面诠释出方与圆的智慧真谛，解开方圆做人的天机，参尽圆融处世的秘诀。

　　一代才子郑板桥在两个世纪前一句"难得糊涂"的感叹，引起多少世人的共鸣。诚然，"难得糊涂"几个字蕴含多少前人的沧桑与智慧。糊涂不是昏庸，而是为人处世的一种策略，是毫不露骨的聪明，是一种超越精明的精明。在生活中，真正的聪明人都是懂得糊涂的。他们遇到任何事绝不自作聪明，但他们心知肚明，什么人也不会得罪。

　　归根结底，人生就是一门在方与圆之间把握平衡的艺术，尊与卑、智与愚、贵与贱、得与失……一切都在方圆之间。天方地圆，无限广阔，人在其中，微如芥子。然而，掌握了方圆之道的大智慧，天地就会变得很小，人生就会变得伟大。因为，此时的你已经真正看清了世界，真正读懂了自己。

# 目　录

# 第一章　糊涂做人，精明做事

## 第一节　机关不可算尽，聪明适量即可

### 大智若愚，该糊涂时就糊涂

《红楼梦》中的王熙凤，可谓是家喻户晓。王熙凤何等的冰雪聪明，简直就是女人中的精品，恐怕这世上有很多男人都不及她。她八面玲珑、九面处世、外柔内刚；她笑里藏刀，表面向你微笑，心里却在给你下套子。迷上她美色的贾瑞被她整得一缕孤魂上青天；看上她老公的尤二姐被她给逼得吞金自尽；而她的"偷梁换柱掉包计"李代桃僵，则送掉了颦儿脆弱的性命。

王熙凤的能耐大，荣宁两府在她的整治下服服帖帖，一个秦可卿出殡这样的大事到了她手里简直是小菜一碟。她能说会道，贾府上下无人不晓她琏二奶奶的。

可王熙凤却是一个精明过火的女人，精明到处处好强、事事争胜，哪儿都落不下她，终于得罪了大太太，加之贾母撒手人寰，她的靠山没了，终于反送了卿卿性命。红学

1

家们感慨这样一个精明能干的女人最终结局如此悲惨，全在于她毕竟是一介女流，毕竟没有看透官场上的处世哲学——难得糊涂。

为人处世，是精明一点好，还是糊涂一点好，每个人都有不同的答案。但是卡耐基认为，人脉中还是"糊涂"一点好，当然这种糊涂并不是真的糊涂，而是希望我们学会一点大智若愚的技巧，避免一些弄巧成拙的尴尬。英国首相丘吉尔频频向罗斯福发出告急求救，恳求美国伸出援助之手，面对整个社会对战争的反对态度和国会的僵硬立场，罗斯福总统心有同情却无力行动。但罗斯福一方面顺应人们的和平愿望，另一方面又以政治家的智慧注视着战争形势的发展，保持对希特勒德国和日本军国主义的理性认识。在 1940 年最后几个星期，美国国会通过了租借法案，罗斯福终于赢得了一次胜利。

其实"糊涂学"就是做人的智慧，这包括了知、情、意三个方面的综合体现，在"知"的方面，"糊涂"就是承认人的认识的有限性，不过分依靠和卖弄自己的智慧。勿恃小智，勿弄奇巧，息竞争心，它包含了大智若愚、藏巧于拙，顺其自然、无为而治，谨言慎行、因势利导，精益求精、善于其技，虚心纳谏、博采众长，居安思危、留有余地等范畴。在"情"的方面，就是安贫乐道、隐忍退让、息贪婪欲，它包含安守本分不要凡事强做，淡泊名利，宁静致远，乐天知命等。在"意"的方面，就是淡泊明志、立身端方、守清正节，包含宠辱不惊、功成不居，严于律己、宽以待人，刚正不阿、洁身自好等。

当然，糊涂的范畴很广，我们在这里无法把所有的都涵盖，只能说真正的大智若愚还要在日常的积累中感悟。真正能巧用模糊语言，偶尔装装糊涂，将有助于经营你的人脉，改善你的人际关系。

## 看穿是非得失，心中有数即可

虽然说人生如戏，但是真正的高人，不在戏中迷失自己。是是非非、纷纷扰扰不过是过眼云烟，不值得挂怀。面对再多的诱惑，也知道该放弃时则放弃，在混杂中活得清楚明白。一切势态，一切将来，都心中有数，智慧者当如是。

其实，什么是看穿是非，说直白一点就是懂得跳出来，懂得放弃。平日里，我们的心像钟摆一样在得失间摇摆，懂得放弃是一种智慧。

庄子提出，人得了道就是真人，真人有真智慧。什么叫真人？"不逆寡"，即顺其自然，一切不贪求，摆脱常人贪多的通病。"不雄成"，走出自大的机械心理，得道的人不觉得自己了不起，一切的成功都是自然，看淡成败得失。

汉代司马相如所著《谏猎书》有云："明者远见于未萌，而智者避危于未形。"意思是，明理的人在事物还没有发生之前就预见到了事情的发生，聪明的人可以在危险出现之前就已经安排好了避免危险的方法。

得失都是一样，有得就有失，得就是失，失就是得，所以一个人的最高的境界，应该是无得无失，但是人们通常都是患得患失，未得患得，既得患失。我们的心，就像钟摆一样，得失、得失，就这样摆，非常痛苦。塞翁失马，你怎么晓得是福还是祸呢？所以，不要把得失看得太重。

佛曰："苦海无边，回头是岸。"偏偏有人就执迷不悟。因此，烦恼都是自找的。

超然忘我，放下得失之心，不苦苦执着于自己的得与失、喜与悲，便不会活得那么累。有人说，人的一生之中只有三件事，一件是"自己的事"，一件是"别人的事"，一件是"老天爷的事"。

今天做什么，今天吃什么，开不开心，要不要助人，皆由自己决定；别人有了难题，他人故意刁难，对你的好心施以恶言，别人的事与自己无干；天气如何，狂风暴雨，山石崩塌，人能力所不能及的事，只能是"谋事在人，成事在天"，过于烦恼，也是于事无补。人活得累，离道越来越远，只是因为人总是忘了自己的事，爱管别人的事，担心老天爷的事。所以要想轻松自在很简单：打理好"自己的事"，不去管"别人的事"，不操心"老天爷的事"。

游戏人间不是玩世不恭，而是让自己的心境轻松，守住做人的本分，从俗事中解脱出来，不被物质所累。

生而为人，便应遵循人生的价值，为了国家、为了天下，乃至宗教所说的为了救人救世，明知道这条命要赔进去，也要活得十分坦然，是"托不得已"的命之所在、义之所在。"以养中"这个"中"，即内心的道，自己修的道。诚心修道，掌握了为人处世的原则，就是真正的有道之士。

## 智者守愚

清代著名的扬州八怪之一——郑板桥的一生中，皓首穷经，从世态炎凉和官场丑恶中总结出了一句至理名言——难得糊涂。

中国古代的道家和儒家都主张"大智若愚"，而且要"守愚"。孔子的弟子颜回会"守愚"，深得其师的喜爱。他表面上唯唯诺诺、迷迷糊糊，其实他在用心功，所以课后他总能把先生的教导清楚而有条理地讲出来，可见若愚并非真愚。大智若愚的人给人的印象是：虚怀若谷、宽厚敦和、不露锋芒，甚至有点木讷。其实在"若愚"的背后，隐含的是真正的大智慧、大聪明。

孔子年轻气盛之时，曾受教于老子。老子对孔子说："良贾深藏若虚，君子盛德容貌若愚。"即善于做生意的商人，总是隐藏其宝货，不叫人轻易看见；君子之人，品德高尚，容貌却显得愚笨拙劣。

因此，老子警告世人："不自见，故明；不自是，故彰；不自伐，故有功；不自矜，故长。""企者不立，跨者不行，自见者不明，自是者不彰，自代者无功，自夸者不长。"

老子是第一个推崇"愚"的含义的人——宽容、简朴、知足的最高理想。

这种处世态度包括了愚者的智慧、隐者的利益、柔弱者的力量和真正熟识世故者的简朴。这种境界的达到，往往是一个高尚的智者在人生的迷恋中幡然悔悟后得来的。

即使在儒家思想中，没有任何东西比炫耀、漂亮、有意显示更遭批评的了。

金熙宗时期，石琚任邢台县令时，官场腐败、贪污成风，独石琚洁身自好，还常告诫别人不要见利忘义。

石琚曾经规劝邢台守吏说："一个人到了见利不见害的地步，他就要大祸临头了。你敛财无度，不计利害，你自以为计，在我看来却是愚蠢至极。回头是岸，我实不忍见到你东窗事发的那一天。"

邢台守吏拒不认错，私下竟反咬一口，向朝廷上书诬陷石琚贪赃枉法。结果，邢台守吏终因贪污受到严惩，其他违法官吏也一一治罪，石琚因清廉无私，虽多受诬陷却平安无事。

石琚官职屡屡升迁，有人便私下向他讨教升官的秘诀，石琚总是笑一笑说："我不想升迁，凡事凭良心无私，这个人人都能做到，只是他们不屑做罢了。人们过分相信智慧之说，却轻视不用智慧的功效，这就是所谓的偏见吧。"

金世宗时，任命石琚为参知政事，万不想石琚却百般推辞，金世宗十分惊异，私下对他说："如此高位，人人朝思暮想，你却不思谢恩，这是何故？"

石琚以才德不堪作答，金世宗仍不改初衷。石琚的亲朋好友力劝石琚道："这是天大的喜事，只有傻瓜才会避之再三。你一生聪明过人，怎会这样愚钝呢？万一惹恼了皇上，我们家族都要受到牵连，天下人更会笑你不识好歹。"

石琚长叹说："俗话说，身不由己，看来我是不能坚持己见了。"

石琚无奈地接受了朝廷的任命，私下却对妻子忧虑地说："树大招风，位高多难，我是担心无妄之灾啊。"

他的妻子不以为然，说道："你不贪不占，正义无私，皇上又宠信于你，你还怕什么呢？"

石琚苦笑道："身处高位，便是众矢之的，无端被害者比比皆是，岂是有罪与无罪那么简单？再说皇上的宠信也是多变的，看不透这一点，就是不智啊。"

石琚在任太子少师之时，他曾奏请皇上让太子熟习政事，嫉恨他的人便就此事攻击他别有用心，想借此赢取太子的恩宠。金世宗听来十分生气，后细心观察，才认定石琚不是这样的人。

金世宗把别人诬陷他的话对石琚说了，石琚所受的震撼十分强烈，他趁此坚辞太子少师之位，再不敢轻易进言。大定十八年（1178 年），石琚升任右丞相，位极人臣，前来贺喜的人络绎不绝。石琚表面上虚与委蛇，私下却决心辞官归居。他开导不解的家人、故旧说："我一生勤勉，所幸得此高位，这都是皇上的恩典，心愿已足。人生在世，祸在当止不止，贪心恋栈。"

他一次又一次地上书辞官，金世宗见挽留不住，只好答应了他的请求。世人对此事议论纷纷，金世宗却感叹说："石琚大智若愚，这样的人才天下再无二人了，凡夫俗子怎知他的心意呢？"

装"糊涂"有时候也是一种无奈之举，特别是当弱者面对强大的敌人时，装糊涂就成为一种重要的智慧了。

1864 年，在日本的德川幕府时代。西方列强瓜分了中国之后，又对日本虎视眈眈，他们用武力要挟日本签订割让日本彦岛的条约。日本方面派高杉普作为谈判代表。高杉普作曾到过中国，亲眼见到中国国土被列强割据的惨状。为了国家的安危，他尽自己的能力与列强在谈判桌上周旋。在签字仪式上，他滔滔不绝地说："我日本国，自从天照大神以来，就……"把日本的历史一一述说出来。历史文字一般高深难懂，假若再译成其他语言，则更要费时费力。因为高杉普作的这一做法，使翻译大为头痛，很多地方不知如何用英语表达。而西方列强代表听得更是云山雾罩。谈判最终无法分出谁胜谁负，据说签字之事也就不了了之，日本国土得以保全。

一个人应该有远大的志向，伟人从来都是志向远大而豪爽的。与他人交谈，尤其谈论的主题令人不快时，最好不要过于注重一些不必要的细节，即使是需要注意的一些事情也应该随意一点，因为把谈话变成琐碎的询问总是不好的。在与人交往的时候，需要的是彬彬有礼和宽宏大量，因为这是一种高雅的风度。善于支配他人的一大要诀就在于对事情表现出漠不关心。学会忽视发生在好友、熟人，特别是对手中的大多数事情，因为过分的谨小慎微是令人不快的。

每个人都有缺陷，对于别人的缺点，我们有时候需要"糊涂"一点。这种对人们缺点的"糊涂"，是一种难得的糊涂。有时候"糊涂"是日常生活中不可缺少的一个音符，"糊涂"是为人处世时刻都用得上的。

这里所说的"糊涂"，是指在待人接物时，装装糊涂，讲点艺术。

苏轼在《贺欧阳少师致仕启》中说："力辞于未及之年，退托以不能而止，大勇若怯，大智若愚"，对于那些不情愿去做的事，可以以智回避。有大勇，却装出怯懦的样子，聪敏，装出很愚拙的样子，如此可以保全自己的人格，同时也可不做随波逐流之事。真正的大智大勇者未必要大肆张扬，徒有其表，而要看其实力。李贽也有类似的观点："盖众川合流，务欲以成其大；土石并砌，务以实其坚。是故大智若愚焉耳。"百川合流，而成其大；土石并砌，以实其坚，这才是大智若愚。

人们在追求成功的过程中，并不是笔直平坦的，它是由许多曲折和迂回铸成的。聪明的人在不能直达成功彼岸的时候，就会采取迂回前进的办法，不断克服困难，最终走向成功。当面临困难，面对无奈和尴尬时，不妨糊涂一些，只有这样，成功才会最终属于你。

## 为人切莫太聪明

《伊索寓言》里有一篇关于鸟、兽和蝙蝠的寓言。

鸟族与兽类宣战，双方各有胜负。蝙蝠总是站在胜利的一方。经过一段时间，鸟族和兽类宣告停战，争取和平，交战双方最终知道了蝙蝠的欺骗行为。双方都把很多罪名加在蝙蝠头上：内奸、叛徒、间谍……

因此，双方一致决定把蝙蝠赶出日光之外。从此以后，蝙蝠总是躲藏在黑暗的地方，只是到了晚上才能独自出来觅食果腹。

这则寓言告诉我们一个道理，为人切莫太聪明，巧诈不如拙诚。真正会圆润为人的人不会让自己的聪明太外露，聪明过了头，反而会招来大麻烦。

三国时期，杨修在曹操手下任主簿，起初曹操很重用他，杨修却不安分起来。有一次，有人送给曹操一盒酥，曹操吃了一些，就又盖好，并在盖上写了"一合酥"三字于盒上，大家都弄不懂这是什么意思，杨修见了，就拿起匙和大家分吃，并说："盒上明书一人一口酥，岂敢违丞相之命乎？"

还有一次，建造相府，才造好大门的构架，曹操亲自来察看了一下，没说话，只在门上写了一个"活"字就走了。杨修一见，就令工人把门造窄。别人问为什么，他说门中加个"活"字不是"阔"吗，丞相是嫌门太大了。

杨修不看场合，不分析别人的好恶，只管卖弄自己的小聪明，引起曹操不满。

在封建时代，统治者都要为自己选择接班人，而那些有希望成为接班者的人，也不管是兄弟还是叔侄，都明争暗斗，所以这种斗争往往是最凶残、最激烈的。但是，杨修却挤到这场危险的斗争里去，而且还忘不了时时地卖弄自己的小聪明。

曹丕、曹植，都是曹操选择继承人的对象。曹植能诗赋、善应对，很得曹操欢心。曹操想立他为太子。曹丕知道后，就秘密地请歌长（官名）吴质到府中来商议对策，但害怕曹操知道，就把吴质藏在大竹片箱内抬进府来，对外只说抬的是绸缎布匹。这事被杨修察觉，他不加思考，就直接去向曹操报告，于是曹操派人到曹丕府前盘查。曹丕闻知后十分惊慌，赶紧派人报告吴质，并请他快想办法。吴质听后很冷静，让来人转告曹丕说："没关系，明天你只要用大竹片箱装上绸缎布匹抬进府里去就行了。"结果，曹操因此怀疑是杨修帮助曹植来陷害曹丕，十分气愤，就更讨厌杨修了。

曹操经常要试探曹丕、曹植的才干，每每拿军国大事来征询他们的意见，杨修就替曹植写了十多条答案，曹操一有问题，曹植就根据条文来回答，因为杨修是相府主簿，深知军国内情，曹植按他写的回答当然事事中的，曹操心中难免又产生怀疑。后来，曹丕买通曹植的随从，把杨修写的答案呈送给曹操，曹操气得两眼冒火，愤愤地说："匹夫安敢欺我耶！"

有一次，曹操让曹丕、曹植出邺城的城门，却又暗地里告诉门官不要放他们出去。曹丕第一个碰了钉子，只好乖乖回去，曹植闻知后，又向他的智囊杨修问计，杨修干脆告诉他："你是奉魏王之命出城的，谁敢拦阻，杀掉就行了。"曹植领计而去，果然杀了门官，走出城去，曹操知道以后，先是惊奇，后来得知事情真相，愈加气恼，于是决定除掉杨修。

建安二十四年（公元219年），刘备进军定军山，他的大将黄忠杀死了曹操的爱将夏侯渊，曹操亲自率军到汉中来和刘备决战，但战事不利，若前进害怕刘备，若撤退又怕被人耻笑。一天晚上，护军来请示夜间的口令，曹操正在喝鸡汤，就顺便说"鸡肋"，杨修听到以后，便又耍起自己的小聪明来，居然不等上级命令，只管叫随从军士收拾行装，准备撤退。曹操知道以后，他竟说："魏王传下的口令是'鸡肋'，可鸡肋这玩意儿，弃之可惜，食之无味，正和我们现在的处境一样，进不能胜，退恐人笑，久驻无益，不如早归，所以才先准备起来，免得临时慌乱。"曹操一听，大怒道："匹夫怎敢造谣乱我军心！"于是喝令刀斧手，推出斩首，并把首级悬挂在辕门之外，以为不听军令者戒。

试想两军对垒，是何等重大之事，怎么能根据一句口令，就卖弄自己的小聪明，随便行动呢？无论有没有前面所说的那些芥蒂，单这一点也足以说明杨修其人是恃才傲物，我行我素，只相信自己，不考虑事情后果的人。杨修的办事为人，引来杀身之祸，我们只应把他作为前车之鉴，切不可把他当成聪明的楷模。

每个人都有自己的做人原则，有些人可能喜欢平淡从容，有些人可能喜欢锋芒毕露。我们会发现踏踏实实的人很容易与人共处，而锋芒毕露的人则没有什么太好的人缘。人缘可不是小问题，它的好坏直接影响着你社交的成败。因此，要学会控制住你的聪明。

## 凡事不要太较真

处理事情的时候，一味地强调细枝末节，以偏概全，就会抓不住问题的要害，没有重点，头绪杂乱，不知道从哪里下手才是正确的。因此，无论是用人还是做事，都应注重主流，不要因为一点小事而妨碍了事业的发展。须知金无足赤，人无完人，我们要用的是一个人的才能，不是他的过失，那为什么还总把眼光盯在过失上呢？忍小节，就是不去纠缠小节、小问题，要宽恕待人，用人之长。

《劝忍百箴》中认为：顾全大局的人，不拘泥于区区小节；要做大事的人，不追究一些细碎小事；观赏大玉圭的人，不细考察它的小疵；得巨材的人，不为其上的蠹蚀而怏怏不乐。因为一点瑕疵就扔掉玉圭，就永远也得不到完美的美玉；因为一点蠹蚀就扔掉木材，天下就没有完美的良材。

有一则关于"伯乐相马"的故事。秦穆公对伯乐说："您的年纪大了，您的家里，有能去寻找千里马的人吗？"伯乐回答说："好马可以从外貌、筋骨上看出来。但千里马很难捉摸，其特点若隐若现，若有若无，我的儿子们都是才能低下的人，我可以告诉他们什么是好马，但没有办法告诉他们什么才是天下的千里马。我有一个朋友，名字叫九方皋。他相马的本领，不比我差，请您召见他吧！"

于是秦穆公召见了九方皋，派遣他去寻找千里马。三个月之后，九方皋回来了，向秦穆公报告说："千里马已经找到了，现在沙丘那个地方。"穆公问他："是一匹什么样的马呢？"九方皋回答说："是一匹黄色的母马。"秦穆公派人去取，结果是一匹公马，而且是黑色的。秦穆公非常不高兴，于是将伯乐召来，对他说："真是糟糕极了，您让我派去的那个寻找千里马的人，连马的颜色和雌雄都分辨不出来，又怎么能知道是不是千里马呢？"伯乐长叹一声说道："他相马的本领竟然高到了这种程度！这正是他超过我的原因啊！他抓住了千里马的主要特征，而忽略了它的表面现象；注意到了它的本领，而忘记了它的外表。他看到他应该看到的，而没有看到不必要看到的；他观察到了他所要观察的，而放弃了他所不必观察的。像九方皋这样相马的人，才真正达到了最高的境界！"那匹马牵来了，果然是天下难得的千里马。

很多男人常常会埋怨陪伴自己的妻子买东西，既费时间，又很劳累。她们不是对花纹不满意，就是对式样百般挑剔，或者觉得虽然式样勉强过得去，可惜质量实在不行，因为各种因素而犹豫不决，结果常常空手而归。其实，这些毛病并非只有妇女才有，一般人在工作或读书的时候，也会由于某种原因而产生迷惑。

一个人对于某事犹豫不决时，就会发生如上的迷惑或彷徨。这时候，如能针对自己的目的，抓住核心问题来研究，就可以发现一条排除迷惑的大道。例如，你要选购西装，不妨先明确地限定是何种花纹、式样、布料，如果决定以花纹为主，那么，式样和布料就可以作为次要考虑的条件。如果抓住重点来研究，自然能果断地选购，而且，以后也不会遭到别人的埋怨，自己也不会后悔。

俗语说的"眼花缭乱"这句话，正是上述的状况，但只要能有意识地视若无睹，就不会被眼前的情况所迷惑。总之，最重要的是要先抓住问题的核心，其他问题则可列为次要。

我们应该做到下面的几点：

把着眼点放在较大的目标上。一个没有做成生意的售货员向经理报告说："买卖没做成，但我和那位客人吵嘴赢了。"在销售中，重要的是做成生意，而不是分辨谁对谁错。

在与员工一起工作中，重要的是发挥他的潜力，而不是就他们犯的小错误大做文章。

在与邻居相处时，重要的是互相尊重与友好相处，而不是总盯着他们是否在说别人的闲话。

如果用部队里的术语来说，我们宁愿失去一场战斗，而赢得一场战争；也不愿因赢得一场战斗而失去战争。

在每次激动之前，问问自己："这事值得我那样大动干戈吗？"没有比这一提问更好的为治疗麻烦事而烦恼、激动的药方了。如果我们碰到麻烦事时，问自己一声："这事真的重要吗？"至少90%的争吵与不和将不会发生。

不要掉进琐事的圈套中。在解决问题时，多想那些重要的事。不要为一些表象、肤浅的事情所淹没，集中精力于大事上。

另外，爱较真的人，经常没法转变思想，不会圆润说话，这样即使坦诚的话语，也可能招致不满。

比如，同事甲认为同事乙的衣服难看，便马上对她说："腿短而粗的人不适合穿这种裙子。"结果乙脸一沉，扭头便走，留下甲发愣。或者同事小李当着处长的面指点小王说："你的稿子里错别字很多，以后要仔细些。"实话固然是实话，但不久后公司却隐约有人传言：小李惯于在上司面前打击别人、抬高自己……倘若如此，小李恐怕会意识到自己的真诚并不那么受人欢迎。既然这样，又何苦呢？

真诚并不等于不假思索地将自己的感觉说出来，因为你的感觉是否正确尚是一个需要判断的问题。人们对事物的看法都属仁者见仁、智者见智，本没有绝对的对错。所以，有些事其实不用那么去较真，这样的人经常会把自己的生活弄得混乱不堪。圆润为人要学会不较真。

# 第二节　外拙内精，成功一路顺风

## 小事不妨糊涂，大事必须精明

生活中，我们常能听到那些处世老练的前辈们这样劝说刚步入社会、年轻气盛的人："算了吧，别计较那么清楚。"简简单单的一句话，却是长期世事磨砺的总结。不得不承认，人的一生精力有限，若对什么事都斤斤计较，那就会让自己太累了。

处世高明的人总是能做到"抓大放小"，小事糊涂而大事清醒，既显得宽容大度，又能保全自己。公元 995 年，吕端被宋太宗提升为宰相。对这个一人之下、万人之上的位置，吕端并不觉得有多了不起，他想的是如何调动全体臣僚的积极性，为此不惜自己放权和让位。当时和他有同样声望的还有一位名臣寇准，办事干练，很有才能，但是性子有些刚烈。吕端担心自己当了宰相后寇准心中会不平衡，如果要起脾气来，朝政会受到影响，于是就请太宗另下了一道命令，让担任参知政事（副宰相）的寇准和他轮流掌印，领班奏事，并一同到政事堂中议事。这得到了太宗的批准，也平和了寇准的情绪。后来，太宗又下诏说：

朝中大事要先交给吕端处理，然后再上报给我。但吕端遇事总是与寇准一起商量，从不专断。过了一段时间，吕端又主动把相位让给了寇准，自己去当参知政事。这种主动让权，在世人的眼中自然是"糊涂"的举动。

有一年，朝中大臣李惟清被太宗从掌管全国军事的枢密使的位子上换下来，去当负责监察百官的御史中丞，虽然是平调，但实际权力发生了变化，他认为是吕端在中间使坏。于是，李惟清趁吕端有病在家休息没有上朝，告了吕端一个恶状。事情传到吕端耳中后，吕端不以为然，既没有去对皇帝表白，也没有去找李惟清算账，而是淡淡地说："我一辈子行得正，坐得直，没有做什么对不起人的事，又怕什么风言风语呢？"这种不与人计较的坦然心态也被人认为是"糊涂"。

在吕端刚刚担任参知政事的时候，他从文武百官前面经过，一个小官由于平时听多了吕端"糊涂"的传闻，对他很不服气，以很不屑的口吻说了一句："这个人竟也当了参知政事了？"吕端的随行人员觉得愤懑难平，要问那个人的姓名，看看是干什么的。吕端制止说："不要问，你问了他就得说，他说了我也就知道了，而我一知道，对这种公然侮辱我的人便会终生不能忘。着意地去报复对我来说是肯定不会的，但以后如果有什么事涉及他，撞到我手里，想做到公正对待也一定很难。所以，还是不知道的好。"这种君子不念恶，揣着明白装糊涂的举动对吕端来说，是一种反映自我修养的高尚境界，但在世人眼中，自然又被看成了"糊涂"。

吕端的"糊涂",还在于他的不置产业。他不仅为官非常清廉,贪污受贿之事从来没有,就是应得的那份俸禄也常常分出一些周济照顾别人。以至于吕端去世后,他的两个儿子竟因生活困难,没钱结婚,只好把房产抵押给别人。真宗皇帝知道这件事之后,很受感动,从皇宫的开支中支出了五百万钱把房产赎了回来,另外又赏了不少金银和丝绸,替吕家还清了旧账。以宰相之尊,而后人贫困至此,在常人的眼里又是多么"糊涂"。吕端一生经历了三代帝王,在四十年的宦海生涯中几乎没有受到什么冲击,这种经历在封建王朝中实在是不多见的。这与他在大局、大节问题上毫不糊涂,但在事关个人利益的问题上却能"糊涂"了事的品质是有很大关系的。对于我们今天的人来说,不管是当官还是为人处世,都应该学学这种"糊涂"的精神。

所以,清醒的人要时刻面对许多的痛苦和麻烦,而"糊涂"实则是保全自我的处世之道,因为没有人会对一个"糊涂"的人提过多的要求。而糊涂下面掩藏的清醒则是你出奇制胜的关键。

## 守拙养晦,最快找到出手良时

与人竞争,不能贸然进攻,应该镇之以静,等待时机,一旦对手暴露出破绽,就要迅速扑上,毫不迟疑。公元221年,刘备不听诸葛亮、赵云的劝说,为了夺回荆州,亲率蜀国大部分人马,对东吴发动了大规模的战争。

孙权得知后,几次派人去向刘备求和,都遭到拒绝。在这之前,东吴大将周瑜、鲁肃和吕蒙等都已先后去世了。

孙权不得已，只好任命年轻的镇西将军陆逊为大都督，统率五万人马去抵抗刘备。

吴国文武官员对陆逊出任大都督都表示怀疑，担心他不能胜任。为了提高陆逊的威望，孙权当着百官的面对陆逊说："朝廷里的事由我主持，外面打仗的事由你负责。"然后把自己佩戴的宝剑交给陆逊，接着说，"哪个不服，由这剑说话！"百官听了，都默不作声。

陆逊辞别孙权，带着水陆两军来到前线。

这时候，刘备已进抵犹亭，沿路扎营，绵延几百里。吴国将领请求陆逊赶快出兵迎击刘备。

陆逊说："刘备此番东下，气势正盛，且占据高处，我们很难攻破。如果出师不利，便会挫伤士气，所以不如布置防御，等待时机。"将士们听了，嘴上虽没说什么，心里却认为陆逊胆小，个个脸上都流露出轻蔑的神色，暗笑他的懦弱。陆逊拍拍宝剑，又道："我虽是书生，但有责任更好地完成主上交给我的重大使命。如有不服，尚方宝剑伺候！"

之后的日子里，蜀军多次挑战，陆逊总是置之不理。尽管刘备一次次挑战，陆逊就是没有上当。

两军相持半年之后，盛夏季节来临，天气异常炎热，蜀军士兵忍受不了蒸人的暑气，叫苦连天。刘备只得让水军离船上岸，和陆军一起，在树林的茂密之处，扎下互相连接的四十多座军营，等到秋凉后再向吴军大举进攻。

陆逊看到了蜀军战线拉得过长，兵力分散，士气低落，认为进行反攻的条件已经成熟了。一天，他召集大小将领，宣布了出兵破蜀的计划。经他前前后后一分析，将领们都佩服他有远见。

为了使反攻有把握取得胜利，陆逊先派出一小部分兵力对蜀军的一个营寨进行了试探性攻击。虽然吃了点亏，但却找到了克敌的办法，那就是用火攻。

当天晚上，正值风猛。陆逊命所有的士兵每人手持一把茅草，里边藏上火种，向蜀营发起攻击。霎时火光冲天，蔓延开来。吴军乘着火势，奋力杀敌，接连攻破了蜀军四十多座营寨。

陆逊火烧犹亭，一举打败了连营几百里的蜀军，赢得了战争的胜利。陆逊能忍，一方面忍受内部将领对他的轻视和不理解，甚至有些将士暗地嘲笑他夹着尾巴做人；另一方面还要面对刘备的挑衅故意装傻，这中间需要承受非常大的压力。但他更明白时机未到，任何轻举妄动都会给自己带来严重的后果。一旦时机成熟，陆逊瞬间爆发取得了显著成效，这种做事的风格令人敬佩。

这就告诉我们，在进攻时机尚未成熟时必须要隐忍，要有承受一切压力的勇气和执着。如此待到时机成熟，便可当机立断，不失时机地采取行动，一举成功。

## 顺势糊涂，谬释其意、攻其不备

有些时候，我们面对谬论，面对强辩，假装愚蠢，故作糊涂，谬释敌意，恰好可以暴露对方缺点，然后攻其不备，出奇制胜。美国第九届总统威廉·哈里逊，小时候家里很穷，他沉默寡言，人们甚至认为他是个傻孩子，他家乡的人常常拿他开玩笑。比如拿一枚五分的硬币和一枚一角的硬币放在他面前，然后告诉他只准拿其中的一枚。每次，哈里逊都是拿那枚五分的，而不拿一角的。

一次，一位妇女问他："孩子，你难道真的不知道哪个更值钱吗？"

哈里逊回答说："当然知道，夫人。可要是我拿了一枚一角的硬币，他们就再不会把硬币摆在我面前，那么我就连五分也拿不到了。"看得出来，哈里逊表面"傻"，装作不知道一角比五分多，可他的"傻"里面蕴含着智慧，从而使自己总能拿到钱。

大智若愚运用在语言诘难中，是指对对方的谬论，假装不明白，没能发现他的本意，故作曲解，谬释其意，讽言刺人。在某机场售票厅里，旅客们正在排队买票。突然，一位绅士粗暴地挤到售票窗口指责售票员工作效率太慢。当人们要他排队时，他又嚷道："你们叫什么？不知道我是谁？"

对此，售票员平静地向旅客说："各位，这位绅士有些健忘，已经不知道自己是谁了，不然，我想他不会做出有失身份的举动的。谁能帮助他回忆一下，他是谁呢？"

售票员的话引来了阵阵笑声，绅士羞得满脸通红，悻悻地走了。售票员面对绅士的粗野，假装不知，实则机智幽默，大智若愚。

大智若愚是曲线型思维的结果，即采用拐弯抹角的进攻方式。因此，运用此法可以产生强大的嘲讽和幽默效果，是论辩家常用的雄辩技巧。

关于这一点，曾发生这么一个有趣的故事。一位小伙子在三岔路口迷路了，他向一位老农漫不经心地问："喂！到李家庄走哪条路，还有多远？"

老农对小伙子的粗声大气很不满意，好久才说："走大路一万丈，走小路七八千。"

小伙子感到奇怪："怎么这儿论丈不论里？"

老农笑着说："小伙子，原来你也会讲'里'（礼）？"老农故作愚昧，以"丈"论路程，而正是这种貌似愚蠢的话，表现了他的智慧。这种巧妙的策略，著名的大仲马也运用过。有一次，一个银行家揶揄地问大仲马说："听说你有四分之一的黑人血统，是吗？"

"我想是这样。"大仲马说。

"那令尊呢？"

"半黑。"

"令祖呢？"

"全黑。"

"请问，令尊祖呢？"

"人猿。"大仲马一本正经地说。

"阁下可是开玩笑？这怎么可能？"

"真的，是人猿，"大仲马怡然地说，"我的家族从人猿开始，而你的家族到人猿为止。"这里，大仲马用"假痴"佯装自己的真实目的，麻痹银行家，然后反守为攻，突然出击，使对方猝不及防，陷于窘境。

现实交际中，懂得顺势装糊涂，可以轻松麻痹对方，从而让对方陷入被动境地。然后再采取反攻举措，便可以轻松制胜了。

## 糊涂是聪明人的百变战术

糊涂是一门处世艺术，假装愚钝，让人以为自己浅显无能，让人忽视自己的存在，这样在必要时，便可不动声色地先发制人，让人稀里糊涂的，失败了都不知是怎么回事。

汉献帝建安十三年（公元208年），曹操亲率大军攻打江南。当时东吴的孙权在战与和之间举棋不定。

周瑜是吴军的大都督，掌握着吴国的军事大权。因此，诸葛亮非常明白，要想说服孙权奋起联合抗曹，必须先说服周瑜。可是当时诸葛亮还不太了解周瑜的个性和态度，于是就想试投"一石"以观效果。

一天晚上，诸葛亮由鲁肃引见去会周瑜。鲁肃问周瑜："如今曹操驻兵南侵，是战是和，将军欲如何？"周瑜说道："操挟天子以令诸侯，难以抗命。而且兵力强大，不可轻敌。战则必败，和则易安。我们的意见是和为上策。"鲁肃大惊道："将军之言错矣！江东三世基业，岂可一朝白白送给他人？"周瑜说道："江东六郡，千百万生命财产，如遭到战祸之毁，大家都会责备我的。因此，我决心讲和为好。"诸葛亮听完，觉得周瑜若不是抗曹的决心未定，就是一种有意试探。此时如果不另辟蹊径，只是讲一通孙刘联合抗曹的意义，或是夸耀周瑜盖世英雄，东吴地形险要，战则必胜的道理，肯定难以奏效。于是，他采用迂回战术旁敲侧击，激怒了周瑜，让他下了联合抗曹的决心。诸葛亮是这样说的："我有一条妙计，只需差一名特使，驾一叶扁舟，送两个人过江。曹操得到那两个人，百万大军必然卷旗而撤。"周瑜急问是哪两个人。诸葛亮说道："曹操本是一名好色之徒，打听到江东乔公有两位千金，大乔和小乔，都长得美丽动人，便发誓说：'我有两个志向，一是要扫平四海，创立帝业，流芳百世；二是要得到江东二乔，以娱晚年。'现在他领兵百万，进逼江南，其实就是为乔家的两位千金而来的。将军何不找到乔公，花上千两黄金买到那两个女子，差人送给曹操？江东失去这两个人，就像大树飘落一两片黄叶，大海减少一两滴水珠一样，丝毫无损大局；而曹操得到两人，必然心满意足，欢欢喜喜班师北返。"周瑜说道："曹操想得到二乔，有什么证据可说明这一点？"诸葛亮答道："有诗为证。曹操的儿子曹植十分会写文章。曹操在漳河岸上建造了一座铜雀台，雕梁画栋，十分壮丽，并挑选许多美女安置其中，又令曹植作了一篇《铜雀台赋》。文中之意就是说他会做天子，立誓要娶'二乔'。"周瑜问："那篇赋是怎么写的，你可记得？"诸葛亮说道："因为我十分喜爱赋中的华丽文笔，曾偷偷地背熟了。"周瑜便请诸葛亮背诵。赋略云："从明后以嬉游兮，登层台以娱情……临漳水之长流兮，望园果之滋荣。立双台于左右兮，有玉龙与金凤。揽'二乔'于东南兮，乐朝夕之与共……"

周瑜听罢，勃然大怒，霍地站立起来指着北方大骂道："曹操老贼欺我太甚！"诸葛亮见状急忙阻止，说道："都督忘了，古时候单于多次侵犯边境，汉天子许配公主和亲，你又何必可惜民间的两个女子呢？"周瑜说道："你有所不知，大乔是孙伯符将军的夫人，小乔就是我的爱妻！"诸葛亮佯作失言请罪道："真没想到有这回事，我真是该死！"周瑜怒道："我与曹操老贼势不两立！"诸葛亮却故作姿态地劝道："请都督不可意气用事，望三思而后行，世上绝无卖后悔药的！"周瑜说道："承蒙伯符重托，岂有屈服曹操之理？我早有北伐之心，就是刀剑架在脖子上也不会变卦的。劳驾先生助我一臂之力，同心合力共破曹操。"就这样，在周瑜等人推动下，孙、刘结成的抗曹联盟得到了巩固，赢得了赤壁之战的重大胜利，奠定了三国鼎立的基础。

其实，"揽二乔于东南兮"为诸葛亮篡改原名所得，但为了达到目的，他巧装糊涂，故意曲解，终于把周瑜引上了钩。

"装糊涂"重在一个"装"字，用"装"来掩饰一个巨大的骗局，掩盖其才华、声望、感情和意图，从而收到以静制动、以暗处明、以柔克刚、以反处正的功效。

# 第二章 吃得亏中亏，方享福中福

## 第一节 割一块肉，得一头牛

### 懂得与人分享，让自己也幸福

俗语说："赠花予人，手上留香！"学会付出是美好人性的体现，同时也是一种处世智慧和快乐之道。幸福犹如香水，你不可能洒向别人时自己却一滴不沾。学会分享、给予和付出，你会感受到舍己为人，不求任何回报的快乐和满足。

在生活中，超越狭隘、帮助他人、播撒美丽、善意地看待这个世界……快乐、幸福和丰收会时时与我们相伴。正如罗曼·罗兰所言："快乐和幸福不能靠外来的物质和虚荣，而要靠自己内心的高贵和正直。"贝尔太太是美国一位有钱的贵妇，她在亚特兰大城外修了一座花园。花园又大又美，吸引了许多游客，他们毫无顾忌地跑到贝尔太太的花园里游玩。

年轻人在绿草如茵的草坪上跳起了欢快的舞蹈；小孩

子扎进花丛中捕捉蝴蝶；老人蹲在池塘边垂钓；有人甚至在花园当中支起了帐篷，打算在此度过他们浪漫的盛夏之夜。贝尔太太站在窗前，看着这群快乐得忘乎所以的人们，看着他们在属于她的园子里尽情地唱歌、跳舞、欢笑。她越看越生气，就叫仆人在园门外挂了一块牌子，上面写着：私人花园，未经允许，请勿入内。可是这一点也不管用，那些人还是成群结队地走进花园游玩。贝尔太太只好让她的仆人前去阻拦，结果发生了争执，有人竟拆走了花园的篱笆墙。

后来贝尔太太想出了一个绝妙的主意，她让仆人把园门外的那块牌子取下来，换上了一块新牌子，上面写着：欢迎你们来此游玩，为了安全起见，本园的主人特别提醒大家，花园的草丛中有一种毒蛇。如果哪位不慎被毒蛇咬伤，请在半小时内采取紧急救治措施，否则性命难保。最后告诉大家，离此地最近的一家医院在威尔镇，驱车大约50分钟即到。

这真是一个绝妙的主意，那些贪玩的游客看了这块牌子后，对这座美丽的花园望而却步了。

可是几年后，有人再往贝尔太太的花园去，却发现那里因为园子太大，走动的人太少而真的杂草丛生，毒蛇横行，几乎荒芜了。孤独、寂寞的贝尔太太守着她的大花园，她非常怀念那些曾经来她的园子里玩的快乐的游客。篱笆墙是农家用来把房子四周的空地围起来的类似栅栏的东西，有的上面还有荆棘，不小心碰上会扎入皮肤。篱笆墙的存在是向别人表示这是属于自己的"领地"，要进入必须征得

27

自己的同意。贝尔太太用一块牌子为自己筑了一道特别的"篱笆墙"，随时防范别人的靠近。这道看不见的篱笆墙就是自我封闭。

不懂得与他人分享的自我封闭者，就像契诃夫笔下的装在套子中的人一样，把自己严严实实包裹起来，因此很容易陷入孤独与寂寞之中。他们在封闭自己的同时，也把快乐和幸福封闭在外面。

每个人心中都有一座幸福的大花园。如果我们愿意让别人在此种植幸福，同时也让这份幸福滋润自己，那么我们心灵的花园就永远不会荒芜。

## 吃小亏赚大便宜，才是真聪明

这个世界上，谁都不愿意做亏本的生意。最先尝到甜头的人未必到最后也饱尝硕果，倒是最先吃亏的人占了最后的大便宜。东汉时期，有一个名叫甄宇的在朝官吏，时任太学博士。他为人忠厚，遇事谦让，人缘极好。有一年临近除夕，皇上赐给群臣每人一只外番进贡的活羊。

具体分配时，负责人为难了：因为这批羊有大有小，肥瘦不均，难以分发。大臣们纷纷献策：

有人主张抓阄分羊，好坏全凭运气。

有人主张把羊只通通杀掉，肥瘦搭配，人均一份。

……

朝堂上像炸开了锅，七嘴八舌争论不休。这时，甄宇说话了："分只羊有这么费劲吗？我看大伙儿随便牵一只羊走算了。"说完，他率先牵了最瘦小的一只羊回家过年。

众大臣纷纷效仿，羊很快被分发完毕，众人皆大欢喜。

此事传到光武帝耳中，甄宇得了"瘦羊博士"的美誉，称颂朝野。不久在群臣推举下，他又被朝廷提拔为太学博士院院长。甄宇牵走了小羊，从表面上看他是吃了亏，但是，他得到了群臣的拥戴，皇上的器重。实际上，甄宇是占了大便宜。故意吃亏不是亏，而是有着深谋远虑的精明之举。

然而，在生活中，一些人的目光只会停留在眼前的利益上，无论做什么都不舍得一分一厘，只求自己独吞利益，常常因一时赚得小利，而失去了长远之大利，可谓捡了芝麻，丢了西瓜。

人生中，是看到眼前的比较直接的小利益，还是把眼光放长远一些，发现更大，但可能比较隐蔽的大利益呢？这可是个很大的学问。要学会不做亏本的买卖，更要通过吃小亏赚大便宜，这才是智者的智慧。

## 栽好树，让兔子撞上来

守株待兔的故事尽人皆知，不过，它所传达给我们的心计智慧，却很少有人知道。那就是，人只有先将树栽好，做足一切准备工作，才能在"兔子"冲过来的时候，让它结结实实地撞到上面，成为自己的猎物。姜太公姓姜名尚，又名吕尚，是辅佐周文王、周武王灭商的功臣。他在没有得到文王重用的时候，隐居在陕西渭水边一个地方。那里是周族领袖姬昌（即周文王）统治的地区，他希望能引起姬昌对自己的注意，从而建立功业。

姜太公常在番溪旁垂钓。一般人钓鱼，都是用弯钩，上面挂有饵食，然后把它沉在水里，诱骗鱼儿上钩。但姜太公的钓钩是直的，上面不挂鱼饵，也不沉到水里，并且离水面三尺高。他一边高高举起钓竿，一边自言自语道："不想活的鱼儿呀，你们愿意的话，就自己上钩吧！"

一天，有个打柴的来到溪边，见姜太公用不放鱼饵的直钩在水面上钓鱼，便对他说："老先生，像你这样钓鱼，一百年也钓不到一条鱼的！"

姜太公举了举钓竿，说："对你说实话吧！我不是为了钓到鱼，而是为了钓到王与侯！"

姜太公奇特的钓鱼方法，终于传到了姬昌那里。姬昌知道后，派一名士兵去叫他来。但姜太公并不理睬这个士兵，只顾自己钓鱼，并自言自语道："钓啊，钓啊，鱼儿不上钩，虾儿来胡闹！"

姬昌听了士兵的禀报后，改派一名官员去请太公来。可是姜太公依然不答理，边钓边说："钓啊，钓啊，大鱼不上钩，小鱼别胡闹！"

姬昌这才意识到，这个钓者必是位贤才，要亲自去请他才对。于是他吃了三天素，洗了澡换了衣服，带着厚礼，前往番溪去聘请姜太公。姜太公见他诚心诚意来聘请自己，便答应为他效力。

后来，姜尚辅佐文王，兴邦立国，还帮助文王的儿子武王姬发，灭掉了商朝，被武王封于齐地，实现了自己建功立业的愿望。

像姜太公这样的例子，在国外也屡见不鲜。杜文是个杰出的艺术经纪人，在美国艺术收藏市场赫赫有名。各界人士都愿意登门拜访，但是实业家梅隆却从来不和杜文打交道。杜文下定决心，到死的前一分钟也要让梅隆成为自己的客户。

许多人都认为这只是杜文一厢情愿的白日梦，因为梅隆是一个性格内向、沉默寡言的人，更重要的是他对素未谋面的杜文并没有什么好感。

杜文却不气馁："你们就等着看吧，梅隆不仅会买我的东西，而且只会向我买，我要让他成为我一个人的客户。"于是，杜文积极搜集梅隆的信息，花大力气了解他的习性、品位和爱好。他秘密收买了梅隆的几个手下，从他们那里可以得到宝贵的信息。等到时机成熟准备采取行动时，杜文对梅隆的了解程度甚至连梅隆的妻子都无法与之相比。

1921 年，梅隆访问伦敦。杜文在他下榻的酒店的电梯门口遇见了梅隆。梅隆要乘电梯去国家画廊的消息是几分钟前由梅隆的随从提供的，杜文抓住机会巧妙地制造了这场邂逅。

"你好吗，梅隆先生？"杜文热情地介绍自己，"我正要上国家画廊欣赏一些画，你呢？"

"我也是。"梅隆说。

杜文已对梅隆的品位了如指掌，在去国家画廊的路上，他渊博的知识让这位大亨惊奇不已，更令梅隆不可思议的是，两人的品位居然也惊人的相似。

回到纽约后，梅隆迫不及待地拜访了杜文神秘的画廊，里面收藏的作品正是他梦寐以求的东西。

正如杜文预言，从此之后，梅隆成了杜文一个人的客户。姜太公也好，杜文也好，都是事先将目标对象了解得一清二楚，做足了准备工作，然后等"鱼儿"自动来上"钩"，等"兔子"自动来"撞树"。也只有这样，才能有的放矢，一举成功。

不过，与人交往中，人们总是很善于把自己的一切隐藏得不露声色，所以就要求我们事先做足准备工作，尽力去摸清对方的想法以及下一步的行动，这样才能在交往的过程中取得主动地位。

## 舍小利为大谋

美国亨利食品加工工业公司的总经理亨利·霍金士先生，一次突然从化验室的报告单上发现，他们生产食品的配方中，起保鲜作用的添加剂有毒，虽然毒性不大，但长期服用对身体有害。如果不用添加剂，则又会影响食品的保鲜度。

亨利·霍金士考虑了一下，他认为应以诚信对待顾客，毅然把这一有损销量的事情告诉每位顾客，于是他当即向社会宣布，防腐剂有毒，对身体有害。

这一下，霍金士面对了很大的压力，食品销路锐减不说，所有从事食品加工的老板都联合了起来，用一切手段向他反扑，指责他别有用心，打击别人、抬高自己，他们一起抵制亨利公司的产品。亨利公司一下子到了濒临倒闭的边缘。

苦苦挣扎了4年之后，亨利·霍金士倾家荡产了，但他的名字却家喻户晓。这时候，政府站出来支持霍金士了。亨利公司的产品又成了人们放心满意的热门货。

亨利公司在很短的时间里便恢复了元气，规模扩大了两倍。亨利·霍金士一举登上了美国食品加工业的"头把交椅"。

生活中变通思考的人，善于从丧失小利益当中学到大智慧。舍小利为大谋也是一种哲学的思路。

人非圣贤，谁都无法抛开七情六欲，但是，要成就大业，就得分清轻重缓急，该舍的就得忍痛割爱，该忍的就得从长计议。

在生活中我们只有经常去舍弃一些小利益，一切从长计议，才能灵活变通地处理人和事，最终达成我们的目标。

## 让一步，收获更大

你知道吗？你所有的思想及言行，造就了全部的你。为他人提供良好的服务，善意地对待他人，对自己一定会有帮助；斤斤计较，吹毛求疵，处心积虑地伤害别人，自己也得不到内心的宁静。

在狭窄的路上行走，要留一点余地给别人走；羊肠小道两个人互相通过时，如果争先恐后，两人都有坠入深谷的危险，在这种情况下先停住脚步让对方过去，才是有礼貌、最安全。

遇到美味可口的饭菜时，要留出三分让给别人吃，这才是一种美德。路留一步，味留三分，是提倡一种谨慎的利世济人的方式。在生活中，除了原则问题必须坚持外，对小事，个人利益互相谦让就会带来个人的身心愉快。

一天，一户人家来了远方造访的客人，父亲让儿子上街去购买酒菜，准备请客，没想到儿子出门许久都没回来，父亲等得不耐烦了，于是自己就上街去看个究竟。

父亲快到街上的便桥时，发现儿子在桥头和另一个人正面对面地僵持站在那儿，父亲就上前询问："你怎么买了酒菜不马上回家呢？"

儿子回答说："老爸，你来得正好，我从桥这边过去，这个人坚持不让我过去，我现在也不让他过来，所以我们两个人就对上了。看看究竟谁让谁！"

父亲聆听儿子的一席话，就上前声援道："你先把酒菜拿回去给客人享用，这儿让爸爸来跟他对一对，看看究竟谁让谁！"

在社会上，无论说话也好，做事也好，好多人不肯给别人留一点余地，不愿给别人一点空间，到处有这对父子的影子，往往只为了"争一口气"，本来没有什么大不了的小事，非要大费周折，互不让步，结果小事变大事，甚至搞得两败俱伤，何苦呢？

人在世间若是不能忍受一点闲气，不肯给人方便，让人一步，往往使自己到处碰壁，到处遭遇阻碍，不肯给人方便，结果自己到处不方便。

如果一个人平常在语言上让人一句，在事情上留有余地，肯让人一步，也许收获就会更大。

让人，多发生于竞争情境，由于让人行为而使矛盾化解，争斗平息，对手变手足，仇人变兄弟，因此，让人是避免斗争的极好方法，对个体也具有一定的价值。它具体表现在：

1. 得理不让人，让对方走投无路，有可能激起对方"求生"的意志，而既然是"求生"，就有可能是"不择手段"，这对自己将造成伤害，好比把老鼠关在房间内，不让其逃出，老鼠为了求生，会咬坏你家中的器物。放它一条生路，它"逃命"要紧，便不会对你的利益造成破坏。

2. 对方"无理"，自知理亏，你在"理"字已明之下，放他一条生路，他会心存感激，来日自当图报。就算不会如此，也不太可能再度与你为敌。这就是人性。

3. 得理不让人，伤了对方，有时也连带伤了他的家人，甚至毁了对方，这有失厚道。得理让人，也是一种积蓄。

4. 人海茫茫，却常常"后会有期"。你今天得理不让人，哪知他日你们二人会不会狭路相逢？若届时他势旺你势弱，你就有可能吃亏！"得理让人"，这也是为自己以后留条后路。

人情翻覆似波澜。今天的朋友，也许将成为明天的对手；而今天的对手，也可能成为明天的朋友。世事如崎岖道路，困难重重。因此，走不过去的地方不妨退一步，让对方先过，就是宽阔的道路也要给别人三分便利。这样做，既是为他人着想，又能为自己留条后路，多一个朋友多一条路。

做人要圆融变通，就要学会"让"的艺术，让人一步有时能让你获得意想不到的好效果。

## 吃小亏，占大便宜

斯未尔诺伏特加酒厂的经理休布兰是一位踌躇满志的企业家。他在 20 世纪 60 年代遭到了沃尔夫施密特酿酒厂全力以赴的进攻。这种进攻，以价格来决定胜负。沃尔夫施密特酒每瓶价格比斯未尔诺伏特加酒便宜一美元。很明显，市场霸主在受到挑战后处于相当不利的地位：如果降价，就会损失大量的利润；如果不降价，那么它原有的销售额就会被降价的对手逐渐夺去，结果也是利润下降。

怎么办呢？休布兰对沃尔夫施密特酿酒厂的进攻佯装不知，反而把斯未尔诺伏特加酒的价格提高了一美元，使它每瓶比沃尔夫施密特酒贵两美元，以"显示"他卖的酒确实是一种"更好的"伏特加，让对手任意降价抛售。然后，休布兰又出了两种新牌子酒：一种伏特加的价格和沃尔夫施密特一样，另一种则比它便宜一美元。

这样，休布兰很快扭转了局势，继续控制了市场，而且销路增加很快，当年出售 733 万箱。而沃尔夫施密特呢？仅卖出 126 万箱，仅为前者的 1/6 左右。

变通之人善于从"吃亏"中明哲保身。

从前，有位商人狄利斯和他长大成人的儿子一起出海旅行。他们随身带上了满满一箱子珠宝，准备在旅途中卖掉，但是没有向任何人透露这一秘密。一天，狄利斯偶然听到了水手们在交头接耳。原来，他们已经发现了他们的珠宝，并且正在策划着谋害他们父子俩，以掠夺这些珠宝。

狄利斯听了之后大吃一惊，他在自己的小屋内踱来踱去，试图想出个摆脱困境的办法。儿子问他出了什么事情，狄利斯于是把听到的全告诉了他。"同他们拼了！"儿子断然道。

"不，"狄利斯回答说，"他们会制服我们的！""那把珠宝交给他们？""也不行，他们还会杀人灭口的。"过了一会儿，狄利斯怒气冲冲地冲上了甲板，"你这个笨蛋儿子！"他叫喊道，"你从来不听我的忠告！""老头子！"儿子叫喊着回答，"你说不出一句值得我听进去的话！"当父子俩开始互相谩骂的时候，水手们好奇地聚集到周围。狄利斯突然冲向他的小屋，拖出了他的珠宝箱。"忘恩负义的儿子！"狄利斯尖叫道，"我宁肯死于贫困也不会让你继承我的财富！"说完这些话，他打开了珠宝箱，水手们看到这么多的珠宝时都倒吸了口凉气。狄利斯又冲向了栏杆，在别人阻止他之前将他的宝物全都投入了大海。

过了一会儿，狄利斯父子俩都目不转睛地注视着那只空箱子，然后两人躺倒在一起，为他们所干的事而哭泣不止。后来，当他们单独一起待在小屋时，狄利斯说："我们只能这样做，孩子，再也没有其他的办法可以救我们的命！"

"是的，"儿子答道，"您这个法子是最好的了。"

轮船驶进了码头后，狄利斯同他的儿子匆匆忙忙地赶到了城市的地方法官那里。他们指控水手们的海盗行为和犯了"企图谋杀罪"，法官逮捕了那些水手。法官问水手们是否看到狄利斯把他的珠宝投入大海，水手们都一致说看到过。法官于是判决他们都有罪。法官问道："什么人会抛弃掉他一生的积蓄而不顾呢？只有当他面临生命的危险时才会这样去做吧?"水手们只得赔偿狄利斯的珠宝,法官因此饶了他们的性命。

不善变通的人,不愿意吃亏,往往招致的是不愉快的后果。

芦苇与橡树争论不休,都认为自己有耐力,很冷静,力气大,谁也不肯认输。

橡树说:"你没有力量,无论哪个方向的风都能轻易地把你刮得东倒西歪。"

芦苇没有回答。

过了一会儿,一阵猛烈的强风吹了过来,芦苇弯下腰,顺风仰倒,幸免于连根拔起。而橡树却硬迎着风,尽力抵抗,结果被连根拔掉了。

因此,我们在生活中要有不怕吃小亏的精神,吃小亏之后往往能占大便宜。

## 第二节　舍卒保车,鸡蛋不必硬碰石头

### 遇到麻烦时,不妨以退为进

在人际关系学中,有一条不可多得的锦囊妙计:以退让开始,以胜利告终。即先表现出以他人的利益为重,实际上同时也为自己的利益开辟出了一条宽敞的大道。在做有风险的事情时,冷静沉着地让一步,就有可能取得十分好的效果。

　　成功的第一步就是让自己的利益和意图丝毫不露，让对方感到因为你能投其所好而情愿做你要他做的事。

　　尊重并突出别人的观点与利益，这是我们欲求与他人合作的最有力法宝。人们常常不会正确使用这个法宝，因为他们常常忘记了，如果我们过分强调自己的需要，那么别人即便对此是有兴趣的，也会因为你而改变态度。

　　要想感动别人，就得从他们的需要入手。你必须要明确，让一个人做好任何事情，唯一的方法就是让他自己情愿。与此同时，还必须记得，人的需要是各不相同的，每个人都有自己的癖好和偏爱。

　　只要你能够认真地探索出对方的真正意向，特别是与你的计划相关的，你就可以依照他的偏好去说服他。你首先应当让自己的计划适应别人的需要，只有这样你的计划才有实现的可能。

　　比如说服别人最根本的一点，就是巧妙地诱导对方的心理或感情，使其就范。如果说服的一方特别强调自己的优点，企图使自己占到上风，这样反而会使对方加强防范心。要先点破自己的缺点或错误，暂时使对方产生一种优越感，同时注意不要用一本正经的态度去表达，只有这样，才不会激起对方的对抗心理。

　　有些被别人所求的人，认为自己帮助了别人，有恩于别人，心理上就会产生一种优越感，说不定还要对求助者数落一番。面对这种人，当你认为自己可能会被指责时，你不妨抢先数落自己一番，当对方发觉你已经承认错误时，也就不好意思再指责你了。

美国著名政治家帕金斯，在 30 岁那年被升任为芝加哥大学校长。有人怀疑，他那么年轻能否胜任大学校长的职位。

他知道后只说了一句："一个 30 岁的人所知道的是那么少，需要依赖他的助手兼代理校长的地方是那么的多。"就这么短短一句话，使那些原来怀疑他的人一下子就放下心了。

很多人遇到这样的情况时，往往会尽量表现出自己比别人强，或者努力地证明自己是有特殊才干的人，然而一个真正有能力的领导者是不会自吹自擂的，"自谦则人必服，自夸则人必疑"，说的就是这个道理。

以退为进是聪明人常用的一种方法。诸如"退一步海阔天空""放长线钓大鱼"之类的哲语，都体现出了一种大智慧。

战国时田忌同齐王赛马，田忌一开始就以劣马出赛，齐王认为这是田忌屡战屡败、破罐破摔的表现。齐王就骄傲起来，仍按上马、中马、劣马的老套路出马，虽然胜了第一场，却连输了后两场。暂时的胜利往往会蒙蔽人的眼睛，使之对即将到来的危险浑然不觉，这样也就失去了最佳的弥补和挽救时机。

那么，如何才能做到以退为进呢？要紧紧地抓住"退"和"进"，"失"和"得"之间的辩证关系。"退"并不是一味地忍让、败退；"进"更不能不假思索，急躁冒进。必须切记：退应有底线，进要有节制。

至于"底线"和"节制"则因事而异，需要我们灵活地判断和处理。抓住以退为进的最佳机会，果断出手，绝不能拖泥带水。

因此，真正的以退为进就是因时而异，随势而动。

## 责任伴随权利，担起责任换权利

在当今个人利益非常受重视的现实世界里，不少人认为自己负了什么责任，就是在吃亏。其实，在一个相对公平的集体当中，责任和权利是相伴随的，勇于担起责任，才可以换取权利。

关于这一点，动物界的狼为我们做了非常好的榜样。狼是具有强烈责任感的动物。狼群的领导者主要是由一对处于最高阶级的阿尔法公狼和母狼担任，并由一对次高级的贝塔公狼和母狼担任组织的管理中坚，其余基层组织的狼群，都属于社会组织最低阶级的奥米伽狼。不管地位如何，每只狼都毫不犹豫地承担自己应尽的责任，绝不违背自己应尽的义务。人是社会性的动物，责任从一出生开始就伴随着我们，但是每个人的责任感程度不尽相同，责任感弱的人就表现在对自己、对他人、对社会不负责，这种人活着只是作为社会的蠹虫而存在着，他甚至远远不及一匹奥米伽狼。责任感是人走向社会的关键品质，是一个人在社会上立足的重要资本。在生活中，不负责的人会失去身边的亲人、朋友的信任。在工作中，一个单位绝不希望将工作交给责任心不强的人。没有责任感，你就等于被孤立、被遗弃。看似不用负责任的行为可以让你解脱，但是其实它却是害苦你的祸根。一个叫弗兰克的老木匠做了一辈子的木匠工作，他因敬业和勤奋而深得老板的信任。当他年老力衰，对工作力不从心时，他对老板说，自己想退休回家与妻子儿女共享天伦之乐。老板十分舍不得他，再三挽留，但是他去意已决，不为所动。老板只好答应他的请辞，但希望他能再帮助自己盖一座房子。弗兰克自然无法推辞。

弗兰克归心似箭，心思已全不在工作上了，用料也不那么严格，做的活也全无往日的水准。老板看在眼里，却什么也没说。等房子盖好后，老板将钥匙交给了弗兰克。

"这是你的房子，"老板说，"我送给你的礼物。"

老木匠愣住了，悔恨和羞愧溢于言表。他一生盖了那么多豪宅华亭，最后却为自己建了这样一座粗制滥造的房子。同样一个人，可以盖出豪宅，也可以建造出粗制滥造的房子，不是因为技艺减退，而是因为他对自己的最后一项工作不再有责任感。本以为是在敷衍老板，最终却糊弄了自己。

真正有责任感的人，是善始善终而非半途而废的，既然承担了这份责任，就要认真去做，而不能怠懈下来。因为，当肩上担负起某些责任以后，你自然而然地就可以享受所对应的权利了。那么，我们为什么还要蒙蔽自己的双眼，只看到眼前的苦难和该承担的责任，而看不到它带给我们的利益呢？

## 以和为贵

孟子说："君子之所以异于常人，便在于其能时时自我反省。"即使受到他人不合理的对待，也必定先反省自己本身，自己是否做到仁的境界？是否欠缺礼？否则别人为何如此对待我呢？等到自我反省的结果合乎仁也合乎礼了，而对方强横的态度仍然未改，那么，君子又必须反问自己：我一定还有不够真诚的地方。再反省的结果是自己没有不够真诚的地方，而对方强横的态度依然故我，君子这时才感慨地说："他不过是个荒诞的人罢了。这种人和禽兽又有何差别呢？对于禽兽根本不需要斤斤计较。"

每个人都生活在人群中，有人的地方自然会有矛盾。有了分歧，不知怎么办，很多人就喜欢争吵，非论个是非曲直不可。其实这种做法很不明智，吵架伤和气又伤感情，不值。不如大事化小小事化了，俗话说，家和万事兴，推而广之，人和也万事兴。人际交往中切不可太认死理，装装糊涂于己于人都有利，善于变通的人会选择"以和为贵"的方式来待人处世。

事实上，按照常情，任何人都不会把过去的记忆抛掉，就某些方面来讲，人们有时会有执念很深的事件，甚至会终生不忘。当然，这仍然属于正常之举。谁都知道，怨恨会随时随地有所回报。所以，为了避免招致别人的怨愤或者少得罪人，一个人行事需小心。《老子》中据此提出了"报怨以德"的思想，孔子也曾提出类似的话来教育弟子："以德报怨，以德报德。"其含义均是叫人处事时心胸要豁达，以君子般的坦然姿态应付一切。

《庄子》中对如何不与别人发生冲突也做了阐述。有一次，有一个人去拜访老子。到了老子家中，看到室内凌乱不堪，心中感到很吃惊，于是，他大声咒骂了一通扬长而去。翌日，又回来向老子道歉。老子淡然地说："你好像很在意智者的概念，其实对我来讲，这是毫无意义的。所以，如果昨天你骂我的话我也会承认的。因为别人既然这么认为，一定有他的根据，假如我顶撞回去，他一定会骂得更厉害。这就是我从来不去反驳别人的缘故。"

从这则故事中可以得到如下启示：在现实生活中，当双方发生矛盾或冲突时，对于别人的批评，除了虚心接受之外，还要养成毫不在意的习惯。人与人之间发生矛盾的时候太多了，因此，一定要心胸豁达，有涵养，不要为了不值得的小事去得罪别人。而且生活中常有一些人喜欢论人长短，在背后说三道四，如果听到有人这样谈论自己，完全不必理睬这种人。只要自己能自由自在按自己的方式生活，又何必在意别人说些什么呢？

从前，有一对圣人兄弟名叫伯夷、叔齐，二人互相推让王位退隐到山林里，最后饿死了。还有一位商朝的宰相伊尹，也很著名。孟子把孔子、伯夷和伊尹三人的人生观加以比较后，他说："不同道。非莫君不事，非其民不使；治则进，乱则退：伯夷也。何使非君？何使非民？治亦进，乱亦进：伊尹也。可以仕则仕，可以止则止，可以速则速：孔子也。皆古圣人也。吾未能有行焉。及所愿，则学孔子也。"

孔子、伯夷、伊尹三人，各有不同的人生观，但却都能坚守仁、义，所以孟子认为他们都是圣人。换言之，只要能够忠实地坚守原则，那么采取什么手段、方法都无关紧要。

这种处世态度对生活中的人们很有借鉴意义。人们往往因为别人的生活方式以及应对态度与己不同，因而排斥对方，认为唯有自己才正确。其实，只要能够遵守做人的原则，那么采取什么生活方式都无所谓。我们不可能要求别人在生活方面处处和自己一样，或是事事如己愿，这是极不现实的，如果能认清这个道理，人的心胸就会豁然开朗。圆融变通为人，就会允许人与人之间的差异存在，这样的人才是受欢迎的人。

## 做事要分轻重缓急

不会变通的人在处理日常生活的方方面面时，分不清哪个更重要，哪个更紧急。他们以为每个任务都是一样的，只要时间被忙忙碌碌地打发掉，他们就从心眼儿里高兴。

会变通的人是根据事情的紧迫感，而不是事情的优先程度来安排先后顺序的。

而把一天的时间安排好，这对于一个想克服做事不会变通的人是很关键的。

在紧急但不重要的事情和重要但不紧急的事情之间，你首先去办哪一个？面对这个问题你或许会很为难。

实际上，懂得生活的人都是明白轻重缓急的道理的，他们在处理一年或一个月、一天的事情之前，总是按分清主次的办法来安排自己的时间。

### 1. 把重要事情摆在第一位

商业及电脑巨子罗斯·佩罗说："凡是优秀的、值得称道的东西，每时每刻都处在刀刃上，要不断努力才能保持刀刃的锋利。"罗斯认识到，人们确定了事情的重要性之后，不等于事情会自动办得好。你或许要花大力气才能把这些重要的事情做好。而始终要把它们摆在第一位，你肯定要费很大的劲。下面是有助于你做到这一点的三步计划：

（1）估价。首先，你要用目标、需要、回报和满足感四原则对将要做的事情做一个估价。

（2）去除。第二步是去除你不必要做的事，把要做但不一定要你做的事委托别人去做。

（3）估计。记下你为达到目标必须做的事，包括完成任务需要多长时间，谁可以帮助你完成任务等资料。

## 2. 精心确定主次

在确定每一年或每一天该做什么之前，你必须对自己应该如何利用时间有更全面的看法。要做到这一点，你要问自己三个问题：

（1）我从哪里来，要到哪里去

我们每一个人来到这个世界上，都肩负着一个沉重的责任。再过 20 年，我们每个人都有可能成为公司的领导、大企业家、大科学家。所以，我们要解决的第一个问题就是，我们要明白自己将来要干什么。只有这样，我们才能持之以恒地朝这个目标不断努力，把一切和自己无关的事情统统抛弃。

（2）我需要做什么

要分清缓急，还应弄清自己需要做什么。总会有些任务是你非做不可的。重要的是你必须分清某个任务是否一定要做，或是否一定要由你去做。这两种情况是不同的。非做不可，但并非一定要你亲自做的事情，你可以委派别人去做，自己只负责监督其完成。

（3）什么能给我最高回报

人们应该把时间和精力集中在能给自己最高回报的事情上，即他们会比别人干得出色的事情上。在这方面，让我们用帕累托定律（80/20）来引导自己：人们应该用80％的时间做能带来最高回报的事情，而用20％的时间做其他事情，这样使用时间是最具有战略眼光的。

有些人认为能带来最高回报的事情就一定能给自己最大的满足感。但并非任何一种情况都是这样。无论你地位如何，你总需要把部分时间用于做能带给你满足感和快乐的事情上。这样你会始终保持生活热情，因为你的生活是有趣的。

在确定了应该做哪几件事之后，你必须按它们的轻重缓急开始行动。大部分人是根据事情的紧迫感，而不是事情的优先程度来安排先后顺序的。这些人的做法是被动的而不是主动的。懂得生活的人不能这样，而是按优先程度开展工作。以下是两个建议：

### 1. 每天开始都有一张优先表

美国成功学大师卡耐基在教授别人期间，有一位公司的老板去拜访他，看到卡耐基干净整洁的办公桌感到很惊讶。他问卡耐基说："卡耐基先生，你没处理的信件放在哪儿了？"

47

卡耐基说："我所有的信件都处理完了。"

"那你今天没干的事情又推给谁了呢？"老板紧追着问。

"我所有的事情都处理完了。"卡耐基微笑着回答。

看到这位老板困惑的神态，卡耐基解释说："原因很简单，我知道我所需要处理的事情很多，但我的精力有限，一次只能处理一件事，于是我就按照所要处理的事情的重要性，列一个优先表，然后就一件一件地处理。结果，完了。"说到这，卡耐基双手一摊，耸了耸肩。

"哦，我明白了，谢谢你，卡耐基先生。"几周以后，这位公司的老板请卡耐基参观其宽敞的办公室，对卡耐基说："谢谢你教给了我处理事务的方法。过去，在我这宽大的办公室里，我要处理的文件、信件等，都是堆积得和小山一样，一张桌子不够，就用三张桌子。自从用了你说的法子以后，再也没有处理不完的事情了。"

这位公司老板找到了做事的好办法，几年以后成了美国社会成功人士的佼佼者，如果你对大量事务感到手足无措，那么不妨列一个优先表。

## 2. 把事情按先后顺序写下来，定个进度表

把一天的时间安排好，这对于你成就大事是很关键的。这样你可以每时每刻集中精力处理要做的事。但把一周、一个月、一年的时间安排好，也是同样重要的。这样做给你一个整体方向，使你看到自己的宏图，从而有助于达成你的目标。做人要变通，一定要分清事情的轻重缓急才能把事情处理好，才能让自己的生活变得更加有条理。

## 善于趋福避祸

　　善于断然退避，是一个人心怀博大、大智若愚谋略的具体体现。一个人，尤其是一个领导者、管理者，在客观条件不允许继续前进，或再前进时就危及自身的情况下，应当自觉地、主动地断然退避。

　　这是保存自己的一个很重要的谋略思想。而要做到这一点，就必须具备较高的修养，善于克制、约束自己；而缺乏一定修养的人，是不可能做到这一点的。历史和现实都一再表明，善于退与善于进，具有同等的谋略价值，只善于进而不善于退的人，决非高明之人，而只有把两者有机地结合在一起并加以机动灵活运用的人，才称得上高明。

　　隐避不是消极地避凶就吉，而是暂时收敛锋芒，隐匿踪迹，养精蓄锐，待机而动。就是说退是迫不得已的，即使退也要做到主动、自觉不露声色地壮大实力，以便时机成熟时，奋起继进。可见，这种退不是逃跑，而是进的一个环节，是下一步进的准备和前奏。只有这样的退，才称得上谋略。懂得变通的人善于趋福避祸。

　　明朝年间，在江苏常州，有一位姓尤的老翁开了个当铺，有好多年了，生意一直不错。某年年关将近，有一天尤翁忽然听见铺堂上人声嘈杂，走出来一看，原来是站柜台的伙计同一个邻居吵了起来。伙计连忙上前对尤翁说："这人前些时典当了些东西，今天空手来取典当之物，不给就破口大骂，一点道理都不讲。"那人见了尤翁，仍然骂骂咧咧，不认情面。尤翁却笑脸相迎，好言好语地对他说：

"我晓得你的意思，不过是为了过年关。街坊邻居，区区小事，还用得着争吵吗?"于是叫伙计找出他典当的东西，共有四五件。尤翁指着棉袄说："这是过冬不可少的衣服。"又指着长袍说，"这件给你拜年用。其他东西现在不急用，不如暂放这里，棉袄、长袍先拿回去穿吧!"

邻居拿了两件衣服，一声不响地走了。当天夜里，他竟突然死在另一人家里。为此，死者的亲属同这个人打了一年多官司，害得别人花了不少冤枉钱。

这个邻居欠了人家很多债，无法偿还，走投无路，事先已经服毒，知道尤家殷实，想用死来敲诈一笔钱财，结果只得了两件衣服。他只好到另一家去扯皮，那家人不肯相让，结果就死在那里了。

后来有人问尤翁说："你怎么能有先见之明，向这种人低头呢?"尤翁回答说："凡是蛮横无理来挑衅的人，他一定是有所恃而来的。如果在小事上争强斗胜，那么灾祸就可能接踵而至。"人们听了这一席话，无不佩服尤翁的聪明。

这就是善于趋福避祸之利。有时为了趋福避祸做适当的忍让是必要的。

当然，讲究趋福避祸之道并不是说一看前方有危险，便急忙后退，一退再退，以致放弃原来的目标、路线，改变方向、道路，而这个方向、道路与原来坚持的方向、道路已有本质的区别，那就不具有什么谋略价值，而是逃跑主义了。所以，在趋福避祸的问题上也要分清勇敢与怯懦、高明和愚笨。

# 第三章 学会低头，才能出头

## 第一节 人有 5 尺，天地却只有 3 尺

### 天地之间的高度只有 3 尺

被称作"美国之父"的富兰克林有一句名言："人，要昂首天下，但也要时时记得低头！"

有一则小幽默，女孩问向她求爱的男孩："你知道天有多高，地有多厚吗？"男孩想了一下说："嗯……不知道。"女孩轻蔑一笑："哼，又是一个不知天高地厚的家伙。"看似一个不经意的笑话，却可以引发我们对于天地之间高度的探索，那么到底天与地之间的距离是多少呢？

古希腊的时候，有人曾问苏格拉底："你是天下最有学问的人，那么你说天与地之间的高度是多少？"苏格拉底毫不迟疑地说："3 尺！"那人疑惑了："我们每个人都有 5 尺高，天与地之间只有 3 尺，那还不把天戳个窟窿？"苏格拉底笑着说："所以，凡是高度超过 3 尺的人，就要懂得低头啊。"

天地间的高度不过 3 尺，可是年轻人的个头大都超过 5 尺，为了能够在天地之间生存，我们每个人都应该学会低头，学会以低调的姿态面对人生。可是，年轻人的身上总是有着"初生牛犊不怕虎"的气势，总是会摆出一副天不怕、地不怕的模样，所以即使是在强势的生活考验之下，我们也不会心甘情愿地低下"高贵"的头颅。

生活，有时候就像一个淘气鬼，总是喜欢捉弄不懂得生存法则的孩子。所以，如果我们在严峻的生活考验之下还不懂得低头，那么无疑我们会受到生活给予的各种各样的严厉惩罚。

富兰克林年轻时曾去拜访一位前辈。年轻气盛的他，昂首挺胸迈着大步，一进门就撞在门框上。迎接他的前辈见此情景，笑笑说："很疼吧？可这将是你今天来访的最大收获。一个人活在世上，就必须时刻记住要适时低头。"

这让人很自然地想起了苗家人房屋建筑的特点。一个不大的屋子里面可以有几十个房檐和门槛，平日里，苗寨里的乡亲们就背着沉甸甸的大背篓从外面穿过这些房檐和门槛走进来。虽然障碍如此之多，可从来没有人因此撞到房檐或者是被门槛绊倒，而外乡人初至，即使是空手走在这样的屋子里也会经常碰头或跌跤。一位苗家老人常常告诫初来的外乡人，要想在这样的建筑里行走自如，就必须牢记：可以低头，但不能弯腰。低头是为了避开上面的障碍，看清楚脚下的门槛，而不弯腰则是为了有足够的力气承担起身上的背负。

老人对富兰克林的告诫其实也是对人生的形象比喻。

苗家建筑也好比人生，一路上充满了房檐和门槛，一个不大的空间里到处都是磕磕绊绊，而人们肩膀上那个沉沉的背篓里装满了做人的尊严。背负着尊严走在高低不同、起伏不定的道路上，必须时刻提防四周的危险，还要时刻提醒自己：头要低，腰须挺。

所以，在3尺高的天地之间低头前行，并不是一件丢脸的事，而是一种智慧、一种境界。尤其是在社会竞争如此激烈的今天，我们需要面对的东西太多，需要注意的事情也太多：想要工作出色，需要花费心力；想要家庭和睦，需要付出；想要有更大的发展，更要学会在曲折中保存实力……而并不是所有的事情都是一帆风顺的，上司可能不理解你对于工作的构想；父母可能不理解你的人生选择；同事之间可能一直矛盾重重；连爱人之间也可能不停地产生误会……

面对生活，我们的确需要忍耐，需要低头。生命的负载太多，人生的负载太沉，低一低头，就可能卸去多余的沉重。比如面对别人的不解，低一低头，虽然不一定能赢得别人的谅解和信任，但是最起码可以除去不必要的纠纷。

但是，并不是说低头就要放弃做人的尊严。我们经常误认为，向别人低头，就等于自己的尊严受挫。其实并不是这样的。低头，是在挫折中保存自己的智慧，是在没有必要的纷争中保护自己的一种能力，是一种豁达。可是，现实生活中，并不是所有的人都具有低头的勇气，结果不是碰壁，就是触网，在生活的挫折中饱受煎熬。其实，年轻人何必总是一副宁死不屈的倔强样子呢？低一低头，多给自己一次机会，岂不是更好？

## 放低身段，会使高贵者变得更加高贵

如果位居高位的人能放低姿态俯就众人，以平易随和的态度对待众人，做到华而不显、贵而不炫，就一定会赢得众人的拥戴、人心的归附。

有人说：高贵者最愚蠢，卑微者最聪明。意思是：以为自己高贵的人是最愚蠢的，而能放下身段、体察民情、了解民意，由此学到知识的人才是最聪明的。其实高贵和卑微并非是先天造就的，而是由人自身的态度和处世的方式决定的。

五代时南唐有位画家叫钟隐，他从小喜欢画画，经名师指点，自己又刻苦练习，年纪轻轻就成了名。从此，家中的宾客络绎不绝。要是换了肤浅的人，遇到这种情况，一定会自鸣得意、沾沾自喜，可是钟隐对这一切却无动于衷，每天仍然在书房里潜心作画。

钟隐深知自己山水画已经很有功力，但花鸟画还很欠缺。要想画好，必须有名师指点，他四处打听哪里有擅画花鸟的名师高手，自己好前去拜师学艺。这一天，他与故人侯良一起喝酒，钟隐问侯良是否能给引荐个擅画花鸟的名师。侯良说："我的内兄郭乾晖就很擅长画花鸟画。不过他性格古怪孤僻，别说收学生，就连自己画的画儿也轻易不给人看。更怪的是，他画画还总躲着人，恐怕人家把他的技法偷学去。"

钟隐倒觉得郭乾晖这个人很有意思，他如此保守，恐怕必有诀窍。可是，怎么才能接近他呢？这倒得费费脑筋了。钟隐四下打听，听说郭乾晖要买个家奴。

于是，钟隐打扮成仆人的样子，到郭府应聘去了。郭乾晖见钟隐长得非常机灵，就留下了他。在郭府，钟隐每天端茶递水，打扇侍候，什么杂活儿都干。向来写字画画的他虽然感觉很辛苦，但是一想到能够看到郭乾晖画的画，就有了坚持下去的动力。

为了能够亲眼看见郭乾晖作画，钟隐尝试了各种办法，坚持不离郭乾晖左右。可是每次作画的时候，郭乾晖不是让他去干这，就是让他去干那，想方设法把他打发走。就这样，钟隐还是没有看到郭乾晖作画。

一连两个月过去了，钟隐还是一无所获。几次他都起了走的念头，但心中又总是还有一线希望使他留下来。

钟隐没有把自己为奴学画的事情告诉任何人，连他的妻子也只知道他是出远门去会朋友。钟隐毕竟是个名人，每日高朋满座，可这些日子，朋友来找他，家人都说他出门了，问去哪儿了，又都说不知道。时间一长，人们就起了疑心。最后连家人也疑心重重，特别是钟夫人，非要把他找回来不可。

一天，郭乾晖外出游逛，听人家说名画家钟隐失踪了两个月，连家人也不知他去了哪儿。再听人家描述钟隐的岁数和相貌，跟家里的那个年轻人相像，他也正好来家里两个月。"怪不得他总想看我作画呢！"郭乾晖恍然大悟，急急忙忙地跑回家，把钟隐叫到书房里，说道："你的事情我全知道了。为了学画，你不惜屈身为奴，实在使老夫惭愧。我多年来不教学生，自有我的道理，今天遇到你这样虚心好学的青年，我也不能不破例，将来你会前途无量的。"

就这样，钟隐以执着的求学精神感动了郭乾晖，名正言顺地成了他的学生，郭乾晖把自己多年的体会和技艺毫无保留地传授给了钟隐。

钟隐为了拜师学艺，不惜自降身价，他这份诚挚的心意终于打动了执拗的郭老前辈，获得了学画的机会。由此可见，放下身段并不会让我们变得卑微，懂得低头也并不是一种懦弱。所以，当我们急于出头或急于求成时，不妨学习一下钟隐，放下自己的身段，潜心求学，这样我们才能拥有更多的收获，离成功更近。

在生活中，总是有人担心如果自己放下身段会被他人嘲笑和贬低，其实这样的顾虑是没有必要的。通常情况下，人们评价一个人是高贵还是卑微，不会只看到他的身份和地位，而是更注重他的品行和道德。路边上的乞讨者即便衣衫褴褛、身无分文，可当他把乞讨来的钱捐给更需要的人时，没有人会觉得这个乞丐是卑微的。身着名牌、打扮得体的绅士弯腰递给乞丐钞票，只会让人觉得绅士有教养而不是"掉价"了。

所以，真正高贵的，是人的心灵，真正卑微的，也是人的心灵。一颗高贵的心灵，每个普通人都有权利拥有。只要我们心中拥有对于美好生活的勾画，并为了追求自己的理想而不顾惜自己的身份和地位，那么即使现在我们正做着一些有悖于自己身份的事情，也不会有人说我们卑微。

相反的，因为心灵上绽放的光辉，我们的生命会因此变得更加高贵。

## 鹤立鸡群被鸡啄

如果想在这纷杂的社会中明哲保身，最好放弃自身的优越感，做个"没有气势"的人，这样才会比较安全。

有句话说得好："出头的椽子先烂。"这确实是客观世界中不争的事实。出头椽子，总是比不出头的椽子要承受更多的风吹雨打，日复一日，年复一年，自然也比别的椽子要腐烂得早。同样的道理也适用于我们的生活，那些喜欢高调地炫耀自己的成就的人，往往更容易遭到别人的嫉妒，要承受更多的舆论压力。所以，人们在风光尽显之时，一定要学会用低调的盾甲保护自己，否则，就有可能将自己置于危险的境地。

西汉有位官员叫杨惮，重仁义、轻财物，为官廉洁奉公，大公无私。可正当他官运亨通、春风得意的时候，有人嫉妒他位高名显，便在皇帝面前告了他一状，说他对皇帝陛下心怀不满，表现得那么出色是为了笼络人心，图谋不轨。

皇帝当然厌恶有人和他唱对台戏，尤其不能忍受别人意图谋权篡位。经人这么一告发，皇帝一气之下，就把杨惮贬为平民。

原先做官时，杨惮就想添置家产，但是怕别人说他不廉政，现在下野了，反倒乐得轻松。他以置办财产为乐，在每天忙忙碌碌的劳动中得到快慰。

他的好朋友孙会宗听说了这件事，感到可能会闹出大事来，就写了一封信给杨惲，信里说："大臣被免掉了，应该关起门来表示'心怀惶恐'，装出可怜的样子，免得人家怀疑。你不应该置办家产，搞公共关系，这样容易引起人们的非议。让皇帝知道了，不会轻易放过你的。"

杨惲很不服气，回信给老朋友说："我自己认为确实有很大的过错，德行也有很大的污点，理应一辈子做农夫。农夫很辛苦，没有什么快乐，但在过年过节杀牛宰羊，喝喝酒、唱唱歌，来慰劳自己，总不会犯法吧！"虽然说"身正不怕影子歪"，可是人心叵测，就是有人把他视为眼中钉、肉中刺，再一次向皇帝告发，说杨惲被免官后，不思悔改，生活腐化。而且，最近出现一次不吉利的日食，也可能是由他造成的。

皇帝大惊，急忙下令迅速将杨惲缉拿归案，以大逆不道的罪名将他腰斩，还把他的妻儿子女流放到酒泉。

悲剧的酿成，就是因为杨惲不懂得低调保身的哲学。免官之后，他本来应该接受友人的劝告，采取低调的策略，装出一副诚惶诚恐的可怜样子，就不会给别人落下话柄。可杨惲非但没有接受教训，还置办家产，广交朋友，风光度日，这不是"树大招风"、自植祸害吗？所以，如果你已经从高处跌向低谷，就应该适应低处的环境，调整自己处世的方式。即使你是一只"鹤"，如果已经进入了"鸡群"，也要懂得低下你长长的脖子。

通常情况下，我们所说的"鹤立鸡群"包含两层含义：第一层含义是为人优秀，在人群里非常引人注目。这样的人很容易吸引众人的目光，也很容易发达，可是也会因为注意的人太多而要承受过多的压力，遭人嫉妒或者平增许多莫须有的罪名，让你的精神备受打击。同样的错误，放在别人身上也许会被原谅，可是放到优秀的人身上就会被无限放大甚至招来祸端；同样的事情，别人可以轻松去做、去享受，而当很受人关注的人也去做的时候，就会被人指点和批评。因此，越是春风得意之时，就越要经常反躬自省、不显不露、低头做人，只有这样才能减少别人投放在我们身上的目光，减少自己所承担的压力，让自己的生活变得轻松。

第二层含义是曾经是鹤，被无情打压和排挤过后，失去了先天的优势，不得不在鸡群里委屈地生活。也许你会觉得，自己的经历完全可以应付现在平淡的生活，也完全可以在"鸡群"里崭露头角，可是不要忘记，人们总是习惯于从自己的利益角度来看事物。如果你做了伤害他们利益的事情，他们就会用你曾经的经历作为把柄来进行攻击，毕竟在他们的眼里，你已经风光不再，甚至还到处都是敌人。所以，即使是落井下石，他们也不会介意。

不管是哪一种状况，只要是鹤立鸡群，鹤永远都是处于苦难的边缘。只有学会低调，不让别人感觉到你是异类，才能逃离一些不必要的折磨，安心地过属于自己的生活。

## 矮人一截不等于低人一等

低调的人虽不张不扬、不温不火，内心却自信自尊，他们"上交不谄，下交不渎"，以一种独特的风范维护着自己的尊严。

这里说的"矮人一截"里面的"矮"，并不是指个头，而是指低调做人，是取得成就时的不张扬，与人发生冲突时的忍让，帮助别人时的不炫耀，在人群中的不显露……低调做人者不显山、不露水，不让别人觉得自己"高人一等"，但也不会因为自己的忍耐和退让而让人觉得他们就是"低人一等"，他们会用自信、自尊来维护自己的尊严。

如今已是某保险公司股东会成员之一的赵丽回忆起她的成功经历时说，她所卖出的数额最大的一张保单不是在她经验丰富后，也不是在觥筹交错中谈成的，而是在她第一次推销的时候。

这是赵丽所在市最大的一家合资电子企业，向这样的企业进行推销，赵丽不免有些胆怯，毕竟这是她的第一次推销。然而，再三思虑后，她还是壮着胆子进去了。当时，整个楼层只有外方经理在。

"你找谁?"他的声音很冷漠。

"您好，我是保险公司的业务员，这是我的名片。"赵丽双手递上名片，心里有些发虚。

"推销保险? 今天已经是第三个了。谢谢你，或许我会考虑，但现在我很忙。"老外的发音直直的，像线一样，听不出任何感情色彩。

赵丽本来也不指望那天能卖出保险，所以毫不犹豫地说了声"对不起"就离开了。

如果不是她走到楼梯拐角处时下意识地回了一下头，或许她就这么走了，以后也不会有任何事情发生。

赵丽回了一下头，看见自己的名片被那个老外一撕，扔进了废纸篓里。赵丽感到非常气愤，于是她转身回去，用英语对那个老外说："先生，对不起，如果您不打算现在考虑买保险的话，请问我可不可以要回我的名片？"

老外的眼中闪过一丝惊奇，旋即平静了，耸耸肩问她："为什么？"

"没有特别的原因，上面印有我的名字和职业，我想要回来。"

"对不起，小姐，你的名片让我不小心洒上墨水，不适合还给你了。"

"如果真的洒上墨水，也请您还给我好吗？"赵丽看了一眼废纸篓。

片刻，他仿佛有了好主意："这样吧，请问你们印一张名片的费用是多少？"

"五毛钱，问这个干什么？"赵丽有些奇怪。

"好吧。"他拿出钱夹，在里面找了片刻，抽出一张一元钱的，"小姐，真的很对不起，我没有五毛零钱，这张钞票算我赔偿你的名片，可以吗？"

赵丽想夺过那一元钱，撕个稀烂，告诉他她不稀罕他的破钱，告诉他尽管她是做保险推销的，可也是有人格的。但是，她忍住了。

她礼貌地接过那一元钱，然后从包里抽出一张名片给了他："先生，很对不起，我也没有五毛的零钱，这张名片算我找给您的钱。请您看清我的职业和我的名字，这不是一个适合进废纸篓的职业，也不是一个应该进废纸篓的名字。"

说完这些，赵丽头也不回地转身走了。

没想到，第二天赵丽就接到了那个外方经理的电话，约她去他公司。

赵丽几乎是趾高气扬地去了，打算再次和他理论一番。但是，他告诉赵丽的是，他打算从她这里为全体职工购买保险。

赵丽不卑不亢的做法最终使她赢得了外方经理的尊重，也书写了大大的"人"字。她并没有看到别人有地位、有金钱就不自觉地矮人一截，甚至将侵犯人格的举动视而不见，而是让对方明白了尊严的真正意义。因为自重，她赢得了尊重！

低调的人就是这样，他们能够正确认识、分析自我，明白自己的优势和劣势，不以自己的短处与人家的长处相比，更不以自己的劣势与人家的优势相论。他们能摆正自己的位置，摆脱"低人一等"的心理，发挥自己的所长，以平常之心对待，显出足够的自信，从而在处世过程中从容自如、游刃有余。

## 为什么小丑有时比主角更受欢迎

如果你丢不开面子，放不下尊严，没办法打破生涩，扮演不了在众人的嬉笑中不断进步的小丑，那么你只能成为生活的看客。

观看舞台剧，人们总是为了小丑的滑稽表演而欢呼。人们对于小丑的喜爱，有时候更多于对帅气的王子和美丽的公主的喜爱，这是为什么呢？

法国一家马戏团的经营者说："小丑的角色并不是很容易就能够扮演的，他需要表演者打破羞涩，敢于出丑。只有把观众逗乐了，你才是成功的，否则你就注定会失败。"
敢于出丑是小丑表演者的必备因素，可能也是我们最为之
心动的因素：我们喜欢小丑，是因为小丑的身上寄托了很
多日常生活中我们不敢去做的事情。

在生活中，人们都想使自己表现得聪明，都怕在众人
面前出丑。这似乎是截然对立的两件事，聪明人绝不会出
丑，出丑的人必然是笨蛋。然而，事实并非如此，并不是
你不出丑就能变得聪明，也不是你不出丑就能获得成功。
比如滑稽的小丑，虽然丑态百出，却能赢得观众赞许的掌
声。所以，不要害怕出丑，也不要因为一时的出丑而觉得
难堪、愧疚，因为只有勇于出丑，我们才能增加对自己的
磨炼，才能离成功更近。

罗茜读书时网球打得不好，所以老是害怕打输，不敢
与人对垒，至今她的网球技术仍然很蹩脚。罗茜有一个同
班同学，开始时她的网球比罗茜打得还差，但她不怕被人
打下场，越输越打，后来成了令人羡慕的网球手，成了大
学网球代表队队员。

聪明令人羡慕，出丑总使人感到难堪。但聪明是无数
次出丑中练就的，不敢出丑，就很难聪明起来。

那些勇敢地去干他想干的事的人是值得赞赏的，即使
有时在众人面前出了丑，他们还是洒脱地说："哦，这没什
么！"就是这么一类人，他们还没学会反手球和正手球，就
勇敢地走上网球场；他们还没学会基本舞步，就走下舞池
寻找舞伴；他们甚至没有学会屈膝或控制滑板，就站上了
滑道。

艾米只会说一点点可怜的法语，她却毅然飞往法国去做一次生意上的旅行。虽然人们曾告诫她：巴黎人对不会讲法语的人是很看不起的，但她坚持在展览馆、在咖啡店、在爱丽舍宫用法语与每个人交谈。她不怕结结巴巴，不怕语塞、出丑吗？一点也不。因为艾米发现，当法国人对她使用的虚拟语气大为震惊之后，许多人都热情地向她伸出手来，为她的"生活之乐"所感染，从她对生活的努力态度中得到极大的乐趣。他们为艾米喝彩。

不怕出丑的人还包括那些学习对他来说并不容易的人。生活中有些人由于不愿成为初学者，就总是拒绝学习新东西。他们因为害怕"出丑"，宁愿放弃机会，限制自己的乐趣，禁锢自己的生活。

若要改变自己的生活，就必须冒出丑的风险，除非你决心在一个地方、一个水平上"钉死"了。不要担心出丑，否则你就会毫无出息，而且更重要的是，即使你不出丑，你同样不会心绪平静、生活舒畅，你会在囿于静止的生活与时时渴望变化的矛盾中饱受痛苦煎熬。我们也许应该记住这一点，由于我们害怕出丑，也许会失去许多生活机会而长久地感到后悔。我们应该记住法国人的一句话："一个从不出丑的人并不是一个他自己想象的聪明人。"

## 林肯的胡子，为谁而留

从山上下来吧，只有回到地面，你才能重新回到人群当中。

低调平易的人不仅能够获得众人的尊敬，也能够由此赢得他人的帮助和支持，从而使自己的生活和事业更加灿烂辉煌。

正因为如此，古今中外的领导者都能够自觉地将低调作为一种策略，灵活地适用到工作中，放低自己的身段，和众人打成一片，从而收获人心，使自己在事业中更加"如鱼得水"。

林肯的故居里挂着他的两张画像，一张有胡子，一张没有胡子。在画像旁边的墙上贴着一张纸，上面歪歪扭扭地写着：

亲爱的先生：

我是一个11岁的小女孩，非常希望您能当选美国总统，因此请您不要见怪我给您这样一位伟人写这封信。

如果您有一个和我一样的女儿，就请您代我向她问好。要是您不能给我回信，就请她给我写吧。我有四个哥哥，他们中有两人已决定投您的票。如果您能把胡子留起来，我就能让另外两个哥哥也选您。您的脸太瘦了，如果留起胡子就会更好看。

所有女人都喜欢胡子，那时她们也会让她们的丈夫投您的票。这样，您一定会当选总统。

格雷西

1860年10月15日

在收到小格雷西的信后，林肯立即回了一封信。

我亲爱的小妹妹：

收到你15日的来信，非常高兴。我很难过，因为我没有女儿。我有三个儿子，一个 17 岁，一个 9 岁，一个 7 岁，我的家庭就是由他们和他们的妈妈组成的。关于胡子，我从来没有留过，如果我从现在起留胡子，你认为人们会不会觉得有点可笑？

忠实地祝福你

亚·林肯

第二年 2 月，当选的林肯在前往白宫就职途中，特地在小女孩的小城韦斯特菲尔德车站停了下来。他对欢迎的人群说："这里有我的一个小朋友，我的胡子就是为她留的。如果她在这儿，我要和她谈谈。她叫格雷西。"这时，小格雷西跑到林肯面前，林肯把她抱了起来，亲吻她的面颊。小格雷西高兴地抚摸着他又浓又密的胡子。林肯对她笑着说："你看，我让它为你长出来了。"

原来林肯的胡子是为一个小小的女孩子而留，而这个女孩子他一开始并不认识。有人说，林肯是为了拉两张选票才留起胡子的。其实对于一场大选，两张选票能起的作用很微小。如果换位思考，你接到类似的信，相信你也会一笑了之，觉得一个 11 岁的孩子不值得重视。可林肯不但重视了一个小女孩的来信，还认真地写了回信并真的蓄起了胡子。这也许就是他能获得人们的拥护和爱戴的原因。

当年林肯总统的平易随和是有口皆碑的，尽管他贵为总统，却常常喜欢独自走出办公室，到民众中去。平时他在白宫办公室的门总是开着，任何人想进来谈谈都受欢迎，他不管多忙也要接见来访者。

　　林肯总统不愿意在他和民众之间拉开距离，这使保卫工作颇不好做。他也常抱怨那些执行职责的保卫人员："让民众知道我需要与他们在一块儿，这一点是很重要的。"他先这样说，接着就开始躲避他的卫兵或命令他们回到陆军部去。他不愿意成为白宫办公室的囚徒。

　　林肯很少拒绝人，甚至对有的人还鼓励他们来访。1863年，林肯写信给印第安纳州的一个公民："对来见我的人们我一般不拒绝见他们；如果你来的话，我也许会见你的。"他曾说，"告诉你，我把这种接见叫作我的'民意浴'——因为我很少有时间去读报纸，所以用这种方法搜集民意。虽然民众意见并不是时时处处令人愉快，但总的来说，其效果还是具有新意、令人鼓舞的。"

　　像林肯这样的大人物，总是格外引起别人的注意，如果能以平等的态度对待众人，那么一定会深得人心。反之，如果一直摆出一副高高在上的姿态，那么别人就会对你心存忌惮，敬而远之。

　　在企业中，我们常常会注意到，如果管理者总是摆出一副高高在上的样子，那么他的下属就会跟他产生很大的隔阂，不利于沟通和提高企业的整体效益。如果管理者能够平易近人，跟下属一起加班，跟大家一起吃盒饭……上下级的相处就会自在很多，彼此的沟通也会做得很好，企业的整体效益也会有所提高。

　　所以，不要总是抬头仰望，低下头来，即使是一个小小的细节，也足以温暖人心。

## 生命的红酒永远榨自破碎的葡萄

玫瑰开得正旺的季节,将它们采摘回来,风干,压平,夹在书页当中,那么这一份玫瑰的清香就能够一直保存。

美国作家威廉·杨格曾说:"一串葡萄是美丽、静止与纯洁的,但它只是水果而已;一旦压榨后,它就变成了一种动物,因为它变成酒以后,就有了动物的生命。"为了成就红酒的美丽,晶莹的葡萄需要将自己的身体弄碎,经历压榨的折磨。可是如果它不做这样的自我牺牲,虽然也可能绚烂一时,却避免不了烂于树上的悲惨结局。这和我们的生活有很多共同之处。

人的一生中,总会遇到各种各样不尽如人意的事情,无论是来自自身的,还是来自外界的,都会令你烦闷不堪。一个人,如果想要成就一番事业,就必须面对挫折,学会忍辱负重,以坚韧不拔之气克服重重障碍,直至把生命磨炼到最美的状态。

西汉时期,北方匈奴冒顿单于执政时,国力衰弱。东胡国王想趁机灭掉匈奴,便故意找事。他听说匈奴有一匹千里马,便派使者来索要。冒顿单于知道东胡国的阴谋,对手下愤愤不平的群臣说:"东胡跟我国十分友好,所以才向我们索要千里马,我们怎么能因为一匹马而影响与邻国的关系呢?"于是,他将千里马拱手送给东胡。

东胡国王一计不成,又生一计,派使者索要冒顿的妻子为妃。这个要求太过分了,就算一个普通男人,也不能忍受这般蛮横无理的差辱!匈奴的文臣武将忍无可忍,表示要好好教训一下东胡。冒顿却十分冷静，对那些喊打喊杀的臣子说："天下女子多的是，东胡却只有一个。为了与东胡国睦邻友好，我愿意献出我的妻子。"

东胡国王得到千里马与美妻后，暂时没再给冒顿找麻烦。趁此时机，冒顿励精图治，国力渐强。东胡国王顿感不安，又来挑衅，又派使者求见冒顿，说："你我两国边境之间有块空地，有一千多里，你匈奴也到不了那里，把这块地送给我吧。"冒顿又问左右大臣该如何。左右大臣们见冒顿从前事事懦弱忍让，全无斗志，便说："这本来就是块无用的土地，送给他也无所谓。"

冒顿闻言大怒，说道："土地是国家的根本，怎么能把土地送给别人？"凡是说可以把地给东胡的大臣都被他斩首，然后传令集中兵马，迟到者一律斩首，他亲率大军袭击东胡。

东胡素来轻视匈奴，全然不加防备，冒顿一举消灭了东胡，把东胡占为己有。

冒顿如果为一时之气，贸然动手，匈奴可能早早就被灭掉。所以，即使东胡国一而再、再而三地挑衅和欺压，冒顿也只是退让低头。退让不是目的，退让的同时暗自加强自己国家的实力，为自己能一举消灭东胡而忍气吞声。

被压榨并不可怕，可怕的是容忍不了别人压榨自己，不管自己的实力多么弱小，都想和别人争个鱼死网破，结果自己只能像高挂枝头的葡萄，成不了芳香的红酒，而只能很快地腐烂。生活中，我们不要害怕一时的压榨，相信自己，低头过后，将会收获更多东西。

## 适时隐藏锋芒，避免毕露

人生如此复杂诡变，我们更应懂得收敛锋芒，低调处世。

有成语曰"锋芒毕露"，锋芒本是刀剑的尖端，这里比喻显露出来的才干。

古人认为，一个人若无锋芒，那就是提不起来，所以有锋芒是好事，是事业成功的基础，在适当的场合显露一下既有必要，也属应当。

但是现实生活似乎对于锋芒毕露的人格外的残酷，一旦过分展露自己的锋芒，就会遭到小人的忌恨，最终导致自己的失败。尤其是想做大事业的人，锋芒毕露不但不能使你达到事业成功的目的，而且可能让你因此失去身家性命。

唐德宗时杨炎与卢杞一度同任宰相。卢杞是一个除了逢迎拍马之外一无所长的阴险小人，而且脸上有大片的蓝色痣斑，相貌奇丑无比。而与卢杞同为宰相的杨炎，却满腹经纶，一表人才。

博学多闻、精通时政、具有卓越政治才能的杨炎，虽然具有宰相之能，性格却过于刚直。因此，像卢杞这样的小人，他根本就不放在眼里，从来都不屑于与卢杞往来。

为此，卢杞一直怀恨在心，千方百计想要算计杨炎。

正好节度使梁崇义背叛朝廷，发动叛乱，德宗皇帝命淮西节度使李希烈前去讨伐。杨炎认为李希烈为人反复无常，坚决阻止重用李希烈。

但是德宗已经下定了决心，对杨炎说："这件事你就不要管了！"可是，刚直的杨炎并不在意德宗的不快，还是一再表示反对用李希烈，这使本来就对他有点不满的德宗更加生气。

不巧的是，诏命下达之后，正好赶上连日阴雨，李希烈进军迟缓，德宗又是个急性子，于是就找卢杞商量。卢杞便对德宗说："李希烈之所以拖延徘徊，正是因为听说杨炎反对他的缘故，陛下何必为了保全杨炎的面子而影响平定叛军的大事呢？不如暂时免去杨炎宰相的职位，让李希烈放心。等到叛军平定之后，再重新起用杨炎，也没有什么大关系！"

卢杞的这番话看似为朝廷考虑，而且也没有一句伤害杨炎的话，德宗果然听信了卢杞的话，免去了杨炎的宰相职务。

就这样，一味刚直的杨炎因为不愿与小人交往而莫名其妙地丢掉了相位。

用违背道义、奉迎权势的态度来处世，固然会毁坏名气、丧失气节；但一味刚正不阿，不懂得保护自己、掩藏自己，那么最终受害的就只有自己。所以，我们在想维护自己正直的生活态度的时候，也要学会一点圆滑，学会掩藏自己的锋芒，让别人在你身上找不到话柄。

韩世忠和岳飞、张浚都是宋高宗时抗金名将，宋高宗因怕这些名将功高盖世，以后难以驯服，所以急于和大金议和。因众将抗金意志坚决，而且在战场上节节胜利，大金在军事上抵御不住岳飞、韩世忠，便在外交上给宋高宗施加压力，说大宋议和没有诚意。

宋高宗听信秦桧的奸计，解除了三人的军权，任命张浚、韩世忠为枢密使，岳飞为枢密副使，用职务上的升迁使三人脱离军队。

后来秦桧因岳飞多次阻挠他与大金议和的奸计，且屡次出言攻击他，心怀怨恨，便罗织罪名把岳飞逮捕入狱，并将其害死于风波亭。

当韩世忠听到岳飞被秦桧害死的消息后，义愤填膺，当面质问秦桧："岳飞究竟所犯何罪？"

秦桧无言以对，支支吾吾地说："岳飞的儿子岳云给部将张宪写信，让张宪要求朝廷派岳飞回军中，话虽不明白，这事件莫须有。"

韩世忠大怒，厉声说道："仅凭'莫须有'三字，何以服天下人心。"拂袖而去。

岳飞死后，韩世忠知道自己也难容于秦桧，便请求解除枢密使的职务，秦桧顺水推舟授他一个闲散的官职。

韩世忠赋闲之后，口不言兵，每天跨驴携酒，泛游西湖，许多人都不知道这是名震天下的韩元帅。

韩世忠的部将旧属路过杭州时，都来拜访老帅，韩世忠一律不见，平时也绝不和军中大将通报消息，以免被秦桧罗织罪名。

秦桧害死岳飞后，对韩世忠也是恨之入骨，恨不能把他也一并除去。然而他没想到害死岳飞会引起如此之大的民愤，自己也感到很害怕，又见韩世忠口不言兵，又和军队断绝往来，也不再出言阻挠自己与大金议和的奸计，既无威胁也无妨碍，便放过了他。

韩世忠懂得适时收起自己的锋芒，才得以保身，可见掩藏锋芒的重要。可是现代社会，很多人却不懂得掩藏自己，才华横溢，就可能清高自傲；个性十足，就可能一意孤行，我行我素……当我们从人群里显露出自己的时候，也就意味着我们被人群孤立了。所以，与其一个人承受众多人的压力和指责，不如圆滑一点、低调一点，在角落里静静地实现自己的梦想，过自由自在的生活。

# 第二节 有一种人生境界叫弯曲

## 你见过参天大树的根往上长的吗

柳树、杨树各有各的美，只是千万不要做圣诞树，表面浮华，却没有根基，一推就倒下了。

通常，老一辈人会告诉我们，第一份工作对于一个人的影响是最大的，在第一份工作中形成的思维习惯以及做事的方法，会不自觉地带到以后的工作中。这就是根基对于人们的影响。

在生活中，我们也有很深刻的体会：小时候学习写字，如果一直不认真，没有把字写好，那么长大了再想将字练好，就不容易实现了，因为小时候的握笔姿势如果不正确，长大了要想改正过来，也有一定的难度。我们的思维是存在惯性的，习惯更是难以改变。所以，在开始打根基的时候，我们就应该全力以赴，争取做到最好。虽然这样的要求在尚未形成习惯的时候有点苛刻，可是等我们突破了那些难关后，我们就会发现，当初的痛苦给以后的生活带来了很多意想不到的效益。

一位音乐系的学生走进练习室，在钢琴上，摆着一份全新的乐谱。"超高难度……"他翻着乐谱，喃喃自语，感觉自己对弹奏钢琴的信心似乎跌到谷底。这样的日子已经持续三个月了。自从跟了这位新的指导教授之后，不知道为什么教授要以这种方式教学。他勉强打起精神，开始用自己的十指奋战、奋战、奋战……琴音盖住了教室外面教授走来的脚步声。

指导教授是个极其有名的音乐大师，授课的第一天，他给自己的学生一份新乐谱："试试看吧！"他说。乐谱的难度颇高，学生弹得生涩僵滞、错误百出。"还不成熟，回去好好练习！"教授在下课时，如此叮嘱学生。

学生练习了一个星期，第三周上课时正准备让教授验收，没想到教授又给他一份难度更高的乐谱，"试试看吧！"上星期的课教授也没提。学生再次挣扎于更高难度的技巧挑战。第四周，更难的乐谱又出现了。同样的情形持续着，学生每次在课堂上都被一份新的乐谱所困扰，然后把它带回去练习，接着再回到课堂上，重新面临双倍难度的乐谱，却怎么都追不上进度，一点也没有因为上周的练习而有驾轻就熟的感觉。学生感到越来越不安、沮丧和气馁。

教授走进练习室。学生再也忍不住了，他必须向教授提出这3个月来为何不断折磨自己的质疑。教授没开口，他抽出最早的那份乐谱，交给了学生。"弹奏吧!"他以坚定的目光望着学生。

不可思议的事情发生了，连学生自己都惊讶万分，他居然可以将这首曲子弹奏得如此美妙、如此精湛! 教授又让学生试了第二堂课的乐谱，学生依然呈现出超高水准的表现……演奏结束后，学生怔怔地望着老师，说不出话来。

"如果，我任由你表现最擅长的部分，可能你还在练习最早的那份乐谱，就不会达到现在这样的水平。只有打好根基，你才能做得更好。"教授缓缓地说。

如果从开始的时候就放任自己，也许那个学生到最后也只会弹奏他比较熟悉的曲目，而不会有更大的作为。由此可见，根基对于一个人的成长来说是非常重要的。

参天大树必然有深厚的根基，人也是如此，只有根基深厚，才能承受更多的风雨。但是现在很多年轻人都非常浮躁，他们对于成功有着过度的热情，所以没有办法安下心来为自己打基础。

我们常常能听到这样的话：怎么就没有星探发现我呢? 如果能接拍一部电影，我也许就出名了，之后就不用再这样辛苦地生活了；为什么我就不能中一注百万大奖呢……喜欢幻想，渴望财富，却不愿意脚踏实地去努力，如果一直这样，我们不但不能得到自己想要的东西，反而会让自己已经拥有的也一点点流失。

年华易逝，青春一去不复返。与其把大好的时光都浪费在不切实际的幻想当中，不如安心学习、安心工作，给自己打好根基，然后找准时机，将自己所有的潜质都发挥出来。只有这样，我们才能离成功更近，那些对于生活的美好幻想才有可能实现。

## 水满则溢，过犹不及

水满了就会溢出来。事情做过头了，就和没有做一样。因此一个人无论做什么事，都要持盈若亏。

有一次，孔子带领弟子们在鲁桓公的庙堂里参观，看到一个特别容易倾斜翻倒的器物。孔子围着它转了好几圈，左看看，右看看，还用手摸摸、转动转动，却始终拿不准它究竟是干什么用的。于是，就问守庙的人："这是什么器物？"

守庙的人回答说："这是君王放在座位右边警戒自己的器物。"

孔子恍然大悟，说："我听说过这种器物。它什么也不装时就倾斜，装物适量就端端正正，装满了就翻倒。君王把它当作自己最好的警戒物，所以总放在座位旁边。"

孔子回头对弟子说："把水倒进去，试验一下。"

子路去取了水，慢慢地往里倒。刚倒一点儿水，它还是倾斜的；倒了适量的水，它就正立；装满水，松开手后，它又翻了，多余的水都洒了出来。孔子慨叹说："哎呀，我明白了，哪有装满了却不倒的东西呢！"

子路走上前去，说："请问先生，有保持满而不倒的方法吗？"

孔子不慌不忙地说："聪明睿智，用愚笨来调节；功盖天下，用退让来调节；威猛无比，用怯弱来调节；富甲四海，用谦恭来调节。这就是损抑过分，达到适中状态的方法。"

子路听得连连点头，接着又刨根究底地问道："古时候的帝王除了在座位旁边放置这种器物警示自己外，还采取什么措施来防止自己的行为过火呢？"

孔子侃侃而谈："上天生了老百姓又定下他们的国君，让他治理老百姓，不让他们失去天性。有了国君又为他设置辅佐，让辅佐的人教导、保护他，不让他做事过分。因此，天子有公，诸侯有卿，卿设置侧室之官，大夫有副手，士人有朋友，平民、工、商，乃至干杂役的皂隶、放牛马的牧童，都有亲近的人来相互辅佐。有功劳就奖赏，有错误就纠正，有患难就救援，有过失就更改。自天子以下，人各有父兄子弟，来观察、补救他的得失。太史记载史册，乐师写作诗歌，乐工诵读箴谏，大夫规劝开导，士传话，平民提建议，商人在市场上议论，各种工匠呈献技艺。各种身份的人用不同的方式进行劝谏，从而使国君不至于骑在老百姓头上任意妄为，放纵他的邪恶。"

子路仍然穷追不舍地问："先生，您能不能举出个具体的人物来？"

孔子回答道："卫武公就是一个最典型的人物。他九十五岁时，曾对全国下令：'从卿以下的各级官吏，只要是拿着国家的俸禄、正在官位上的，不要认为我昏庸老朽就丢开我不管，一定要不断地训诫、开导我。我乘车时，护卫在旁边的警卫人员应规劝我；我在朝堂上时，应让我看前代的典章制度；我伏案工作时，应设置座右铭来提醒我；

我在寝宫休息时，左右侍从人员应告诫我；我处理政务时，应有瞽、史之类的人开导我；我闲居无事时，应让我听听百工的讽谏。'他时常用这些话来警策自己，使自己的言行不至于走极端。"

孔子还曾在一段评论弟子的话中谈到如何把握处世的度的问题：

子张是颛孙师，子夏是卜商，两人都是孔子的得意弟子。

有一次，孔子的弟子子贡在跟孔子谈论师兄弟们的性格及优劣时，忽然向孔子提了个问题："先生，子张与子夏两人哪一个更好些呢？"

孔子想了一会儿，说："子张过头了，子夏没有达到标准。过头了和没有达到标准一样，都是没有掌握好分寸的表现。"

因此一个人无论做什么事，要注意调节自己，使自己的一言一行能够恰到好处，既不要过分，也不要达不到标准。

## 凹凸人生：凹为什么总排在凸的前面

人生的风景线总是有起有伏、有高有低，但是只有首先经历低谷，我们才能更加懂得成功的喜悦；只有先处于洼地，我们才会更加珍惜高处的凉爽。

有人说，人生如水，水有逆流，也有顺流，所以人生有欢乐也有痛苦，人生少不了波澜壮阔，亦会起伏跌宕，没有谁永远都是一帆风顺的；有人说，人生如画，在涉世未深时，我们都是阅读观画的读者，而经过了风雨，辨别了事物，我们又变成书中的主角，各自演绎着精彩。人生又如棋，一步紧扣一步，稍有不慎，满盘皆输。

人生的意境到底是什么，很难说清楚，似乎什么东西都和人生有某种程度的契合，而无论什么东西又都不能完全概括出人生的复杂曲折。但是在人生的众多比喻中，最新颖也最独特的大概就是两个字"凹""凸"。人们也常常会用"凹""凸"这两个字来形容自己的生活，但为什么"凹"总在"凸"的前面呢？想要弄清楚其中的原因，我们首先应该看到这两个字字面上的含义。

"凹"，从字面上看，就是"口"字深陷下去。它就像一个海底，海的表面波涛汹涌，无风三尺浪，原来在这波涛汹涌的海下面却是一"凹"到底的诡秘，还蓄藏着一股吸引人们游到深海一探究竟的力量。虽然海会让人却步，但是也让人可以扬起风帆，乘风破浪、急流勇进。"凹"字也像一个低谷，看上去会让人摔到谷底，爬不出来，可是所有人都会经历跌倒再爬起来的磨炼，从这个意义上来说，"凹"更代表着一种坎坷。经历过坎坷的人总会更加成熟和稳重，不再是一朵温室里的花，不知道艰辛痛苦，也看不见外面世界的精彩纷呈，独自一个人顾影自怜。

"凹"放大说来，更是人生的一种态度。从字形上看，"凹"字恰好就是头部埋下去的样子，这正好代表了一种人生的态度。持有这种人生态度的人不会飞扬跋扈、对他人颐指气使，也不会哗众取宠、想在人面前出尽风头。他也不会是王熙凤、杨修、祢衡，他不会把自己的小聪明、小成绩拿出来炫耀显示，也不会说花言巧语哄得他人开心，他只是埋着头做自己的事情，有成绩也有赞誉，可是他们不以此为满足。

相对于"凹"字，"凸"是"凵"字突出来，它就像平地里的一棵树，枝叶繁茂，让人一眼就能看到，被它吸引；它又像一座大山，挺拔险峻，让人忍不住想去征服。它代表一种昂扬的态度，积极进取。"凸"字又好像卓尔不凡，想不甘平凡和渴望获得成功的形态。可是有时候树越大，越会招来大风，而山越险峻，人们越想把山踩在脚下。

"凸"放大来说，也对应着一种人生态度，那就是要出人头地、要鹤立鸡群的心态。这种心态会让人拼命奋斗，挤破脑袋去过一座独木桥。有时候，这种心态也很容易演变成骄傲和不择手段，或者带着些许的虚荣。总有一些人为了显示自己的卓越，不遗余力地卖弄自己的学识，为了证明自己比别人优秀，他也总会戴着有色眼镜看别人，挑别人的缺点来证明自己的优点。也许他们没有刻意卖弄或者炫耀，是靠自己的努力做到比别人出色，可是一旦走到了高处，总会不自觉地得意忘形起来。

"凹"与"凸"，连接在一起，就组成了人生的风景线，有崎岖有平坦，有低谷有高潮，有谦虚也有骄傲。"凹""凸"可以互补，"凹""凸"可以组成一个完整的矩形，方方正正没有间隙。回到开始的问题：既然"凹""凸"互补，为什么"凹"排在"凸"的前面？

也许，我们心中已经有了答案。"凸"教我们积极进取，教我们保存一颗昂扬向上的心，教我们把自己打造成出众的鸟，让人对你过目难忘。而"凹"教我们学会低头做人，不要做一只出头鸟，也不要做一只早起的虫子，因为出头鸟被枪打，早起的虫子被鸟吃。"凹"还教我们不要做一棵孤立的大树，因为树大招风，在没有足够的实力之前，也许大风会把我们连根拔起。如果不懂得"凹"，只会"凸"，我们会很快被打压下去，甚至丢了性命。所以，如果人生想要更平安、更顺利一些，我们必须在学会"凸"之前，先学会"凹"。

## 流入大海的河流会转弯

做人要学会灵活变通。在现实生活中，任何事物的发展都不是一条直线。

从地图上看，很多河流都是曲折地流向入海口。黄河中游像一个大大的"几"字形，长江就像"L"和"W"的连接体。通常情况下，我们认为，复杂的地形使得河流绝对不可能沿着直线方向一直向前流动，这是最常见的原因之一。但就是在宽阔的平原地区，河流也总是弯弯曲曲的，这是为什么？因为只有弯曲，才能保存自己的实力，延伸自己、壮大自己，最终找到通向大海的路。

我们的生命也是如此。每一天，我们都在盘旋中前进，在遇到阻碍的时候，就要学会弯曲。其实，有时候弯曲并不是一种妥协，而是一种柔韧，是一种在挫折之中保存实力的生存法则。但是，很多时候我们总是喜欢直路，即使为此要付出超常的代价，也不愿选择弯曲。

米洛斯岛居于地中海心脏地区，它的地理位置具有十分重要的战略意义，斯巴达最初统治了米洛斯。后来雅典强大起来，慢慢地成为地中海的主宰，雅典想利用米洛斯重要的地理位置来扩张实力，就决定与米洛斯结盟，共同对付斯巴达，但是米洛斯人拒绝与雅典结盟。

雅典一怒之下，决定攻打米洛斯。在发动全面攻击之前，雅典派使节前去劝服米洛斯人投降。但米洛斯不肯投降，他们出于对斯巴达的友情，坚信斯巴达人不会坐视不管。雅典使节警告他们：保守又现实的斯巴达民族是绝对不会帮助米洛斯的，抵抗只能导致更多的损失。

雅典人说："弃暗投明是明智者最好的选择，我们提供的条件是很合理的，屈服于希腊这样伟大的城邦，应该是一种荣耀，而不是耻辱。"但是，米洛斯还是拒绝了雅典的提议。

果然不出雅典人所料，在雅典军队入侵米洛斯的斗争中，斯巴达果然没有伸出援助之手。在雅典的猛烈攻击下，米洛斯人最后选择了投降。为了惩罚米洛斯人，雅典人将米洛斯族所有男人处死，女人和小孩卖为奴隶。

弱小的势力如果能够正确地把握自己，就可以成为强大的势力。与雅典结盟对米洛斯人却大有好处，但他们却错过了这样的机会。

面对别人的欺压，人们往往选择用反抗来对付。但有些时候，反抗的后果就是损失更大。如果采用忍辱负重的态度对待欺压，弯下腰去，使自己的个子比别人矮一些，就会发现对方将因为你的退让而措手不及，因为他们期待的是你的全力反击。就像下面故事里的高洋，虽然同"羔羊"的读音相同，但是这个高洋却不是一个完全不知反抗的羔羊。

南北朝时期，东魏的高洋尚未称帝时，东魏政权掌握在其兄长高澄的手里。高洋的妻子十分美艳，高澄暗加艳羡，而且心里很是不平。高洋为了不被高澄猜忌，做出一副朴诚木讷的样子，还时常拖着鼻涕嘿嘿傻笑。高澄因此将他视为痴物，从此不再猜忌高洋。

高澄时常调戏高洋的妻子，高洋也假作不知。后来高澄被手下刺杀，高洋为丞相，都督中外诸军，录尚书事，袭封齐王。朝中大臣素来轻视高洋，而这时高洋大会文武，谈笑风生，英姿勃发，与昔日判若两人，顿时令四座皆惊，从此再不敢藐视。高洋篡位后，出政清明，简净宽和，任人以才，驭下以法，内外肃然。

当时西魏大丞相宇文泰听到高洋篡位，借兴义师的名义，进攻北齐。高洋亲自督兵出战，宇文泰见北齐军容严整，不禁叹息道："高欢有这样的儿子，虽死无憾了！"于是引军西还。

虽然现在的生活中已不会发生因为不忍让就轻易丢掉性命的事情，但适时弯曲仍是必需之策。弯曲时更容易看清彼此更多的东西，更有利于沟通和进步，弯曲时能够掩藏实力，才能在伸展开的时候创造奇迹。

## 有时太能干也是一种痛苦

有时候太能干也是一种痛苦，因为你的亮度遮掩了别人的光芒，别人自然失去了前进的动力。而你是孤独、不被人理解的，虽表面光鲜，却要承担常人想不到的痛苦。

年轻人喜欢关注偶像明星，常常会在办公室里谈论娱乐圈里的话题。一天，小乐听闻自己的偶像明星将来北京的消息，就打算请假去机场接机。同事打趣道："这么喜欢他，如果有一天他能成为你男朋友，你不是会高兴死了？"小乐却说："喜欢是喜欢，要是真给我当男朋友，我可不敢要。他太能干了，那么优秀，有这样的男朋友谁能放心啊？与其整天担惊受怕的，还不如远远地看着好呢。"

对于普通人来说太能干常常会给别人一种压力。他们会在太能干的人面前产生自卑，而同样能干的人，又会彼此排挤，所以太能干的人经常是孤独的、不被人理解的，虽然表面上光鲜，却要承担常人想不到的痛苦，经历常人无法承受的责难。

文种和范蠡都是越王勾践身边的红人。勾践平定吴国以后，引兵北上，与齐国、晋国会盟徐州，并且得到周平王的封赏，一时号称霸王。

范蠡虽然是越国的上将军，辅佐越王勾践二十余年，对勾践的雪耻复国屡建奇功，为越王坐上霸主之位立下了汗马功劳，可是他仍然心事重重。一天，大夫文种问他："眼下越国威震天下，号称霸王，你我官至上卿，功名盖世，为何闷闷不乐？"

范蠡苦笑着说："俗语道'飞鸟尽，良弓藏；狡兔死，走狗烹'，大名之下，难于久居！我已决定离开勾践，你也该想想出路……"文种却对范蠡的忧虑毫不在意，说笑了一阵走开了。

　　第二日，范蠡给越王勾践送上一份辞呈，说："臣闻主忧臣劳，主辱臣死。昔者君王受辱于会稽，臣所以不死，为的是复仇雪耻。今日君王已经达到目的，臣请君王赐死……"

　　勾践读罢辞呈，气恼地说："难道范蠡不相信寡人？我打算将越国分一半给他，他若是真生疑心，我真要加诛于他！"范蠡心知勾践对自己并非真心实意，早晚要加罪于他，于是偷偷带上宝物珠玉，与心腹亲信乘船从海路逃走……

　　范蠡在齐国海边落脚之后，改名换姓，自称鸱夷子皮，耕种滩涂，劳身苦作，治理产业，几年工夫就成了当地的首富。齐国大夫听说他的贤名和才能，派人请他去做齐国的相国，可是他谢绝了。范蠡喟然长叹道："居家则致千金，居官则至卿相，此乃布衣之极也。久受尊名不祥……"

　　范蠡不去当相国，便不宜在此处久居，于是，他又把家财分给知友、乡亲，只带些值钱的珠宝，迁移到陶地，自称为陶朱公。

　　不久，他又成为当地的富豪，家资巨万，远近闻名。自从范蠡不辞而别以后，文种觉得很孤单，又见勾践日夜享乐，不像从前那样敬重自己，有点心灰意懒，常常称病不朝。于是有人向勾践进谗言说："大夫文种自恃有功，倨傲不朝，背地里勾结私党，企图叛乱……"越王勾践于是赐一把宝剑给文种，命令道："你教寡人七种计谋征服吴国，寡人只用其中三种就打败了吴国。还有四种计谋留在你那儿，我命令你去替我死去的先王谋划吧……"文种悔恨地说："这都怪我不听范蠡的劝告啊……"说完，文种便用宝剑了结了自己的生命。

勾践有一句话没有说错，文种确实能干，他的七种计谋勾践只用了三种就打败了吴国，这样的谋略举国难觅。可惜，文种却难逃被赐死的结局。

因为太能干，上司总是害怕他的地位受到冲击，害怕自己的"江山"受到威胁，这就是单位里太能干的员工为什么不受欢迎的原因。所以，在生活中，如果我们具有超乎常人的本领，也要学会低调，学会假装平庸，只有这样才能让自己免受排挤，才能顺利地发展自己的事业。

## 有一种人生境界叫弯曲

在与强劲的对手交锋时，迂回的手段高明、精到与否，往往是能否在较短的时间内由被动转为主动的关键。

任何事物的发展都不是一条直线，聪明人能看到直中之曲和曲中之直，并不失时机地把握事物迂回发展的规律，通过迂回前进，达到既定的目标。

顺治元年（1644年），清王朝迁都北京以后，摄政王多尔衮便着手进行武力统一全国的战略部署。当时的军事形势是：农民军李自成部和张献忠部共有兵力四十余万；刚建立起来的南明弘光政权，汇集江淮以南各镇兵力，也不下五十万人，并雄踞长江天险；而清军不过二十万人。如果在辽阔的中原腹地同诸多对手作战，清军兵力明显不足。况且迁都之初，人心不稳，弄不好会造成顾此失彼的局面。

多尔衮审时度势，采取了以迂为直的策略，先怀柔南明政权，集中力量攻击农民军。南明当局果然放松了对清的警惕，不但不再抵抗清兵，反而派使臣携带大量金银财物，到北京与清政府谈判，向清求和。这样一来，多尔衮在政治上、军事上都取得了主动地位。顺治元年七月，多尔衮对农民军的进攻取得了很大进展，后方亦趋稳固。此时，多尔衮认为最后消灭明朝的时机已经到来，于是，发起了对南明的进攻。当清军在南方的高压政策和暴行受阻时，多尔衮又施以迂为直之术，派明朝降将、汉人大学士洪承畴招抚江南。顺治五年（1648 年），多尔衮以他的谋略和气魄，基本上完成了清朝在全国的统治。

绕圈的策略，十分讲究迂回的手段。特别是在与强劲的对手交锋时，迂回的手段高明、精到与否，往往是能否在较短的时间内由被动转为主动的关键。

美国当代著名企业家李·艾柯卡在担任克莱斯勒汽车公司总裁时，为了争取到 10 亿美元的国家贷款来解公司之困，他在正面进攻的同时，采用了迂回包抄的办法。一方面，他向政府提出了一个现实的问题，即如果克莱斯勒公司破产，将有 60 万左右的人失业，第一年政府就要为这些人支出 27 亿美元的失业保险金和社会福利开销，政府到底是愿意支出这 27 亿美元，还是愿意借出 10 亿极有可能收回的贷款？另一方面，对那些可能投反对票的国会议员们，艾柯卡吩咐手下为每个议员开列一份清单，清单上列出该议员所在选区所有同克莱斯勒有经济往来的代销商、供应商的名字，并附有一份万一克莱斯勒公司倒闭，将在其选区产生的经济后果的分析报告，以此暗示议员们，若他们投反对票，因克莱斯勒公司倒闭而失业的选民将怨恨他们，由此也将危及他们的议员席位。

这一招果然很灵，一些原先激烈反对向克莱斯勒公司贷款的议员闭了口。最后，国会通过了由政府支持克莱斯勒公司 15 亿美元的提案，比原来要求的多了 5 亿美元。

俗话说："变则通，通则久。"所以，在一些暂时没有办法解决的事情面前，我们应该学着变通，不能死钻牛角尖，此路不通就换条路。有更好的机会就赶快抓住，不能一条路走到黑，生活不是一成不变的，有时候我们转过身，就会突然发现，原来我们的身后也藏着机遇，只是当时我们赶路太急，把那些美好的事物给忽略掉了。

## 得意时不可忘形

得意时更要注意自己的言行，只有在言辞上低调，才能更好地保护自己。

有这样一则寓言：

一只野兔被老鹰捉住了，害怕得大哭大叫。这时，一只乌鸦飞了过来，得意忘形地对野兔说："你平时不是跑得挺快吗，这次怎么不跑了？看，还是我们有翅膀的好啊。"接着便大谈自己翅膀的好处，说到忘情处，还手舞足蹈起来。正在这时，另一只老鹰突然飞下来捉住了它，它将落得和野兔一样的命运了。野兔在断气之时，对乌鸦说："啊，你方才还在为自己的平安而得意忘形，现在你也该哀叹和我有着同样不幸的命运了。"

　　乌鸦的悲剧可以引起人们的反思。一个人事业有成，或加官晋爵之时，当然是应该值得庆贺的，但这种庆贺也应保持适当的尺度，绝不能得意忘形。特别是在言辞上，那种"上嘴唇顶天，下嘴唇顶地"的高谈阔论，还是少一些为妙，因为在你的身边还有一些失意的人，你的张扬会引起他们的心态失衡，有时会激起他们做出一些超出自己能力控制范围的事情，以至于给你带来不必要的麻烦。在失意的朋友面前，更要注意自己的言行。只有在言辞上低调，才能融入朋友，从而更好地保护自己。

　　得意忘形而使自己身败名裂的人物不只现在，古代也有许多。三国时期，蜀国的大将魏延就是一个典型代表。

　　在蜀国的全盛时期，魏延也算是一员猛将，但在"五虎将"面前还算不了什么。经过东征西伐，"五虎将"相继死去，魏延就成了无人能敌的战将，他也由此有了值得骄傲的资本。此间他不但被封为南郑侯，还被称为征西大将军。但魏延并不像诸葛亮那样为蜀国大业鞠躬尽瘁和竭尽忠诚，而是想自图霸业。他当时的心态已膨胀得不能自控，觉得他已经是天下第一高人，无人能与其匹敌了，于是他得意忘形起来。

　　当姜维斥责他说："反贼魏延！丞相不曾亏你，今日如何背反？"魏延横刀勒马而言："伯约，不干你事。只教杨仪来！"杨仪在门旗影里，拆开锦囊视之，如此如此。杨仪大喜，轻骑而出，立马阵前，手指魏延而笑曰："丞相在日，知汝久后必反，教我提备，今果应其言。汝敢在马上连叫三声'谁敢杀我'，便是真大丈夫，吾就献汉中城池与汝。"魏延大笑："杨仪匹夫听着!若孔明在日,吾尚惧他三分;他今已亡,天下谁敢敌我?休道连叫三声,便叫三万声,亦有何难!"遂提刀按辔,于马上大叫:"谁敢杀我?"一声未毕,脑后一人厉声而应曰:"吾敢杀汝!"手起刀落,斩魏延于马下。众皆骇然。斩魏延者,乃马岱也。原来孔明临终之时,授马岱以密计,只待魏延叫时,便出其不意斩之。当日,杨仪读罢锦囊计策,已知伏下马岱在魏延身边,故依计而行,果然杀了魏延。

踌躇满志、春风得意,是人人向往的人生境界。但是得意却不可忘形,如果被一时的得意冲昏了头脑,就会故步自封、停滞不前。要随时保持清醒的头脑,懂得时刻反省自己,这样才能顺利一生。

一个人心里再怎么得意,也必须加以节制,否则,自己的心意就很容易被对方猜透。喜怒形于色,易于冲动,思想偏激,就会歪曲我们的判断,使我们因失控而幼稚、肤浅。

在人生与交际中,得意忘形,乃是人生之大忌讳。凡事心里有底,嘴上不声张,这才是能成大事的人。

# 第四章　圆融处世，成就大业

## 第一节　圆融为人，圆转涉世

### 做人要多铺路少砌墙

在危险和困难面前，圆通者的办法似乎永远都比别人多，那只是因为，在此之前，他们已经尽量多地做了"铺路"的工作。尽可能多地为自己想条退路，多条出路。"铺路"的反面是"砌墙"。"砌墙"就是堵住了一条去路。为人处世总是需要一定的生存空间，"铺路"就好比打通了这一空间和其他空间的连接，使我们随时可以过渡到其他空间去；而"砌墙"则恰好相反，它是堵住了这种联系，生存的空间会随之越来越少。为了让我们生存的空间越来越大，而不是束缚我们，最好是多"铺路"少"砌墙"。

在现实生活中，给人恩惠，多交朋友，至少是不轻易得罪人，就是"铺路"；而动不动就得罪别人，从不肯原谅他人，甚至主动侵犯别人，都是"砌墙"的不当行为。当然，"铺路"是要付出一定的代价的，但是这些代价是值得的。当你感到自己的利益被侵害时、自己不被尊重时，不要轻易动气。

战国时，齐国孟尝君田文在薛邑，大量延揽各诸侯国的宾客以及各国犯罪逃亡的人，最盛之时，门下食客达三千余人之多。孟尝君宁肯舍弃家业也要给他们丰厚的待遇，因此使天下的贤士无不倾心向往。每当接待宾客时，孟尝君总是在屏风后安排侍史，让他记录孟尝君与宾客的谈话内容，记载所问宾客亲戚的住处。宾客刚刚离开，孟尝君就已派使者到宾客亲戚家里抚慰问候，献上礼物。有一次，孟尝君招待宾客吃晚饭，有个人遮住了灯光，那个宾客很恼火，认为饭食的质量肯定不相等，放下碗筷就要辞别而去。孟尝君马上站起来，亲自端着自己的饭食与他的相比，那个宾客惭愧得无地自容，就以刎颈自杀表示谢罪。为此，天下贤士们大都情愿归附孟尝君。而孟尝君对于来到门下的宾客都热情接纳，不挑拣，无亲疏，一律给予优厚的待遇。

当然，作为当时最为深谋远虑的政治人物之一，孟尝君这么做当然并不是因为他天生就乐善好施。他这么做，是因为门客们对他来说大有用处，在各种危难的时候，他们总是能够为他排忧解难。齐湣王二十五年（公元前299年），齐王派孟尝君到秦国，秦昭王把孟尝君囚禁起来，并图谋杀掉孟尝君。孟尝君派人去见昭王的宠妾请求解救。秦王宠妾答应帮助，但以得到孟尝君的白色狐皮裘为条件。孟尝君来的时候带有一件价值千金的白色狐皮裘，但后来却献给了昭王，天下已没有第二件。孟尝君为这件事发愁，问遍了宾客，大家都无计可施。这时，有一位会披狗皮盗东西的人毛遂自荐，当夜化装成狗，钻入了秦宫中的仓库，取出献给昭王的那件白狐裘，拿回来献给了昭王的宠妾。宠妾得到白狐裘后，替孟尝君向昭王说情，昭王便释放了孟尝君。

孟尝君获释后，立即乘快车逃出城关，夜半时分到了函谷关。昭王开始后悔放了孟尝君，于是派人驾上传车飞奔而去追捕他。按照秦法规定，只有鸡叫时才能放人出关。孟尝君焦急万分，这时，宾客中又有个学鸡叫的人，他一学鸡叫，附近的鸡随着一齐叫了起来，孟尝君便立即逃出了函谷关。当初，孟尝君把这两个人安排在宾客中的时候，其他宾客都耻于和他俩为伍，而这时，偏偏是靠着这俩人解救了他。

就连这些"鸡鸣狗盗"之徒都被孟尝君收在门下，可以想象孟尝君构想之细。但事实证明，他们的确发挥了自己的作用。为着这样的目的，孟尝君对待那些大有才能之士自然更加器重。孟尝君门下曾有一个很有才能的门客与他的爱姬私通。有人劝孟尝君杀了此人。不料孟尝君听后毫不生气，不但没有责备惩罚那位好色的门客，反而将这名姬妾赐予门客为妻。一年后，孟尝君又对门客说："你与我相交已非一日，但没能做到大官，给你小官你又不要。我与卫国国君的关系甚好，现在把你介绍给他，并且给你足够的车、马、布帛、珍玩，希望你能跟随卫国国君认真办事。"门客到了卫国之后，卫国国君十分器重他。没过多久，齐、卫两国关系开始恶化，卫国国君想联合天下诸侯一起攻打齐国。那个门客听说这一消息后，连忙劝说卫国国君取消这个打算，并且对他说："如果您不听我的劝告，认为我是一个不仁不义的人，那么我立刻撞死在您面前。"卫国国君见这人如此忠义，便听从了他的劝告，而齐国则因为孟尝君对门客的恩惠而避免了一场灾难。

冯谖是门客中较为"怪异"但具有突出才能的一位。一开始，他在孟尝君门下一年多时间里，几乎没有任何作为。当时孟尝君正做齐相国，由于门客众多，封邑的收入已经不够奉养食客，于是派人到薛地放债收息以补不足。但是放债一年多了，还没收回息钱。有人推荐冯谖，说他好像没有其他的本事，不过看起来能言善辩，正好派去收债。孟尝君于是派冯谖去收债。冯谖在辞别孟尝君时问道："如果收到债了，要买些什么东西回来？"孟尝君曰："你看我家缺什么就买什么吧。"不料冯谖在薛地收息时，假传孟尝君的命令，为无力还款的老百姓免去了债务，并把契据都烧毁了，这一举动，使得孟尝君在薛地颇得民心。这样，冯谖就在薛地百姓中埋下了感恩于孟尝君的种子，换得民心，功德无量。孟尝君听到冯谖烧毁契据的消息，当时十分恼怒，虽然心里不快，但也没有责怪冯谖。

又过了一年，有人在齐湣王面前诋毁孟尝君，湣王借故罢其相位。孟尝君罢相后返回自己的封地，距离薛邑还有百里，百姓们就早已扶老携幼，在路旁迎接孟尝君。孟尝君此时才知道冯谖焚契买义收德的用意。出于对孟尝君政治地位还不巩固的考虑，冯谖对孟尝君进言说，狡兔有三窟，现在您只有一窟，也就是只能做到勉强自保，并且说愿意为他"复凿二窟"。孟尝君于是给他五十辆车，五百斤黄金去游说秦国。冯谖一番游说，加上秦王也久闻孟尝君的贤名，于是立即派出使节，以千斤黄金、百乘马车去聘孟尝君来本国担任相位。秦国使者接连跑了三趟，可孟尝君坚决推辞不就。冯谖诱使秦王珍重、竞争孟尝君，引起了齐王的高度重视，抬升了孟尝君的价值。齐王连忙派遣太傅带"黄金千金、文车二驷、服剑一、封书"等物，非常隆重地向孟尝君谢罪，希望孟尝君可以不计前嫌，重任相位。冯谖劝孟尝君趁机索取先王的祭器，在薛地建立宗庙。这样，冯谖就为孟尝君凿好了三窟。

　　冯谖有先见之明，知道当权者需要眼光长远，而不局限于当前，这样才能长久。他为孟尝君所凿的"三窟"，可以说为他以后铺了很多条平坦的道路。其实，这何尝不是孟尝君自己的真实写照呢？他大纳门客，善待门客，能容忍门客对自己的无礼和暂时"无用"，甚至饶恕别人对自己姬妾的非礼。而他之所以这么做，其实就是在为自己"铺路"，只不过他所用的方法是"广施仁义"而已。事实上，他的确获得了丰厚的回报——正因为他铺路的成功，史书说在孟尝君做齐国相国的几十年时间里，几乎没有遭遇任何真正的灾难，而这在诸侯混战的战国时期是难上加难的。

## 坚守信念，不在意他人的评说

　　如果一个人能不理睬他人的风言冷语，那么他完全可以塑造出正面的自我形象来。那些脸皮薄、心肠软的人，在试图实现任何理想的过程中，总是对这个过程中第三方的评价心存疑虑，因此做事难免缚手缚脚、顾三顾四。这样行动起来，本来可以直接达到目标的路径，却因有所顾忌平添了许多麻烦，反而不易实现自己的理想。那些对别人的责难和非议无动于衷的人，能够把别人的评价放在一旁，拒绝接受任何人试图强加于他头上的道德限制。更加重要的是，他们不会因为其他的扰乱因素而改变自己的行动计划，也从不怀疑自己的能力和价值。对待别人的讥讽、嘲笑、辱骂，以及任何其他涉及自己尊严和脸面方面的问题皆不在意，一心一意地朝着自己心里想的去做，所以他们往往更容易步入成功人士的行列。

晏子是春秋后期一位重要的政治家，他以有政治远见和外交才能、作风朴素闻名诸侯。他爱国忧民，敢于直谏，博闻强识，善于辞令，主张以礼治国，在诸侯和百姓中享有极高的声誉。还在未做国相时，齐景公曾命晏子去治理东阿。晏子满怀热情地准备去那里大展宏图。然而，三年之后，向朝廷告状的人越来越多，景公非常恼怒，他将晏子招了回来，要罢免他的官职。

晏子知道自己备受争议，但为了自己能够继续施展才能，于是非常谦卑地对齐景公说："臣已知错，但请大王能再给臣三年的时间，那时，人们必定会说好话了。"景公见他十分诚恳，好像的确很有把握，便答应了他的请求，仍旧让他治理东阿。这样，三年很快又过去了，景公果然很少再听到对晏子不满的声音，都是一些盛赞他的话。景公十分高兴，于是召晏子入朝，打算予以嘉赏。不料晏子却诚惶诚恐地表示不敢接受。

　　齐景公感到很奇怪，就问晏子究竟是什么原因。晏子回答说："第一次我去东阿的时候，让人修筑道路，还施行有利于百姓的各种措施，坏人便责备我；我主张节俭勤劳，尊老爱幼，惩治偷盗无赖，无赖便怨恨我；权贵犯法，我也严加惩治，毫不宽恕，权贵们嫉恨我；我身边的人如果有触犯法度的行为，我也惩罚他们，周围的人责骂我。这些对我的恶语中伤四处传扬，甚至有人还在背后诬告我。这样，您认为我的确做错了。第二次，我就改变了做法。我不让人们修路，拖延实施利民措施，坏人就高兴了；我也不再提倡节俭勤劳、尊老爱幼，还释放那些鸡鸣狗盗之徒，无赖们也开心起来；权贵们犯法，我也不依法惩治而予以偏袒，权贵们开始奉迎我了；周围的人无论有什么要求，即便是违背法度的事情，我也有求必应，因此，周围的人也满意了。于是，这些人又到处颂扬我，您也就信以为真了。三年前，您要处罚我，其实我应该受赏；现在，您要封赏我，但其实我该受罚。"

　　齐景公听后，恍然大悟，知道晏子是一位有德有才的良臣，于是立刻拜他为相，并把治理全国的重任都交给他。自此以后，凡是有对晏子不利的言论，齐景公一概不予理会。后来，在晏子的治理下，齐国终于实力大增，成为争霸天下的强国之一。

　　同样是在春秋时期，当时南方小国——越国国王勾践，在春秋末期崛起，成为春秋五霸之一。越王勾践在政治上的成功，可谓得来不易。在以王为尊的古代，一个国家的命运往往系于国王一人的素质，而勾践就正好具有这样的素质。

周敬王二十三年（公元前497年）勾践即位，时值楚国联越制吴，吴、越冲突初起，而越国实力很弱。周敬王二十六年（公元前494年），勾践闻吴王夫差日夜练兵欲攻越，于是采取主动先伐吴国。吴王夫差亲率精兵击越，两军大战，越国惨败于吴，勾践不得已，纳大臣范蠡委曲求全、以退为进之谋，卑辞厚礼以求和，并向夫差请求称臣纳贡。夫差同意罢兵赦越，但要勾践夫妇到吴国为他服役。

勾践将国内事情托付给文种等大臣，只带着夫人和范蠡去吴。勾践五年（公元前492年）五月，勾践一行抵达吴都。吴王夫差有意羞辱他，要他住在夫差之父阖闾坟前的一个小石屋里守坟喂马，有时骑马出门时，还故意要他牵马在国人面前走过。勾践丝毫不曾反抗，却只忍辱负重，自称贱臣，对吴王执礼极恭，吃粗粮、睡马房、服苦役，任劳任怨。服役三年，无论受到什么样的羞辱，他也从来不生气，也从不表现出憎恨吴王。他始终小心伺候夫差，做到百依百顺，其忠心之程度，甚至胜过夫差手下的仆役。夫差生病的时候，勾践前去问候，甚至还掀开马桶盖观察夫差刚拉的大便，以此关心夫差的病情。三年漫长的时间终于过去，由于尽心服侍，勾践博得夫差的欢心，再加上夫差大臣们不时接受文种派人所送之礼而在夫差前为勾践说好话，使得夫差认为勾践已真心臣服，于是决定放勾践夫妇和范蠡回国。勾践七年（公元前490年），勾践归国后，卧薪尝胆，苦心焦思，发愤图强，富民兴国。在范蠡、文种辅佐下，励精图治，经"十年生聚，十年教训"，发展实力，最后终于灭掉吴国，一雪前耻，并最终成为霸主。

一般人以自己的尊严和荣誉为最大的利益，宁折不屈是他们的做人准则。但是真正会圆融处世的人，根本不会受到别人的影响，即使在面对别人的侮辱和嘲笑的时候，也能以一颗平常心对待。晏子的高明之处是，他并不急于替自己辩解，笑骂由人，而是用行动来告诉齐景公，不管是执政还是用人，都要挡得住那些风言冷语，也要能够分辨是非真假。在这方面，齐景公也是聪明人，一点就通，这样才能真心诚意地任用晏子为相，使齐国强大起来。勾践身为一国国君，其尊严不可谓不高，但是却要放下身段去服侍吴王，想尽一切办法取悦他，不用说国君的尊严，就连作为一个普通人的尊严也已经丧失殆尽。然而，尽管在长达三年的时间内，受尽了各种屈辱，勾践却仍然能够把尊严放一边，忍辱负重，终于得到吴王的信任，最后得以完成自己的夙愿。如果他没有足够强大的信念的话，恐怕在复国之前就早已身亡灭国，更遑论成为霸主之一了。

## 全面塑造自己的成功形象

没有人天生就比周围的人有更加耀眼的光芒，因此，我们必须学习如何让自己像一块磁铁一样，能够牢牢地吸引住众人的目光。一个人在别人心目中的形象如何，有时候并不是这个人本身怎么样，而是自己表现的结果。因此，在为人处世的过程中，我们要让自己的名字和声誉附着上一种与众不同的品质，必须全面塑造自己的成功形象。一旦这种形象确立了，我们就能在为人处世中受到别人的欢迎和尊敬，进而更加轻易地获得真正的成功。

甘茂在秦国失势，待不下去了，自秦国逃出，准备到齐国去。出了函谷关，途中遇见苏代，当时苏代正替齐国出使秦国。甘茂对他说："您听说江上女子的故事吗？"苏代说："没有。"甘茂说："在江上的众多女子中，有一个家贫无烛的女子。其他女子一起商量，要把这位女子赶走。她准备离去，但在临行之前，还是对赶她走的女子们说：'因为没有蜡烛，所以我常常最先到达，一到之后便开始打扫屋子，铺席子。你们又何必怜惜照在四壁上的那一点蜡烛的余光呢？赐一点余光给我，对你们又有什么妨碍呢？我对你们还是有用的，为什么一定要赶我走呢？'女子们认为她说的对，就把她留下来了。现在，我也同样陷入窘境，但我同样愿意为您打扫屋子，铺席子，希望您不要把我赶走。我的妻子儿女还在齐国，也希望您拿点余光救济他们。"

苏代应承下来，出使到秦国。任务完成后，苏代趁机对秦王说："甘茂是个贤能的人，在秦国曾受到惠王、武王、昭王等几朝重用。而且，秦国的各处险阻要冲，由崤山、函谷关直至溪谷，他无不了如指掌。万一他通过齐国，联合韩、魏，反过来图谋秦国，这将对秦国很不利。"秦王说："那当如何？"苏代说："您不如备上厚礼，再以高位聘其回国。他如果来了，就把他软禁在槐谷，老死在那里，这样，秦国也就没有什么危险了。"秦王说："好。"于是给甘茂以上卿的高位，派人拿了相印到齐国去迎接他。甘茂推辞不去。

苏代回到齐国后，对齐王说："甘茂是个贤能的人，秦王许诺他上卿的高位，还派人拿相印来迎接他，但他却因为感激您的恩德而不去秦国，其实他是想做大王的臣子，因此，如果不对他加以挽留，他一定不会再感激大王。以甘茂之才，如果让他统率强秦的军队，秦国可就难以对付了。"齐王说："好。"于是，赐甘茂为上卿，让他留在齐国。

15世纪末，哥伦布的远洋航行和发现新大陆，是世界历史上具有深远历史意义的事件。1451年哥伦布生于意大利的热那亚。青年时代，他就对航海和来往于地中海之上的商船发生了浓厚的兴趣，并且想要从事这种伟大的事业。于是，他开始寻找资金赞助他的航行。尽管当时的封建贵族都急于想发现和占有新的土地和财富，需要有航海家来帮助他们达到这样的目的，但是哥伦布的父亲只是一个纺织匠，他在青年时代也没有受到过多少正规教育，因此他毫不具备这样的条件。不过，为了达到自己的理想，哥伦布编造出具有高贵血统的谎言，宣称自己是君士坦丁堡某位皇帝的直系子孙，并且表现得仿佛真是贵族后代一般。他度过了一段不值一提的商人生涯之后，开始定居于里斯本，后来，他利用编造出来的高贵出身，和里斯本有头有脸，且与葡萄牙王室关系非比寻常的家族联姻。

通过联姻，哥伦布成功地让葡萄牙国王若昂二世和他会面，并且向他提出赞助他航行的请求，但遭到了拒绝。

几年后，哥伦布移居西班牙，并且运用他在葡萄牙的关系迅速进入了西班牙的上层圈子，接受著名金融家的津贴，与大公和亲王参加宴会。后来，他渐渐发现能够满足自己的需求的人是伊莎贝拉王后。1487 年之后，哥伦布和王后经常会晤，尽管他没有说服她资助自己航行，但却完全迷倒了她，成为她王宫中的常客。

1492 年，伊莎贝拉终于答应哥伦布的请求，出资提供哥伦布 3 艘船、航海设备、水手的薪水，同时也付给哥伦布适当的津贴。更加重要的是，除了拒绝给予他发现地收益 10% 的要求之外，她签署合约答应了哥伦布坚持的头衔和其他所有权利。于是，哥伦布雇用了当时最好的航海员，并于该年年底启程。尽管第一次寻找航线的任务失败了，但是第二年，他再度请求王后资助时，王后又同意了。因为那时，她已经把哥伦布视作英雄般的人物了。

人的命运有升有落，在落魄的时候，也可以改变命运，但是不仅要吃苦，还要像甘茂一样多动脑筋，跑关系，找门路，充分利用自己的经验和优势，闯出生机来。甘茂自己失势，却能够假借他人之口，让自己的身价陡然上升，创造自己的成功形象，这一招"无中生有"让他"柳暗花明"。

作为一个航海家，哥伦布的航海知识比不上其他水手，但是在如何让别人相信自己这方面，他却是个天才。自始至终，他始终展现出一个贵族和杰出航海家所独有的自信和风度。他一文不名，但是他坚持自己的要求毫不退步，让别人相信自己值这个身价。在某种程度上，我们自己塑造的成功形象最终决定了我们能够成功。

## 明哲保身，不要轻易得罪小人

有很多小人物，看着虽然不起眼儿，但是往往却能够在关键时刻施展一下手脚，既可能让你功败垂成，也可能使你功成名就。身处不同环境之中，如果你和他们斗，你就会付出很大的代价。所以最好的办法就是不得罪他们，必要的时候向他们做一些让步，给他们一些好处，这样，他们不但不会为难你，而且可能成为你迈向成功的一股力量。当然，此一时彼一时，此时的位卑权轻的小人物也有可能成长为大人物的一天，那时候，你们的实力也发生了对比，而他报复你的能力也将大大提高。

什么是"小人"？首先，他们没有信仰。"小人"从来不信仰什么东西，他们不相信正义、真理，是一群没有正义思想和灵魂的人。其次，他们没有骨气。"小人"的一切行为的终极目的都是为了自己能够捞到最大的好处。因此，只要谁给他好处，他就去巴结谁，对于强暴和强权，他们只是一味地歌颂；对于凌辱，他们也只是逆来顺受。他们对待权势者呈现出奴才嘴脸，其目的是获得这个主子的好处。最后，他们没有感情。他们对任何人都不感恩、不报德，而是随时准备出卖和背叛。因此，恩将仇报、落井下石是他们的惯常行为。因为"小人"具有这些特点，所以在斗争中，人们常常会把注意力放在那些有头有脸的大人物身上，常常忽视这些无才无德的"小人"，结果，一旦小人得志，就会使他们栽了跟头翻了船。

西汉高后八年（公元前180年），吕姓诸王被诛，文帝刘恒即位。此时，绛侯周勃为丞相。周勃是西汉的开国功臣，汉初定，各诸侯王的反叛不绝，周勃又成为汉初平乱的主将。在平定诸吕的过程中，他又立有大功。如此功高权重之人，自然为文帝所猜忌。后来，周勃终于被文帝罢免，返回绛县（今山西侯马）家中养老。尽管周勃已经十分谨慎，但还是有人上书诬告周勃企图谋反。文帝本来就对周勃有防范之心，见书后立即诏令廷尉，将周勃捉拿入都，下狱候审。

周勃被人构陷，含冤入狱，心中本来就有怨气。不料，狱吏还常来勒索钱财。小小狱吏竟然敢来勒索前任相国，周勃自然心中愤怒，当然不肯出钱。狱吏没有得到好处，开始虐待周勃，每天给他粗茶淡饭，还经常打骂，态度十分恶劣。周勃无奈，只得拿出钱财，分贿狱吏。狱吏们得到重金，面目立即大改，对周勃的态度转了180度。不但好茶好饭优待，还悄悄给周勃出主意，让他请公主做证。原来周勃的儿媳妇是文帝之女昌平公主，是薄太后的孙女，狱吏们是让他想办法打通薄太后这一关。周勃得到提醒之后，让狱吏帮他加紧运作，并很快让薄太后知道了。

薄太后十分了解周勃，认为他是被人诬陷的。于是她去见文帝，并对他说："周勃怎么可能谋反呢？他在当年诛诸吕时，身上挂着皇帝的玉玺，在北军统率军队，不在那时谋反，现在在一个小县里，难道却要谋反吗？"文帝尴尬地说："我已经调查过了，丞相的确没有谋反之意。"于是就将周勃释放了，并且恢复了爵位和封邑。出狱后，周勃想起此次的遭遇，不由得百感交集："我曾统兵百万，没想到狱吏对我这么重要。"

大唐诸宰相中，最丑的莫过于唐德宗时期的卢杞。据史书记载，卢杞"体陋甚，鬼貌蓝色"，就是说卢杞长得丑极了。这样的相貌，让人看了觉得狰狞可怖。

如此丑陋不堪的卢杞是怎样爬上相位的呢？一是，他是忠烈之后。卢杞的祖父卢怀慎，也当过宰相，而且一心为国，清廉无比。他的父亲卢弈则更加值得一提。安史之乱中，安禄山攻陷东都洛阳时，卢弈手下的属吏纷纷做鸟兽散，他却身穿朝服，镇定自若地坐在衙门里。被叛军抓起来要处死时，他仍从容地数落安禄山的罪恶，骂安禄山不绝而死。卢弈因此而名列《忠义传》。不过，祖荫只是其中小部分原因，更加重要的原因是，卢杞自身非常的努力。卢杞长得很丑，又无才学，却很有心机，又极有口才。唐德宗用人失察，只凭口才取人。因此，机缘巧合，巧言令色的卢杞才被昏聩的唐德宗相中。

如果说卢杞相貌已经极为丑陋，那么他的内心世界的丑恶则有过之无不及。卢杞心胸极为狭窄，在政治上是一个狡诈的奸臣，在品德上则是一个十足的小人。他对于得罪过自己的人，不置之死地决不罢休。在他当副宰相的时候，宰相是杨炎。杨炎一表人才，又很有学问。杨炎心高气傲，打心眼儿里瞧不起这个长相丑陋而且又无才学的副宰相，因此常常找借口不和卢杞一起进餐。卢杞为此记恨在心，处心积虑地中伤杨炎，最后终于把杨炎从宰相的位置上拉了下来，自己当上宰相后，又千方百计地诬陷杨炎，最后把他害死才肯罢休。

　　在当上宰相后，卢杞开始不择手段地打击朝中的异己。张镒与卢杞同为宰相，但张镒忠直刚正。当他在朝时，常常让卢杞的各种小伎俩难以得逞，卢杞就设法将张镒赶出朝廷。当时，卢龙节度使朱滔谋反，唐德宗因此解除了他的哥哥凤翔节度使的兵权，并物色替代人选。于是，卢杞对皇帝说："凤翔节度使的官职很高，驻守凤翔的将领的官阶也很高，除了派像宰相这样受皇帝信任的重臣外，其余的人谁也统领不了凤翔将士。因此，我愿前往。"见皇帝犹豫，卢杞赶紧补充，"陛下一定是认为我长得太丑了，统领不了三军将士吧。那么您看着办吧。"德宗最后派了张镒去，从此朝上只剩下卢杞一人嚣张跋扈。

　　只把政敌排挤出朝廷，那还算是手下留情，事实上，卢杞更多的是把政敌往死路上送。元老大臣颜真卿，由于敢于揭发卢杞的阴谋，令卢杞十分痛恨。适逢李希烈造反，卢杞便抓住机会。他对皇帝说："李希烈年少气盛，别的人不敢劝说他归顺朝廷。如果派像颜真卿那样名重海内的三朝元老去劝说他，他就会改过自新，朝廷也可以不动干戈。"卢杞这么做，无异于把颜真卿投于虎口。朝廷内外的人都知道卢杞这是公报私仇，但皇帝同意了。最后，颜真卿这位忠直元老，就这样被卢杞假手于李希烈而杀害了。前宰相李揆很有威望，卢杞担心皇帝再用他为相，对自己不利，就劝说皇帝派他出使吐蕃。李揆当时已是七十多岁的人了，连皇帝都觉得不合适，卢杞却振振有词地说："派到吐蕃去的人，应当熟悉朝廷礼仪，因此，非李揆不可。而且，连李揆这么大年纪的人都可以出使吐蕃，日后派比李揆年纪轻的人出使，他们就不敢有什么借口了。"后来，李揆果然死在从吐蕃返回的旅途中。

相对于统兵百万的周勃来说，小小狱吏自然不值一提。但是，如果得罪了他们，他们一样会利用自己手中的那点权力，以合法或不合法的理由对你造成不便。尽管周勃身份高贵，只是一时沦落至监狱，但是他如果坚持不给狱吏好处，那么他不但要继续忍受来自狱吏的各种羞辱和折磨，还会影响到他出狱的快慢，甚至影响到他是否能够出狱。而当他给了狱吏好处之后，他们转而成为一股能给周勃带来帮助的力量。

无论是依靠自己的三寸不烂之舌，溜须拍马，最终取得功名利禄的手法，还是心胸狭隘、陷害仇敌的卑鄙手段，都反映了卢杞是一个不折不扣的小人。在历史上像卢杞一样的人还有很多。这说明在一定的时代条件下，小人得志不仅可能，而且很常见。而由于没有信仰、没有原则、没有感情的这些小人一旦得志之后，会比那些君子更加仇恨得罪自己的人，也会更加疯狂、不择手段地加以报复。而他们报复起来的能量一定也会很大。这一点从卢杞多次巧言令色劝说唐德宗实行自己的阴谋也可以看出来，这些决策本来是国家大事，却被他三言两语蒙混过关。所以，千万不要轻易得罪"小人"。

## 牢记"借"字诀，加法成大事

"借"，既指借助别人的智慧，也指寻找有用的社会资源。"借"的智慧是一种非常高明的智慧，它能够使一个人的力量变得极为强大，进而成就自己的事业。由于一个人的价值判断、社会历练、人生经验总是受到环境的影响而呈现出不足之处，因此必须从别的地方借用过来。在这个世界上生存，没有人能样样精通，也很少有人能单独完成某一件事情，尤其是一件大事，因此，我们就要大胆地借用别人的智慧，把它们转化为自己的智慧；也要在社会上寻找有用的社会资源，赢得别人的支持，建立自己的关系网。即使自己是平庸的人，只要善于运用"借"字诀，就可以让我们成功，或者更快地成功。

黄河经常决口，造成水灾，历朝历代的政府都将治理黄河、堵塞决口当作一件大事来抓。在和黄河水患的斗争之中，锻炼出了一批有丰富经验的水工，北宋庆历年间的高超便是其中的一个。

庆历八年（1048 年）六月，黄河在大名府的商胡（今河南濮阳）决口，水势异常迅猛，很长时间也没有堵住。宋仁宗命管理财政的三司度支副使郭申锡亲自去监督修河堵口工程。以往堵决口的经验是，在决口接近合龙的地方，放置一种特殊的大型的堵塞物，叫作合龙门，通常是用木、苇、竹、草等物并杂以碎石、土块捆缚做成，大约有六十步长，好像一个巨大的人工"堤坝"，它被人称为"埽"。郭申锡到任后，依照老方法，即刻命令河工将埽的两头扎上大缆绳，把它置入决口之中。不料却始终无法成功，不是缆绳绷断，就是埽给急流冲走，就是压不住水的浮力，埽不能落到河底。一次次努力都失败了，决口却越来越大。

这时，河工中有个叫高超的年轻人，毛遂自荐，说自己有办法。郭申锡听说他识字不多，挖苦说："肚里没几滴墨水，怎会有合龙的好办法？"高超并不管郭申锡的挖苦，说道："六十步的埽太长，所以不易将它压到河底，固定它的缆绳再粗也容易绷断，水流当然也难以截断。如果将埽分为三节，三节之中用绳索联结，就会好很多。在合龙时，先放下第一节，等它压到水底，再依次放下第二、第三节。"

高超说完，郭申锡正在思考，一些经验丰富的老河工纷纷叫道："不妥，不妥。二十步的小埽怎么挡得住河水的冲击、渗透？连用三节也断不了水，反而劳命伤财！"

高超说道："第一节埽压下去，河水当然断不了，但水势必定减杀一半。将第二节埽压下去，只要动用一半的人力，这时河水自然还不能完全截断，但水流明显减缓了。到压下第三节时就等于是在地上施工，便当多了。这时，前两节埽都被浊泥淤塞了缝隙，再也不必花费人力去加工了。"

郭申锡听了双方的争论，觉得还是沿用老经验比较可靠，没有风险，于是，断然否决了高超的新建议而采用了老办法，结果埽不断被冲走，决口也越来越大。当时，河北安抚使贾昌朝认为高超的新法是可行的，便悄悄派了数千人，到黄河下游去打捞郭申锡指挥堵决口工程时被流水冲下的埽。拿到了证据，贾昌朝便向朝廷奏了一本。宋仁宗将郭申锡罢了官，而贾昌朝则采纳了高超的新法，很快把决口堵塞住了。

东晋的丞相王导很善于治理国事。西晋灭亡后，东晋在南京建立时，国库空虚，银钱匮乏，只有几千匹不值钱的白绢。为了渡过暂时的难关，王导自己先用白绢做了一件单衣穿在身上，还动员大臣们出门上朝也都穿上这样的衣服。上行下效，江南的人们都争相效仿穿起了这种白绢衣服，使得白绢一时供不应求，价格很快就上涨到了每匹一金的价格，而这时，王导就下令将国库中的白绢全部出手卖掉，因此而得到了好几倍的银钱，政府的府库一下就充实了起来。

实际上，王导一直以来都擅长利用名人的影响力来办事。以前，晋元帝司马睿还只是琅琊王。王导经过判断，认为天下已乱，便有意拥戴司马睿，复兴晋室。他劝司马睿不要住在当时的都城洛阳，回到自己的封国去。但是当司马睿回到建康（今江苏南京）之后，吴地人却并不依附他，过了数月，仍然没有人肯去拜望他。王导苦苦思索，便想到了要借助当地名人的影响力来提高司马睿的威望。

他对当时已有很大势力的堂兄王敦说："琅琊王尽管仁德，但是名声却不大。你在此地很有影响，应该帮帮他。"于是他们约好在三月上巳节伴随司马睿去观看修禊仪式。到了那一天，他们让司马睿乘坐轿子，威仪齐备，他们自己则和众多名臣骁将骑马随从。江南一带的大名士纪瞻、顾荣等人见到这种场面，非常吃惊，于是相继在路上迎拜。

事后，王导又对司马睿说："自古以来，凡能称王天下者，都虚心招揽俊杰。现在天下大乱，要成大业，当务之急便是取得人心。顾荣、贺循二人都是此地名士之首，把他们吸引过来，就不愁其他人不来了。"司马睿听了王导的建议后，就派他亲自登门拜请顾荣、贺循等人，这些人也都欣然应命前来拜见司马睿。结果，因为受他们的影响，吴地士人、百姓从此都慢慢归附了司马睿，正是在此基础上，东晋王朝最终得以建立。

郭申锡因为没有采纳正确的建议而失败，贾昌朝则因为借用了高超的治水智慧而成功；失败和成功，有时候并不在于自己本身有多么高明，而在于是否能够有意识地仔细思考，并且借用别人的智慧。"三人行，必有我师"，任何人身上都有值得我们学习和借鉴的地方。借用别人的智慧来做事，不仅可以把事情做得又快又好，还可以使我们避免主观和武断，这正是无数成功人士的经验。

王导一开始利用人们崇拜名人、追慕时尚的心理，解决了政府的财政困难问题。如果他不这么做，认为自己身居高位，想要用行政手段去销售粗布，甚至是强行募捐钱财，自然就会引起人们的反感，尤其对于一个新生的政权来说，就更是如此，正是因为名人的影响力，才能让他收到圆满的效果。他也善于借用名人的影响力，来帮助司马睿建立权威。

## 用灵活手段达到目的

处理事情需要一定的灵活性，其手法也要高明。运用灵活的手段，善于变通、迂回应变，能够排除自己举措触及各种人际关系后所产生的负面效应，因此也往往能够更快、更直接地达到自己的目标。

明朝清官海瑞一生清廉，正直不阿，深得百姓爱戴，不过，这并不意味着他不通世事。海瑞曾在淳安县做知县，当时，朝中大奸臣严嵩大权在握，横行天下。严嵩的干儿子鄢懋卿是严嵩最忠实的走狗和最凶恶的爪牙。鄢懋卿经常借巡察之机大肆铺张，明目张胆地敲诈勒索当地官员，单在扬州一地前后就搜刮到几百万两银子。但他经常做一些勤俭朴素的表面文章，为自己装装门面。

一次，在经过包括淳安县在内的严州府地界时，鄢懋卿照例表面上明文告示各县，宣称自己生性简朴，令各地官员都要简朴节约，不要过分奢华。海瑞知道鄢懋卿卑鄙无耻、贪得无厌，也知道他那些用来欺世盗名的花言巧语只不过是表面功夫。所以，他不会像其他官吏一样对他毕恭毕敬，大肆迎接。可是，毕竟鄢懋卿是严嵩的干儿子，硬碰硬自然不行。于是海瑞派人到各地探听鄢懋卿到各地搜刮的钱财，以及各地为了迎接他所花费的财物。然后将各项费用详细列出，报告给鄢懋卿，并说："大人每到一地，各地官员无不借机大肆铺张以逢迎大人，这显然不符合大人向来简朴节俭、不喜逢迎的作风。现在大人就要驾临我县，我们深感为难，如照大人通知上所说的节俭办事，恐获简慢之罪；如像各地官员一样大肆招待，又只怕违背了大人体恤百姓的本意。请大人示下，我们该如何是好？"

鄢懋卿见了海瑞的报告，知道他这是有意和自己过不去，心里恨得咬牙切齿，但他知道海瑞清正廉明，弄不好自己难以下台，只好在海瑞的报告上批复说："照正式通知办事。"后来，鄢懋卿怕自讨没趣，干脆绕道而行，没有进入严州地界。

有一次，浙直总督胡宗宪的公子路过淳安。由于负责招待的驿吏招待得不好，胡公子大发雷霆，把驿吏倒吊了起来。海瑞接到报告，说："过去胡总督按察巡部，命令所路过的地方不要供应太铺张。现在这个人行装丰盛，一定不是胡公的儿子。"于是他将胡公子扣押，从他的行囊之中搜出了数千两银子，都没收入官库。接着，海瑞再派人报告胡总督，说有人冒充他的儿子，请示应该如何发落。结果弄得胡宗宪哑巴吃黄连，有苦说不出。

## 背后说人好，莫谈他人非

我们有许多人都有背后议论人是非的习惯，其中大多是"非"——说别人的坏话。这种攻击通常是在与自己的利益无关的前提下说的，于是说人者觉得自己不背负道德意义上的责任，也就放任自己，再加上旁人也有喜欢听的习惯，所以就对自己的这一"恶行"不加以反思和制止。有个词语叫作"流言"，就是说这话像流水一样会流动，从这张嘴巴流到那只耳朵里，再从那张嘴巴流到另一个人的耳中。所议论人家的是非早晚会传到被议论者的耳朵。到那时候得罪了人，就会给自己带来麻烦。

为人处世最为重要的一点是不要讲人家的坏话，要学会运用赞美的技巧。在背后批评他人，说人坏话，这样的效果有时比当面批评当事人更差，因为他会据此认为你对他的确很有意见，什么时候都在跟他过不去。最好的做法是，即使是在别人背后，也要从正面来评价他，尽可能地赞美他，这么做，有时候还会起到比当面赞美他更好的效果。

贺若弼是隋朝数一数二的名将，他和大将韩擒虎在灭陈战争中功劳最大。灭陈以后，贺若弼更加威望隆重，家有珍玩不可胜数，婢妾曳绮罗者数百，生活奢侈。但他仍不满足，常常为自己的官位比他人低而怨声不断。他经常肆无忌惮地在人前背后表达自己的不满，私下里经常说大臣们的坏话。后来，他官居隋朝右领大将军，骄傲自满，自以为功名在群臣之上，常以宰相自诩。既而杨素为右仆射，他却仍然是将军，也更加不平，意见和坏话更多。皇帝忍无可忍，终于在开皇十二年（592 年）将他罢官。没想到贺若弼不仅未加收敛，反而怨气愈甚，批评皇帝和大臣的意见越来越多，就被皇帝逮捕下狱了。不过念在他对国有功，不多久也就将他放了。

后来，隋文帝听闻他还在大放厥词，就把他召来，并面责他。这时，贺若弼因言语不慎，已经得罪了不少人，朝中一些公卿大臣都揭发他过去那些对朝廷不敬的话，并声称他罪当处死。贺若弼为自己极力辩解。隋文帝考虑到他劳苦功高，只是把他的官职给撤销了。

隋炀帝杨广做太子的时候，曾经问贺若弼说："杨素、韩擒虎、史万岁三人，都号称良将，你觉得他们谁优谁劣？"贺若弼说："杨素是猛将，但不擅谋略；韩擒虎是斗将，但不擅带兵；史万岁是骑将，但还称不上是大将。"杨广又说："那么你认为谁堪称大将？"贺若弼回答说："殿下所选择的才是。"言下之意，只有他贺若弼一人才真正优秀，杨广对他这种评价很为不满，他也更加得罪了他所臧否的这些人物。仁寿四年（604年），杨广即位，贺若弼就更加被疏远了。

《红楼梦》中有这样的片段：史湘云、薛宝钗等姐妹都劝贾宝玉做官为宦，不要长期沉湎于温柔之乡，让贾宝玉大为反感，于是他对着史湘云和袭人说："林姑娘从来没有说过这些混账话！要是她说这些混账话，我早和她生分了。"凑巧这时黛玉正来到窗外，无意中听见贾宝玉说自己的好话，不觉又惊又喜，又悲又叹，结果宝黛两人互诉肺腑，感情大增。

两种不同的处世技巧的优劣，在现实生活中也随处可见。刘刚和杜宇都毕业于国内一所重点大学，同年分配到同一个单位。工作3年之后，单位要从两人中提拔一个当科长。刘刚和杜宇各有所长，比较而言，刘刚的专业能力更强，但为人却清高自傲，不擅与人交往；杜宇的专业能力虽然不如刘刚，但却知道如何与人打交道，并且特别注意在各种适当的场合宣传处长的能干和成绩，故意让人把这话传到处长的耳朵里，久而久之，处长自然也都有所听闻。所以，当提拔的名额下来时，杜宇最终得到提拔。对于这样的结果，刘刚心里很不平衡，因为他对杜宇十分了解，在上大学时，自己品学兼优，而杜宇却因多门考试不及格差点让学校勒令退学回家。他万万没有想到，如今无能的杜宇却要骑在自己头上指手画脚。刘刚想不通，就到局长那里告状。局长不但没有改变处长的决定，还将这件事告诉了处长。而处长自然是怀恨在心，此后便处处给刘刚穿小鞋。

在人背后说坏话的原因有很多，有些人是习惯问题，也有些是因为嫉妒或高傲。贺若弼觉得自己高人一等，没有达到自己期望的职位，而在背后说其他人的坏话。而在皇权至上的封建社会，他对自己的处境有所抱怨，说皇帝任命的大臣的坏话，甚至还把目标扩大到皇帝身上，这样自然会受到皇帝的惩罚和疏远。虽然他只是在别人背后、在私底下说说而已，然而，"天下没有不透风的墙"。要想明哲保身，就应该在这方面加以注意。

《红楼梦》的例子则说明在背后说人好话，是拉近和别人之间的关系的最有效方法。因为在林黛玉看来，宝玉当着众人的面，在自己背后赞美自己，这种好话就不但是难得的，还是无意的。如果宝玉当着黛玉的面说这番话，好猜疑、小性子的林黛玉可能还会说宝玉打趣她或想讨好她呢。刘刚和杜宇的例子也正好从两方面说明了背后"说人好"和"说人非"的巨大差别。

## 坦率表达和维护自己的利益

日常生活中常常有一些人总是一味地想着讨好别人，但却总是费力不讨好。为了面子或所谓的交情，对于别人的要求，即使为难，他们都硬撑着答应下来；即使对方做了有损于自己的事情，他们也装作大度地原谅。其实，他们这是在"死要面子活受罪"。求生存是人的天性。追求幸福、自由是人的本性，也是天赋的权利，从生活到学习，从孩提到成人，这种天性是绝对不可能改变的。因此，在争取本应该属于自己，或者是在自己的利益受到损害的时候，我们完全可以理直气壮地去争取，该说"不"时，就应该拒绝。

春秋时期，郑国是个小国，不得不在大国的夹缝中求生存。子产为郑国国相时，曾经多次出使诸侯国，却每次都能够不辱使命。子产曾陪同郑国国君到晋国拜访。晋国接待郑国君臣很不礼貌，安排给他们居住的宾馆大门低矮，围墙又矮又破。不但如此，晋国国君还推说有事，迟迟不肯接见他们。子产见晋国如此无礼，便派人把郑国所住的宾馆围墙全部拆毁，将带来的车马礼品全都安放在宾馆里。

晋国国君听闻后十分恼怒，于是派了负责接待的官吏士文伯前去向子产问罪。子产回答说："我们拆毁围墙，实在是迫不得已。我们郑国是小国，处在大国中间，经常要给你们进贡。这次我们征集了全国的财富前来与贵国会盟，没想到这么不巧，偏偏碰到你们国君没有时间接见，又没有告诉我们具体接见的时间，我们带来的东西，总得找个地方存储，就只能放到宾馆里了啊。"士文伯说："那怎么不直接把东西送到我们国君那里去呢？"子产说："这样做，很不妥当。我们贡奉的礼品，是要通过在庭中举行的陈列仪式才敢奉献，如果没有陈列仪式，就等于是私自馈赠。我们不敢使贵国蒙受这样的羞辱啊。但是又不能让它们在外边经受日晒雨淋。因为如果它们变坏了，到了贵国君主索要的时候，我们只能将一堆腐朽之物送上，那我们的罪过就更大了。"

士文伯无可反驳，但还是说："以前可没有发生过这样的事情。"子产说:"贵国文公在位的时候,也经常接见各国使者。但那时候,尽管贵国的宫殿很低小,但接待诸侯的宾馆却修得像你们现在的宫殿一样高大。不但如此,对使者的招待也无微不至。文公也从不让宾客耽搁时间,总是及时安排时间接受诸侯的贡品。但是现在可不一样了。现在贵国国君的宫室绵延几里,但诸侯使者的宾馆却像奴隶住的屋子。宾客晋见没有一定的时候,接见的诏令也迟迟不发布。"士文伯听了这番话之后,于是回去复命。晋国国君听了后,知道子产和郑国不可辱,于是派人表示歉意。

我国现代史上伟大的文学家鲁迅先生有一句名言:"横眉冷对千夫指,俯首甘为孺子牛。"这表明,鲁迅为人处世是依照不同对象来采取对策的。尽管在更多的时候,他像牛一样"吃的是草,挤出来的是奶",但是当自己的正当权益受到侵害的时候,他也会十分坦率地维护自己的利益的。

20世纪30年代的上海有一家书局,在给作者发算稿费时,只按实际字数计算,而不算标点符号和段落空格。于是,鲁迅有一次故意给该书局寄去既没划分段落,更无一个标点的稿子。书局一点办法都没有,只得写信给鲁迅说:"请先生分一分章节和段落,加一加新式标点符号。"鲁迅回信说:"既然要作者分段落加标点,可见标点和空格还是必要的,那就得把标点和空格也算字数。"书局只好认输。

早在东京留学的时候,鲁迅曾把一部6万多字的书稿寄返国内,卖给一家书店,但是书商却用欺骗手段少算给他1万字的稿酬。鲁迅毫不客气地维护了自己的正当权益。为了书稿的顺利出版,他事先并不张扬,而是耐心地等了一年，等书出版之后，才仔细地核计一番，然后有根有据地去信诘问，最后终于追回了一笔十分可观的、本来就属于他的稿费。

许多人喜欢做老好人，在自己的利益受到损害，尤其是对方的力量很强大的时候，总是故作慷慨地一笑置之，听之任之。但是子产却并不这么做。即使是在强大的对手面前，他也敢于表达和维护自己的正当利益。正因为此，子产所争取到的不光是自己和国家的利益，最后也得到了晋国的尊重。鲁迅也是一样。在他身上，一方面为伟大事业而努力，一方面却不放弃自己应该得到的正当利益，这才是真正真实且伟大的鲁迅。

## 第二节　领导管理，恩威并用

### 擅长领会上司的真实意图

在日常生活当中，我们要学会善解人意。所谓的善解人意，就是要善察言观色，揣摩人心，想对方之所想，急对方之所急。在竞争激烈的职场之上，那些能得领导欢心的人，往往能够被更快地提拔，也能够得到更多的奖赏。而取悦领导最重要的一点，也是要善解领导之意，善于领会上司的意图。一个精于窥伺上司意图的下属，不仅特别注意其领导的言行，而且能够抢先一步，将领导想说而未说的话先说了，想办而未办的事情先办了，表现出极大的主动性。这样一来，领导自然会十分喜欢，从而自己也有更多被提拔和奖赏的机会。

任何人都喜欢被奉承、被吹捧。领导们也总是标榜自己好忠正、恶谄媚、近忠贤、远小人的，他们的一些言行可能掩藏着他们的真实想法。如果给你一个热脸，你就贴过去，可能会烫伤你自己。只有那些善于揣摩上司真实意图的人，才能有针对性地采取行动，退则保全自己，进则迎合领导的喜好，让自己得到职场上的成功。

历史上汉元帝执政时期，是西汉由盛而衰的转折点。当时，朝廷有外戚、宦官和儒家等三种势力相互对峙，明争暗斗，朝廷混乱而且腐败。汉元帝为人懦弱，始终依赖宦官，而宦官和外戚相互勾结在一起，还拉拢了一批见风使舵的儒臣，结成朋党，把持朝政，正直的大臣难以在朝廷立足。

但为了赢得天下儒士的拥戴，汉元帝却装作十分好儒，并且延揽大批当时较为著名的儒学之士入朝为官，参与政事。事情表面看来令人振奋，不过，聪明人都知道，皇帝只是拿儒生来"装点门面"，让自己得到一个爱贤的美名而已。著名儒家学者贡禹入朝后，元帝也同样向他征求意见。贡禹装作思考了很久，煞有介事地提了一条，即请皇帝注意节俭，将宫中的众多宫女放掉一批，另外最好少养一点马。这看来似乎是有益的建议。但实际上，汉元帝本来就很节俭，而且很早就已经将许多节俭的措施付诸实施了，其中就包括裁减宫中多余人员及减少御马的数量，而贡禹只不过将皇帝已经做过的事情再重复一遍。不过，对于这条几乎没有任何价值的意见，皇帝龙颜大悦，表示乐于接受，还对贡禹大加赏赐。

说到揣摩上司的意图，乾隆时的和珅可谓是个中翘楚。和珅"少贫无籍，为文生员"，直到乾隆四十年（1775年）才被擢为御前侍卫。自此之后，和珅便深得乾隆的宠信，步登青云，后来任军机大臣长达20年之久。和珅的官场履历，在清代官宦史上，可谓空前绝后。这很大程度上是因为和珅能够准确地揣摩出皇帝的许多真实想法。他曾对乾隆皇帝进行过细心的观察和研究，从而能够准确地掌握乾隆的心理变化和喜怒哀乐，甚至能够从其一言一行中猜出皇帝的真实意图。

和珅知道皇帝喜爱的是什么，于是也总是能让自己的各种行为得到皇帝的认同。乾隆皇帝喜欢吟诗作赋，和珅早年就下功夫收集乾隆的诗作，并对其用典、诗（词）风、喜用的词句了解得一清二楚，有时能够加以唱和，十分讨乾隆的喜欢。乾隆是个重情义之人。乾隆的母后去世时，乾隆痛彻心扉，每日垂泪。和珅并不像其他皇亲国戚、官宦臣下那样一味地劝皇上节哀，他只是默默地陪着乾隆跪泣落泪，不思寝食，几天下来，整个人面无血色，形容枯槁，好像比皇帝更为悲戚。如此能与皇帝同感共情的人，朝中除和珅之外，别无他人。乾隆是一个非常诙谐的人，平时喜欢与臣下开玩笑。因此，和珅经常给乾隆讲一些市井俚语、乡间笑话，令皇帝龙心大悦，这也不是一般军机大臣所能做到的。

和珅长于揣摩，有时似乎能够钻到乾隆的大脑里去，准确猜出乾隆的想法。史书载，一次乾隆出游，半途中忽命停轿，但是却不说缘由，臣下都很着急。和珅闻知后，立即让人找到一个瓦盆递进轿中，结果甚合上意，皇帝溺毕便继续起驾。按照惯例，每次京城附近的科举考试，都是由皇帝自"四书"中钦命考题。他先让内阁先送来"四书"一部，出完题后归还内阁。乾隆三十年（1765 年）考试时，皇帝命题后，仍旧令内监将"四书"送还内阁。和珅问起皇上出题的情况，内监不敢多言，只说皇上将《论语》第一本从头至尾翻了一遍，才微笑着欣然命笔。和珅沉思片刻，知道皇上一定是从"乙醯焉"一章中出题。因为乙醯两字含有"乙酉"二字，与这一年的年号相合。于是，和珅便通知他的弟子，有针对性地准备，结果正如和珅所料，和珅的学生全部高中。此事足以看出和珅揣摩功夫非同寻常。

乾隆做太上皇时，曾有一次共同召见嘉庆帝与和珅。两人入室之后，乾隆坐在龙座上闭着眼睛，只在口中念念有词，也不知道是哪种语言。一会，乾隆忽然问道："这些人是什么姓名？"嘉庆不知怎么对答，和珅却高声应答："高天德、苟文明。"（此二人都是白莲教的起义领袖）嘉庆听后莫名其妙，乾隆却满意地点点头。此后，嘉庆召和珅问起此事。和珅说："太上皇所诵读的是西域秘密咒。被诵这种咒语的人虽在数千里外，也会无疾而死，或大祸临头。奴才听闻太上皇诵这种咒语，料想所诅咒者必是叛匪教首，所以就知道是那二人。"嘉庆听后，恍然大悟，并自叹不如。

像汉元帝一样的皇帝大摆虚心纳谏的姿态，这在古代十分常见。对于这种情况，一些正直老实的官员就会立即响应皇帝的号召，上疏直言，毫无隐瞒地表达自己的意见，有时候甚至会历数皇帝的过失。殊不知天威难测，说不定什么时候皇帝就会追究直言犯上者的责任。而那些懂得观察时势的官员则会擦亮眼睛，当他看到君主只是在做一番演出的时候，就会三缄其口，就是提意见也会考虑是否对自己有利。贡禹对朝廷时局洞若观火，但他不愿得罪权势和皇帝，才提出这样避重就轻的意见。贡禹的建议，不仅让汉元帝博得了"纳谏"的美名，也没有得罪权贵，自己也大受其惠。

和珅对乾隆皇帝的脾气、爱好、生活习惯、思考方法了如指掌，可以充分做到想乾隆之所想，为乾隆之所为。从这点来看，和珅本可以成为君臣中善解人意的楷模，无奈他利欲熏心，以至于坏事做绝，绝事做尽，最后不得善终。不过，如果能够立意良善的话，对身处下位者而言，这些都是非常有用的技巧。

## 忠诚比能力更重要

对绝大多数领导而言，判断下属好坏的关键，往往在于其能够循规蹈矩，彻底奉行领导的意志，而至于能力，倒是在其次。不违背自己的意志、完全忠于自己的人，才不会给自己造成威胁。对他们来说，忠心才是第一，能力不是问题。反过来说，从某种程度上，那些能力高而自由意志太强的下属，正是领导们的大忌。领导者们正是处于这样的两难之中：太能干的下属不敢用，用了又不敢充分授权。经过对利害关系的仔细斟酌，他们一般都会把真正的权力下放给没有什么能力，但是却绝对忠于自己的下属。因此，对于一个下属来说，如果你想得到领导的欢心，赢得他的信任，最为关键的一点在于：无论你才能有多高，千万要让领导知道你对其的忠心。

卫青是西汉武帝时期的重要将领，他率军与匈奴作战，屡立战功。后来，他成为汉朝最高军事将领——大将军，并被封为长平侯。尽管如此，但卫青从不结党干预政事，从不越权。汉武帝刻薄寡恩，杀大臣如杀鸡，朝廷大臣无不战战兢兢，冷汗直流。然而，卫青却最终从容逃过大劫，无灾无难地以富贵终老。

一年，卫青率大军出击匈奴，右将军苏建率几千人马和匈奴数万人遭遇，最后全军覆没，只有苏建一人逃回。卫青召开会议，商讨如何处置苏建。大多数将领建议杀苏建以立军威。但卫青却认为，作为人臣，自己没有权力擅自专权，在国境之外诛杀副将。于是，最后把问题交与汉武帝处理，也借此显示自己不敢专权恣纵。汉武帝把苏建废为庶人，对卫青也更加宠信，而苏建对卫青的不杀之恩也感恩戴德。

光从这次卫青处理苏建事件的手腕上，就可以看出卫青的高明智慧。卫青虽立有大功，但从不恃宠而骄，从来都是谦虚谨慎，一味顺从汉武帝旨意，从不越权，以防汉武帝猜疑。一般诸侯都往往招贤纳士，但卫青深知汉武帝不满意诸侯王这么做，于是从不敢招贤荐士。正因为处处注意，时时小心，卫青才可以做到功盖天下而不震主，手握重兵而主不疑，最终能够富贵尊荣、寿终正寝。

南北朝时期，宋明帝刘彧因为从侄儿刘子业手上抢来江山，得位不正，难以服众，所以一登基就为应付各地造反被搞得焦头烂额。处于这样的危急关头，自然需要大量的军事人才。吴喜就是在这样的情况下毛遂自荐，而且一出马就为宋明帝立下了大功。

吴喜本是文人，曾任河东太守。他性情宽厚，在任期间，秉公执法，广施仁政，因此很受百姓爱戴，人们都称其为"吴河东"。由于吴喜深受百姓拥护，所以早年的流民造反，都被他打败。在平叛藩王率领的三千大军时，吴喜只带了数十人，经过一番诚恳的劝说，就让叛军自动归附。从这一点来看，吴喜的才能丝毫不亚于古代那些著名的文臣武将。而这次吴喜向刘彧自荐平叛，刘彧也只给他区区不足300兵马。可没想到，吴喜一进入敌人的地盘，当地百姓一听吴河东来了，竟望风归顺。这样，吴喜不但轻易平定了叛乱，而且还生擒了76个士兵和叛将，除了当场斩首了17个首恶外，其实全部被吴喜给赦免了。

但是，吴喜并没有因为建立了大功而得宋明帝的宠爱，反而为自己埋下了杀机。吴喜出征时曾对刘彧说，抓到叛将，不论首从，他都将就地正法，以正纲纪。不料最后，吴喜却违背了他的意志，未经他的同意就私自赦免战俘。刘彧认为，吴喜这么做，无非是想获取人情、笼络人心罢了，这种人，势必对自己造成很大的威胁，岂能容他?! 果然，没多久，刘彧就找了一个借口，将吴喜赐死了。

　　唐朝大将李勣，战功赫赫，是凌烟阁二十四功臣之一，在唐太宗武将之中的地位，仅次于李靖。这样的一位重臣，太宗自然格外器重。李勣晚年得了一种名为"心悸"的病症，太医说用人的胡须和药，或许能够治好。唐太宗便立即剪掉自己的胡须，烧成灰送去给他治病。李勣知道后，当场感激得伏地痛哭，激动到把指头咬破，流出血来。

　　然而，同样是那位曾为李勣断须治病的唐太宗，在临死之前却给太子李治留下遗言说："现在能帮你安定天下的武将，除了李勣之外，别无二人。但是你对他没有恩，我恐怕他对你怀有二心。我现在把他外放，如果他立即启程，你登位后，就马上把他召回，这样你就算是有恩于他了，他也必定会感激于你，为你效命。如果他有半点犹豫的话，就表明他有二心，你必须赶紧杀了他，否则后患无穷。"幸亏李勣聪明，他很快便明白了个中奥妙，因此一接到命令，连家也不回，就立刻走马上任，这才保住了一条老命。

　　很多人认为卫青的举止似乎过于谨慎，其实不然。汉武帝雄才大略、武功赫赫，但是也专断独行，桀骜自恃，对于那些犯了他的忌讳的人，无论才能多高，他都可以毫不手软地予以诛杀。卫青对此十分清醒，因此不管自己能力再高，权力再大，也要表现得很忠诚。正因为如此，卫青才能保全自己，无灾无难地以富贵终老一生。

　　吴喜则正好相反。他能够轻易对付战场上的敌人，但是却没有弄清楚刘彧最想要的是什么。在吴喜看来，他之所以释放叛将，完全是一片仁心，而且这么做，说不定还能为皇帝获取人心，多争取一些人才。但是，刘彧却是历史少见的刻薄寡恩的皇帝之一，只要是违背了他的意志，即使对于那些有功、有恩于他的人——不管功劳多大，他也会毫不留情地除掉，更别说委以重任了。

从李世民对待李勣的例子中，也可以看出领导者心中想的究竟是什么。李世民当初为李勣剪须治病，是为了让李勣更加忠心于自己。李勣一生有无数的忠义之行，然而还是遭到李世民的猜忌，这正如手握权柄的领导者们对待属下的心态：无论在什么时候，无论下属才能有多高、功劳有多大，他们都在防备着，一旦有不忠心的行为出现，就会毫不留情地将之清除。所以，对下属而言，忠诚的能力更重要。

## 永远不要盖过上司的光芒

一般来说，身为领导者，都有非常强的尊严和成就感。他们总是力图让手下的人们相信，自己永远是真理的化身和正确的象征，他们的能力超乎常人。上司不但希望自己在权位方面高高在上，在功劳和能力方面也是要唯他独尊的。一旦领导认为自己下属的功劳和能力已经影响到自己的权威的时候，那么就会毫不犹豫地对他进行打压，或者干脆把他铲除。

作为下属，绝对不能跟上司抢镜头。如果你忘了自己的作为下属的身份，总是把本该属于上司的光辉硬往自己脸上贴，或者让自己的功劳或才能盖过上司的光芒，老做一些"越位"的事情，那么你的职场生涯可能就要遭遇不顺。在任何时候，都要给上司留足面子，甚至主动将自己的功劳让给上司，或者在上司面前收敛才华，以让上司感觉自己光辉耀眼。这不仅是对上司应有的尊重，而且是职场中必不可少的生存策略。

历史上不乏功高盖主而最终被诛的例子，韩信可以算是最为著名的一个。韩信是西汉开国重要功臣，为汉高祖第一大将。作为统帅，他率军出陈仓、定三秦、破代、灭赵、降燕、伐齐，直至垓下全歼楚军，无一败绩，天下莫敢与之相争，为高祖打下了大半个天下。刘邦正式登基为汉高祖后，对韩信"连百万之兵，战必胜，攻必取"的军事天才，也心悦诚服，自叹弗如，将其列为"开国三杰"（张良、萧何、韩信）之一。

对于自己的不世之才，韩信自己也丝毫不加掩饰。刘邦曾与韩信谈论将领们才能的高下，刘邦问："你看我能率多少军队？"韩信说："陛下不过能率十万大兵。"刘邦问："你呢？"韩信说："我则多多益善。"刘邦笑着说："多多益善，那你怎么被我擒住了呢？"韩信说："陛下是不能率领军队，但却善于驾驭将领。"

韩信有这样杰出的军事才能，且不知道加以掩饰，让刘邦早就感到他对自己的威胁。早在韩信被拜为大将军的时候，刘邦便对其有所疑忌。但他一方面巧妙地利用韩信攻城略地，为汉王朝的开创立下战功；另一方面，待自己实力雄厚之后，便开始防范和贬低韩信。早在楚汉战争时，每当韩信大胜之后，刘邦便会抽调其精兵。虽然迫不得已封其为齐王，但当消灭项羽之后，刘邦立即夺取了韩信的兵权，后来，高祖又改封韩信为楚王，使其远离根基深厚的齐地。

天下平定之后，刘邦更加感觉韩信的存在是对自己的威胁。他发现天下之大，自己独惧韩信一人，这不仅因为他的功劳有超过自己的嫌疑，而且在军事才能上，他也远远地超过了自己。高祖六年（公元前201年），有人密告韩信收留了楚将钟离昧，蓄意谋反，刘邦想发兵征讨，但苦于不是韩信的对手而作罢。韩信如此棘手，越发让刘邦打定主意除掉韩信。后来，刘邦终于依陈平之计，以巡视云梦泽为名，将韩信乘机拿下。尽管查无实据，他还是将韩信降为淮阴侯，控制于京城之中。高祖十年（公元前197年），阳夏侯陈豨谋反，自立为王，高祖率大军征讨。韩信与陈豨秘密约定，里应外合。事泄，吕后和萧何设计骗取韩信入宫，并将其杀害，随之，将其三族捕杀殆尽。

三国时期，魏国杨修才思敏捷，聪颖善辩，得到曹操赏识器重，被委以"总知外内"的主簿，成为曹操身边的一位高级幕僚谋士，算得上一位重臣。照理来看，杨修可以说是前途一片光明。但是让人感到意外的是，这位重臣却过于聪明，结果聪明反被聪明误，导致了被诛杀的结局。

一次，曹操与杨修骑马同行，路过曹娥碑，见碑上镌刻了"黄绢""幼妇""外孙""齑臼"八个字，曹操问杨修是否理解这八个字的意思。杨修正要回答，曹操说："你先别讲出来，我先想想。"等走了三十里路以后，曹操说："我明白了。你说说你的理解，看我们是否所见相同。"杨修说："黄绢，就是色丝，合起来是'绝'字；幼妇，就是少女，合起来是'妙'字；外孙是女儿的儿子，合起来就是'好'字；齑臼，就是受辛（古代的那些调料主要是辛辣的东西，所以说用来盛装和研磨调味料的器具齑臼是'受辛'。），合起来就是'辞'字。这八个字是'绝妙好辞'四字，是对曹娥碑碑文的赞美。"曹操惊讶地说："你的才华和思维，比我快过三十里啊。"

曹操在平定汉中时，连连打败仗。想要进兵，却怕蜀将马超在那里拒守；想要收兵，又怕蜀兵耻笑，正在犹豫间，厨师送上来鸡汤，曹操看见碗中有鸡肋，沉思不语。这时有人进军帐，禀请夜间应该行什么口令，曹操随口回答："鸡肋！"杨修听见令传鸡肋，于是让随行军士收拾行装，准备归魏。将士们很奇怪，问杨修是怎么知道魏王要回师的，杨修说："鸡肋这东西，吃了没什么味道，扔了又觉得可惜。现在我们继续进军不能取胜，退兵又怕人家笑，老待在这也没有什么好处，不如早点回家。魏王班师就在这几天，可以提早准备行装，以免到时慌乱。"曹操早就忌恨杨修才能高于自己，这次又见他猜透了自己的心事，便以扰乱军心定罪，杀了杨修。杨修死时年仅三十四岁。

因为同样原因被曹操杀的还有祢衡。祢衡很有才辩，很聪明，也从不掩饰自己的聪明，喜欢侮辱权贵。在评论曹操和他手下人的时候，祢衡说"大儿孔文举（孔融），小儿杨德祖（杨修）"，也就是说，他只看得起这二人，其他人，包括曹操在内都不足道。结果，承蒙他的看得起的二人都被曹操给杀了，他自己也被曹操用借刀杀人之计杀了。

历史上，有无数人因为锋芒太过，遭到上司猜忌，而招致杀身之祸。他们尚且如此，那么韩信的被诛自然也只是时间问题，更何况他碰到的是一位好猜疑之主。如果下属的能力超过了上司而又不加以掩饰，而所遇之上司又为嫉妒之心极其强烈之人，那么其结局往往很悲惨。

"善窥上意"是古代通行的为官之术，就是说要能够体会上司的意思。但是善窥上意不一定是好事，这要看你窥的是什么"上意"，以及怎么表达出来。杨修不可谓不善窥曹操的意思，次次都能猜中曹操的想法，但是最后却被杀了。这是因为，作为下属，如果你凡事都走在上司前面，却又不加以掩饰，那么为了维护自己的权威和权位，除了对你打压，甚至除掉之外，上司们也别无选择。一来，他们脸上挂不住，因为你给人的印象是你比上司还要高明。二来，上司也因此而担心你总有一天会把他们从现在的位置上拉下来。

## 在领导面前不妨装装"嫩"

在一般情况下，如果上司说错话或做错事的时候，聪明的下属是不会、也不敢指出来的，否则，大多数领导一定会反过来教训一顿："怎么！当我连这个都不知道吗？你是不是存心让我难堪？"即使他们没有这么说，也一定会心中不悦，你给他的印象自然不会好到哪里去，说不定哪天他还会找你麻烦。

尽管人们口头都说"人尽其才"，但是在很多情况下，任何上司都有获得威信、满足自己虚荣心的需要，他们不希望部属超过并取代自己。因此，身为下属，如果你想恭维讨好你的上司，不妨把自己表现得比上司"外行"一些或水平更低一些。聪明的部属在和上司相处时，总是会千方百计地掩饰自己的实力，以假装的愚笨来反衬上司的高明，力图以此获取上司的青睐和赏识。当上司陈述某种观点的时候，他总是会装出恍然大悟的样子，拍手称好；当他对某项工作有了好的可行之方时，不是直接阐发意见，而是在私下或用暗示等办法及时告诉上司。同时，再抛出与之相左，甚至是很"愚蠢"的意见，让好主意从上司嘴里说出来。这样的下属，上司多半倍加欣赏，对其情有独钟。当然，装"嫩"充傻也是要注意场合和时机的。

商纣王时期，箕子曾任太师，辅佐朝政，不料纣王昏庸无道，没日没夜地饮酒作乐，不理朝政。箕子劝谏了很多次，他都不听。纣王白天也关窗点灯，把白天当做夜晚，最后竟然忘了日期了，问一问身边的人，他们也都陪他喝酒喝得糊里糊涂不知道。于是，纣王派人向箕子去打听，箕子心想："身为天下之主都忘记了日期，国家就很危险了。他们所有的人都不知道，而只有我一个人知道，我就更危险了。"于是便推辞说自己也喝醉了酒，不知道日期。纣王如此昏庸，有人劝箕子离纣王而去，箕子不忍，而是披头散发装疯卖傻，常常又哭又笑。商纣以为箕子是真疯了，于是把他关了起来。而箕子也借此保全了自己。

韩擒虎是隋朝开国功臣，在平定陈国的战争中，他首先攻入陈国都城金陵，俘获陈后主。胜利后，他将自己在战争中的种种谋略、战术加以总结，写出一本书，书名题为《御授平陈七策》，意思是说这些战略、战术都是皇帝陛下教的，而平陈一战的辉煌胜利也是在皇帝的亲自指挥和部署下取得的，自己即便有功劳，也仅仅是有执行了皇帝的意旨的苦劳而已。韩擒虎把此书献给隋文帝，皇帝见到后，十分高兴，不但拒绝了韩擒虎的好意，要他留着写进自己的家史中，并且授以高官，赏以厚禄。

薛道衡是隋初大文豪，隋文帝时就备受皇帝信任，担任机要职务多年。当时的许多名臣如高颖、杨素等，都很敬重他；皇太子杨勇及诸王都以和他结交为荣。隋炀帝杨广虽然是个暴君，但是却也颇有文才，很喜欢作诗，即位后，延揽文人入朝，薛道衡也是其中之一。但杨广重视文人，一是因为他们跟他有同好，二是因为他想要用他们来表现自己比天下文人更有才华。隋炀帝极其自负，他曾对别人说："别人总以为我是承接先帝而得帝位，其实论文才，帝位也该属我。"一次，杨广作了一首押"泥"韵的诗文，命大臣们相和，别人写得都很一般，只有薛道衡所和的《昔昔盐》最为出色，其中"空梁落燕泥"一句，将人去室空的冷落景象描写得细致入微，堪称传神。隋炀帝闷闷不乐，十分忌恨，后来终于找了个理由把薛道衡杀了，在杀他时，杨广还带着几分嘲弄的语气说："你还能再作出'空梁落燕泥'吗？"

和薛道衡一样，鲍照是南北朝的一位有才华的诗人，他的诗才曾被"诗仙"李白、"诗圣"杜甫所仰慕，可见文才之高。鲍照曾在南朝宋孝武帝刘骏朝中担任中书舍人。刘骏也喜欢舞文弄墨，而且自以为天下第一，别人谁也比不了他。鲍照明白他的心思，于是在写诗作文时，故意写得粗俗不堪，以满足刘骏的虚荣心，以至于当时有人怀疑鲍照江郎才尽。

在中国古代无数的诗人中，诗歌产量最多的并不是李白、杜甫，也不是苏轼、陆游，而是自认为文治武功独步千古、自号"十全老人"的乾隆皇帝。身为日理万机的天子，乾隆生平竟然作诗十万余首。为了迎合他，乾隆的臣属都想尽办法，其中就不乏有装"嫩"之臣。《二十四史》中的《明史》，原本在康熙、雍正两朝就大抵编撰成书，乾隆朝已经进入了校勘阶段。乾隆喜欢附庸风雅，除了作诗外，还经常在刊印之前，亲自参加校勘。明史馆的人为了让他开心，便经常在明显的地方故意写错几个字，让他来改正。像《明史》这样重要的著作，在印行之前，自然已经由无数专家学者悉心校正过，这时候还有错误让乾隆校出来，无形中显示出他的学问确实超过了那些专家学者的水准，乾隆自然龙颜大悦，身为他的臣属，自然也就过得平安幸福了。

作为下属，不要时时处处表现出自己比上司高明，要掩藏自己的智慧，遮蔽自己的能力，在必要的时候，一定要学会将自己贬抑下来，将上司无限抬高。尤其在有所功劳的时候，最好能够向上司表明对方"有其成功"，而属下只是"臣有其劳""有功归上"，做下属的只有跑腿的功劳而已。不和上司争功，甚至主动送功于上，这样的下属，自然会受到上司的赏识，也才有可能真正得到褒奖和提拔。鲍照故意装作"江郎才尽"，因为他知道只有这样做，才能避免被皇帝加害。被人怀疑事小，成功地保全了自己，才是真正的头等大事！否则，像薛道衡一样给自己的领导难堪，到头来吃亏的只能是自己。

## 与同事相处要多个心眼

在职场之中，同事之间的关系有时候也很难处理。同事之间存在着各种合作和竞争的矛盾，十分微妙而复杂。要让自己在职场之中成功立足，既要与同事很好地相处，同时又要保护自己不受伤害，最为重要的是要小心谨慎，有时还要运用一些必要的处世之道。和同事相处，不可小心眼，但是也必须多个心眼；绝不可意气用事，必须冷静一些，理智一些。说话小心些，为人谨慎些，避开生活的误区，使自己处于进可攻、退可守的有利位置，牢牢地把握住在职场中的主动权，都是十分有益的。必须尽可能地把脸皮磨厚，利用厚脸皮来有效地保护自己。即使对方有意攻击和指责自己，必要时也要忍耐下来。

唐朝武则天时，尽管很多唐朝宗室和唐室的股肱大臣都被武则天加害，但还是涌现出了不少杰出人才，且能保存自己，娄师德就是其中之一。他不但是有着"台辅之气"的文臣，而且是当时抵抗吐蕃入侵的著名将领，是不可多得的文武能臣。武则天倍加赏识，曾经将其升至宰相，又委以全权处理边境事务的重任。在当时的环境之下，娄师德不但成功明哲保身，而且还能实现自己的抱负，于国于己都算成功。

娄师德胸怀宽广，对待同僚的态度极为温和。娄师德身长八尺，方口博唇，即使冒犯他也不计较。一次，时为纳言（侍中）的娄师德和内史令（中书令）李昭德一起入朝。娄师德长得胖，所以走不快；李昭德性子急，走得快，一次又一次等娄师德，后来不耐烦了，回头对娄师德说："都是被你这个乡巴佬耽搁了。"娄师德却笑着说："我不是乡巴佬，那谁是乡巴佬啊？"

娄师德升为宰相后，一次巡察屯田。出行的日子已经定了，部下随行人员已先起程。娄师德因脚有毛病，便坐在光政门外的大木头上等马。不一会儿，有一个县令不知道他是纳言，自我介绍后，跟娄师德并坐在大木头上，娄师德也并不介意。县令的手下人远远瞧见，赶忙走过来告诉县令，说："这是宰相啊。"县令大惊，赶忙站起来赔不是。娄师德却将这件可大可小的事情一笑了之。

娄师德的忍让最为有名的是"唾面自干"的典故。娄师德的弟弟被任命为代州刺史。临行前，娄师德说："我的才能不算高，现在做到了宰相。你现在又去做很高的地方官。人家会嫉妒我们，应该怎样才能保全性命呢？"他的弟弟说："从今以后，即使有人把口水吐到我脸上，我也不敢还嘴，把口水擦去就是了。以此自勉，请你放心。"娄师德说："这恰恰是我最担心的。人家用口水唾你，是人家对你发怒了。如果你把口水擦了，说明你不满。不满而擦掉，人家就更加发怒。最好是让唾沫不擦自干。"

李义府是唐高宗和武则天时的大臣，曾经官至右相，可谓位极人臣，权倾一时。但是根据史书记载，这位当朝宰相并不是一位谦谦君子，而是一位小人。他看上去温和恭谦，和人说话时，也往往微笑平和，也常常恭维他人，但实际上却阴险诡诈。在他当权时，排斥异己，对那些稍与自己的政见不合者都进行陷害和诬构。当时人们都说李义府笑中带刀，由于他表面上柔和，背地里害人，因此人们称之为"李猫"。李义府表面一套，背后一套，大搞顺我者昌，逆我者亡，很为百官所痛恨。但是皇帝和一些大臣却始终被蒙在鼓里，还以为他是谦谦君子。

李义府之后的李林甫更是一位花言巧语、口蜜腹剑的奸人。李林甫除了迎合玄宗的意旨外，他还尽力谄媚结交玄宗亲信的宦官和妃子。就是和一般人接触，李林甫也总是在外貌上表现出和人很友好，非常合作，尽说好听的、善意的话。可是实际上，他的性情和他的表面态度完全相反；他常常使坏主意来害人。李林甫和李适之都是唐玄宗时期的宰相，一次，李林甫对李适之说："华山上有金矿，开采出来的话，可以富国。皇帝还不知道这件事呢！"第二天，李适之就将这件事情上奏。玄宗征求李林甫的意见，李林甫说："这事我早就知道。不过陛下是在华山诞生的，那是王气所在之地，不能开凿，所以我也没说。"玄宗一听，认为李林甫才是真正忠爱自己的，而李适之即使不是图谋不轨，至少也是冒冒失失，因此对他极为不满。从此之后，皇帝对李适之渐渐疏远，一直到其被陷害致死。

与其同时在位的张九龄，也为人耿直忠贞。一次，唐玄宗想要破例提拔大字不识几个的牛仙客，张九龄认为玄宗这样做恐怕难孚众望，于是约同是宰相的李林甫一起到玄宗面前据理力争。李林甫当面表示赞同，但在晋见玄宗之后，却哼哼哈哈，几乎不置一词，在事后又私下讨好牛仙客。当玄宗重用牛仙客的主意已定之后，李林甫一面在暗地里攻击张九龄不识大体，一面又在玄宗面前鼓吹，说："天子用人，有什么不可以的呢?!"李林甫人前一套、背后一套，在很长一段时间里，众人尤其是皇帝都被他所欺骗，他也一直在朝中做了十九年的官。

娄师德之所以能够在当时险恶的官场中安然无恙，还有所建树，就是因为他善于处理和同僚，甚至下属的各种关系。别人称他是乡巴佬，下属对他不尊，尤其是"唾面自干"的故事，都充分说明了他小心翼翼地处理着各种关系，而这是和他异乎常人的宽容忍耐的胸怀是分不开的。在职场之中，像李林甫、李义府那样"口蜜腹剑"的人是经常有的。如果和他们相处时不多个心眼，不懂得加以提防，不懂得运用智慧去对待他们，到头来吃亏的只能是自己。

## 识人在先，善用在后

人们都说"人尽其用"，但是，不会识人，又谈何用人? 因此，在用人时一定要做到全面了解，识人是用人的第一步。古语有云：千里马常有，而伯乐不常有。因为各种原因，那些真正有才能的人，往往隐没在人群之中，得不到重用；即便用了，却往往没有用到合适的地方，或者大材小用。这就是不识人的结果。

春秋时期，卞和前后两次献和氏璧给楚王，但是皆被认为是以假欺君，先后被砍去双脚。人才就和和氏璧一样，之所以不被重视和重用，多半不是因为没有才华，只是用才者常常被诸多表面现象所迷惑，进而不识。在识人时，不能以个人的好恶来决定其高低，因为人的兴趣、爱好、观点各有差异，以一己之见来判断某人是否为贤才，一定会失之偏颇。

三国时期，刘备在未得诸葛亮之前，在识人标准上存在很大的问题。他往往只以个人的喜好作为识人标准，凭个人的印象和臆测来选识人才，其虽有关羽、张飞、赵云等武将，但是文臣仅有孙乾、糜竺之辈。他也常叹自己思贤若渴，身边无人才，以至于流落天下。第一次见到"水镜先生"司马徽时，他竟无端埋怨说："我刘备也曾只身探求深谷中的贤士，但是却没有见到什么真正的人才。"司马徽批驳了刘备的观点，他说："孔子曰'十室之邑，必有忠信'，怎么能说无人才呢？"继而又向他指出，他当时所处的荆襄一带就有奇才，应该去求访。刘备恍然大悟，这才有了后来的多次邀约诸葛亮出山相助。

刘备后期最为器重的人才，除了"卧龙"诸葛亮之外，就是道号"凤雏"的庞统。庞统早年便与诸葛亮齐名于荆州。时人评价他们的经典言语是："卧龙凤雏，得一而可安天下。"由此可见，庞统也怀有经天纬地之才。然而在诸葛亮成为刘备的军师之时，庞统仍然怀才不遇。吴国都督周瑜帮助刘备攻取荆州时，庞统仅为掌管区区一郡人事的功曹。周瑜去世后，庞统送葬到吴地。吴人多闻其名，因此，当他要西返荆州时，众多知名人士齐会昌门，为他送行，在聚会上，庞统一针见血地品评当时人物，他说："陆绩可以算是驽马，有逸足之力；顾劭可以算是驽牛，能负重致远。"接着，他又对全琮说："你好施慕名，虽智力不多，也不失为一时之选。"顾劭去见庞统，并问他："您有善于知人之名，你说说，我和您相比，怎么样？"庞统说："讲到陶冶世俗，甄别人物，我自然比不上您，但是，如果论帝王之秘策，揽倚伏之要最，我可就比您强一点了。"

刘备占据荆州之后，庞统来投，但是刘备见他其貌不扬，并未重用，仅仅以从事守耒阳令任之。庞统在任不理县务，治绩不佳，被免官。刘备更加认为他名不副实。但吴将鲁肃写信给刘备，推荐庞统，说庞统之才不止百里，如果让他做治中、别驾等官职，才能稍微施展他的才能。诸葛亮也向刘备极力推荐庞统。于是，刘备再次召见庞统，并和他纵论上下古今，这一次深为折服，于是对他大为器重，并任命他为治中从事。此后，刘备倚重庞统的程度仅次于诸葛亮。

庞统正是实现隆中战略不可或缺的重要人才，他的加盟，为刘备集团提供了进一步飞跃的契机。在当时的情况下，进占益州和巩固荆州是同等重要的大事。要同时完成这两件大事，必须要有诸葛亮一流的人才协助刘备才行。综观刘备早期的谋臣团，糜竺、孙乾、简雍、伊籍等人，都是人才，但运筹帷幄，决胜千里实非其所长。而庞统不但学识渊博，善于鉴别人物，而且有运筹帷幄的本领，正适合协助刘备进占益州。实际上，在入川过程中，庞统也用出色的表现证明了自己的能力：他不但协助刘备作出了几次意义重大的正确决策，而且以其独有的聪明才智，使刘备摆脱了信义宽仁等观念的束缚，为日后平定西川奠定了坚实的基础。

　　晚清时期，李鸿章所率淮军收罗了不少猛将，一次，李鸿章想让自己的老师曾国藩给他们"相相面"，看看他们的潜力。曾国藩在李鸿章的陪同下，悄悄地来到淮军营地。淮军的将士们不知道将帅的到来，有的赌酒猜拳，有的倚案看书，有的放声高歌，有的默坐无言。其中独有一人袒着肚子坐在南窗之下，左手端《史记》，右手端酒，诵读一篇，便饮酒一杯，有时还情不自禁地长啸起身，大有旁若无人的情景。在回来的路上，曾国藩对李鸿章说：众位将领都可以立大功，任大事，但是成就最大者，就是那个裸腹读书之人。

　　此人就是后来成为淮军名将的刘铭传。淮军自程学启死后，刘铭传成为诸将之首，也成为曾国藩部下的主力。由于多次在和捻军战斗中的杰出表现，后来被提升为直隶提督。曾国藩离开徐州担任直隶总督之后，刘铭传最终以"河防之计"，将"太平天国"这场轰轰烈烈的农民起义镇压下去。刘铭传战功煊赫，朝廷下令封其为一等男爵。曾国藩去世后，刘铭传又多次担任要职，他还是中国近代提议兴修铁路的第一个政府高级官员，而他在中法战争和保卫台湾等战争中所做的贡献，也都证明了曾国藩对他的鉴别和期待。

　　正像韩信评价刘邦"不善将兵，但善将将"那样，身为一个领导者，最为重要的就是识别并运用人才。刘备用人的一个显著特点是，一旦他认为是个人才，就必定能够人尽其用，而且用人不疑。但是，他却缺少识人之明，因此就连庞统这样不可多得的人才，他也差一点错失。而曾国藩却颇知识人之奥妙，不但如此，他还能看透这个人的潜力和前途。正因为此，他才能知人善用，让他们成为自己迈向成功的最佳帮手。

## 唯才是举，要"猛兽"不要"病猫"

世上并不是没有人才，而是用人的人不能正确使用。选人用人的正确程序应该是，正确地考察、准确地评价一个人，进而对使用这个人的风险进行评估，并使他能够发挥应有的作用。历史上任何一个成功的领导者，都有求贤若渴的胸襟。他们在考量部属的时候，唯一的标准就是是否有才干。有才干者加以重用，没有才干者则宁愿弃之不用，至于身份、出身、经验等方面的外在因素，一般都不怎么重视。人总难免会有这样那样的缺点，但真正能够为己所用才是最重要的。反过来说，那些没有才能的人，即使地位再高、出身再好，也宁愿不用。

汉高祖刘邦，年轻的时候，文不能文，武不能武，30多岁，还仅仅是一个小小的泗水亭长。然而，正是他打败了天下无双的项羽，建立了中国历史上时间最长的汉朝。他之所以成功，在很大程度上是因为他知人善用，唯才是举。

刘邦自己也知道这一点。在一次庆功宴上，他对群臣说："得失天下的原因，须从用人上说。试想运筹帷幄，决胜千里，我不如张良；坐镇国家，抚养百姓，我不如萧何；统百万雄兵，战必胜，攻必取，我不如韩信。这三人都是当今英杰，我能委以任用，所以能得天下。而项羽有一个范增，尚且不知道加以运用，这就是他失败的原因。"

由于自己出身平民，刘邦用人也从来不拘身份、地位，总是能够唯才是用，甚至不顾对方原来是自己的敌人。张良原是韩国贵族，曾结交刺客狙击秦始皇于博浪沙。后来，他向刘邦提出不立六国后代，联结英布、彭越、韩信等军事力量的策略，又主张追击项羽，彻底消灭楚军，这些建议均为刘邦所采纳。萧何曾是沛县小吏，他参加辅佐刘邦起义，当起义军进入咸阳时，不但及时规劝刘邦不能贪图享乐，而且及时取出秦政府的律令图册，很快地熟悉了各种法律条文和全部山川险要、郡县隘口等情况，为以后刘邦治理关中打下坚实基础，他还举荐韩信为大将。楚汉争霸时，他以丞相身份留守关中这一战略要地，源源不断地向前线运送兵源粮草，使刘邦终于能够取胜。韩信则原是贫穷潦倒的流浪汉，他曾在项羽手下做一名管粮草的小官。投向刘邦后他才被重用，并用兵如神，屡建战功，成为刘邦战胜项羽的关键人物。

除了这最重要的三人之外，刘邦官僚集团中的其他成员，也都是来自不同社会阶层、有着不同出身和阅历。但他们有个共同点，那就是都是贤能人物。陈平出身贫寒，在做小官时曾经贪污受贿，且和嫂子曾有暧昧关系，有"盗嫂受金"的讽名。投奔刘邦之后，他为创建汉王朝做出了重大贡献。曹参曾为秦朝的狱吏，但在追随刘邦之后，"身被七十创，攻城略地，功最多"。周勃曾靠编织养蚕用的蚕箔为生，还常给办丧事的人家吹箫，后来做了一名能拉强弓的勇士，在刘邦军中，他在一系列的作战中总是能当先破敌。此外，樊哙原是宰狗的屠夫；灌婴曾是布贩；夏侯婴曾是马车夫；彭越、黥布曾是强盗；孙叔通原是秦政府的博士；张苍是秦朝掌管文书档案的御史……如此等等，不一而足。这些人有着不同的出身和经历，但刘邦却都能重用他们，这充分说明刘邦唯才是举的用人标准。

刘道怜是南朝宋武帝刘裕的同父异母兄弟，他的母亲萧氏是刘裕的继母。刘道怜曾追随刘裕南征北战，屡立战功。在还未废晋自立之前，有一年，身兼扬州、徐州、兖州三地刺史的刘裕辞去了扬州刺史的职务，而任命自己才十四岁的二子刘义真担任此职位，镇守石头城。刘道怜很想担任这一职位，但又不好意思开口，便央求母亲萧氏代为说情。见到刘裕后，萧氏说："你兄弟曾与你同甘共苦，又立有战功，可以让他担当扬州刺史。"刘裕本来对萧氏极为恭敬孝顺，后来建立南朝宋时，刘裕还尊萧氏为太妃，但他十分了解自己的这位兄弟，刘道怜尽管追随自己四处征战，立有不少战功，但是为人蠢笨，才能平庸，又非常贪婪放纵，根本没有能力担任这么重要的职位。当时，刘裕也正准备夺取晋朝江山，扬州地理又非常重要。因此，思考再三，刘裕还是对萧氏说："扬州乃要害之地，关系到我的前途命运，要务繁多，道怜恐怕难以胜任。"萧氏一听，极为不快，问道："五十多岁的老道怜，难道不如十几岁的小义真吗？"刘裕解释说："我儿义真虽为刺史，但事无大小，都由我做主。道怜年纪已大，如果什么事也都由我做主，恐怕不好。如果让他自己做主，又怕难以负重。

无论是为国，还是为道怜着想，他都不适合担当此职。"萧氏这才无可奈何，只好作罢。

刘邦不像曹操、李世民那样文韬武略兼而有之，也不像康熙、朱棣一样借助龙脉血统，他所凭借的，就是一门用人之术。他之所以能够打败项羽，正像他自己所说的那样，在用人方面是远远超过项羽的。而这也正是一个领导者最为重要的本领之一。明白了刘邦唯才是举的胸襟之后，我们才能够明白，他之所以能够得到天下，并非偶然。刘裕摒弃个人感情，清醒地掌握着自己用人为官的原则和标准，要人才不要病猫，如果是个病猫，则坚决不用，正是因为他认识到用人对于他建功立业的重要性，所以原则性才会这么强。

## 管理是授权与控制的艺术

领导者所面临的各种事务总是十分纷繁复杂、千头万绪，任何领导者，即使精力、智力超群，也不可能独揽一切，因此必须把一些事情交给下属执行。不会授权或不愿授权的领导者，将给自己积聚越来越多的工作决策事务，使自己在日常琐碎的工作细节中越陷越深，甚至成为碌碌无为的"事务主义"者。到此地步，有些事已一拖再拖，另一些事可能根本无暇顾及，而许多需要领导者处理的大事却搁置在一边。另外，下级的积极性也受到压抑，工作失去了兴趣和主动性。

作为领导者，贵在学会科学地授权。授权，其实就是指上级在下达任务时，允许下属自己决定行动方案，并能进行创造性工作。合理授权，使领导者重在管理，而非从事具体事务；重在战略，而非战术；重在统率，而非用兵。授权有利于领导者议大事、抓大事，居高临下，把握全局。合理地授权，能够使每个人感到受重视、信任，进而使他们有责任心，人人都能发挥所长。

当然，身为领导者，最为根本的权柄还是必须掌握在自己手中。授人以权柄，是为了使其发挥所长，为自己所管辖的区域内尽量多地做事，其前提仍然是为我所用。一旦授权过多，属下滥用职权，无所顾忌，则可能出现南辕北辙现象。说到底，管理学的智慧，就是保持授权和控制的微妙平衡。

周威烈王二十三年（公元前403年），已经瓜分了晋国的韩、赵、魏三家得到了周天子的册命，正式成为了韩、赵、魏三个新兴的国家。在魏国，促成这一历史性转变的国君是魏文侯。魏文侯在位期间，通过各种改革，魏国的经济得以迅速发展，国力逐渐强大，成为战国初期一个异常强盛的国家。而在这个改革图强的过程中，尊贤任能对魏国的繁荣起了重大作用。

魏文侯非常尊敬贤能。他对当时魏国的贤人段干木就礼遇到了无以复加的地步，被人们广为传诵。但魏文侯尊贤并不是做做样子，而是实实在在按才任用。他任人的最大特点是用其所长，充分授权，用而不疑。吴起是当时著名的军事家，但人们对他的为人颇有微词。他曾在鲁国任将军，齐国攻打鲁国，鲁国打算任命他为抗击齐国的主帅。但由于吴起的妻子是齐国人，鲁国猜疑他，议而不决。为求功名心切的吴起竟然杀了妻子，以此表明自己和齐国没有任何关系。于是鲁国才任命他为大将，带兵攻打齐国，大破之。尽管取得了战争的胜利，但杀自己的妻子毕竟太过残忍，因此也给他招来了一大堆闲话。吴起最后受不了鲁君的猜疑，就投奔到了魏国。

魏文侯问大臣李克，吴起是怎样的人？李克大约也听信了关于吴起的闲言碎语，说他"贪而好色"，但也并不因此而抹杀他的军事才能，说他用兵比得上司马穰苴。于是，魏文侯以吴起为大将，统领全国军队，自己不再过问。后来吴起用事实纠正了对他的一些不公正看法。他不仅带兵伐秦之时连拔五城，在带兵上也颇为廉平，常常和底层军官同甘共苦，因此"尽能得士心"。于是魏文侯任命他为西河守的重要位置，全力对抗秦、韩两强国。

乐羊也是魏国一位能干的大将。魏文侯打算发兵征伐中山国。有人向他推荐乐羊，说他文武双全，一定能攻下中山国。可是，又有人说乐羊的儿子乐舒如今正在中山国做大官，担心乐羊因此不肯下手。而魏文侯经过调查，了解到乐羊曾经拒绝了儿子奉中山国国君之命发出的邀请，还劝儿子不要追随荒淫无道的中山国王，于是，魏文侯决定重用乐羊，并派他出兵攻打中山国。不料，乐羊攻伐中山国，攻了两年多都未下其都城，引得朝中官员议论纷起。有的说乐羊不会破国毁子，有的甚至说乐羊与中山国暗中一定有勾结，不然以乐羊的本领怎么会连一个小小的中山国也久攻不下呢？可魏文侯认为，既然已经托付于乐羊，就应该让其自由发挥，作为主帅，他一定有自己的想法，因此对乐羊的信任始终不动摇。不久之后，乐羊果然置自己的儿子的请求于不顾，攻破了中山国。原来，乐羊久围而不攻，为的只是孤立无道的中山国国君，不忍城中百姓遭难。当乐羊凯旋回国之时，魏文侯拉出一箩筐诽谤他的书给他看。乐羊被魏文侯信己不疑的诚心所感动不已，自此更加忠诚。

正因为魏文侯尊贤任能、用人不疑，使他在当时获得了很高的声望，一大批人才都涌向魏国。在这些政治、军事人才的帮助下，魏国开创了其历史上最为辉煌的时代。

汉武帝也同样唯才是用，人尽其用，在他为帝时，任用了韩安国、主父偃、朱买臣、卫青、霍去病、李广、桑弘羊、公孙弘、董仲舒、张骞、苏武、司马迁、司马相如等，这些人都是人才，所以《汉书》中说："汉之得人，于兹为盛。"

不过，知道怎么识人和用人，仅仅是汉武帝一方面的人才政策，他还知道需要牢牢地把他们控制住，以免他们冒犯自己的权威。从他对待丞相的方法上就能看出来。汉初的丞相，都是开国功臣，当初和皇帝同甘苦共患难，忠心耿耿。开国后，当上丞相，位高权重，总摄朝政，大权独揽。皇帝对丞相的意见特别重视。丞相推荐的官员，可以直接任命到九卿、郡守的级别，而对于朝中群臣有过失的，丞相则可以先斩后奏。丞相的人事任免权，处理朝政大事的权力，甚至都超过了皇权。

汉武帝刘彻雄心勃勃，丞相有如此高的权力，对他来说当然不可容忍，于是采取种种措施，削弱丞相的权力，加以控制。武帝在位五十四年，换了十三位丞相，除公孙弘、田千秋等四人外，卫绾、许昌、薛泽等都被免相；李蔡、庄青翟和赵周畏罪自杀；窦婴、公孙贺和刘屈牦则被诛杀。比如，卫绾精通儒学和文学。他在汉武帝七岁时就负责教授太子文化知识，后来成为汉武帝的第一任丞相，由于卫绾年龄大了，因此力不从心，执政甚宽。在景帝生病期间，使一些无辜的人冤死在狱中，汉武帝很不满意，卫绾便借病辞官，汉武帝马上批准他还乡，卫绾就这样被免掉了相位。窦婴接替相位两年就遭到了罢免。他推崇儒术，因此贬低当权者窦太后尊崇的黄老之术，窦太后大怒，罢免窦婴丞相职位。后来，窦婴又被诬告，汉武帝终于将其斩首示众。许昌是窦太后任命的丞相，事事听从窦太后的命令。窦太后去世后，汉武帝因其治丧不力，将其罢官。丞相李蔡爱养狗，在汉景帝陵园前大道旁的空地上盖了个狗圈，被别的大臣弹劾亵渎先帝，侵占陵园，因此犯下重罪。李蔡不愿被大理寺收审查办，无奈自杀。丞相庄青翟，是因为跟酷吏张汤被害一案有关而自杀。张汤一向以酷刑暴虐闻名，傲慢无礼，对地位很高的“三长史”大耍淫威，又把文帝墓园失盗之事归罪丞相庄青翟，遭到四人痛恨，被举报出不法之事而自杀，张汤自杀后，汉武帝又感到后悔，就下令追查举报来源，结果诛杀了“三长史”：朱买臣、王朝、边通，丞相庄青翟也受牵连自杀。至于丞相公孙贺和刘屈牦都是因“巫蛊”之事受牵连而被斩杀。这些丞相被笼罩在汉武帝的强权光辉之下，尽管所犯错误都很小，有的甚至没有犯错误，但始终让皇帝感到自己受到了威胁。对于汉武帝来说，他需要严密地控制臣下。当然，汉武帝并没有像明太祖朱元璋一样废除丞相之位，只有一种人最合他的心意，比如，公孙弘七十多岁被任为丞相，他事事顺从皇帝的心意，从不决策任何政事，只用诗书礼乐来歌颂汉王朝统治，深受汉武帝喜爱。只有这样的丞相才能得到汉武帝的宠爱和信任。

对于领导们来说，授权，首先要用人不疑，信任是充分授权的基础。魏文侯充分授权于臣下，可以说是冒了一定风险的。他之所以敢于授权，可能是因为对他的臣下十分信任，相信他们能够不负所望；但是也有可能是在用自己的信任来激励部属。能够得到君主这样的信任，作为臣属怎能不鞠躬尽瘁、尽心尽力？

## 既要正激励，也要负激励

领导在管理的时候，既要正激励，也要负激励，这样才能真正调动下属的积极性。所谓正激励就是领导对下属符合自己期望的行为进行正面的引导，以使这种行为更多地出现。相反，所谓负激励，是指当下属的行为不符合自己的目标或者需要时，给予惩罚或批评，使之减弱和消退，从而抑制这种行为。不管是执行正激励还是负激励，都有以下原则需要加以遵守：第一，执行不能产生偏差，所谓"激励面前人人平等"，激励的时候，要全体下属一视同仁，只有毫无偏差才能让下属满意。第二，领导者要以身作则，做好榜样的带头作用。第三，把握激励的力度和尺度。正激励和负激励都不可滥用。第四，物质负激励与精神负激励相结合。物质负激励与精神负激励都是负激励不可或缺的组成部分，相辅相成。

三国时期的曹操深知如何激发臣属的能力。无论是正激励还是负激烈，他都十分重视，以身作则。他始终认为，作为一个将帅，自己的威信是从律己中来的。曹操常说："身不正则令不从，令不从则生变。"用通俗的话来说，那就是"榜样的力量是无穷的"。

渭水之战是三国史上一次最大规模会战，是曹操为平定关中，与马超等关中联军的最后决战。在渭水之战中，曹操为了在战术上构成掎角之势，稳定渡河军队，曹操亲自断后督军，结果引来了马超，险些送掉了性命。全靠许褚奋力死战，丁斐设计才被救了出来。照当时的情况看，作为几十万军队的统帅，曹操完全可以不冒此险。他之所以亲身犯险，身先士卒，是因为这样做可以稳定军心，激发将士战斗潜能，也让渡河队伍成功渡河。

曹操兵伐南阳张绣时，麦子尽管已经成熟，但是因为大兵将到，所以农夫们都逃避在外，不敢回家收割麦子。为了收买人心，曹操派人四处寻访当地父老乡亲和守境的官吏，说："我奉天子之命出兵讨逆，与民除害。今日正当麦熟时节，不得已而起兵。大小将校，凡经过麦田时有践踏者，都一律处死。军法严明，希望你们不要惊疑。"百姓听说后，大都欢喜称颂，都在路边拜谢。官军经过麦田时，都下马用手扶着麦子，相互传递而过，都不敢践踏。一天，曹操乘马经过一块麦田，忽然惊起田中一只斑鸠，曹操坐骑受惊，蹿入麦田之中，踏坏了一大块麦田。曹操当即招行军主簿前来，追究自己踏麦之罪。主簿说："丞相岂可议罪？"曹操却说："我足的法，我自己却犯了，怎么能服众？"说完就拿起自己的佩剑，就要自刎。众将都急忙拦住。郭嘉说："《春秋》有言：法不加于尊。丞相统领大军，岂可自戕？"曹操沉吟良久，说："既然如此，我姑且免死。"于是用剑割下自己的头发，摔在地上说："暂且割发代替首级。"并派人将此事传告三军说："丞相踏麦，本当斩首号令，暂且割发代替。"于是三军悚然，都谨遵法令。

自古驭下有"恩威"两道。聪明的领导者擅长恩威并施、软硬兼行，曾国藩就是这样的人。他对陈国瑞的态度，既宠之，又惩之，使陈国瑞对他又敬又怕。一个有政治谋略的领导者就应该像他这样，常常能够以巧妙的手段，在各方面下手，使得臣下会更加忠心地效力于自己。

包与容

的人生必修课

思履———编著

红旗出版社

图书在版编目（CIP）数据

包与容的人生必修课 / 思履编著 . —— 北京：红旗
出版社，2020.4
（人生修炼课 / 张丽洋主编）
ISBN 978-7-5051-5146-8

Ⅰ. ①包… Ⅱ. ①思… Ⅲ. ①人生哲学 – 通俗读物
Ⅳ. ① B821-49

中国版本图书馆 CIP 数据核字 (2020) 第 042332 号

| 书　　名 | 包与容的人生必修课 | | |
|---|---|---|---|
| 编　　著 | 思　履 | | |
| 出 品 人 | 唐中祥 | | |
| 总 监 制 | 褚定华 | 责任编辑 | 朱小玲 王馥嘉 |
| 选题策划 | 三联弘源 | 地　　址 | 北京市丰台区中核路 1 号 |
| 出版发行 | 红旗出版社 | 编 辑 部 | 010-57274504 |
| 邮政编码 | 100070 | 发 行 部 | 010-57270296 |
| 印　　刷 | 天津海德伟业印务有限公司 | | |
| 成品尺寸 | 138mm×200mm | 1/32 | |
| 字　　数 | 400 千字 | 印　张 | 25 |
| 版　　次 | 2020 年 7 月北京第一版 | 印　次 | 2020 年 7 月北京第一次印刷 |
| IBSN | 978-7-5051-5146-8 | 定　价 | 168.00 元（全五册） |

# 前　言

自古以来，包容就是人们立身处世的大智慧。《尚书》云："有容，德乃大。"《周易》云："君子以厚德载物。"《老子》云："江海之所以能为百谷王者，以其善下之。"佛教更是劝诫人们修行忍辱，"大肚能容，容天下难容之事"，达到"心包太虚，量周沙界"境界。包容是一种美好的心性，是一种博大的胸襟，是一种能够放下一切的气度，是一种淡定从容的洒脱，是一种俯仰自如的风度。一个人一生成就的大小，很大程度上就是由他包容的大小决定的，正如一位哲人说的那样：心胸有多大，事业就有多大；包容有多少，拥有就有多少。纵观古今成大事业者，无不有海纳百川的肚量，所谓"量小非君子""将军额上能跑马，宰相肚里能撑船"。因此，包容实是人生必不可缺少的智慧，是一堂人生的必修课。

包容是为人处世中与他人和谐共处的良方。人生在世，不可能离群索居，人与人彼此相处，哪怕个个心地善良，也难免会发生磕碰和摩擦。譬如朋友间的误会、同事间的纠葛、邻里间的纷争、夫妻间的争吵，等等。矛盾是无处不在的，有了矛盾，重要的是面对现实，用包容去化解矛盾。若只是一味斤斤计较，像故事中的海格力斯那样逞强好胜，便会自

1

寻烦恼，制造痛苦，徒伤感情，甚而结成冤仇。要想切断仇恨的源头，唯一的办法就是学会包容。包容人，包容事，忍下的是一时之气，得到的却是长久的安然、宁静、和谐与友好，其善莫大焉。俗话说："与人方便，自己方便。"所以说，包容是人生的一座桥，将彼此间的心灵沟通。走过这座桥，人们的生命就会多一份空间，多一份爱心；人们的生活就会多一份温暖，多一份阳光。

包容是化解和升华人生一切苦痛的力量。其实每个生命都会经历挫折，每个人的生活都免不了苦难，包容你所遭受的伤害、折磨、痛苦，你就会感到生命道路两旁，困难固然有，更多的是花香；荆棘固然在，而更多的是山风猎猎、海浪沧沧。在不断的磨砺中成长，在风吹雨打的荷塘里守望着盛夏，这就是对包容最好的诠释。生活中固然有苦难，但由于不懈的奋斗，由于不断的仰望、攀缘，生命才不至于全然黯淡，反而变得熠熠生辉，获得了崇高的意义。学会包容吧，它能让你在风暴中安稳如磐石，不会轻易被击碎；学会包容吧，它能让你在苦难中挺直脊梁，拥有生命的尊严；学会包容吧，它能让你在野花中看见天堂，让生活充满希望。

包容更是成就事业的基石。在现代社会，一个人要成就一番事业，不可能靠单打独斗，必须得有强有力的团队和广阔的人脉网络。而这一切的拥有都得靠包容的胸怀。团队是若干人的集合体，既然是若干人，就可能个性、气质和能力特点迥异。不同类型员工，既有所长也伴有所短。毕竟，金无足赤，人无完人。这就要求团队的领导者要有海纳百川的肚量，用人不求全责备，用其所长，容其所短。虽然说没有完美的人，但由不完美的不同类型的人搭配而成的团队，却有可能消弭所短而尽显所长，造就臻于完美的团队。这就是我们所说的 1+1>2 的团队效应。有了这样的团队效应，领导者才能开创出一番由个人力量无法实现的伟业。而一个格局很小、境界很低、心胸狭隘的人永远不可能干出一番大的事业。同时，经营事业，除了要管理多元化的员工队伍外，还要面对各式各样的客户、供应商、政府官员、社会组织等社会上形形色色的人。要处理好复杂的关系就需要高超的技能和一颗包容的心，让所有人都成为你的资源，做到了，你的事业才会不断壮大。所以说，你的包容有多广，你的事业就有多大。

总之，包容是洞明世事、练达人情的一种处世哲学，是一种拿得起放得下的潇洒。"处世让一步为高，退步即进步的张本；待人宽一分是福，利人实利己的根基。"包容是一种非凡的气度、宽广的胸怀，是对人对事的接纳和宽恕；包容是一种高贵的品质、崇高的境界，是精神的成熟和心灵的丰盈；包容是一种生存的智慧和生活的艺术，是那种看透了社会人生后的从容、自信和超然。懂得包容的人总能得到别人的尊重与帮助，懂得包容的人会因为谦和的姿态受到他人的欢迎和喜爱，懂得包容的人无时无刻不处于和谐之中，无论工作、事业还是生活都顺风顺水。懂得包容，你才能成就无悔、和乐、健康、美满的人生。

# 目　录

## 第一章　有一种智慧叫包容

## 第二章 悦纳自己，包容自身的不完美

## 第三章 化解矛盾，一分包容胜过十分责备

# 第六章　多点包容，爱情才会走得更深更远

# 第一章

# 有一种智慧叫包容

# 人的心胸就好比芥子

唐朝时，江州刺史李渤，问智常禅师道："佛经上所说的'须弥藏芥子，芥子纳须弥'未免失之玄奇了，小小的芥子，怎么可能容纳那么大的一座须弥山呢？过分不懂常识，是在骗人吧？"

智常禅师闻言而笑，问道："人家说你'读书破万卷'，可有这回事？"

"当然！当然！我读的书岂止万卷？"李渤得意扬扬地说。

"那么你读过的万卷书如今何在？"

李渤抬手指着头说："都在这里了！"

智常禅师道："奇怪，我看你的头颅也只有一个椰子那么大，怎么可能装得下万卷书？莫非你也骗人吗？"

李渤顿时目瞪口呆，无话可说。

就像可以装下须弥山的小小芥子一样，人的心灵像一个小小的宇宙，能够装下目力所及的一切，甚至还能装下想象中的无穷空间，心境浩瀚则无边界。圣严法师把上述公案中的禅理用之于职场，即是告诫职场中人必须拥有开阔的心胸。

何谓"心胸开阔"？法师将这类人分为了两种：一种心胸开阔、知天乐命；另一种就要求创业者拥有超越利害得失、成败是非的心态。

第一种人生性乐观，即使面对职场中的诡谲风云，依然能够自得其乐。但是，这种人的缺点在于可能因过分乐观而变得对什么都不在乎，当事业顺利时，他能在谈笑间运筹帷幄；当无所事事时，他也不以为意。

与第一种人相比，第二种人追求更精彩的人生。同时，他们的人生态度也更加积极：他们渴望一展宏图，面对挫折时不会像第一种人一样毫不在意，也不会因职场的不顺、事业的失利而自伤自怜，而是能够自我宽慰，重新出发。

举一个简单的例子，圣严法师所在的农禅寺经常遭遇台风的袭击。某一年台风来袭之前，圣严法师让弟子将寺中低洼处的物品都搬到了高台上，但是由于雨水过多，农禅寺还是被淹了，损失很大。但圣严法师却并不因此难过，"面对这无奈的事实，我认为既然已经尽力处理了，无论结果如何、有没有损失，都不必那么在意，只要全心处理善后就好"。

这正是真正开朗的心胸，遇事竭尽全力，即使无法挽回也不抱怨生活。这种态度对所有人来说都有裨益，处于紧张、忙碌、压抑的职场环境中的人更应该好好体会。

一天，一位企业家来向圣严法师求教。原来是因为受到经济危机的影响，他的企业逐渐走着下坡路。想到昔日的辉煌，这位企业家内心非常痛苦。

圣严法师劝慰他说："最初你不是白手起家的吗？那时候你什么都没有，只是后来生意才渐渐做大的。现在不过是回到了原点，或者说是比你的起点更高一层的地方，你只是失去了你曾经就没有的东西，何苦为它烦恼？"

企业家说："如果一开始就没有，那么我也不会这么痛苦。恰恰是因为我有过那么多钱，但现在全赔进去了，我才会割舍不下，又不知如何是好。"

"生不带来，死不带去，你本也知道钱财是身外物。至于你内心的痛苦，能处理的就处理，不能处理的就放下。一切从头开始，不也很好吗？"

"那也就是说我大概没有东山再起的希望了吧！"企业家失望地说。

圣严法师合掌说道："不要这么想，即使这一生没有希望，来生还有希望，永远都有希望的。更何况在你面前，还有那么多重新开始的机会。"

这位企业家的苦恼就在于他心胸虽然宽广，却都被高远的志向占据，没有给可能出现的挫折留下一点空间，以至于他无法豁达面对暂时的失败。

纵观风起云涌的职场，每个人可能都是一颗微不足道的芥子，但其中那些心胸开朗的芥子，不仅有足够的胸怀容纳须弥山，也有化解一切挫折的涵养。

## 胸襟的大小可以丈量你的世界

为人处世，首先应当提倡"豁达大度"的胸怀。豁达，即性格开朗；大度，即气量宏大。合起来就是说，我们在处理人际关系时，要气量宽宏，能够容人。

气量和容人，犹如器之容水，器量大则容水多，器量小则容水少，器漏则上注而下逝，无器者则有水而不容。

气量大的人，容人之量、容物之量也大，能和各种不同性格、不同脾气的人们处得来。能兼容并包，听得进批评自己的话。也能忍辱负重，经得起误会和委屈。

古语云："大度集群朋。"一个人若能有宽宏的度量，那么他的身边便会集结起大群的知心朋友。大度，表现为对人、对友能"求同存异"，不以自己的特殊个性或癖好律人，唯以事业上的志同道合为交友基础。大度，也表现为能听得进各种不同意见，尤其能认真听取相反的意见。大度，还要能容忍朋友的过失，尤其是当朋友对自己犯有过失时，能不计前嫌，一如既往。大度，更应表现为能够虚心接受批评，一经发现自己的过失，便立即改正；和朋友发生矛盾时，能够主动检查自己，而不文过饰非，推诿责任。大度者，能够关心人，帮助人，体贴人，责己严，待人宽。

气量大，还表现为在小事上不顶真，不为小事斤斤计较、耿耿于怀。人生在世，谁都会碰到这样或那样的使人不快的小摩擦、小冲突。别人触犯了自己，就犯颜动怒，或者记下一笔，"秋后算账"，这样只会把自己孤立起来。"私怨宜解不宜结"，在处理朋友关系当中，尤其应当如此。"大事清楚，小事糊涂"，不计较小事，这是一种美德。如果朋友之间能够心地坦然，互相信赖，互相谅解，有了意见能及时交换，那么彼此之间即使有些成见也是不难消除的。有些青年相互之间容易结死疙瘩，就是因为心胸狭窄，气量狭小，爱纠缠小事，时间长了，意见变成见，怨气变成怨恨，感情上就会格格不入转而反目成仇。在小事上宽大为怀，不会使你蒙受损失，只会使你受人敬佩。

西汉时的韩信，在年轻潦倒之时，曾有人逼他从胯下钻过去，实在是够欺人的。后来韩信被刘邦拜为大将，不但没有杀这个人，反而赏之以金，委之以官，使其大受感动，不仅消除了私怨，最后还成了舍命保护韩信的勇士。韩信这种"以德报怨"的方法，比起有些青年一感到被欺负就"针锋相对""以牙还牙"的做法来，实在要高明得多。

一个人的气量是大是小，在心平气和时较难鉴别，而当与他人发生矛盾和争执时，就容易看清楚了。气量宽宏的人，不把小矛盾放在心上，不计较别人的态度，待人随和。而气量狭小的人，则往往偏要占个上风，讨点便宜。还有的人在和别人的争论中，当自己处于正确的一方，成为胜利者的时候，则心情舒坦，较为愿意谅解对方；但当自己处于错误的一方，成为失败者的时候，则往往容易恼羞成怒，对人家耿耿于怀，这也是气量小的一个表现。朋友之间的争论是常有的，一个真正豁达大度的人，不应该因为别人和自己争论问题而对人家耿耿于怀，更不应该因为别人驳倒了自己的意见而恼羞成怒。

宽宏的度量，往往包含在谅解之中。要想见到不顺心的事而不发脾气，就必须养成能够原谅他人的缺点和过失的习惯。待人接物，不能过于苛求，"水至清则无鱼，人至察则无徒"，对别人过于苛求，往往使自己跟别人合不来。社会是由各式各样的人组成的，有讲道理的，也有不讲道理的；有懂事多的，也有懂事少的；有修养深的，也有修养浅的，我们总不能要求别人讲话办事都符合自己的标准和要求。真正的豁达大度者，当那些懂事较少、度量较小、修养较浅的人做了得罪自己的事情时，能够宽容他们、谅解他们，不和他们一般见识。从这个意义上说，那些最豁达、最能宽容人的人，乃是最善于谅解人、最通达世事人情的人。

豁达的度量，从根本上说是来自一个人宽广的胸怀。一个人倘若没有远大的生活理想和目标，其心胸必然狭窄，就像马克思所形容的那样：愚蠢庸俗、斤斤计较、贪图私利的人，总是看到自以为吃亏的事情。比如，一个毫无教养的人常常只是因为一个过路人看了他几眼，就把这个人看作世界上最可恶和最卑鄙的坏蛋。

眼睛只盯着自己的私利，根本不可能有豁达和宽容的胸怀和度量。"心底无私天地宽。"只有从个人私利的小圈子中解放出来，心里经常装着更远、更大目标的人，才能具备宽广的胸怀，领略到海阔天空的精神境界。

## 放开胸怀得到的是整个世界

我们说心就像一个人的翅膀，心有多大，世界就有多大。但如果不能打碎心中的四壁，你的翅膀就舒展不开，即使给你一片大海，你也找不到自由的感觉。

有一条鱼在很小的时候被捕上了岸，渔人看它太小，而且很美丽，便把它当成礼物送给了女儿。小女孩把它放在一个鱼缸里养了起来，每天这条鱼游来游去总会碰到鱼缸的内壁，心里便有一种不愉快的感觉。

后来鱼越长越大，在鱼缸里转身都困难了，女孩便给它换了更大的鱼缸，它又可以游来游去了。可是每次碰到鱼缸的内壁，它畅快的心情便会黯淡下来，它有些讨厌这种原地转圈的生活了，索性静静地悬浮在水中，不游也不动，甚至连食物也不怎么吃了。女孩看它很可怜，便把它放回了大海。

它在海中不停地游着，心中却一直快乐不起来。一天它遇见了另一条鱼，那条鱼问它："你看起来好像闷闷不乐啊！"它叹了口气说："啊，这个鱼缸太大了，我怎么也游不到它的边！"

我们是不是就像那条鱼呢？在鱼缸中待久了，心也变得像鱼缸一样小了，不敢有所突破。即使有一天，到了一个更为广阔的空间，已变得狭小的心反倒无所适从了。

打开自己，需要开放自己的胸怀。

开放，是一种心态、一种个性、一种气度、一种修养；是能正确地对待自己、他人、社会和周围的一切；是对自己的专业和周围的世界都怀有强烈的兴趣，喜欢钻研和探索；是热爱创新，不墨守成规，不故步自封，不固执僵化；是乐于和别人分享快乐，并能抚慰别人的痛苦与哀伤；是谦虚，承认自己的不足，并能乐观地接受他人的意见，而且非常喜欢和别人交流；是乐于承担责任和接受挑战；是具有极强的适应性，乐意接受新的思想和新的经验，能够迅速适应新的环境；是坚强的心胸，敢于面对任何的否定和挫折，不畏惧失败。

不打开自己，一个人就不可能学会新东西，更不可能进步和成长。开放的胸怀，是学习的前提；是沟通的基础；是提升自我的起点。在一个组织里，最成功的人就是拥有开放胸怀的人，他们进步最快，人缘最好，也容易获得成功的机会。

具有开阔胸怀人，会主动听取别人的意见，改进自己的工作。比尔·盖茨经常对公司的员工说："客户的批评比赚钱更重要。从客户的批评中，我们可以更好地汲取失败的教训，将它转化为成功的动力。"比尔·盖茨本人就是一个心态非常开放的人，他鼓励公司里每个人畅所欲言，当别人和他有不同意见时，他会很虚心地去听。每次公开讲演之后，他都会问同事哪里讲得好，哪里讲得不好，下次应该怎样改进。这就是世界首富的作风，也是他之所以能成为首富的潜质。

开放的心自由自在，可以飞得又高又远；而封闭的心像一池死水，永远没有机会进步。如果你的心过于封闭，不能接纳别人的建议，就等于锁上了一扇门，禁锢了你的心灵。要知道褊狭就像一把利刃，会切断许多机会及沟通的管道。

花草因为有土壤和养分才会茁壮成长、绽放美丽，人的心灵也必须不断接受新思想的洗礼和浇灌，否则智慧就会因为缺乏营养而枯萎死亡。

## 蚌含沙而孕珍珠，人大量而容天地

据古书记载：孟子第一次见梁惠王的儿子襄王时，走出来对大家说："望之不似人君，就之而不见所畏焉。"意思是远远地看襄王根本没有君主的样子，近处观察发现他没有一点谦虚之德和恐惧戒慎之心，可见其器量之狭小。

对此，南怀瑾先生感慨地说："越是有德的人，当他的地位越高，临事时就越是恐惧，越加小心谨慎……不但一国君主应该戒慎恐惧，就是一个平民，平日处世也应该如此，否则的话，稍稍有一点收获，就志得意满。赚了一千元，就高兴得一夜睡不着，这就叫作'器小易盈'，有如一个小酒杯，加一点水就满溢出来了，像这样的人，是没有什么大作为的。"在南先生看来，古人立身修德，应当追求"海纳百川，有容乃大；壁立千仞，无欲则刚"之境界；那些目光短浅、骄傲自大之辈，是绝不会成就大事的。

法国大作家雨果说："世界上最广阔的是海洋，比海洋更广阔的是天空，比天空更广阔的是人的胸怀。"器量和胸怀决定了一个人生存的高度。对于一个人来说，器量是立身处世的根本，它被放得越宽泛，生命的丈量尺度就越难以计算。器量，是一种不需投资便能得到的精神高级滋补品；是一种保持身心健康、具有永久疗效的"维生素"；是一种宠辱不惊，笑看庭前花开花落的清醒剂；是一种使人做到骤然临之而不惊，无故加之而不怒的智慧和定力。器量，鄙视的是斤斤计较、蝇营狗苟和鼠目寸光的行为；崇尚的是磊落坦荡、无私无畏和志存高远的品格；失去的是不平、烦恼和怨恨；得到的是友情、快乐和幸福；抛弃的是狭隘、偏激、小气和毫无意义的你争我斗；得来的是宽广、博大、舒畅和融洽的人际关系。

南非的民族斗士曼德拉，因为带领人民反对白人种族隔离政策而入狱，白人统治者把他关在荒凉的大西洋小岛罗本岛上 27 年。当时尽管曼德拉已经步入老年，但是白人统治者依然像对待年轻犯人一样对待他。

曼德拉被关在总集中营一个"锌皮房"里，他的任务是将采石场采的大石块碎成石料，有时从冰冷的海水里捞取海带，还做采石灰的工作。因为曼德拉是要犯，专门看守他的就有三个人，他们对他并不友好，总是寻找各种理由虐待他。

27年的监狱生活并没有打倒曼德拉，他坚强地走出监狱，获得了自由。1991年，他被选为南非总统。曼德拉在他的总统就职典礼上的一个举动震惊了整个世界。总统就职仪式开始时，曼德拉起身致欢迎词。他先介绍了来自世界各国的政要，然后他说，他深感荣幸能接待这么多尊贵的客人，但他最高兴的是当初他被关在罗本岛监狱时看守他的三名前狱方人员也能到场，然后他把这三人介绍给了大家。

曼德拉博大的胸襟和崇高的精神，让那些残酷虐待了他27年的白人无地自容，也让所有到场的人肃然起敬。看着年迈的曼德拉缓缓站起身来，恭敬地向三个曾关押他的看守致敬，世界在那一刻平静了。

事后，曼德拉向朋友们解释说，自己年轻时性子很急，脾气暴躁，正是在狱中学会了控制情绪才活了下来。他的牢狱岁月给他时间与激励，使他学会了如何面对苦难。他说，感恩与宽容经常是源自痛苦与磨难的，必须以极大的毅力来训练。身陷囹圄的时候，如不能把悲痛与怨恨留在身后，那么这个人其实仍在狱中，因为他的心灵始终都处于禁锢的状态。

匆匆百年红尘，人生不如意之事常八九。面对挫折、苦难，是否能保持一份豁达的胸怀，是否能保持一种积极向上的人生态度，需要博大的胸襟与非凡的气度。所以，先哲提倡"风物长宜放眼量"，人生重在追寻长久的精神底蕴，不必计较一时的成败得失。忍受孤独，在彷徨失意中修养自己的心灵，这就是最大的收获，如蚌之含沙，在痛苦中孕育璀璨的珍珠。

## 豁达的人生源自一颗懂得宽容的心

无论对谁，都需要多一份宽容，宽容是人们对生命的感恩与尊重，对情谊的难以割舍。宽容是一种美德，我们要有自己的行动，我们要有一颗宽大的心。宽容，可以唤醒别人的良知，可以让自己更加坦然。宽容别人，而不是一味地责怪、抱怨，我们将由此收获豁达与尊重。

曾任美国总统的福特在大学里是一名橄榄球运动员，身体非常好，所以他在 62 岁入住白宫时，他的身体仍然非常挺拔结实。当了总统以后，他仍继续滑雪、打高尔夫球和网球，而且擅长这几项运动。

在 1975 年 5 月，他到奥地利访问，当飞机抵达萨尔茨堡，他走下舷梯时，他的皮鞋碰到一个隆起的地方，脚一滑就跌倒了。他跳了起来，没有受伤，但使他惊奇的是，记者们竟把他这次跌倒当成一项大新闻，大肆渲染起来。在同一天，他又在丽希丹宫的被雨淋滑了的长梯上滑倒了两次，险些跌下来。随即一个奇妙的传说散播开了：福特总统笨手笨脚，行动不灵敏。自萨尔茨堡以后，福特每次跌跤或者撞伤头部或者跌倒雪地上，记者们总是添油加醋地把消息向全世界报道。后来，竟然反过来，他不跌跤也变成新闻了。哥伦比亚广播公司曾这样报道说："我一直在等待着总统撞伤头部，或者扭伤胫骨，或者受点轻伤之类的来吸引读者。"记者们如此的渲染似乎想给人形成一种印象：福特总统是个行动笨拙的人。电视节目主持人还在电视中和福特总统开玩笑，喜剧演员切维·蔡斯甚至在《星期六现场直播》节目里模仿总统滑倒和跌跤的动作。

福特的新闻秘书朗·聂森对此提出抗议，他对记者们说："总统是健康而且优雅的，他可以说是我们能记得起的总统中身体最为健壮的一位。"

"我是一个活动家，"福特抗议道，"活动家比任何人都容易跌跤。"

他对别人的玩笑总是一笑置之。1976年3月，他还在华盛顿广播电视记者协会年会上和切维·蔡斯同台表演过。节目开始，蔡斯先出场。当乐队奏起《向总统致敬》的乐曲时，他"绊"了一跤，跌倒在歌舞厅的地板上，从一端滑到另一端，头部撞到讲台上。此时，每个到场的人都捧腹大笑，福特也跟着笑了。

当轮到福特出场时，蔡斯站了起来，佯装被餐桌布缠住了，弄得碟子和银餐具纷纷落地。蔡斯装出要把演讲稿放在乐队指挥台上，可一不留心，稿纸掉了，撒得满地都是。众人哄堂大笑，福特却满不在乎地说道："蔡斯先生，你是个非常、非常滑稽的演员。"

生活是需要睿智的。如果你不够睿智，那至少可以豁达。以乐观、豁达、体谅的心态看问题，就会看出事物美好的一面；以悲观、狭隘、苛刻的心态去看问题，你会觉得世界一片灰暗。两个被关在同一间牢房里的人，透过铁窗看外面的世界，一个看到的是美丽神秘的星空，一个看到的是地上的垃圾和烂泥，这就是区别。

面对嘲笑，最忌讳的做法是勃然大怒，大骂一通，其结果只会让嘲笑之声越来越炽。要让嘲笑自然平息，最好的办法是一笑了之。一个目标坚定的人，不会去考虑别人多余的想法，而是有风度、有气概地接受一切非难与嘲笑。伟大的心灵多是海底之下的暗流，唯有小丑式的人物，才会像一只烦人的青蛙一样，整天聒噪不休！

## 包容比惩罚更有力量

《菜根谭》中说："遇欺诈的人，以诚心感动之；遇暴戾的人，以和气熏蒸之；遇倾邪私曲的人，以名义气节激励之。"意思是，遇到狡诈不诚实的人，用真诚去感动他；遇到粗暴乖戾的人，用平和去感染他；遇到行为不正、自私自利的人，用正义感去激励他。

惩罚人的过错，不如引人为善。因为没有谁愿意成为众人唾弃的对象，一句劝告的忠言胜过一条惩罚的皮鞭。

一次，楚庄王因为打了大胜仗，十分高兴，便在宫中召开盛大晚宴，招待群臣。宫中一片热火朝天，楚庄王也兴致高昂，让自己最宠爱的妃子许姬替群臣斟酒助兴。

忽然一阵大风吹进宫中，蜡烛被风吹灭，宫中立刻漆黑一片。黑暗中，有人扯住许姬的衣袖想要亲近她。许姬便顺手拔下那人的帽缨挣脱离开，来到楚庄王身边告诉楚庄王："有人想趁黑暗调戏我，我已拔下了他的帽缨，请大王快吩咐点灯，看谁没有帽缨就把他抓起来处置。"

楚庄王说："且慢！今天我请大家来喝酒，酒后失礼是常有的事，不宜怪罪。再说，众位将士为国效力，我怎么能为了显示你的贞洁而辱没我的将士呢？"说完，楚庄王不动声色地对众人喊道，"各位，今天寡人请大家喝酒，大家一定要尽兴，请大家都把帽缨拔掉，不拔掉帽缨不足以尽欢！"群臣都拔掉自己的帽缨后，楚庄王再命人重新点亮蜡烛，宫中一片欢笑，众人尽欢而散。

三年后，晋国进攻楚国，楚庄王亲自带兵迎战。交战中，楚庄王发现军中有一员将官总是奋不顾身，冲杀在前，所向无敌。众将士也在他的影响和带动下，奋勇杀敌，斗志高昂。这次交战，晋军大败，楚军大胜回朝。

战后，楚庄王把那位将官找来，问他："寡人见你此次战斗奋勇异常，寡人平日好像并未对你有过什么特殊好处，你为什么如此冒死奋战呢？"那将官跪在庄王阶前，低着头回答说："三年前，臣在大王宫中酒后失礼，本该处死，可是大王不仅没有追究问罪，反而设法保全我的面子，臣深深感动，对大王的恩德牢记在心。从那时起，我就时刻准备用自己的生命来报答大王的恩德。这次上战场，正是我立功报恩的机会，所以我才不惜生命，奋勇杀敌，就是战死疆场也在所不惜。

大王，臣就是三年前那个被王妃拔掉帽缨的罪人啊！"

一番话使楚庄王和在场将士大受感动，楚庄王走下台阶将那位将官扶起，将官已是泣不成声。

楚庄王如果有心追究，那个犯了错的将官一定是死路一条，但是，楚庄王的宽容给了他生的机会，也给自己赢得了胜利的机会。西方人常说"赠人玫瑰，手有余香"，给别人带来好处，自己也能从中收获付出的幸福感。自私自利、心胸狭窄的人，就很难体会到这样的满足感。

孰能无过？人会在一时冲动之后犯下错误，那时他已经感到内疚，最需要的不是增加惩罚，而是得到谅解和宽容。与其痛惩他的过错，不如用宽容的心对待他，引他为善，世上就少了一个恶人，多了一个善士。

## 包容的实质是包容自己

"当紫罗兰被脚踩扁的时候，却把芳香留给了它。"这是美国作家马克·吐温给宽容作的一个最为形象的注解。其实，宽容别人的同时，也是释放自己的过程。

一位画家在集市上卖画，不远处，前呼后拥地走来一位大臣的孩子，这位大臣在年轻时曾经把画家的父亲欺诈得心碎而死。孩子在画家的作品前流连忘返，并且选中了一幅，画家却匆匆用一块布把它遮盖住，并声称这幅画不卖。

从此以后，孩子因为心病而变得憔悴，最后，他父亲出面了，表示愿意出一笔高价买这幅画。可是，画家宁愿把那幅画挂在自己画室的墙上，也不愿意出售。他阴沉着脸坐在画前，自言自语地说："这就是我的报复。"

每天早晨，画家都要画一幅他信奉的神像，这是他表示信仰的唯一方式。

可是现在，他觉得所画神像与他以前画的神像日渐相异。这使他苦恼不已，他不停地找原因。忽然有一天，他惊恐地丢下手中的画，跳了起来：他刚画好的神像的眼睛，竟然是那位大臣的眼睛，嘴唇也是那么的酷似。

他把画撕碎，并且高喊："我的报复已经回报到我的头上来了！"

报复会把一个好端端的人驱向疯狂的边缘，使你的心灵不能得到片刻安静。

宽容的实质不是宽容别人，而是宽恕自己。唯有宽容，才能抚慰你暴躁的心绪，弥补不幸对你的伤害，让你不再纠缠于心灵毒蛇的咬噬中，从而获得自由。

我们常常在自己的脑子里预设了一些规定，以为别人应该有什么样的行为，如果对方违反规定就会引起我们的怨恨。其实，因为别人对我们的"规定"置之不理就感到怨恨，是一件十分可笑的事。大多数人都以为，只要我们不原谅对方，就可以让对方得到一些教训，也就是说：只要我不原谅你，你就没有好日子过。而实际上，不原谅别人，表面上是那人不好，其实真正倒霉的却是我们自己，因为不肯宽容会产生愤恨和沮丧，愤恨首先破坏的是你自己的健康。

要做到宽容，起码要做到两条：首先，你发现自己原来也有很多的缺点，自己原来也有亏欠人的地方，自己本身并不是一个完人；其次，你发现你原来认为最不好的人，也有一些你没有的优点。所以，要学会看到自己的弱点，看到别人的优点。考虑问题时要试试站在对方的角度出发，求大同，存小异。这样你才能够善待他人，也善待自己。

宽容别人的同时，自己也就把怨恨或嫉恨从心中排掉，才会怀着平和与喜悦的心情看待任何人和任何事，会带着愉快的心情生活。所以，能在生活的磨难中逐步学会宽容，能宽容他人的人，心里的苦和恨比较少，或者说，心胸比较宽阔的人，就容易宽容他人。当你对别人宽容之时，也是对你自己的宽容。明明是对方错怪了你，对方欺骗了你，对方伤害了你，照样没有怨恨在心头。那么，对坏人也要宽容吗？正确的回答是，你不以牙还牙，就是宽容。

所以要让自己快快乐乐地生活在充满爱的世界里，自己首先要做一个宽宏大量的人。要真正做到宽容并不容易，如果你心里有恨和苦，宽容不了他人；或者，如果你认同宽容是很高尚的行为，不过难以时时做到，你应该远离品头论足的人，随着时间的推移，你会发现，你的宽容多了，你心里的平安和喜悦也多了。

逐步做到宽容，是一个人成长和进步的过程。因为宽容，你会始终生活在平静健康之中；因为宽容，你会成为婚姻的赢家；因为宽容，你会成为事业的赢家；因为宽容，你会成为幸福的赢家。宽容可以让生活变得美好许多，会让这个世界充满爱。

# 博大的心量可以稀释一切痛苦烦恼

从前有座山，山里有座庙，庙里有个年轻的小和尚，他过得很不快乐，整天为了一些鸡毛蒜皮的小事唉声叹气。后来，他对师傅说："师傅啊！我总是烦恼，爱生气，请您开示开示我吧！"

老和尚说："你先去集市买一袋盐。"

小和尚买回来后，老和尚吩咐道："你抓一把盐放入一杯水中，待盐溶化后，喝上一口。"小和尚喝完后，老和尚问："味道如何？"

小和尚皱着眉头答道："又咸又苦。"

然后，老和尚又带着小和尚来到湖边，吩咐道："你把剩下的盐撒进湖里，再尝尝湖水。"弟子撒完盐，弯腰捧起湖水尝了尝，老和尚问道："什么味道？"

"纯净甜美。"小和尚答道。

"尝到咸味了吗？"老和尚又问。

"没有。"小和尚答道。

老和尚点了点头，微笑着对小和尚说道："生命中的痛苦就像盐的咸味，我们所能感受和体验的程度，取决于我们将它放在多大的容器里。"小和尚若有所悟。

老和尚所说的容器，其实就是我们的心量，它的"容量"决定了痛苦的浓淡，心量越大烦恼越轻，心量越小烦恼越重。心量小的人，容不得，忍不得，受不得，装不下大格局。有成就的人，往往也是心量宽广的人，看那些"心包太虚，量周沙界"的古圣大德，都为人类留下了丰富而宝贵的物质财富和精神财富。

其实，我们每个人一生中总会遇到许多盐粒似的痛苦，它们在苍白的心空下泛着清冷的白光，如果你的容器有限，就和不快乐的小和尚一样，只能尝到又咸又苦的盐水。

一个人的心量有多大，他的成就就有多大，不为一己之利去争、去斗、去夺，扫除报复之心和嫉妒之念，则心胸广阔天地宽。当你能把虚空宇宙都包容在心中时，你的心量自然就能如同天空一样博大。无论荣辱悲喜、成败冷暖，只要心量放大，自然能做到风雨不惊。

寒山曾问拾得："世间有人谤我、欺我、辱我、笑我、轻我、贱我、骗我，如何处之？"拾得答道："只要忍他、让他、避他、由他、耐他、敬他、不理他，再过几年，你且看他。"

如果说生命中的痛苦是无法自控的，那么我们唯有拓宽自己的心量，才能获得人生的愉悦。通过内心的调整去适应、去承受必须经历的苦难，从苦涩中体味心量是否足够宽广，从忍耐中感悟暗夜中的成长。

心量是一个可开合的容器，当我们只顾自己的私欲，它就会愈缩愈小；当我们能站在别人的立场上考虑，它又会渐渐舒展开来。若事事斤斤计较，便把自心局限在一个很小的框框里。这种处世心态，既轻薄了自身的能力，又轻薄了自己的品格。

心量是大还是小，在于自己愿不愿意敞开。一念之差，心的格局便不一样，它可以大如宇宙，也可以小如微尘。我们的心，要和海一样，任何大江小溪都要容纳；要和云一样，任何天涯海角都愿遨游；要和山一样，任何飞禽走兽，都不排拒；要和路一样，任何脚印车轨都能承担。这样，我们才不会因一些小事而心绪不宁、烦躁苦闷！

## 遇谤不辩，沉默即宽容

诗曰："不智之智，名曰真智。蠢然其容，灵辉内炽。用察为明，古人所忌。学道之士，晦以混世。不巧之巧，名曰极巧。一事无能，万法俱了。露才扬己，古人所少。学道之士，朴以自保。"在人生的旅途中，我们会有各种各样的遭遇，许多时候，沉默是最好的矛与盾，进可攻，退可守。

有位修行很深的禅师叫白隐，无论别人怎样评价他，他都会淡淡地说一句："就是这样吗？"

在白隐禅师所住的寺庙旁，有一对夫妇开了一家食品店。他们家里有一个漂亮的女儿。夫妇俩发现尚未出嫁的女儿竟然怀孕了。这种见不得人的事，使得她的父母震怒万分！在父母的一再逼问下，她终于吞吞吐吐地说出"白隐"两字。

她的父母怒不可遏地去找白隐理论，但这位大师不置可否，只若无其事地答道："就是这样吗？"孩子生下来后，就被送给了白隐。此时，他的名誉虽已扫地，但他并不在意，而是非常细心地照顾着孩子——他向邻居乞求婴儿所需的奶水和其他用品，虽不免横遭白眼，或是冷嘲热讽，他总是处之泰然，仿佛他是受托抚养别人的孩子一样。

事隔一年后，这位没有结婚的妈妈，终于不忍心再欺瞒下去了，她老老实实地向父母吐露了真情：孩子的生父是住在附近的一位青年。

她的父母立即将她带到白隐那里，向他道了歉，请求他原谅，并将孩子带了回来。

白隐仍然是淡然如水，他只是在交回孩子的时候，轻声说道："就是这样吗？"仿佛不曾发生过什么事；即使有，也只像微风吹过耳畔，霎时即逝。

白隐为给邻居女儿生存的机会和空间，代人受过，牺牲了为自己洗刷清白的机会。在受到人们的冷嘲热讽时，他始终处之泰然，只有平平淡淡的一句话——"就是这样吗？"雍容大度的白隐禅师令人赞赏景仰。

在面对羞辱、误解、背叛的时候，沉默本身就是一种宽容。只是对于一个世俗人来说，这种宽容会让自己很不好受，是一种疼痛的过程。但对于悟道的人来说，这种宽容是一种快乐，因为它能够感化犯错的人，让他们从内心里反省自己的错误，是一种无声之教。面对这样的沉默，所有语言的力量都是微不足道的。

环视芸芸众生，能做到遭误解、毁谤，不仅不辩解、报复，反而默默承受，甘心为此奉献付出、受苦受难，这样的人有几个呢？

遇谤不辩，是一种多么难得的人生智慧。当诽谤发生后，一味地争辩往往会适得其反，不是越辩越黑便是欲盖弥彰。这时候，往往沉默是金，让清者自清而浊者自浊，这才是明智的选择。诽谤最终会在事实面前不攻自破。在现实生活中，拥有"不辩"的胸襟，就不会与他人针尖对麦芒，睚眦必报；拥有"不辩"的智慧，宽恕永远多于怨恨。

## 心宽寿自延，量大智自裕

我们不能改变生命的长度，却可以改变生命的宽度。这句话常常被用来激励失意之人。不要慨叹生命的短暂，而是要在有限的生命中注入无限的激情，如此，心情会随之改变，生活会随之改变，命运也会随之改变。

当我们要在一个蓄水池中注满清澈的河水时，蓄水池已经固定，增加输水管道的长度也只是拉长了水流的距离，我们需要去做的是将管道拓宽，这样才能更快地将水池注满。

事实上，当我们真正改变了心灵的宽度时，生命的长度也会悄然增加。圣严法师说："有德即是福，无嗔即无祸，心宽寿自延，量大智自裕。"这真是一种人生的大智慧。禅的智慧是无穷无尽的，宽度和量度都是禅的智慧。心宽，放下一切自我执着而引发的烦恼；量大，用包容的心去容下他人的一切，才能获得真正的洒脱，做到真正的慈悲，获得真正的智慧。

有一个久战沙场的将军，因为厌倦了战争和尘世里的奔波忙碌，便找到大慧宗杲禅师，要求剃度出家，并请求禅师为他开示。

他说："禅师，我已经看破红尘，红尘俗世中的种种，都不过是过眼云烟。禅师您慈悲，请您收留我，让我随您修行吧！"

宗杲禅师说："你贵为将军，声名显赫，能将功名利禄全部放下吗？"

将军说："功名利禄如粪土！"

宗杲禅师："可是你尚有家眷，还有太多尘世俗缘割舍不下，你不能出家！"

将军："禅师，我现在什么都放得下！妻子、儿女、家庭，全部都可以放下。请您为我剃度吧！"

宗杲摇摇头，仍然不肯为他剃度。

将军无奈地离开了。几天之后的一个清晨，他再次来到寺中参禅礼佛。宗杲禅师问："将军，你为什么这么早就来庙中拜佛呢？"

将军回答："为除心头火，起早礼师尊。"

禅师听到他用禅语回答自己的问题，心中对他出家的诚意大为赞赏，但还是开玩笑似的对他说："起得这么早，不怕妻偷人？"

将军一听，勃然大怒："你这老怪物，讲话太伤人！"

大慧宗杲禅师哈哈一笑，对将军说："轻轻一拨扇，性火又燃烧，如此暴躁气，怎算放得下！"

这位自以为已经放下了一切的将军不仅未能将心头的执着放下，更没有真正领悟到禅宗的智慧，被人稍稍一激，立刻变得暴躁，已然犯了嗔戒，"说时似悟，对境生迷"，他既没有正确地认识自己，也不能以一颗宽容的心去对待别人，又怎么能算是真正看破红尘了呢？

真正的宽容，是包容清净的，也包容污秽的，包容爱的人，也包容恨的人，包容善良，也包容邪恶。真正的量大，要像广袤的苍穹，容纳群星也容纳尘埃；要像浩瀚的大海，容纳百川也容纳细流；更要像无垠的虚空，无所不含，无所不摄。

苏东坡被贬谪到江北瓜洲时，和金山寺的和尚佛印相交甚多，常常在一起参禅礼佛，谈经论道，成为了非常好的朋友。

一天，苏东坡作了一首五言诗：稽首天中天，毫光照大千；八风吹不动，端坐紫金莲。作完之后，他再三吟诵，觉得其中含义深刻，颇得禅家智慧之大成。苏东坡觉得佛印看到这首诗一定会大为赞赏，于是很想立刻把这首诗交给佛印，但苦于公务缠身，只好派了一个小书童将诗稿送过江去请佛印品鉴。

书童说明来意之后将诗稿交给了佛印禅师，佛印看过之后，微微一笑，提笔在原稿的背面写了几个字，然后让书童带回。

苏东坡满心欢喜地打开了信封，却先惊后怒。原来佛印只在宣纸背面写了两个字："狗屁！"苏东坡既生气又不解，坐立不安，索性就搁下手中的事情，吩咐书童备船再次过江。

哪知苏东坡的船刚刚靠岸，却见佛印禅师已经在岸边等候多时。苏东坡怒不可遏地对佛印说："和尚，你我相交甚好，为何要这般侮辱我呢？"

佛印笑吟吟地说："此话怎讲？我怎么会侮辱居士呢？"

苏东坡将诗稿拿出来，指着背面的"狗屁"二字给佛印看，质问原因。

佛印接过来，指着苏东坡的诗问道："居士不是自称'八风吹不动'吗？那怎么一个'屁'就过江来了呢？"

苏东坡顿时明白了佛印的意思，满脸羞愧，不知如何作答。

苏东坡是古代名士，既有很深的文学造诣，同时也兼容了儒释道三家关于生命哲理的阐释，而有时候，他也并不能领悟真正的智慧。平时我们谈生论死，侃侃而谈似乎置生死于度外；平时我们谈名利如浮尘，恨不得视之为粪土。但是当死亡的恐惧、浮名的诱惑摆在眼前时，我们是否还能够保持一颗平静淡然的心，从容对待呢？

当我们将手中的鲜花送与别人时，自己已经闻到了鲜花的芳香；而当我们要把泥巴甩向其他人的时候，自己的手已经被污泥染脏。不嗔怒不暴躁，不患得患失，不受尘俗牵挂，超然洒脱，才能达到高深的修持境界，获得真正的智慧。

## 多一些磅礴大气，少一些小肚鸡肠

大度，是一种修养，是一个人健全人格和健康心理的体现。大度也是一种气质，是一个人幸福生活的前提。大度来自人的理念、理想追求及道德修养。要做到大度不小气，首先要眼界宽阔，而不能目光短浅。因为，眼界宽阔的人在看问题方面会比较大气，而没有什么见识的人只能囿于自己的小圈子里面，为了鸡毛蒜皮的事情跟人吵得面红耳赤。因此，我们要始终怀着一颗美好的心去观察和认识世界，要用长远的眼光去看问题，只有这样，才能具有宏大而深邃的视野，才能有宽阔的胸襟。

从前有两个人，一个叫提者罗，一个叫那赖。这两个人神通广大，本领高超，无论是婆罗门、佛家弟子，还是仙人、圣人、龙王及一切鬼神，无不钦佩，都来向他们顶礼膜拜。

一天夜里，提者罗因长时间诵经感到十分疲乏，先睡了。那赖当时还没有睡，一不小心踩了提者罗的头，使他疼痛难忍。提者罗一时心中大怒地说："谁踩了我的头？明天清早太阳升起一竿子高的时候，他的头就会破为七块！"那赖一听，也十分恼怒地叫道："是我误踩了你，你干什么发那么重的咒？器物放在一起，还有相碰的时候，何况人和人相处，哪能永远没有个闪失呢？你说明天日出时，我的头就要裂成七块，那好，我就偏不让太阳出来，你看着好了！"

由于那赖施了法术，第二天，太阳果然没有升起来。一连几天过去了，太阳仍没有出现。两个人由于心胸狭窄，不能宽宥对方，从而让整个世界都处在了一片漆黑中。

这个小故事告诉了我们一个深刻的道理：做人要大气、大度，不能够小肚鸡肠，否则对自己也不利。

宽以待人，历来被我国历史上的仁人贤士所推崇。"唯宽可以容人，唯厚可以载物。"有些人却是完全"严以待人，宽以律己"。如果别人稍微做错了一点事情，就借题发挥，破口大骂，完全不顾他人感受，似乎别人就会一错再错，要把别人的尊严踩在脚下。如果自己做错了事情，则可以把黑的说成白的，或者干脆推卸责任。这种人恐怕没有几个人敢去沾惹。在人际关系中，这种小鼻小眼的行为正犯了大忌，一次两次的短期接触还好，长此以往则会招人怨。

　　曾有王姓的两兄弟，合伙在东莞开办制衣厂。兄弟俩苦苦经营了十年，眼看这家厂有了起色，财源滚滚而来，然而，弟媳却开始怀疑大伯多占了便宜，兄嫂也开始怀疑小叔子暗中多吞了钱财，不久，两兄弟便闹起了"家窝子"，又是争权，又是争钱。一个好端端的工厂，因为两兄弟最后都把心思用到了闹分家上，再也没人来管理。而市场经济是无情的，所以没过多久便关门倒闭了。这个故事应该能够给人以警示，小肚鸡肠只会让你失去更多！

　　避免小气，就要做到心理平衡。这既是保持身心健康的良方，又是事业成功的重要条件。善于调节心理平衡的人，必然心胸宽广，不会计较于一时得失，什么伤心事、苦恼事统统都可置之度外。这样就能大度待人，公道处事，使生命的质量得到提高。反之，鸡肠小肚、心胸狭窄的人，他的生活质量必然会大打折扣。如果我们经常想一想"生命在于平衡"的道理，就有助于我们正确对待工作、生活中的诸多不如意之事。

　　清代学者张湖曾说："律己宜带秋风，处事宜带春风。"让我们多一些长远的目光，少一些狭隘的思维；多一些磅礴大气，少一些鸡肠小肚；多一些理解，多一些宽容，多一些主见，不轻易受别人的影响。这才是符合禅的哲理和智慧，这才是有为之人所必备的气质和胸怀。

# 苛求他人，等于孤立自己

每个人都有可取的一面，也有不足的地方。与人相处，如果总是苛求十全十美，那么永远也交不到真心的朋友。在这一点上，曾国藩早就有了自己的见解，他曾经说过："概天下无无瑕之才，无隙之交。大过改之，微瑕涵之，则可。"意思是说，天下没有一点缺点也没有的人，没有一点缝隙也没有的朋友。有了大的错误，要能够改正，剩下小的缺陷，人们给予包容，就可以了。为此，曾国藩总是能够宽容别人，谅解别人。

当年，曾国藩在长沙读书，有一位同学性情暴躁，对人很不友善。因为曾国藩的书桌是靠近窗户的，他就说："教室里的光线都是从窗户射进来的，你的桌子放在了窗前，把光线挡住了，这让我们怎么读书？"他命令曾国藩把桌子搬开。曾国藩也不与他争辩，搬着书桌就去了角落里。曾国藩喜欢夜读，每每到了深夜，还在用功。那位同学又看不惯了："这么晚了还不睡觉，打扰别人的休息，别人第二天怎么上课啊？"曾国藩听了，不敢大声朗诵了，只在心里默读。一段时间之后，曾国藩中了举人，那人听了，就说："他把桌子搬到了角落，也把原本属于我的风水带去了角落，他是沾了我的光才考中举人的。"别人听他这么一说，都为曾国藩鸣不平，觉得那个同学欺人太甚。可是曾国藩毫不在意，还安慰别人说："他就是那样子的人，就让他说吧，我们不要与他计较。"

凡是成大事者，都有广阔的胸襟。他们在与别人相处的时候，不会计较别人的短处，而是以一颗平常心看待别人的长处，从中看到别人的优点，弥补自己的不足。如果眼睛只能看到别人的短处，那么这个人的眼里就只有不好和缺陷，而看不到别人美好的一面。在生活中，每个人都可能跟别人发生矛盾。如果一味地跟别人计较，就可能浪费自己很多精力。与其把自己的时间浪费在一些鸡毛蒜皮的小事上，不如就放开胸怀，给别人一次机会，也可以让自己有更多的精力去做更多有意义的事情。

一位在山中茅屋修行的禅师，有一天趁夜色到林中散步，在皎洁的月光下，突然开悟。他喜悦地走回住处，眼见到自己的茅屋遭小偷光顾。找不到任何财物的小偷要离开的时候在门口遇见了禅师。原来，禅师怕惊动小偷，一直站在门口等待。他知道小偷一定找不到任何值钱的东西，就把自己的外衣脱掉拿在手上。

小偷遇见禅师，正感到惊愕的时候，禅师说："你走那么远的山路来探望我，总不能让你空手而回呀！夜凉了，你带着这件衣服走吧！"说着，就把衣服披在小偷身上，小偷不知所措，低着头溜走了。

禅师看着小偷的背影穿过明亮的月光消失在山林之中，不禁感慨地说："可怜的人呀！但愿我能送一轮明月给他。"

禅师目送小偷走了以后，回到茅屋赤身打坐，他看着窗外的明月，进入空境。

第二天，他睁开眼睛，看到他披在小偷身上的外衣被整齐地叠好，放在了门口。禅师非常高兴，喃喃地说："我终于送了他一轮明月！"

面对小偷，禅师既没有责骂，也没有告官，而是以宽容的心原谅了他，禅师的宽容和原谅终于换得了小偷的醒悟。可见，宽容比强硬的反抗更具有感召力。可是，我们与别人发生矛盾时，总想着与别人争出高低来，但是往往因为说话的态度不好，使得两个人吵起来，甚至大打出手。其实，牙齿没有不碰到舌头的。很多事情忍耐一下，也就过去了。有些矛盾的产生，别人也不一定就是故意的，我们给予他包容，他可能会主动认识到错误，也给自己减少了很多麻烦。

## 己所不欲，勿施于人

在社会生活中，每个人都难免会遇到磕磕碰碰的事情，关键是要有一种"能容天下难容之事"的宽容心态，少一些心胸狭窄、尖酸刻薄，多一些大度宽容、海阔天空的气质。这样，无论遇到什么事情，都会平心静气地对待。

两千多年前，孔子的学生子贡问孔子："有没有一句话可以作为终生奉行不渝的法则呢？"孔子回答说："其恕乎！己所不欲，勿施于人。"也就是说，自己不喜欢的和不能接受的事情，就不要强加给别人。凡事要从对方的角度出发考虑问题，要学会多体谅一下别人，这是做人和处世的根本原则。从中也可以看出一个人的修养。

要想钓到鱼，就先问问鱼想要吃什么。生活中，许多人都有过钓鱼的经历和经验。鱼饵很重要，但它的选择不是根据钓鱼者的口味爱好，而是鱼的爱好。世间万物都是相通的。我们在与人交往中，特别喜欢结交那些了解自己、同自己喜好相似的人。同样，我们也应该站在对方的立场上，考虑他们喜欢什么，不喜欢什么。

因此，以己度人，推己及人，这样处理问题和与人交往，才能获得别人的尊重，与别人和睦相处，甚至能够化敌为友。

在社会上，特别是对于初涉世事的青年来说，由于对社会的茫然，总是时时处处小心翼翼，左顾右盼地想找出参照物规范自己、约束自己。这种反应当然是正常的，但是有时候以此为原则，反而会导致初衷与结果南辕北辙。

这时，你就可以采用"己所不欲，勿施于人"的原则，在日常工作和生活中，多问一下自己：我做这件事产生的后果自己觉得如何？如果自己能够接受，那么别人也大概能够容忍；如果自己都不能容忍，那么别人肯定也不愿接受。

一个人若能从别人的角度来看事情，了解别人的心灵活动，就永远也不必为自己的前途担心。我们要学会体谅别人，站在别人的立场来看问题，这样就可以减少生活中的摩擦，人与人之间的关系就会变得更加和谐。

## 宽容，让痛苦变为伟大

哲人说，宽容和忍让的痛苦，能换来甜蜜的结果。

这句话说得诚恳而有深度。宽容是痛苦的，它意味着放弃心中的愤懑不平，将往日的种种侮辱和痛苦生生咽进肚里。这位哲人能体会到宽容者内心的矛盾和波动，是从人的内心出发，十分诚恳。同时，他又指出了宽容的必然性，因为宽容最终会换来甜蜜，而不宽容则只能给人带来更多的痛苦。即使是从追逐快乐甜蜜、远离痛苦这一"趋利避害"的简单本性出发，我们也应该在伤害面前选择宽容。确实，宽容是我们面对伤害应有的心态。

在现实生活中，难免会发生这样的事：亲密无间的朋友，无意或有意做了伤害你的事，你是宽容他，还是从此分手，或伺机报复？以牙还牙，分手或报复似乎更符合人的直觉本能。但这样做了，怨会越结越深，仇会越积越多，结果冤冤相报何时了。

芝加哥人蒙泰在林肯竞选总统期间频频发出尖刻批评。林肯当选之后，为芝加哥人蒙泰在大饭店举行了一个欢迎会。林肯看见蒙泰站在角落里，虽然蒙泰曾大声辱骂过林肯，林肯仍然很有风度地说："你不该站在那儿，你应该过来和我站在一块儿。"

参加欢迎会的每个人都目睹了林肯赋予蒙泰的荣耀，也正因为此，蒙泰成了林肯最忠诚、最热心的支持者。

所以，宽容才是消除矛盾的有效方法，冤冤相报抚平不了心中的伤痕，它只会将伤害者和被伤害者捆绑在无休止的争吵战车上。印度"圣雄"甘地说得好，如果我们对任何事情都采取"以牙还牙"的方式来解决，那么整个世界将会失去色彩。

宽容是一种高贵的品质、崇高的境界，是精神的成熟、心灵的丰盈。有了这种境界和心态，人就会变得豁达，变得成熟。宽容是一种仁爱的光，是对别人的释怀，也是对自己的善待。有了宽容之心，就会远离仇恨，避免灾难。宽容是一种生存的智慧、生活的艺术，是看透了社会人生以后所获得的那份从容、自信和超然。有了这种智慧、这种艺术，我们面对人生，就会从容不迫。宽容是一种力量、一种自信，是一种无形的感召力和凝聚力。有了这种力量和自信，人就会胸有成竹，获得成功。

也许你曾经遭受过别人对你的恶意诽谤或者是深深的伤害，这些伤痛在你的心底一直未曾被抚平，你可能至今还在怨恨他，不能原谅他。其实，怨恨是一种具有侵袭性的东西，它像一个不断长大的肿瘤，使我们失去欢笑，损害我们的健康。

心理学专家研究证实，心存怨恨有害健康，高血压、心脏病、胃溃疡等疾病就是长期积怨和过度紧张造成的。

所以，让我们学会宽容，忘记怨恨，这样才能抚慰你暴躁的心绪，弥补不幸对你的伤害，让你获得心灵的自由。

## 千金易得，宽厚之心难求

"但求世上人无病，何妨架上药生尘。"在以前的药铺里常常可以看到这样一副对联。它包含的悲天悯人、宽厚无私的情怀是很让人感动的。自己虽然是良医，却祈求别人不生病，其中蕴含着至高境界的道德品质。

同样的宽厚无私在孔子身上也可以看到，孔子在《论语·颜渊》中也曾说过："听讼，吾犹人也。必也使无讼乎！"

意思是说：审理诉讼案件，我同别人一样能做好。但内心总是希望这些事情不再发生啊！孔子希望通过教化来提升人们的修养，减少案件的发生。这是以天下人为念的崇高博大的情怀。

世间天地万物数不胜数，其中最能够打动人的莫过于一颗宽厚无私、善良之心。

山东潍县以前是个多灾多难的地方，经常发生水灾、旱灾。扬州八怪之一的郑燮（即郑板桥）在当地任县令七年期间，就有五年发生灾情。他刚到任那一年，潍县发生水灾，十室九空，饿殍满地，其景象惨不忍睹。郑板桥据实上报，请求朝廷开仓赈灾，可朝廷迟迟不准。在危急时刻，郑板桥毅然开仓放粮，他说："不能等了，救命要紧。朝廷若有怪罪，就惩办我一个人好了。"这样灾民很快得救了。

郑板桥秉承儒家心系天下苍生的精神，心念百姓疾苦。他深知"民为邦本，本固邦宁"的古训，做任何事，他首先想到的是百姓。他招民工修整水淹后的道路城池，采取以工代赈的办法救济灾区壮男；同时责令大户在城乡施粥救济老弱饥民，不准商人囤积居奇；他自己带头捐出官俸，并刻下"恨不得填满了普天饥债"的图章。他开仓借粮时有秋后还粮的借条，到秋粮收获时，灾民歉收，他当众将借条烧掉，劝人们放心，努力生产，来年交足田赋。由于他的这些举措，无数灾民解决了倒悬之危。

为了老百姓，他得罪了一些富户，特别在整顿盐务时，更是触动了富商大贾的私利。潍县濒临莱州湾，盛产海盐，长期以来，官商勾结，欺行霸市，哄抬盐价，贱进贵卖，缺斤少两，以次充好。郑板桥针对这些弊端严令禁止，因此，一些富人对他造谣毁谤，匿名上告。1752年，潍县又发大灾，郑板桥申报朝廷赈灾，上司怒其多次冒犯，又加上听信谗言，不但不准，反给他记大过处分，钦命罢官，削职为民。

离开潍县时，百姓倾城相送。郑板桥为官十余年，并无私藏，只是雇三头毛驴，一头自骑，两头分驮图书行李，由一个差丁引路，凄凉地向老家走去。临别他为当地人民画竹题诗："乌纱掷去不为官，囊橐萧萧两袖寒。写取一枝清瘦枝，秋风江上作鱼竿。"

郑板桥为官，不以自己的才情作为晋升的手段，也不以此卖弄，而是用在为民谋福上，这种宽厚无私的精神才是人格的最高境界。

一灯大师曾说："世人无数，可分三品：时常损人利己者，心灵落满灰尘，眼中多有丑恶，此乃人中下品；偶尔损人利己，心灵稍有微尘，恰似白璧微瑕，不掩其辉，此乃人中中品；终生不损人利己者，心如明镜，纯净洁白，为世人所敬，此乃人中上品。人心本是水晶之体，容不得半点尘埃。"人世间最宝贵的不是金银财宝，而是一颗宽厚无私、品行高尚的心灵，那是纵有千金也不能买到的稀世珍品。

# 第二章

# 悦纳自己，包容自身的不完美

# 世上没有绝对的完美

"断臂维纳斯"一直被认为是迄今发现的希腊女性雕像中最美的一尊。美丽的椭圆形面庞，希腊式挺直的鼻梁，平坦的前额和丰满的下巴，平静的面容，无不带给人美的感受。

她那微微扭转的姿势，和谐而优美的螺旋形上升体态，富有音乐的韵律感，充满了巨大的魅力。

作品中女神的腿被富有表现力的衣褶所覆盖，仅露出脚趾，显得厚重稳定，更衬托出了上身的秀美。她的表情和身姿是那样庄严崇高而端庄，像一座纪念碑；然而又是那样优美，流露出女性的柔美和妩媚。

令人惋惜的是，这么美丽的雕像居然没有双臂。于是，修复原作的双臂成了艺术家、历史学家最神秘也最感兴趣的课题。当时最典型的几种方案是：左手持苹果、搁在台座上，右手挽住下滑的腰布；双手拿着胜利花圈；右手捧鸽子，左手持苹果，并放在台座上让它啄食；右手抓住将要滑落的腰布，左手握着一束头发，正待入浴；与战神站在一起，右手握着他的右腕，左手搭在他的肩上……但是，只要有一种方案出现，就会有一种反驳的理由。最终得出的结论是，保持断臂反而是最完美的形象！

人生就像维纳斯的雕像一样，因为不圆满而变得富有深意。

苛求完美是一种心理洁癖，容不得事物有半点瑕疵。实际上，世界正是有了缺憾，才使我们整个生命有了追求前进的动力，珍惜缺憾，它就是下一个完美。每一个人在内心都有一种追求完美的冲动，当一个人对于现实世界的残缺体会越深时，他对完美的追求就会越强烈。这种强烈的追求会使人充满理想，但这种强烈的追求一旦破灭，也会使人充满绝望。

这个世界上没有任何一件事物是十全十美的，它们或多或少皆有瑕疵，人类亦同。我们只能尽最大的努力去使它更完美一些。智者告诉我们，凡事切勿过于苛求，如果采取一种务实的态度，你会活得更快乐！

完美是一座心中的宝塔，你可以在内心中向往它、塑造它、赞美它。一个人只有经受住失败的悲哀才能到达成功的巅峰，亡羊补牢，犹未为晚。不必为了一件事未做到尽善尽美的程度而自怨自艾。

没有"瑕疵"的事物是不存在的，盲目地追求一个虚幻的境界只能是劳而无功。我们不妨问一问："我们真的能做到尽善尽美吗？"既然不行，我们就应该重新修正认识。

## 不必把一个污点放大到全身

莎士比亚说："聪明的人永远不会坐在那里为他们的损失而悲伤，却会很高兴地去找出办法来弥补他们的创伤。"

在这个世界上，谁都难免犯错误，即使是四条腿的大象，也有摔跤的时候。"人要不犯错误，除非他什么事也不做，而这恰好是他最基本的错误。"

反省是一种美德。对自己做错了的事，知道悔悟和责备自己，这是敦品励行的原动力。不反省不会知道自己的缺点和过失，不悔悟就无从改进。

在你已经知错、决定下次不再犯的时候，就是停止后悔的最好的时候，然后，你就应该摆脱这悔恨的纠缠，使自己有心情去做别的事。如果悔恨的心情一直无法摆脱，而你一直苛责自己，懊恼不止，那就是一种病态，或可能形成一种病态了。

你不能让病态的心情持续。你必须了解它是病态，一旦精神遭受太多折磨，有发生异状的可能，那就严重了。

所以，当你知道悔恨与自责过分的时候，要相信自己能够控制自己，告诉自己"赶快停止对自己的苛责，因为这是一种病态"。为避免病态具体化而加深，要尽量使自己摆脱它的困扰。这种自我控制的力量是否能够发挥，决定一个人的精神是否健全。

每个人都有缺点，这是为什么我们要受教育。教育使我们有能力认识自己的缺点并加以改正，这就是进步。但在知道随时发现自己的缺点并随时改正之外，更要注意建立自己的自信，尊重自己的自尊。

有人一旦犯了错误，就觉得自己样样不如人，由自责产生自卑，由于自卑而更容易受到打击。经不起小小的过失，受到了外界一点点轻侮或为任何一件小事，都会痛苦不已。

一个人缺少了自信，就容易对环境产生怀疑与戒备，所谓"天下本无事，庸人自扰之"。面对这种"无事自扰"的心境，最好的方法是努力进修，勤于做事，使自己因有进步而增加自信，因工作有成绩而增加对前途的希望，不再向后做无益的回顾。

进德与修业，都能建立一个人的自信心和荣誉感。对自己偶尔的小错误、小疏忽，就不致过分苛责，而应从悔恨中发挥积极的力量。

自尊心人人都有，但没有自信做基础，就会使人变为偏激狂傲或神经过敏，以致对环境产生敌视与不合作的态度。要满足自尊心，只有多充实自己，使自己减少"不如人"的可能性，而增加对自己的信心。

一个健全的好人应该是该做就做，想说就说，一切要求合情合理之外，如果自己偶有过失，也能潇潇洒洒地承认："这次错了，下次改过就是。"不必把一个污点放大为全身的不是。

## 标准过高只会迷失自己

古时候，有户人家有两个儿子。当两兄弟成年以后，他们的父亲把他们叫到面前说：在群山深处有绝世美玉，你们都成年了，应该去探险，去寻求那绝世之宝。

两兄弟次日就离家出发去山中寻找美玉。大哥是一个注重实际、不好高骛远的人。有时候，即使发现的是一块有残缺的玉，或者是一块成色一般的玉甚至有些奇异的石头，他都统统装进了行囊。过了几年，到了他和弟弟约定会合回家的时间，此时他的行囊已经满满的了，尽管没有父亲所说的绝世完美之玉，但造型各异、成色不等的众多玉石，在他看来也足以令父亲满意了。

后来弟弟到了，两手空空，一无所得。弟弟说，你这些东西都不过是一般的珍宝，不是父亲要我们找的绝世珍品，拿回去父亲也不会满意的。弟弟说，我不回去，我要继续去更远更险的山中探寻，我一定要找到绝世美玉。

哥哥带着他的那些东西回到了家。父亲说，你可以开一个玉石馆或一个奇石馆，那些玉石稍一加工，都是稀世之品，那些奇石也是一笔巨大的财富。但父亲听了他介绍弟弟探宝的经历后就说，你弟弟不会回来了，他是一个不合格的探险者。他如果幸运，能中途醒悟，明白至美是不存在的这个道理，是他的福气。如果他不能早悟，便只能以付出一生为代价了。

短短几年，哥哥的玉石馆已经享誉八方，在他寻找的玉石中，有一块经过加工成为不可多得的美玉，被国王御用做了传国玉玺，哥哥因此也成了倾城之富。

很多年以后，父亲的生命已经奄奄一息。哥哥对父亲说要派人去寻找弟弟。父亲说，不要去找了，经过了这么长的时间和挫折他都不能顿悟，这样的人即便回来又能做成什么事情呢？世间没有纯美的玉，没有完善的人，没有绝对的事物，为追求这种东西而耗费生命的人，何其愚蠢啊！

世界并不完美，人生当有不足。没有遗憾的过去无法链接人生。对于每个人来讲，不完美是客观存在的，无须怨天尤人。

如果总是不知足，很少肯定自己，自己就很少有机会获得信心。不知足就不快乐，痛苦就常常跟随着他，周围的人也会不快乐。学会欣赏别人和欣赏自己是很重要的，这是使人更进一步实现下一个目标的基石。

智者即使再优秀也有缺点，愚者再愚蠢也有优点。生活中对己宽、对人严的做法，必遭别人唾弃。对人多做正面评估，不以放大镜去看缺点，避免以完美主义的眼光去观察每一个人，而应以宽容之心包容其缺点。少些责难之心，多些宽容之心。

## 不要为你的缺点遮羞

很多年轻人都喜欢追求完美，喜欢在一种唯美的思绪里畅想自己的未来。但是，生活中，又有多少事物能像韩剧中那么完美，那么经得住人们想象的寄托？

人没有完美的，总会有这样或那样的缺点。缺点是否成为成功路上的障碍，关键是要看成就什么样的事业。想成为万人瞩目的政治领袖吗？就需要具有富兰克林那样的勇气，检视自己的缺点，并与之进行坚持不懈的斗争，直到胜利为止。

克劳兹是美国某企业总裁，他奋斗了8年让企业的资产由200万美元发展到5000万美元。2005年，他去华盛顿领取了本年度国家蓝色企业奖章。这是美国商会为奖励那些战胜逆境的企业而颁发的，那年只颁发了6枚奖章。

克劳兹可以算是一个成功的企业家了，可他的心中却有一个难言之隐，他将它深深藏在心里已经很多年了。白天克劳兹应接不暇地处理对外事务，好像是忙得没有时间去阅读邮件和文件。很多文件由公司的管理人员白天就处理好了，白天遗留下来的文件，到了晚上，由他的妻子莱丝帮助他处理，他的下属对他无法阅读这件事一直一无所知。克劳兹的痛苦起源于童年。当时他在内华达的一个小矿区里上小学。"老师叫我笨蛋，因为我阅读困难。"他说。他是整个学校里最安静的小孩，总是默默地坐在教室的最后一排。他天生有阅读障碍，老师又责骂他，他在学校的学习变得更艰难了。1963年，他从高中勉强毕业，当时他的成绩主要是 C、D 和 F（A 是最高等级）。

高中毕业后，克劳兹搬到了雷诺市，用 200 美元的本金开了一家小机械商店。经过不懈的努力，1997 年他已经成功开了 5 个分店，资产远远超过 200 美元。今天他的企业已经成为所在行业的佼佼者，公司每年至少有 1500 万美元的利润。

克劳兹害怕受到那些大多是大学毕业的首席执行官的嘲笑和轻视。但是，他没想到他得到的是更多的支持和鼓励。"这使我更加佩服他获得的成功，这加深了我对他的敬意。"他的一个下属说。另外，当克劳兹告诉他的其他雇员他不会阅读的时候，也赢得了雇员们的尊重。克劳兹说："自从我下决心让每个人都知道这件事以来，我心里轻松了许多。"

从那以后，克劳兹聘请了一名家庭教师为他做阅读辅导。克劳兹最近正在读一本管理方面的书。他在所有他不认识的单词下面画线，然后去查字典，读得很慢。他希望有一天他能像他妻子那样可以迅速地读完办公桌上所有的文件和信函。更重要的是，他希望他的故事能鼓励其他正在学习阅读的人。

有缺点没有什么可羞愧的，然而，如果明知自己有缺点却不做任何改进，那就变成一种耻辱了。自己不去正视缺点，它将永远是缺点。克服它、战胜它的过程也是优点凸显的过程。

## 接受别人的帮助不必感到羞愧

一个人的才能和力量总是有限的，很多时候我们都需要别人的帮助，在必要的时候接受别人的帮助，战士要像保护自己的城池一样是在履行自己的职责。在战场上，如果你拒绝别人的帮助就会使自己处于孤立无援的位置，有可能失去城池甚至是自己的生命，因此接受别人的帮助没有什么好羞愧的。

一个小男孩在沙滩上玩耍。他身边有他的一些玩具——小汽车、货车、塑料水桶和一把亮闪闪的塑料铲子。在松软的沙堆上修筑公路和隧道时，他发现一块很大的岩石挡住了去路。小男孩开始挖掘岩石周围的沙子，企图把它从泥沙中弄出去。他是个很小的孩子，而岩石却相当巨大。手脚并用，他花尽了力气，岩石却纹丝不动。小男孩下定决心，手推、肩挤，左摇右晃，一次又一次地向岩石发起冲击，可是，每当他刚把岩石搬动一点点的时候，岩石便又随着他的稍事休息而重新返回原地。小男孩气得直叫唤，使出吃奶的力气猛推猛挤。但是，他得到的唯一回报便是岩石滚回来时砸伤了他的手指。最后，他筋疲力尽，坐在沙滩上伤心地哭了起来。

这整个过程，他的父亲从不远处看得一清二楚。当泪珠滚过孩子的脸庞时，父亲来到了他的跟前。父亲的话温和而坚定："儿子，你为什么不用上所有的力量呢？"男孩抽泣道："爸爸，我已经用尽全力了，我已经用尽了我所有的力量！""不对，"父亲亲切地纠正道，"儿子，你并没有用尽你所有的力量。你没有请求我的帮助。"说完，父亲弯下腰抱起岩石，将岩石扔到了远处。

这个故事就是要告诉我们，在你尽了自己所有的努力仍然没有完成任务时，接受别人的帮助往往会事半功倍。可是在现实生活里，人们却常常不喜欢主动请求别人的帮助，觉得寻求别人的帮助是一件很不好的事情。

克契到佛光禅师那里学禅也有好一段时间了，由于个性客气，遇事总会想办法自己解决，尽可能不麻烦别人，就连修行也是一个人闷着头默默地进行。一天，佛光禅师问他说："你来我这儿也有 12 个年头了，有没有什么问题？要不要坐下来聊聊？"

克契连忙回答："禅师您已经很忙了，学僧怎好随便打扰呢？"

时光荏苒，岁月如梭，一晃眼，又是三个秋冬。

这天，佛光禅师在路上碰到克契，又有意点他，主动问道："克契啊！你在参禅修道上可有遇到些什么问题吗？有的话就要开口问。"

克契答道："禅师您那么忙，学僧不好耽误您的时间！"

一年后，克契经过佛光禅师禅房外，禅师再对克契语道："克契你过来，今天我有空，不妨进禅室来谈谈禅道。"

克契禅僧赶忙合掌作礼，不好意思地说："禅师很忙，我怎能随便浪费您的时间？"佛光禅师知道克契过分谦虚，这样的话，再怎样参禅，也是无法开悟的，得采取更直接的态度不可了，所以当佛光禅师再次遇到克契的时候，便明白地对克契说："学道坐禅，要不断参究，你为何老是不来问我呢？"

只见克契仍然应道："老禅师，您忙！学僧实在是不敢打扰！"

这时，佛光禅师大声喝道："忙！忙！我究竟是为谁在忙呢？除了别人，我也可以为你忙呀！"佛光禅师这一句"我也可以为你忙"的话，顿时打入克契的心中。

自己的力量是有限的，只有善假于物，必要的时候接受别人的帮助才能使事情事半功倍。若想在自己困难的时候有人愿意帮助你，你平时就必须要做到：

关心别人，做到心中有他人。给人适当的关心，会让人对你产生信任。当你有困难的时候，别人也会给予及时的帮助。

在接受别人的帮助后，要真诚地感激，并且不要为有人帮助了你而感到羞愧。

## 跨越性格缺陷，完美就在背后

心理学研究结果表明，一个人性格的好与坏在很大程度上对其事业成功与否、家庭生活幸福与否、人际关系良好与否起了决定性的作用。健全的个性是事业成功的基础、家庭幸福的根基、人际关系良好的基石。21 世纪是文化科技高速发展的时代，健全的个性是通向成功的护身符。

改善你的个性，健全你的个性，扼住命运的咽喉，才能做命运的主人。要改善自己的个性、健全自己的个性，前提是要认识自己的个性，找到自己性格中存在的缺陷，对症下药，为明天的成功铺一块基石。

欧玛尔是英国历史上著名的剑术高手，他有一个实力相当的对手，两个人互相挑战了30年，却一直难分胜负。

有一次，两个人正在决斗的时候，欧玛尔的对手不小心从马上摔了下来，欧玛尔看见机会来了，立刻拿着剑从马上跳到对手身边，这时只要一剑刺去，欧玛尔就能赢得这场比赛了。欧玛尔的对手眼看着自己就要输了，因此感到非常愤怒，情急之下便朝欧玛尔的脸上吐了一口口水，这不但是为了表达自己的怒气，也是为了要羞辱欧玛尔。没想到欧玛尔在脸上被吐了口水之后，反而停下来对他的对手说："你起来，我们明天再继续这场决斗。"欧玛尔的对手面对这个突如其来的举动，感到相当诧异，一时间显得有点不知所措。

欧玛尔向这位缠斗了30年的对手说："这30年来，我一直训练自己，让自己不带一丝一毫的怒气作战，因此，我才能在决斗中保持冷静，并且立于不败之地。刚才，在你吐我口水的那一瞬间，我知道自己生气了，要是在这个时候杀死你，我一点都不会有获得胜利的感觉。所以，我们的决斗明天再开始。"

可是，这场决斗却再也没有开始。因为，欧玛尔的对手从此以后变成了他的学生，他想学会如何不带着怒气作战。

试想，如果当初欧玛尔因对手的那口口水而一剑刺向对手，那么，他肯定成不了历史上著名的剑术高手，他的剑术也会因他易怒的性格而大打折扣。所幸的是，他平时在改造自己易怒的性格上的努力最终让他不仅赢得了胜利和荣誉，更赢得了对手的友谊。

改变性格所带来的除了技艺的精湛和人际关系的和谐外，还往往能带来意想不到的商机，狮王牙刷公司的加藤信三便是很好的例子：

加藤信三是日本狮王牙刷公司的小职员。起床后，他匆匆忙忙地洗脸、刷牙，不料，急忙中出了一些小乱子，牙龈被刷出血来！加藤信三不由火冒三丈。因为刷牙时牙龈出血的情况已不止一次发生过了。他本想到公司技术部大发一通脾气，但走到半路上，他努力让自己的怒火平静下来，并开始回想自己刷牙的过程，才发现自己一直都太急躁，但同时加藤发现了一个为常人所忽略的细节：他在放大镜下看到，牙刷毛的顶端由于机器切割，都呈锐利的直角。"如果通过一道工序，把这些直角都挫成圆角，那么问题就完全解决了！"

于是，加藤信三一改往日的急躁、粗心，在一次次试验后终于把新产品的样品正式向公司提出。公司很乐意改进自己的产品，迅速投入资金，把全部牙刷毛的顶端改成了圆角。

改进后的狮王牌牙刷很快受到了广大顾客的欢迎。对公司做出巨大贡献的加藤也从普通职员晋升为了科长。

生活的美妙在于一个人不断地从缺陷到完美的历程。谁也不是一生下来就什么都会、什么都知道的，也不是一生下来就有很大勇气的，这些都是在后天培养的，不要因为自己现在没有而失落，要努力去争取，这才是真正的任务。你发现自己缺少了什么，然后给自己补上，这不就不缺少了吗？对于自己也是走向完美的一小步。永远不要让自己的性格局限自己，给自己一个走向完美的期限，迈出走向完美的第一步，很快你就会成功。

## 自卑和自信往往就在一念之间

很多时候人会这样问自己："假如……我可以吗？"这是一种不自信的表现。其实自卑和自信往往就在一念之间，去除自卑，自信就会从心底应运而生。

世上大部分不能走出生存困境的人都是因为对自己信心不足，他们就像一株脆弱的小草一样，毫无信心去经历风雨，这就是一种可怕的自卑心理。所谓自卑，就是轻视自己，自己看不起自己。自卑心理严重的人，并不一定是其本身具有某些缺陷或短处，而是不能悦纳自己，总是自惭形秽，常把自己放在一个低人一等，不被自我喜欢，进而演绎成别人也看不起自己的位置，并由此陷入不能自拔的痛苦境地，心灵笼罩着永不消散的愁云。

一位父亲和他的儿子出征打仗，父亲已做了将军，儿子还只是马前卒。又一阵号角吹响，战鼓擂响了，父亲庄严地托起一个箭囊，其中插着一支箭。他郑重地对儿子说："这是家传宝箭，带在身边，你将力量无穷，但千万不可将箭抽出来。"

那是一个极其精美的箭囊，用厚牛皮打制，镶着幽幽泛光的铜边儿，再看露出的箭尾，一眼便能认定是用上等的孔雀羽毛制作的。儿子喜上眉梢，贪婪地推想箭杆、箭头的模样，想象着箭嗖嗖地掠过，敌方的主帅应声折马而毙。

果然，佩带宝箭的儿子英勇非凡，所向披靡。当鸣金收兵的号角吹响时，儿子再也禁不住得胜的豪气，完全忘记了父亲的叮嘱，强烈的欲望驱赶着他一气把拔出宝箭，试图看个究竟。骤然间他惊呆了——一支断箭，箭囊里装着一支折断的箭。"我一直带着断箭打仗呢！"儿子吓出了一身冷汗，顷刻间失去支柱，轰然坍塌了。

结果不言自明，儿子惨死于乱军之中。

拂开蒙蒙的硝烟，父亲捡起那柄断箭，沉重地啐一口道："不相信自己的人，永远也做不成将军。"

假如"儿子"充满自信，那么情况可能就是另一种样子，可是人生没有假如。当大好的人生机遇出现在眼前时，自卑者怀疑自己是否能够做好它，不敢伸手一抓，不敢奋力一搏。未战心先怯，只会白白贻误良机。在面对一件事情的时候，自卑者会让机会从身边悄悄溜走，等到事情过后，又陷入不断的自责之中，于是更加自卑。更重要的是，具有自卑情结会造成人格和心理的卑怯，不敢面对挑战，不敢以火热的激情拥抱生活，而是卑怯地自怨自艾。久而久之，积卑成"病"，就会失去应有的雄心和志气。

所以，我们一定要根据自身的条件，横扫身上的一切自卑情结。当自己怀疑自己能力的时候，不断地暗示自己可以出色地完成任务；当觉得自己不如别人的时候，告诉自己他们只是比自己早成功了一步而已，自己通过奋斗可以比他们更成功。相信自己的力量，自己是最优秀的人，就让"假如"变成一定！

## 每个人都是上帝的宠儿

很多时候，人总觉得自己不重要，少个我和多个我没什么区别，而作为独一无二的我真的不重要吗？对自己的父母来讲，你是他们爱情的结晶和今后的希望，对于你的妻子来讲，不论别人多么优秀你依然是她每天心里挂念的人；对于你的儿女来讲，你就是他们可以仰仗的大树，对于你的好朋友来说，你就是他们一生中不可缺少的知己……难道这样的我不重要吗？当然不是！"我"很重要。

当我们对自己说出"我很重要"这句话的时候，"我"的心灵一下子充盈了。是的，"我"很重要。

"我"是由无数星辰、日月、草木、山川的精华汇聚而成的。只要计算一下我们一生吃进去多少谷物，饮下多少清水，才凝聚成这么一具美轮美奂的躯体，我们一定会为那数字的庞大而惊讶。世界付出了那么多才塑造了这么一个"我"，难道"我"不重要吗？

你所做的事，别人不一定做得来。而且，你之所以为你，必定是有一些相当特殊的地方——我们姑且称之为特质吧！而这些特质是别人无法模仿的。

既然别人无法完全模仿你，就不一定做得了你能做的事。

那么，他们怎么可能给你更好的意见呢？他们又怎能取代你的位置，替你做些什么呢？所以，你不相信自己，又能相信谁呢？况且，每个人都是上帝的宠儿，上帝造人时即已赋予每个人与众不同的特质，所以每个人都会以独特的方式与别人互动，进而感动别人。要是你不相信的话，不妨想想：有谁的基因会和你完全相同？有谁的个性会和你丝毫不差？由此，我们相信：你有权活在这世上，你是别人无法取代的。

不过，有时候别人（或者是整个大环境）会怀疑我们的价值，时间一长，连我们自己都会对自己的重要性感到怀疑。请你千万不要让这类事情发生在你身上，否则你一辈子都无法抬起头来。记住！你有权力相信自己很重要。

"我很重要。没有人能替代我，就像我不能替代别人一样。我很重要！"

生活就是这样的，无论是有意还是无意，我们都要对自己有信心。不要总是拿自己的短处去对比人家的长处，却忽视了自己也有别人所不及的地方。自卑是心灵的腐蚀剂，自信是心灵的发电机。所以，无论我们身处何境，都不要让自卑的冰雪侵占心灵，而应燃烧自信的火炬，始终相信自己是最优秀的，这样才能激发生命的潜能，创造无限美好的生活。

也许我们的地位低下，也许我们的身份卑微，但这并不意味着我们不重要。重要并不是伟大的同义词，它是心灵对生命的允诺。人们常常从成就事业的角度，判断自己是否重要。但这并不应该成为标准，只要我们时刻努力，为光明奋斗，我们就是无比重要的不可替代的存在。

让我们昂起头，对着地球上无数的生灵，响亮地宣布：我很重要！

面对这么重要的自己，我们有什么理由不爱自己呢？

## 包容自己，逃出"心狱"的监禁

现实生活里，有不少人自觉不自觉地把自己讨厌的事塞满自己的脑袋，把一些不相干的事与自己联系在一起，造成了心理压力。殊不知，对于自己讨厌的、想不通的事，我们可以不去想，否则最后你就会变成压力的囚徒。

我们总是执迷不悟，对于压力不肯放手，死死握紧，不肯去寻找新的机会，发现新的思考空间，所以陷入愁云惨雾中。

人的一生充满坎坷，稍不留神，就会被自己营造的"心狱"监禁。在"心狱"里，很多人还在不停地折磨自己，结果造成无法挽回的悲剧。有人认为，"心狱"无法逃离。但事实怎样？人的"心理牢笼"既然是自己营造的，人就有冲出"心理牢笼"的本能。这种本能就是精神上的包容，有了这种包容，什么样的"心理牢笼"都可以攻破。

有这样一句话：除了上帝之外，谁能无过？犯了错只表示我们是人，不代表就该承受如下地狱般的折磨。我们唯一能做的就是正视这种错误的存在，在错误中吸取教训，以确保未来不再发生同样的憾事。接下来就应该获得绝对的宽恕，然后把它忘了，继续向前进。

只要生活在这个世界上，就难免犯错，要是对每一件都深深地自责，一辈子都背着一大袋的罪恶感生活，你还能奢望自己走多远？

人生之帆，不论顺风或逆风都要前进。包容自己，才能把犯错与自责的逆风，化为成功的推力。

学会给自己释放压力，其实就是在包容自己。

每天给自己一小时独处的时间。

每天皆以祈祷、静思、默想作为开始和结束。

简单生活，别让自己活得太累。

行程表别排得太满。

设定合理的工作期限。

别承诺你做不到的事情。

做每一件事都多给自己半小时的时间。

随身携带有趣的读物。

呼吸——经常深呼吸。

活动身体——行走、跳舞、跑步，做你喜欢的运动。

重视存在，别总是一味地做事。

每周腾出休息和恢复的一天。

笑口常开。

沉浸于自己的感觉中。

总是以舒适为优先考虑。

如果你不喜欢它，就把它请出你的生活。

让大自然母亲滋养自己。

别再去讨好每一个人。

开始讨好你自己。

别和老是对你不满的人在一起。

别浪费宝贵的资源：时间、创造能量、感情。

滋养友谊。

别惧怕自己的热望。

放弃期待。

品味美丽的事物。

有"是"就有"不"。

别担忧，包容才能快乐。

## 只看我所有的便能拥有快乐

金无足赤，人无完人。每一个人都是优点和缺点的集合体，你也许没有过人的口才，但是善于写作；也许没有领导的才能，但是善于配合。我们不要一味盯着自己的缺点，困在自己画的圈子内黯然神伤，应该看到自己的优点，经营自己的长处，积极地生活。

她站在台上，不时不规律地挥舞着她的双手；仰着头，脖子伸得好长好长，与她尖尖的下巴扯成一条直线；她的嘴张着，眼睛眯成一条线，诡谲地看着台下的学生；偶然她口中也会咿咿唔唔的，不知在说些什么。基本上她是一个不会说话的人，但是，她的听力很好，只要对方猜中，或说出她的意见，她就会乐得大叫一声，伸出右手，用两个指头指着你，或者拍着手，歪歪斜斜地向你走来，送给你一张用她的画制作的明信片。

她就是黄美廉，一位自小就患脑性麻痹的病人。脑性麻痹夺去了她肢体的平衡感，也夺走了她发声讲话的能力。从小她就活在诸多肢体不便及众多异样的眼光中，她的成长充满了血泪。然而她没有让这些外在的痛苦击败她内在奋斗的精神，她昂然面对，迎向一切的不可能，终于获得了加州大学艺术博士学位。她把她的手当画笔，以色彩告诉人们"寰宇之力与美"，并且灿烂地"活出生命的色彩"。全场的学生都被她不能控制自如的肢体动作震慑住了，这是一场倾倒生命、与生命相遇的演讲会。

"请问黄博士，"一个学生小声地问，"你从小就长成这个样子，请问你怎么看你自己？你没有怨恨过吗？"大家的心一紧，这孩子真是太不成熟了，怎么可以当面在大庭广众之下问这个问题？太伤人了，大家都很担心黄美廉会受不了。"我怎么看自己？"美廉用粉笔在黑板上重重地写下这几个字。她写字时用力极猛，有力透纸背的气势。写完这个问题，她停下笔来，歪着头，回头看着发问的同学，然后嫣然一笑，回过头来，在黑板上龙飞凤舞地写了起来：

一、我好可爱！

二、我的腿很长很美！

三、爸爸妈妈这么爱我！

四、上帝这么爱我！

五、我会画画！我会写稿！

六、我有只可爱的猫！

七、还有……

忽然，教室内鸦雀无声，没有人敢讲话。她回过头来看着大家，再回过头去，在黑板上写下了她的结论："我只看我所有的，不看我所没有的。"

掌声由学生群中响起，黄美廉倾斜着身子站在台上，满足的笑容从她的嘴角荡漾开来，她的眼睛眯得更小了，有一种永远也不被击败的傲然写在她脸上。

大家不觉两眼湿润起来，看着黄美廉写在黑板上的结论："我只看我所有的，不看我所没有的。"每个人都想，这句话将永远鲜活地印在自己的心上。

我们都在追求美，但我们都知道世界上没有十全十美，可我们依然没有停下追求的步伐，完美主义已经深深地渗入了我们的血液。对于自己的缺陷不要耿耿于怀，要敢于直面不完善的自我。

学会容纳自己的不完美，实事求是地看待自己，才能从自身条件的不足和所处的不利环境的局限中解脱出来，去做自己想做的事。

我们这么多年来每天生活在一个美丽的童话王国里，可是我们却看不见生活的美丽，怨天尤人，时常感到失落。要得到快乐，请记住这条规则："只看我所有的，不看我所没有的。"

## 已经拥有的东西最珍贵

有时候我们心情沮丧，总是觉得自己拥有的太少。

有一个国王，常为过去的错误而悔恨，为将来的前途而担忧，整日郁郁寡欢，于是他派大臣四处寻找快乐的人，并把这个快乐的人带回王宫。

这位大臣四处寻找了好几年，终于有一天，当他走进一个贫穷的村落时，听到一个快乐的人在放声歌唱。寻着歌声，他找到了正在田间犁地的农夫。

大臣问农夫："你快乐吗？"农夫回答："我没有一天不快乐。"

大臣喜出望外地把自己的使命和意图告诉了农夫。农夫不禁大笑起来，他说道："我曾因为没有鞋子而沮丧，直到我有一天在街上遇到了一个没有脚的人。"

有人为低工资而懊恼、忧郁，猛然发现邻居大嫂已经下岗失业，于是又暗暗庆幸自己还有一份工作可以做，虽然工资低一些，但起码没有下岗失业，心情转眼就好了起来。每个人总是看重自己的痛苦，而常常忽略别人的痛苦。当自己痛苦不堪的时候，要是能够换一个角度来思考，痛苦的程度就会大大减弱。当自己兴高采烈的时候，应多向上比，会越比越进步；当自己苦恼郁闷的时候，应多向下比，会越比越开心。

人生最可怜的事，不是生与死的诀别，而是面对自己所拥有的，却不知道它是多么的珍贵。

网上有这么一幅比较流行的漫画：一个漂亮的女孩子，觉得自己过得很不幸，终于有一天她决定跳楼自杀。身体慢慢往下坠，她看到了十楼以恩爱著称的夫妇正在互殴，她看到了九楼平常坚强的皮特正在偷偷哭泣，八楼的阿妹发现未婚夫跟最好的朋友在床上，七楼的丹丹在吃她的抗忧郁症药，六楼失业的阿喜还是每天买 7 份报纸找工作，五楼受人尊敬的王老师正在偷穿老婆的内衣，四楼的罗丝又要和男友闹分手，三楼的阿伯每天盼望有人拜访他，二楼的莉莉还在看她那结婚半年就失踪的老公照片。在她跳下之前，她以为她是世上最倒霉的人。而此刻她才知道每个人都有不为人知的困境。她看完他们之后深深地觉得其实自己过得还不错……可是已经晚了。当她掉在楼下的地上时，楼上所有不幸的人同时感慨：原来自己的生活还是美好的，还有人比他们更不幸。

这幅漫画很贴切地展现了我们生活中许多人的想法，我们每每羡慕别人的生活是如何的美好，总觉得自己是最不幸的那一个，而实际上并不是这样的，每个人的生活中总会出现别人所没有的各种各样的困难，就像这个美丽的女子在跳楼时所看到的那样，其实谁都一样，谁都不是生活中的宠儿，只是每个人对待生活的态度不同。坚强的人最终尝到了生活的美味，意志薄弱的人最终被生活所淘汰。

不要总把眼光局限在自身的坏牌上，实际上，别人手中的牌也并非都是好牌。这样去想，你才不至于太自卑、太绝望，才能保持必胜的决心，坚强地走下去。

## "出丑"是"出众"之母

很多时候，我们都会用这样一句话来鼓励自己：天才是 1% 的灵感加上 99% 的汗水。于是，一些人就开始拼命工作，希望能用 100% 的汗水换来那 1% 的天分。其实，如果能用汗水弥补的天分，就不是真正的天分了。这个世界上，毕竟只有少数人才能成为天才。所以，我们之中的大多数人都只能在99%里过活，我们的成长总是要伴随着一些无谓的辛苦和无趣的笑话。

人们都想让自己变得聪明，都怕在众人面前出丑。这似乎是截然对立的两件事，聪明人绝不会出丑，出丑的人必然是笨蛋。然而，实际生活并非如此。聪明的人有时简直如同一个大傻瓜，他们当众出丑，却若无其事，他们被人嗤笑却自得其乐；然而，他们就这样走向了成功。罗茜读书时网球打得不好，所以老是害怕打输，不敢与人对垒，至今她的网球技术仍然很蹩脚。罗茜有一个同班同学，她的网球比罗茜打得还差，但她不怕被人打下场，越是输越打，后来成了令人羡慕的网球手，成了大学网球代表队队员。

聪明是令人羡慕的，出丑总使人感到难堪。但是，聪明是在无数次出丑中练就的，不敢出丑，就很难聪明起来。

那些勇敢地去干他想干的事的人是值得赞赏的，即使有时在众人面前出了丑，他们还是洒脱地说："哦，这没什么！"就是这么一类人，他们还没学会反手球和正手球，就勇敢地走上网球场；他们还没学会基本舞步，就走下舞池寻找舞伴；他们甚至没有学会屈膝或控制滑板，就站上了滑道。

艾米只会说几句法语，她却毅然飞往法国去做一次商业旅行。虽然人们曾告诫她：巴黎人是看不起不会讲法语的人，但她坚持在展览馆、在咖啡店、在爱丽舍宫用法语与每个人交谈。难道她不怕结结巴巴，不怕语塞傻笑、出丑吗？一点也不。因为艾米发现，当法国人对她使用的虚拟语气大为震惊之后，许多人都热情地向她伸出手来，为她的"生活之乐"所感染，从她对生活的努力态度中得到极大的乐趣。他们为艾米喝彩，为所有有勇气做一切事情而不怕出丑的人欢呼。

生活中有些人由于不愿成为初学者，就总是拒绝学习新东西。他们因为害怕"出丑"，宁愿闭塞自己，限制自己的乐趣，禁锢自己的生活。

若要改变自己的生活位置，总要冒出丑的风险。除非你决心在一个地方、一个水平上"钉死"了。不要担心出丑，否则你就会无所作为，而且更重要的是你同样不会心绪平静、生活舒畅。你会受到囿于静止的生活而又时时渴望变化的愿望的痛苦煎熬。我们也许应该记住这一点，由于我们害怕出丑，也许会失去许多机会而感到后悔。我们应该记住法国的一句谚语："一个从不出丑的人并不是一个如他自己想象的聪明人。"

# 第三章

## 化解矛盾，
## 一分包容胜过十分责备

# 因包容而避免冲突

这是一场看似普通又极为特殊的世界职业拳手争霸赛。

正在比赛的是美国两个职业拳手，年长的叫卢卡，30岁；年轻的叫拉瓦，25岁。上半场两人打了6个回合，实力相当，难分胜负。在下半场第7个回合，拉瓦接连击中老将卢卡的头部，打得他鼻青脸肿。

短暂的休息时，拉瓦真诚地向卢卡致歉。他先用自己的毛巾一点点擦去卢卡脸上的血迹，然后把矿泉水洒在他的头上。拉瓦始终是一脸歉意，仿佛这一切都是自己的罪过。接下来两人继续交手。也许是年纪大了，也许是体力不支，卢卡一次又一次地被拉瓦击倒在地。按规则，对手被打倒后，裁判连喊三声，如果三声之后仍然起不来，就算输了。每次都不等裁判将"三"叫出口，拉瓦就上前把卢卡拉起来。卢卡被扶起后，他们微笑着击掌，然后继续交战。

这样的举动在拳击场上极为少见。

最终，卢卡负于拉瓦，观众潮水般涌向拉瓦，向他献花、致敬、赠送礼物。拉瓦拨开人群，径直走向被冷落一旁的老将卢卡，将最大的一束鲜花送进他的怀抱。

两人紧紧地拥在一起，相互亲吻对方被击伤的部位，俨然是一对亲兄弟。卢卡真诚地向拉瓦祝贺，一脸由衷的笑容。他握住拉瓦的手高高举过头顶，向全场的观众致敬。观众更加沸腾了，为这一对相拥在一起的对手欢呼。

真正智慧的人总会包容一切，从而使冲突消弭于无形。包容是一种美德。能够宽容别人的人，可以和各种人和睦相处，同时也可以反映出自身的人格修养和广阔胸襟。客观地看待自己和他人，同时保持一种谦逊和宽容的精神，是最有利于个人成长的做法。

"原谅别人，才能释放自己。"借着宽恕，你释放了牢里的犯人，而那个犯人，可能就是你自己。

有一次，公司老总派查尔斯去国外洽谈一个重要的合作项目，并对他说："你要用人，公司职员随便你挑……"

查尔斯说："那我就点名要杰克。"这个请求倒是把老总弄糊涂了。杰克的狡猾和贪婪大家有目共睹，坏毛病一大堆，为什么查尔斯要选他呢？

查尔斯对迷惑不解的老总说："我在外需要公司内部给我提供大量信息和全力支持，本来杰克就参与了这次谈判，不让他去，难保他不眼红。如果他暗中作梗，岂不坏了大事？但是我与他一起合作，分他点功名，他也就不会再为难我。为人为己，我认为这是最好的选择。"老总听后，明白了查尔斯的深远用意，连称高明。

我们在生活中有很多事应当忍则忍，能让则让。忍让和宽容不是懦弱和怕事，而是关怀和体谅，以己度人，推己及人，我们就能与别人和睦相处，甚至化敌为友。用和平的方式处理生活中的冲突与愤怒，是迎战那些终日想要给你使绊儿的人所能采用的最上策，而且，它往往能让你得到更多回报。

# 与他人争执时，懂得后退一步

生活中，当我们与他人发生争执时，要懂得后退一步。所谓"退一步海阔天空"，不无道理。

明朝冯梦龙在《广笑府》中记载了这样一则故事：

从前，有父子二人，性格都非常倔强，生活中从来不对人低头，也不让人，且不后退半步。一日，家中来了客人，父亲命儿子去市场买肉。儿子拿着钱在屠夫处买了几斤上好的肉，用绳子穿着转身回家，来到城门时，迎面碰上一个人，双方都寸步不让，也坚决不避开，于是，面对面地挺立在那儿，相持了很久很久。

日已正中，家中还在等肉下锅待客，做父亲的不由得焦急起来，便出门去寻找买肉未归的儿子。刚到城门处，看见儿子还僵立在那儿，半点也没有让人的意思。父亲心下大喜：这真是我的好儿子，性格刚直如此；又大怒：你算老几，竟敢在我父子面前如此放肆。他蹿步上前，大声说道："好儿子，你先将肉送回去，陪客人吃饭，让我站在这儿与他比一比，看谁撑得过谁？"

话音刚落，父亲与儿子交换了一个位置，儿子回家去烹肉煮酒待客；父亲则站在那个人的对面，如怒目金刚般挺立不动。惹得众多的围观者大笑不止。

故事很可笑，它告诉我们：懂得退步，才会有更大的收获。

就因为在一些小事上发生了争执，两位大作家——列夫·托尔斯泰和屠格涅夫的友情曾中断了17年。

1878年，托尔斯泰在经历了长期的内疚和不安后，主动写信给屠格涅夫表示道歉。他写道："近日想起我同您的关系，我又惊又喜。我对您没有任何敌意，谢谢上帝，但愿您也是这样。我知道您是善良的，请您原谅我的一切！"

屠格涅夫立即回信说："收到您的信，我深受感动。我对您没有任何敌对情感，假如说过去有过，那么早已消除——只剩下了对您的怀念。"

一场积聚多年的冰雪终于化解了。不过，此后不久，另一件事又差点使他们的关系再次陷入危机。幸运的是，吃一堑长一智，他们这次都知道如何避开了。

这一年，在托尔斯泰的盛情邀请下，屠格涅夫到勃纳庄园做客。有一天，托尔斯泰请客人一起去打猎。屠格涅夫瞄准一只山鸡，"砰"地开了一枪。

"打死了吗？"托尔斯泰在原地喊道。

"打中了！您快让猎狗去捡。"屠格涅夫高兴地回答。

猎狗跑过去之后很快便回来了，但却一无所获。"说不定只是受了伤。"托尔斯泰说，"猎狗不可能找不到。"

"不对！我看得清清楚楚，'啪'的一声掉下去，肯定死了。"屠格涅夫坚持说。

他们虽然没有吵架，但山鸡失踪无疑给两个人带来了不快之感，仿佛二人之中有一个说了假话。可是，这一次他们都意识到不应再争执下去，便把话题转向别处，尽量在愉快的消遣中打发时光。

当天晚上，托尔斯泰悄悄地吩咐儿子再去仔细搜索。事情终于弄清楚了：山鸡的确被屠格涅夫一枪打中了，不过正好卡在了一枝树杈上面。

当孩子把猎物带回来时，两位老朋友简直开心得像孩童一般，相视大笑。

可见，人与人出现矛盾时，正确的做法应是"求大同，存小异""大事化小，小事化了"，以互谅互让的态度而不是用争辩的方法去处理。

有争执时，让步是一种修养，让步是一种虚拟的退却。

社会中，人与人之间应相互理解、相互尊重，尤其是在与人讨论、交谈时，对于别人的见解，我们不应轻易否定，即使其见解与你相左。如果能够做到理解别人、体贴别人，那么就能少一分盲目。

要善于发现别人见解的正确性，只有这样，才能多角度地看问题，就会发现固守自己的思维定式，有时显得多么的无知和可笑。因此，无论何时都要注意，别听到不同的观点就怒不可遏。通过细心观察，你会发觉，也许错误在你这一边，你的观点不一定都与事实相符。

在人际交往中，让步是一种常用的处理问题的方式，它不是懦弱、失去人格的表现，而是一种修养。

让步其实只是暂时的、虚拟的退却，进一尺，有时就必须先做出退一寸的忍让。

主动让"道"是一种宽容，是在人际交往中有较强的相容度。相容就是宽厚、容忍、心胸宽广、忍耐性强。

想避免出现僵局，一种有效的办法是说句"我们两人都是对的"，然后再转向比较安全的话题。

不管什么情况，无谓的争执就是浪费时间。只要能避免徒劳无功的争执，人人都是赢家。

## 以高姿态化解对方的挑衅

历史上有这样一则故事：

王曾到大名府代替陈尧咨的官职。在开始自己的工作之后，王曾看见官府中有毁坏、倒塌了的房屋，就进行修葺，并不做任何改动；有损坏了或丢失了的器物，就修补或补充得一件不少；原来的政令有不妥的地方，就尽量弥补错漏，掩盖陈尧咨以前做得不对的地方。及至他转任洛阳太守时，陈尧咨重新回到大名府任职，看到王曾所做的一切，不无感慨地说："王公适合担任宰相，我的度量远远赶不上他呀！"陈尧咨以为过去他们曾经有隔阂，王曾一定会将他的过失公开出来。

王曾拥有宰相的度量，他不计较以往与陈尧咨之间的矛盾，在接替陈尧咨的职务时，他真心实意地完善陈尧咨以往的工作，并且最终用他的真诚感动了陈尧咨。

海纳百川，有容乃大。每条河流在入海的时候泥沙俱下，如果大海很较真，只想要清清的河水却不想要泥沙，那么大海恐怕早已经干涸了。

每个人都处于社会中，都免不了要与他人打交道。有时难免会面对别人的为难与挑衅，冷静分析、保持风度不失为一种良方。

皮特先生是一家啤酒厂的经营者。有一家公司的采购员罗伯特欠皮特先生 2000 美元啤酒款长期未付。

一次，罗伯特来到啤酒销售部，对皮特先生大发脾气，抱怨他出售的啤酒质量越来越差，并说市场上骂声一片，人们不会再买他们的啤酒；最后竟说自己欠的那 2000 美元钱也不付了，原因是皮特先生出售的啤酒质量一直不怎么样，并表示他所在的公司及他本人不再购买皮特先生的啤酒等。

皮特先生听后压住火气，又仔细询问罗伯特一些情况，然后，皮特出人意料地向罗伯特赔起不是来，声称啤酒质量确有不尽如人意之处，最后说："你的意见，我会尽快向厂部反映的。至于你欠的那 2000 美元啤酒钱，你要是不付，也就算了，谁让我的啤酒一直不争气呢！你说今后你们公司和你本人不再买我的啤酒，这是你们的自由，随你们的便。你说我的啤酒质量有问题，我现在就给你介绍另外两家有名的啤酒厂……"

皮特先生这一番话里有话的艺术性表述，确实出乎罗伯特所料。欠账还钱，这是不成文的一种自然法规。罗伯特为了不想还所欠的 2000 美元，以啤酒质量不好为借口试图堵皮特先生的嘴。然而，皮特先生没有单刀直入地正面反驳罗伯特，却用了巧妙的迂回战术，假装虚心承认并接受罗伯特的意见，待罗伯特发泄完后，即刻展开攻势，用诚挚的话语，向对方说明啤酒厂的现状及未来的发展前景等。

罗伯特最后被皮特先生的诚意和坦率征服了，不但继续到该啤酒厂为其所在的公司购买啤酒，而且还动员了另外几家公司，常年向该啤酒厂购买啤酒。

皮特大度能容刁钻客户，诚意和坦率打动了罗伯特先生，罗伯特还为他带来了新的客户。古人云："小不忍则乱大谋。"世上不平之事，比比皆是，若是事事计较、丝毫不让，只会让我们生活得很不愉快。

## 低姿态消融他人嫉妒的壁垒

拿破仑曾经说："有才能往往比没有才能更有危险；人们不可能避免遇到轻蔑，却更难不变成嫉妒的对象。"真正聪明的人懂得以低姿态为自己筑起一道防止嫉妒的有效堤坝，不会让自己惹火上身。

古人云："木秀于林，风必摧之。"就一般中国人而言，总是愿意大家彼此差不多。在日常工作中，因为有特殊才能或特殊贡献而冒尖的人，往往容易成为众人打击的对象。由于嫉妒心重还可能暗地里给你使绊子，让你生活在一种无形的压力之下，时时处处都有障碍，让你人做不好，事干不成。莎士比亚曾经说过："妒妇的长舌比疯狗的牙齿更毒。"如果我们不能有效化解别人对自己的嫉妒，很可能会在不知不觉中失去本该属于自己的天空，所以，必要的时候低一下头，给别人的嫉妒心留出点空间，是你不得不做出的让步。

当你一旦发现别人对你有嫉妒心理时，你可以采取以下几种方法化解。

第一，向对方表露自己的不幸或难言之痛。当一个人获得成功的时候，有人可能会因此感到自己是个失败者。这构成了嫉妒心理产生的基本条件。此时，你若向嫉妒者吐露自己往昔的不幸或目前的窘境，就会缩小双方的差距，并且让对方的注意力从嫉妒中转移出来。同时会使对方感受到你的谦虚，减弱了对方因你的成功而产生的恐惧，从而使其心理渐趋平衡。

第二，求助于嫉妒者。一方面，在那些与自己并无重大利害关系的事情上故意退让或认输，以此显示自己也有无能之处。另一方面，在对方擅长的事情上求助于他（她），以此提高对方的自信心和成就感，并让对方感到你的成功对他（她）并不是一种威胁。

第三，赞扬嫉妒者身上的优点。你的成功使嫉妒者身上的优点和长处黯然失色，于是一种自卑感在其内心油然而生，以至于自惭形秽。这是嫉妒心理产生并且恶性发展的又一条件。因此，你适时适度地赞扬嫉妒者身上的优点，就容易使他（她）产生心理上的平衡。当然对嫉妒者的赞扬必须实事求是，态度要真诚。否则他（她）会觉得你在幸灾乐祸地挖苦自己，结果不但达不到消除其对自己嫉妒的目的，还可能挑起新的战火。

第四，主动出击相互接近法。嫉妒常常产生于相互缺乏帮助、彼此又缺少较深感情的人中间。大凡嫉妒心强的人，社交范围很小，视野不开阔。只有投入到人际关系的海洋里，才能钝化自私、狭隘的嫉妒心理，才会增加容纳他人、理解他人的能力。因此，相互主动接近，多加帮助和协作，增进双方的感情，就会逐渐消除嫉妒。傲慢不逊的大人物是最令人嫉妒的，试想如果一个大人物能利用自己的优越地位来维护他的下属的正当利益，那么他就能筑起一道防止嫉妒的有效堤坝。

第五，让嫉妒者与你分享欢乐。在取得成功和获得荣誉的时候，不要居功自傲，自以为是。真诚地邀请大家（其中包括嫉妒你的人）一起来分享你的欢乐和荣誉，这样有助于消除彼此关系的紧张空气。当然，如果嫉妒者拒绝你的善意，则不必勉强于他（她），顺其自然。

总之，"退一步海阔天空"，以低姿态化解别人对你的嫉妒，不仅是一种灵活，更是一种内涵和宽容，它可以消融人与人之间的壁垒，让你的成就在嫉妒的布景中得到映衬。能引起别人的嫉妒，说明了你有才华；能有效地化解这种嫉妒，则说明了你拥有聪明和美德。

## 不咎既往，冰释前嫌

面对前嫌，我们可以选择两种处理方式：一种冰释前嫌，重归于好；一种是耿耿于怀，势不两立。很显然，前者是值得称道的，是我们需要学习的。

1902 年，刚满 8 岁的梅兰芳，经人介绍拜见一位姓朱的京剧前辈，想投其门下从师学戏。朱先生看他目光有些灰暗，缺乏光泽，便有点失望，但碍于介绍人的面子又不好推卸，于是勉强收了下来。第二天，朱先生做了几个舞台眼神示范动作让梅兰芳跟着学，朱见梅呆板迟钝，毫无灵气，便断定这是一对"死鱼眼"不可救药。接着又以昆曲开蒙戏《思凡》教其演唱，前两句是"昔日有个目连僧，救母亲临地狱门"。就这两句并不很难的唱词，朱先生教了十几遍，他唱得依然还是荒腔走调，极不入耳。最后，朱先生一气之下把他臭骂了一顿让其回家，并断言"祖师爷没有赏给你饭碗，这辈子你没缘分吃这碗饭"。

回家以后，梅兰芳又经人介绍拜在一位姓乔的先生门下，继续学戏，在乔师傅的指导下他勤学苦练，发愤图强，每天对着陶瓷坛子的坛口喊嗓子，望着放飞的飞鸽练眼神儿，看着古画学身段儿，面向墙壁念口白，通过日复一日年复一年的苦练，终于艺臻稳精，11岁登台一鸣惊人，20岁挑班誉满京都。

一天，当初教他的那位姓朱的老师也来看他的戏，看毕大吃一惊，愧悔交集地来到后台向梅道歉，说自己是"有眼不识金镶玉"，求他谅解。梅兰芳当即跪倒在地上说："师傅，您可千万不能这么说，要不是当初您骂我一顿，说不定我还不会有今天哩！"接着问清楚朱先生当时的住址，第二天便拿着礼品登门看望。往后多少年来，一直不断去向这位朱先生问业求教，并在生活上、经济上给朱先生多方照应和孝敬。直到这位老先生去世为止。有人不解地问梅先生：当初最看不起您的就是这位老师，如今何必如此孝敬于他？梅先生却说，对师傅应该不计前嫌，应该以礼相待，哪怕是教过自己一天，也应该是"一日为师，毕生为尊"。

这样的事例虽属偶然，但是我们却可以从中看出，不计前嫌是一种很高的思想境界，是一种处理彼此积怨的好方法。不论在同事之间，还是在家人亲友之间，摒弃前嫌，化解已有的矛盾，恢复和谐的人际关系，你就能在生活中感觉到更多的快乐。

魁先生与格先生在大学读书时是同学，曾为一个女生，魁先生动手打过格先生一顿！毕业后，魁先生求职，鬼使神差地求到格先生所在的公司，而且格先生就是负责人事的部门经理！魁先生一看到格先生，扭头要走，没想到格先生笑着站起来叫住魁先生，诚恳地问魁先生是不是来应聘的？魁先生说：

"当格先生如此问我时，我似是而非地点了点头，格先生就高兴万分地拥着我，并说能与我一起共事，十分荣幸，而且，中午还主动请我吃饭。在饭桌上，我问格先生是否记得我曾打过他的事，如果记得，当着那些求职应聘者的面损我一回，岂不是可以出气？格先生却说，只有在学生时代，才可能出现为一个女生而打架的事，还说，走出学校后，他就把此事给淡忘了，就算没忘干净，也没必要再提起它……在格先生的力荐下，进公司不久，我就升为总裁助理！在格先生看来，我的综合能力要在他之上，其实，我心里清楚，做人的能力，我却远在格先生之下……在一个公司工作，又得到了格先生不计前嫌的帮助，想不把他当成知心的朋友，都不可能了……"

魁先生的经历，对我们所有人都应该有所启迪。

一般人和别人有嫌怨，尤其是受了伤害，本能的反应就是报复。然而，报复虽能发泄怒气，减轻心中的负荷而痛快一时，但永远不能平息伤痛，甚至会激化矛盾，步入"冤冤相报"的恶性循环中。要解决这类问题，只有一条路——宽恕。宽恕能使你"大肚能容天下难容之事"，不过分地计较个人的恩怨得失，从而把自己塑造得更加完美。

《宋朝事实类苑·祖宗圣训二》中曰："以大度包容，则万事兼济。"现实生活中，包容之心存之，方显得自我的大度之气，大度之气存之，人为我友者，就会是真心诚意。

## 用爱消除隔阂

生活中，我们绝大多数人都是凡人，所以，我们的父母也大多是普通人，既然是普通人，在教育我们的过程中，就会出现这样或是那样的错误，面对父母犯下的无心之错，我们是耿耿于怀，还是去理解、原谅呢？显然，后者是我们应该做出的选择。

亨德尔从小就显露出音乐方面的天才。但他的父亲却希望他长大以后从事法律职业，而从来就不认为搞音乐也是一门职业。他禁止亨德尔接触一切乐器。为了达到目的，他甚至不把亨德尔送到公立学校就读，因为怕他在那里学到音乐。

但是，亨德尔对音乐的热爱和痴迷是任何人都阻挡不了的。他想办法搞到了一把小提琴，并把它藏到家里的顶楼上，每天深夜，当家人熟睡之后，他就蹑手蹑脚地溜出去练习小提琴。有一天晚上，还是被父亲发现了。父亲见他不听自己的话，不由怒火中烧，他一把抢过小提琴，狠狠地摔在地上，小提琴被摔成两截。看着怒不可遏的父亲，亨德尔的心都碎了，他想不到父亲竟会如此粗暴和蛮横。父亲明确而又严厉地告诉他，以后绝对不允许再接触音乐，否则绝对不客气。亨德尔默不作声，但他心里暗下决心，决不放弃音乐。

从此以后，亨德尔对音乐更加痴迷了，简直是达到了无以复加的地步。他在母亲偷偷的资助下，又买了一把小提琴，不分白天和黑夜，全身心地投入到音乐之中。父亲见此，更加生气，向亨德尔下了最后通牒：如果坚持练琴学音乐，他就不再承认他这个儿子，并把他轰出家门。亨德尔毫不让步，决心搞音乐，毅然离家了。离家意味着从此失去经济来源，居无定所，食无所着，到处流浪。

亨德尔来到举目无亲的维也纳，一个好心的酒店老板收留了他，让他白天帮助干活，晚上为客人拉小提琴。亨德尔白天拼命地干活，晚上为客人演奏。客人散了以后，他就一头扎进自己的音乐世界。趴在昏暗的灯光下，年仅18岁的亨德尔创作了《伊多门里奥》《费加罗》《堂吉万尼》《安魂曲》这些流芳百世的小提琴曲。

一次，有一位客人慧眼识真才，他看出亨德尔是一位音乐奇才，于是就邀请亨德尔上他家，专门为他的孩子教授小提琴，同时也为亨德尔提高技术创造了良好的条件。由于处在音乐的良好环境里，亨德尔如鱼得水，很快把音乐方面的天才发挥得淋漓尽致。沙克斯伯爵把他介绍给了著名音乐家列奥达多。列奥达多听完他的小提琴演奏以后兴奋不已，热心指导。在列奥达多的努力下，维也纳国家剧院终于同意破例给他举办一场个人小提琴演奏会。亨德尔不负众望，个人演奏会取得了意想不到的成功。

在开演奏会之前，他特地写信邀请了父亲，他觉得应该让父亲知道自己在音乐方面的天才，证明自己当年的选择是对的。此时，父亲正为自己当年的鲁莽而内疚，但是他抛不开面子，始终没有向儿子道歉。现在，儿子邀请他去参加自己的个人专场演奏会，这是多么好的一次机会呀。一接到儿子的来信，他马上就动身赶到维也纳来了。

亨德尔下来了，他手里握着鲜花，那是观众对他的致意。亨德尔面带微笑，走向父亲，父亲简直有点不知所措了，认为自己马上就要为当年的错误付出点什么代价了，要被儿子嘲弄一番了。谁知，亨德尔一走到他面前，就向他鞠躬，他要感谢父亲，说是父亲给了他这颗装满智慧和灵感的大脑，是父亲给了他这么灵巧的一双手，他要永远感谢父亲。此时父亲激动和羞愧交织在一起，不知道说什么好。但他很清楚，儿子早已原谅了他，儿子有一颗宽容的心，正是这颗宽容的心才能演奏出这么美妙的音乐。

后来，有人问亨德尔："你父亲当年对你那么无情，不让你拉小提琴，把你撵出家门，你为何还对他那么好呢？"亨德尔笑着回答："我要感谢父亲，要不是他，哪有我的今天？是父亲当年的严厉刺激了我，它鼓励我发奋。父亲当年确实有他的不足之处，但我要原谅他，上帝让每个人都有一颗宽容的心。我也一样。"

成名后的亨德尔没有不理睬父亲，他用爱包容了父亲的过错，他邀请父亲来参加自己的音乐会，让父亲和自己一起享受荣耀。可以说，亨德尔是用实际行动来表达了对父亲的宽容。

学会宽容不仅有益于身心健康，而且对赢得友谊，保持家庭和睦、婚姻美满，乃至事业的成功都是必要的。因此，在日常生活中，无论对子女、对配偶、对老人、对学生、对领导、对同事、对顾客、对病人……都要有一颗宽容的爱心。宽容，它往往折射出待人的艺术和良好的涵养。

当你学会用爱去包容一切时，你就接近完美了。

## 以包容之心接受建议

金无足赤，人无完人。孔子说："三人行，必有我师。"我们应该善待他人的批评、忠告，因为剔除少数无用的、恶意的之后，大部分意见常常比我们对自己的看法中肯得多。一味地掩饰、为自己辩护，是不足取的。

20世纪80年代初，美国戏剧家阿瑟·米勒曾经到当时已年逾古稀的戏剧大家曹禺先生家做客。午饭前的休息时分，曹禺突然从书架上拿来一本装帧讲究的册子，上面裱着画家黄永玉写给他的一封信，曹禺逐字逐句地把它念给阿瑟·米勒和在场的朋友们听。这是一封措辞严厉且不讲情面的信，信中这样写道："我不喜欢你解放后的戏，一个也不喜欢。你的心不在戏剧里，你失去伟大的灵通宝玉，命题不巩固、不缜密，演绎分析也不够透彻，过去数不尽的精妙休止符、节拍、冷热快慢的安排，那一箩一筐的隽语都消失了……"

这信对曹禺的批评，用字不多却相当激烈。然而曹禺念着信的时候神情激动，仿佛这信是对他的褒奖和鼓励。

当时，阿瑟·米勒对曹禺的行为感到茫然，其实这正是曹禺的清醒和真诚。尽管他已经是功成名就的戏剧大家，可他并没有像旁人一样过分爱惜自己的荣誉和名声。在这种"不可理喻"的举动中，透露出曹禺已经把这种羞辱演绎成了对艺术缺陷的真切悔悟，那些话对他而言已经是一笔鞭策自己的珍贵馈赠，所以他要当众感谢这一次羞辱。

忠言逆耳利于行。对于别人的意见，心胸狭隘的人可能会把它看成是包袱，而心胸宽广的人则把它看成是提高和充实自己的机会。

对于批评，我们还应该有的是一份冷静、一份坦然。

罗伯·赫金斯是个半工半读的大学毕业生，做过作家、伐木工人、家庭老师和卖成衣的售货员。现在，他已被任命为美国著名大学——芝加哥大学的校长。

在他成功以后，一些批评也接踵而至，许多人反对他当校长，并举出理由说：他太年轻了，经验不足，教育观念不成熟，学历不够高……

罗伯·赫金斯和他的家人对这样的批评并不在意，反而更加自信、快乐起来。就在罗伯·赫金斯就任的那一天，有一个朋友对他的父亲说："今天早上我看见报上的社论攻击你的儿子，真把我吓坏了。"

赫金斯父亲的回答似乎更为坦然一些，他说："不错，话是说得很凶。可是请记住，从来没有人会踢一只死了的狗。"

可见，拥有自信、达观，你才不会被指责、批评击倒。

生活中，我们面对批评时，可以按下面的原则去处理：

（1）不要跟一个感情冲动的批评者争论，不要去指责对方言语中的失误或失实。因为有时对方前来，只不过是要发泄一下不满情绪，此时你若与之相争，则会使问题变得更糟。

（2）尽量使来者坐下面谈，这样可以大大缓和紧张空气。给对方沏杯茶会更加减少其单纯的不满情绪，也使自己免受刺激。

（3）别表现出强烈的厌烦，更不要愤然拒绝批评而离去，这会显得你没有肚量，即使是"过分"的指责，你也应耐着性子听。

（4）无论如何别打断对方的讲话，相反要鼓励对方把话说完，这可以更有效地使对方变得平静，而你也可以心平气和。

（5）绝不要在未听完对方的指责之前就表态。面对情绪激动的来者一再表示道歉，常可使对方反而语塞。

（6）换一句话把对方的意见说出来，表示你不仅认真听了他的指责，而且态度诚恳。如此则不论你是否准备接受对方的批评，都会使之感到满意。

## 把心放宽，学会克制

人生活在社会之中，每天都要与不同的人打交道，由于立场不同，个性相异，因此不可避免地会发生分歧、冲突。这些矛盾使人与人之间存在许多不稳定因素，甚至会产生危机，如果调节得不好，对自己和他人都有可能带来损害。

在一个学校的教室里，两个小男生像两只好斗的公鸡，一个揪住对方衣领，一个拽着对方的衣襟，老师的出现，并没有使他们产生松手的念头，有人警告："老师来了，还不放手？"可是局面还是僵持着，但已不再扭打，不再辱骂，渐渐地放下了手，各自走回自己位置，"战争"在无声无息中结束了。下课铃响了，出于意料的是，"两只公鸡"双双来到办公室，老师以为又出了什么事。

"老师，我错了，我错在得理不饶人，还得寸进尺。"一个学生说。

"老师，我也错了，我不该为一点鸡毛蒜皮的小事惹是非。"另外一个学生说。

"怎么会这么快就想通了？"老师问。

"静下来一想，真不该动手，你经常教育我们，要我们宽恕别人，要不我们也得不到宽恕。我想到这句话就知道错了。"两位学生解释道。

"好了，事情的起因、经过、结果，一切都不再追究，当作一种教训吧。来，化干戈为玉帛，握手言欢。"老师高兴地说。

两个学生的手握在一起，还用力顿了两顿。一场矛盾就这样化解了。

生活中，我们常见到有的人因不能克制自己，而引发争吵、骂人、打架，甚至流血冲突的情况。有时仅仅是因为在公交车上被别人踩了一脚，或一句话说得不当，这些都可能成为引爆一场口舌大战或拳脚演练的导火索。在社会治安案件中，相当多的案件都是由于当事人不能冷静地处理小事情而引发的。

阿兰·马尔蒂是法国西南小城塔布的一名警察，这天晚上他身着便装来到市中心的一间烟草店门前。他准备到店里买包香烟。这时店门外一个叫埃里克的流浪汉向他讨烟抽。马尔蒂说他正要去买烟。埃里克认为马尔蒂买了烟后会给他一支。

当马尔蒂出来时，喝了不少酒的流浪汉缠着他索要烟。马尔蒂不给，于是两人发生了口角。随着互相谩骂和嘲讽的升级，两人情绪逐渐激动。马尔蒂掏出了警官证和手铐，说："如果你不放老实点，我就给你一些颜色看。"埃里克反唇相讥："你这个混蛋警察，看你能把我怎么样？"在言语的刺激下，二人扭打成一团。旁边的人赶紧将两人分开，劝他们不要为一支香烟而发那么大火。

被劝开后的流浪汉骂骂咧咧地向附近一条小路走去，他边走边喊："臭警察，有本事你来抓我呀！"失去理智、愤怒不已的马尔蒂拔出枪，冲过去，朝埃里克连开四枪，埃里克倒在了血泊中……法庭以"故意杀人罪"对马尔蒂做出判决，他将服刑30年。

一个人死了，一个人坐了牢，起因是一支香烟，罪魁祸首是失控的激动情绪。

每个人的情绪都会时好时坏。实际上没有任何东西比情绪——也就是我们心里的感觉，更能影响我们的生活了。因此，学会控制情绪是我们成功和快乐的要诀。

没有自制，就没有幸福。心情愉快了，人们就感觉到了幸福。心情不愉快，人就没有幸福的感觉。说到底，幸福是人的一种内心的感觉，而这个感觉在很大程度上取决于克制。

克制，是调解人际关系的一剂良药，它既是消解剂，又是润滑剂。克制自我意识，不要再认为自己是最重要的，自己做的什么都绝对正确，才可以真心去体谅、宽恕、关心和爱别人。

## 你对待别人的态度，决定了他人对你的态度

人与人的关系常常是微妙的。有时候，你对一个人不满，或者存在一种厌烦的心理，但是你并不希望他能够感受到你对他的不满或者厌烦，还希望他能够在不发现的前提下把你当成朋友。事实上，这种情况几乎都是不存在的。我们常说，人与人之间的关系是相互的，你不喜欢别人，往往他也正烦着你呢。你很希望与一个人成为朋友，也许他同样受着你的吸引。

这样说来，在处理人际关系中，我们就没有权利去抱怨那些对待自己不友善的人了。在舞会上，如果我们受到了别人的冷落，就应该想一想，自己是不是也同样没有将目光投放在别人的身上，却还过多地希望得到别人的关注？在生病的时候，身边没有人对自己表示关怀，是不是我们也在别人生病的时候表现出了冷漠，伤害了别人渴望友情的心……

一位老人，每天都要坐在路边的椅子上，向开车经过镇上的人打招呼。有一天，他的孙女在他身旁，陪他聊天。这

时有一位游客模样的陌生人在路边四处打听，看样子想找个地方住下来。

陌生人从老人身边走过，问道："请问，住在这座城镇还不错吧？"

老人慢慢转过来回答："你原来住的城镇怎么样？"

游客说："在我原来住的地方，人人都很喜欢批评别人。邻居之间常说闲话，总之那地方很不好住。我真高兴能够离开，那不是个令人愉快的地方。"

摇椅上的老人对陌生人说："其实这里也差不多。"

过了一会儿，一辆载着一家人的大车在老人旁边的加油站停下来。车子慢慢开进加油站，停在老先生和他孙女坐的地方。

这时，父亲从车上走下来，向老人说道："住在这市镇不错吧？"老人没有回答，问道："你原来住的地方怎样？"父亲看着老人说："我原来住的城镇每个人都很亲切，人人都愿帮助邻居。无论去哪里，总会有人跟你打招呼，说谢谢，我真舍不得离开。"老人看着这位父亲，脸上露出和蔼的微笑："其实这里也差不多。"

车子开动了。那位父亲向老人说了声谢谢，驱车离开。等到那一家人走远，孙女抬头问老人："爷爷，为什么你告诉第一个人这里很可怕，却告诉第二个人这里很好呢？"老人慈祥地看着孙女说："不管你搬到哪里，你都会带着自己的态度。任何地方可怕或可爱，全在于你自己！"

我们之中总有那么一些人，常常以自我为中心，只看到别人是怎么对待他的，却从来不去想自己是怎么对待别人的。有什么事情求朋友，从来都不会想别人是否有空，是否有更重要的事情去做，或者朋友已经很累了，拖延了他的请求，他也觉得自己受到了伤害，是朋友们没有为自己着想。我们每个人都有自己的生活圈子，朋友也有自己的生活。没有人是单单为了某一个人而存在的。当我们感受到了朋友的冷落的时候，不要总是想着责怪，而是要从自身开始检讨，看看自己是否做了过分的事情。因为你如何对待别人，别人也往往怎样对你。

维护友情，需要的是相互理解、相互体谅的心。如果一直都从私利出发去要求别人，那么无疑你会招致别人的反感。在生活中，我们也常常会听说"什么样的人会交什么样的朋友""不是一家人不进一家门"之类的话，其实就是将人以群分，这告诉我们，你怎样经营你对别人的感情，别人也会以同样的方式来对待你。

# 第四章

# 合作共事，
# 包容大度方能成就大业

# 人与人，在互惠中成长

人生就像是战场，人与人之间有时候难免要处于互相对立的位置，但是人生毕竟不是战场。战场上敌对双方中的一方不消灭对方就会被对方消灭，生活却不必如此，不用争个鱼死网破，两败俱伤。

运动场上非赢即输的角逐、学习成绩的分布曲线向我们灌输非此即彼的思维方式，于是我们常常通过输赢的"有色眼镜"看人生。倘若不能唤醒内在的知觉，只为了争一口气而奋斗，人与人一辈子都只会拼个你死我活。从来不去用互惠双赢的思维解决问题，无论是对个人还是对整体，这将是多么大的损失。

互惠互利的思维鼓励我们在解决问题时，要共同探讨，以便能够找到切实可行并令所有人受惠的方法。现在已经不是一个"天下唯我独尊"的时代，人们更倾向于达到一种共荣共赢的状态。有这样一个故事，真假且不去分析，从中你可以更深刻地明白何谓共赢。

在美国的一个小村子里，住着一个老头，他有三个儿子。大儿子、二儿子都在城里工作，小儿子和他在一起，父子相依为命。

突然有一天，一个人找到老头，对他说："尊敬的老人，我想把你的小儿子带到城里去工作。"老头气愤地说："不行，绝对不行，你滚出去吧！"这个人说："如果我给你儿子找的对象，也就是你未来的儿媳妇是洛克菲勒的女儿呢？"老头想了想，终于，让儿子当上洛克菲勒女婿这件事打动了他。过了几天，这个人找到洛克菲勒，对他说："尊敬的洛克菲勒先生，我想给你的女儿找个对象。"洛克菲勒说："快滚出去吧！"这个人又说："如果我给你女儿找的对象，也就是你未来的女婿是世界银行的副总裁，可以吗？"洛克菲勒同意了。

又过了几天，这个人找到了世界银行总裁，对他说："尊敬的总裁先生，你应该马上任命一个副总裁！"总裁先生说："不可能，这里这么多副总裁，我为什么还要任命一个副总裁呢，而且还必须是马上？"这个人说："如果你任命的这个副总裁是洛克菲勒的女婿，可以吗？"结果自然可知，总裁先生同意了。

人与人，在互惠中寻求共赢。共赢思维是一种基于互敬、寻求互惠的思考框架与心意，目的是获得更多的机会、财富及资源，而非敌对式竞争，既非损人利己，亦非损己利人。

所以，大家好才是真的好，大家赢才是真的赢。人与人相处，应该像离开水的螃蟹，螃蟹在陆地上也可以生存，不过离开水的时间不能太久，所以它们需要不停地吐泡沫来弄湿自己和伙伴。一只螃蟹吐的沫是不大可能把自己完全包裹起来的，但几只螃蟹一起吐泡沫连接起来就形成了一个大的泡沫团，它们也就营造了一个能够容纳自己的富含水分的生存空间，彼此都争取到了生存的机会。

# 告别"独行侠"时代，你才可以"笑傲江湖"

工作中，有人自视甚高，以为做事"舍我其谁"。他们喜欢单干，如高傲的"独行侠"一般，以自我为中心，极少与同事沟通交流，更不会承认团队对自己的帮助。

有人也许会有疑问：有些天才就是特立独行的，他们也取得了巨大的成就，伟大的成就有时候就是需要别具一格啊！是的，在一些领域里，具有非凡天赋和付出超人努力的人会取得巨大的成就，比如凡·高和爱因斯坦。但是再有才华的人取得的成就也是以前人的成就为基础的，而且在企业里，这样的人是不可能取得长期成功的，苹果电脑的创始人之一史蒂夫·乔布斯正是其中的代表人物。

美国航天工业巨头休斯公司的副总裁艾登·科林斯曾经评价乔布斯说："我们就像小杂货店的店主，一年到头拼命干，才攒那么一点财富，而他几乎在一夜之间就赶上了。"乔布斯22岁开始创业，从赤手空拳打天下，到拥有2亿多美元的财富，他仅仅用了4年时间。不能不说乔布斯是有创业天赋的人，然而乔布斯因为独来独往，拒绝与人团结合作而吃尽了苦头。

他骄傲、粗暴，瞧不起手下的员工，像一个国王高高在上，他手下的员工都像躲避瘟疫一样躲避他，很多员工都不敢和他同乘一部电梯，因为他们害怕还没有出电梯之前就已经被乔布斯炒鱿鱼了。

就连他亲自聘请的高级主管——优秀的经理人、百事可乐公司饮料部前总经理斯卡利都公然宣称："苹果公司如果有乔布斯在，我就无法执行任务。"

对于二人势同水火的形势，董事会必须在他们之间决定取舍。当然，他们选择的是善于团结的斯卡利，而乔布斯则被解除了全部的领导权，只保留董事长一职。对于苹果公司而言，乔布斯确实是一个大功臣，是一个才华横溢的人才，如果他能和手下员工们团结一心的话，相信苹果公司是战无不胜的，可是他选择了"独来独往"，不与人合作，这样他就成了公司发展的阻力，他越有才华，对公司的负面影响就越大。所以，即使是乔布斯这样的出类拔萃的开创者，如果没有团队精神，公司也只好忍痛舍弃。

事实上，一个人的成功不是真正的成功，团队的成功才是最大的成功。对于每一个职场人士来说，谦虚、自信、诚信、善于沟通、团队精神等一些传统美德是非常重要的。团队精神在一个公司、在一个人事业的发展过程中都是不容忽视的。

松下公司总裁松下幸之助访问美国时，《芝加哥邮报》的一名记者问他："您觉得美国人和日本人哪一个更优秀呢？"这是一个相当尴尬的问题，说美国人优秀，无疑伤害了日本人的民族感情；说日本人优秀，肯定会惹恼美国人；说差不多，又显得搪塞，也显示不出一个著名企业家应有的风度。

这位聪明的企业家说："美国人很优秀，他们强壮、精力充沛、富于幻想，时刻都充满着激情和创造力。如果一个日本人和一个美国人比试的话，日本人是绝对不如美国人的。"美国记者十分高兴："谢谢您的评价。"正当他沾沾自喜的时候，松下幸之助继续说："但是日本人很坚强，他们富有韧性，就好像山上的松柏。日本人十分注重集体的力量，他们可以为团体、为国家牺牲一切。如果10个日本人和10个美国人比试的话，肯定可以势均力敌，如果100个日本人和100个美国人比试的话，我相信日本人会略胜一筹。"美国记者听了目瞪口呆。

"没有完美的个人，只有完美的团队"，这一观点已被越来越多的人所认可。每个人的精力、资源有限，只有在协作的情况下才能达到资源共享。

单打独斗的年代已经一去不复返，只有懂得合作的人才能借别人之力成就自己，并获得双赢。朋友，你想成为真正的笑傲职场的"英雄"吗？那就彻底告别"独行侠"的角色吧。

## 胸襟开阔方能成就伟业

有一个男孩有着很坏的脾气，于是他的父亲就给了他一袋钉子，并且告诉他，每当他发脾气的时候就钉一根钉子在后院的围篱上。

第一天，这个男孩钉下了37根钉子。慢慢地，每天钉下钉子的数量减少了。他发现控制自己的脾气要比钉下那些钉子来得容易些。

终于有一天，这个男孩再也不会失去耐性乱发脾气了。他告诉他的父亲这件事，父亲告诉他，现在开始每当他能控制自己的脾气的时候，就拔出一根钉子。

一天天地过去了，最后男孩告诉他的父亲，他终于把所有钉子都拔出来了。

父亲握着他的手来到后院说："你做得很好，我的好孩子。

但是看看那些围篱上的洞，这些围篱将永远不能恢复成从前的样子。你生气的时候说的话将像这些钉子一样留下疤痕。如果你拿刀子捅别人一刀，不管你说了多少次对不起，那个伤口将永远存在。话语的伤痛就像真实的伤痛一样令人无法承受。"

男孩通过钉钉子和拔钉子，学会了一堂重要的人生之课：学会宽厚容人。

一个能够成就一番事业的人，一定是一个心胸开阔的人。人要成大事，就一定要有开阔的胸怀，只有养成了坦然面对、包容他人的习惯，才会在将来取得事业上的成功与辉煌。无论你一生中碰到如何不顺利的环境，遭遇到如何凄凉的境界，你仍然可以在你的举止之间，显示出你的包容、仁爱的心态，你的一生将受用无穷。

胸襟开阔的人，虽然没有雄厚的资产，但其在事业上的成功机会，较之那些虽有资产却缺乏吸引力和缺乏"人和"的人要多，因为他们不仅到处受人欢迎，而且能得到别人的帮助。

一个只肯为自己打算盘的人，会受人鄙弃。其实，你可以将自己化作一块磁石，来吸引你所愿意吸引的任何人到你的身旁——只要你能在日常生活中，处处表现出爱人与善意的精神。

举世都喜欢胸怀宽大的人。假使你打算多交些朋友，你一定要能宽宏大量。

应该常去说说别人的好话，常去注意别人的好处，不要把别人的坏处放在心上。

如果对别人常常吹毛求疵；对于别人行为上的失误，常常冷嘲热讽——你该留意，这样的人大多是危险的人物，这样的人往往不太可靠。

具有宽广的心胸的人，看出他人的好处比看出他人的坏处更快。反之，心胸狭隘的人，目光所及都是过失、缺陷，甚至罪恶。轻视与嫉妒他人的人，心胸是狭隘的、不健全的。这种人从来不会看到或承认别人的好处，而胸襟开阔的人，即使憎恨他人时也会竭力发现对方的长处，并由此而包容对方。

## 胸襟有多大，成就就有多大

如同千人千面，人的度量也是千差万别的。有的人豁达大度，"将军额上能跑马，宰相肚里能撑船"；有的人睚眦必报，锱铢必较，你碰我一拳我一定踢你一脚。

人非圣贤，谁能没有七情六欲，即使是讲究"跳出三界外，不在五行中"的佛门中人，也还要常常念叨"出家人以慈悲为怀，善哉！善哉！"为的是时时提醒自己宽容大度。何况凡尘中人。

义青禅师尚未正式开示说法前，曾在法远禅师处求法。有一次，法远禅师听闻圆通禅师在邻县说法，便让义青禅师去圆通禅师那里求法。

义青禅师极不愿意，他认为圆通禅师并不高明，又不愿违逆法远禅师，便不情不愿地去了。但到了圆通禅师那里，义青禅师并不参问，只是贪睡。

执事僧看不过去，就告诉圆通禅师说："堂中有个僧人总是白天睡觉，应当按法规处理了。"

圆通禅师一向只听执事僧讲听者的虔诚，还不曾听说谁在堂上睡觉，便很惊讶地问："是谁？"

执事僧回答："义青上座。"

圆通禅师想了想，便说："这事你先不要管，待我去问一问。"

圆通带着拄杖走进了僧堂，果然看到义青正在睡觉。圆通禅师便敲击着义青禅师的禅床呵斥说："我这里可没有闲饭给吃了以后只会睡大觉的上座吃。"

义青禅师却似刚睡醒般地问道："和尚叫我干什么？"

圆通禅师便问："为什么不参禅去？"

义青禅师回答："食物纵然美味，饱汉吃来不香。"

圆通禅师听出义青禅师话里的机锋，说："可是不赞成上座的有很多人。"

义青禅师则胸有成竹地回答："等到赞成了，还有什么用？"

圆通禅师听其言谈，知其来历一定不凡，就问："上座曾经见过什么人？"

义青禅师回答："法远禅师。"

圆通禅师笑道："难怪这样顽赖！"

随之，两人握手，相对而笑，再一同回方丈室。义青禅师因此而名声远扬。

圆通禅师能够让法远禅师敬重，并要求义青禅师前去听法，很可能就是因为圆通禅师的容人雅量。义青禅师在圆通禅师面前的自信，多少显示出对圆通禅师的轻视。圆通禅师在询问过程中不会没有察觉。倘若圆通禅师没有容人的雅量，不能对义青禅师的轻慢- -笑置之，估计义青禅师是免不了被扫地出门的。但是幸运的是，义青禅师遇到的是能够容人的圆通禅师，圆通禅师不仅能够容忍他的轻慢之举，而且能够肯定他、抬举他，给他应有的地位。

有容乃大，忍者无敌。很多时候一个人之所以能够被人敬仰、受人尊敬，不在于他的能力有多高，相貌有多体面，知识有多渊博，而在于他有宽广的胸襟，能够容人之不能。这种人，不会因他人对自己的轻慢，而轻易对他人进行简单的否定。

一个人度量的大小，固然与他的思想修养、道德水平、文化程度、社会经历乃至脾气性格都有关系，然而远大的理想抱负和广博的境界则是开阔胸襟的根本原因。

境界是可以后天修炼的，度量也是可以变化的，随着社会经历的日渐丰富和生活环境、社会地位的变化，度量在思想锻炼和修养培养的过程中也会不断发生变化。度量小的可能变得宽容大度，度量大的也可能变得小肚鸡肠。

西方近代天文学之父弟谷也曾是一个度量狭小的人。他念书时，因为在一个数学问题上与一个同学发生了争吵，最后竟与人决斗。在决斗中，弟谷的鼻子被对方的剑刃削掉，为了维护容貌，后来不得不装上个假鼻子。从这次遭遇中，他意识到度量狭小的害处，就开始改变自己处世的态度。后来，他无私地援助开普勒研究天文，并容忍了他的误解和无礼。开普勒后来回忆说：自己之所以发现行星运动的规律，完全得益于弟谷的大度和提掣。

俗话说："最大的是心，最小的也是心。"但有的人心胸狭窄，容不得他人强过自己，容不得他人轻视自己，这样就只会使自己局限于一隅，难以有所建树。而对于一个想有所作为的人而言，唯有宽大容物才能成就自己。胸襟宽广，就能够团结一切人，能够成就大事。正所谓有多大胸襟就有多大成就。

# 你可以不信，但不必排斥

法国的启蒙思想家伏尔泰说："虽然我不同意你的观点，但我誓死捍卫你说话的权利。"这是西方人对尊重个体与尊重自由的呐喊。而在东方，讲究的是包容，是海纳百川；是泽被万物；是儒家这一主体思想对外来佛教的包容与融合；是接受彼此的差异化，求同存异；是和谐共处，因此这一文化之源流几千年不断绝。

星云大师谈到佛教传到中国时，颇有感慨地说道：中国和佛教始终是和谐的。佛教文化被悠久的中华文化所接纳，并且继续发扬光大，成为中国的佛教。佛教对得起中国，中国也不负佛教，正是两者之间相互的包容造就了这和谐的一切，接着，大师说了一句朴实却振聋发聩的话：你可以不信，但不必排斥。这不仅适用于对宗教的信仰，也适用于每个人为人处世，待人接物。做人需要求同存异。

在喜马拉雅山中有一种共命鸟。这种鸟只有一个身子，却有两个头。有一天，其中一个头在吃美果，另一个头则想饮清泉，由于清泉离美果的距离较远，而吃美果的头又不肯退让，于是想喝清水的头十分愤怒，一气之下便说："好吧，你吃美果却不让我喝清水，那么我就吃有毒的果子。"结果两个头都同归于尽。

还有一条蛇，它的头部和尾部都想走在前面，互相争执不下，于是尾巴说："头，你总在前面，这样不对，有时候应该让我走在前面。"头回答说："我总是走在前面，那是按照早有的规定做的，怎能让你走在前面？"两者争执不下，尾巴看到头走在前面，就生了气，卷在树上，不让头往前走，它趁着头放松的机会，立即离开树木走到前面，最后掉进火坑被烧死了。

无论是两头鸟还是那条头尾相争的蛇，因为不知道求同存异的这个道理，最终导致两败俱伤，受到伤害的终究还是自己。如果那只鸟的一个头能够先让另一个头喝到水，再过去吃美果，那自己也不是没有什么损失吗？只是哪个先哪个后的问题。人有时候实际上和这两头鸟一样，不愿意让自己的利益受到一点点的损失，别人的一点要求也不能满足，所以到头来自己也是一无所获。

这世上的事物千差万别，人与人之间也存在着众多的差异，生活背景、生活方式、个性、价值观等的差异，让我们的相处也存在着或多或少的困难，无所谓希望或者失望、信任或者背叛，我们所能做的只能是相互尊重、相互包容、求同存异、真诚相对，而不必强求一致。

正是因为这种差异性的存在，在客观上便要求我们要做到"求同存异"，即在寻找相互之间相同的地方的同时，也要尊重相互之间客观存在的差异性，从而实现相互之间的合作。因此，要做到"求同存异"，"尊重"是基础，而且还需要有耐心、能包涵、心胸开阔。如果能将这一条与取长补短、开诚布公协调运用，那么，不仅双方能表达得更为舒畅，而且还能从中学到不少的新东西。

我们要逐渐学会求同存异，保留相同的利益要求，与人相处也要照顾别人的利益，在自己的利益与别人的利益之间求中间值，让自己的利益和别人的利益都得到实现。

如果我们不懂得求同存异，那么，我们就很有可能在面临差异与分歧的时候相互争斗，最终使双方都受到巨大的伤害。在生活和工作中，我们也该本着"求同存异"的原则与他人相处。寻找人与人之间的共同点往往是我们打造良好人际关系的开始，也是求同存异的前提条件，并且在共同点的基础之上相互尊重对方的差异性，只有这样才能与对方进行合作，并且最终取得双赢的局面。

## 能够包容他人才能被更多人接纳

《易经》的第二卦坤卦的开头有这样一句话："地势坤，君子以厚德载物。"这句话被国学大师张岱年先生认为是国学精华的一颗明珠。而今这句话被广为推崇，它的字面意思是：大地是宽广、包容万物的，君子就应当像大地一样，有厚重的道德能容忍他物。张岱年先生是这样解释这句话的：厚德载物是一种宽容的思想，对不同意见持一种宽容的态度，对中国的思想、学术、文化、社会的发展都起了很大的作用，宽容的态度在中国文化里面起了主导作用，是一种健康正确的思想。

的确如张岱年先生所说，五千年的中国历史其实就是一部宽容发展的历史。中华民族能够长盛不衰，中华文明能够历久弥新，就在于我们的民族精神里闪耀着宽容大度的光辉。从汉朝昭君出塞与呼韩邪单于和亲，到文成公主千里入西藏与松赞干布成婚，从唐太宗对俘获的东突厥首领颉利可汗宽容以待，成就万国来朝的盛世气象，到而今我国宽容日本侵华的累累恶行，呈现中国和善的国际形象……中华民族的历史无不闪耀着宽容的光芒。宽容大度的态度，一直是流淌在我们民族文化中的另一股血液。正是这股血液，成就了中华民族的博大精神，成就了华夏古国的永远年轻。正如张岱年先生所说，中国文化的特点之一就是宽容、博大。

世界发展到今天，很多国家、民族在地球上已经消失。而我们的祖国已经有五千多年的历史了，依然年轻而有活力，就是因为我们的文化是宽容的，我们的民族是宽容的，我们的思想是宽容的。可见，宽容有着多大的作用，对于国家、民族来说，宽容能使国家强盛、民族强大。对于个人来说，宽容能使一个人得到他人的信服和帮助，宽容能成就一个人伟大的理想。

服装界有名的商人马亮是一个善于容人的经营者，他的成功就和自己善于包容不同个性的人才有很大关系。

马亮刚入服装行业的时候，有一次他拿着样衣经过一家小店，却无缘无故地被店主讥讽嘲笑了一通，说他的衣服只能堆在仓库里，再过10年也卖不出去。马亮并未反唇相讥，而是诚恳地请教，店主说得头头是道。马亮大惊之下，愿意高薪聘用这位怪人。没想到这人不仅不接受，还讽刺了马亮一顿。马亮没有放弃，运用各种方法打听，才知道这位店主居然是一位极其有名的服装设计师，只是因为他自诩天才、性情怪僻而与多位上司闹翻，一气之下发誓不再设计服装，改行做了小商人。

马亮弄清原委后，三番五次登门拜访，并且诚心请教。这位设计师仍然是火冒三丈，劈头盖脸地骂他，坚决不肯答应。马亮毫不气馁，常去看望他，经常和他聊天并给予热情的帮助。这位怪人到最后，也很不好意思了，终于答应马亮，但是条件非常苛刻，其中包括他一旦不满意可以随意更改设计图案，允许设计师自由自在地上班等。果然，这位设计师虽然常顶撞马亮，让他下不了台，但其创造的效益很巨大，帮助马亮建立了一个庞大的服装帝国。

从这个小故事中，我们可以看出宽容的巨大作用。你待人宽宏，你就能得到别人的感激和回报。如果你待人刻薄，不懂宽大为怀、宽能容人的道理，在生活中你就会孤立无援。这位设计师的脾气不可谓不怪异，甚至有点恃才傲物，但是马亮慧眼识金，懂得他的价值所在，对他的缺点和不足一一宽容，使他帮助自己走上了事业的成功之路。

"地势坤，君子以厚德载物"，大地因为宽广，才容得下山川草木、森林河流。一个君子就应该从大自然的启发中，培养自己宽容的胸襟，牢记"厚德载物"这一国学精华的古训。在现实生活中，用自己的一举一动践行"君子以厚德载物"的人生信条。

## 回避恶性竞争，不抢同行盘中餐

虽然说没有竞争就没有进步，可是商场之中一旦陷入恶性竞争，就可能会争权夺利而不择手段。

胡雪岩创业之初很担心因为同行的恶性竞争而阻碍自己事业的发展，所以在他经营阜康钱庄的时候，就一再发表声明：自己的钱庄不会挤占信和钱庄的生意，而是会另辟新路，寻找新的市场。

这样一来，属于同一行业范畴的信和钱庄，不是多了一个竞争对手，而是多了一个合作伙伴。心中的顾虑消除了，信和钱庄自然很乐意支持阜康钱庄的发展。在后来的发展历程中，阜康钱庄遇到发展危机的时候，信和能够主动给予帮助，也是因为当初胡雪岩"不抢同行盘中餐"的正确性所在。

在阜康钱庄发展十分顺利的时候，胡雪岩插手了军火生意。这种生意利润很大，但是风险也大，要想吃这一碗饭，没有靠山和智慧是不行的。胡雪岩凭借王有龄的关系，很快进入军火市场，也做成了几笔大生意。这样一来，胡雪岩在军火界的名声也就越来越响了。

一次，胡雪岩打听到了一个消息，说外商将引进一批精良的军火。消息一确定，胡雪岩马上行动起来了，他知道这将是一笔大生意，所以赶紧找外商商议。凭借胡雪岩高明的谈判手腕，他很快与外商达成了协议，把这笔军火生意谈成了。

可是，这笔生意做成不久，外面就有传言说胡雪岩不讲道义，抢了同行的生意。胡雪岩听了后，赶紧确认。原来，在他还没有找外商谈军火一事之前，有一个同行已经抢先一步，以低于胡雪岩的价格买下了这批货，可是因为资金没有到位，还没来得及付款，就让胡雪岩以高价收购了。

弄清楚情况以后，胡雪岩赶紧找到那个同行，跟他解释说自己是因为不知道，所以才接手了这单生意的。他甚至主动提出，这批军火就算是从那个同行手中买下来的，其中的差价，胡雪岩愿意全额赔偿。那个同行感动不已，暗叹胡雪岩是个讲道义的人。

协商之后，胡雪岩做成了这单生意，同时也没有得罪那个同行，在同业中的声誉比以前更高了。这种通融的手腕让他消除了在商界发展的障碍，也成了他日后纵横商场的法宝。

在商场上，竞争尤为激烈。人们为了达成自己的目的，往往是万般手段皆上阵。有时候，为了挤走同行业的竞争者，甚至会出现价格大战、造谣中伤等情况。这样做，虽然受益的是顾客，但是如果因为竞争而造成了成本不足，导致产品的质量下降，直接受损失的还是顾客。

俗话说："同行是冤家。"但并不是说同行就必须要"打破脸，撕破皮"，互相看不上眼，老死不相往来。而是应该彼此给对方留一些发展空间，这样才能在危机到来的时候达成一致，共渡难关。

每个人的身上都有着属于自己的优点，商场中也是一样的。各家的经营手段不同，其中一定有好的一面可以让大家学习，能够看到对方的优点，回避对方在发展中的不足，这也是有利于大家共同发展的一种手段。

# 应该为公共利益做些什么

宇宙间的一切生命都相依相存，为了生存，所有人都在争取着自己的利益。但是，我们每个人似乎都更应该问一问自己：我为公共利益做过些什么呢？

有时候我们会在心中把一支优美的乐曲分割成一个个的音符，然后对着每一个声音自问：我是被它征服的吗？答案没有悬念，任何一个再美好的音符也很难刹那间触动人的心弦，而当所有音符跳跃的节奏与心灵合拍时，紧闭再久的心门也会霎时敞开，这就是音乐的神奇魔力。

人与人就像音符与音符一样，完美的融合才能带来完美的效果。若我们只顾着个人利益而忽视了整体的和谐，一串动听音乐中尖锐而突兀的声音又怎么能带来丝毫的美感？

曾经有一个戏剧爱好者，他不顾亲朋的反对，毅然选择一处并不热闹的地区，修建了一所超水准的剧院。

剧院开幕之后，非常受欢迎，并带动了周围的商机。附近的餐馆一家接一家地开设，百货商店和咖啡厅也纷纷跟进。

没有几年，剧院所在的地区便成为商业繁荣地带。

"看看我们的邻居，一小块地，盖栋楼就能出租那么多的钱，而你用这么大的地，却只有一点剧院收入，岂不是吃大亏了吗？"那人的妻子对丈夫抱怨，"我们何不将剧院改建为商业大厦，也做餐饮百货，分租出去，单单租金就比剧场的收入多几倍！"

那人也十分羡慕别人的收益，便贷得巨款，将自己的剧院改建商业大楼。

不料楼还没有竣工，邻近的餐饮百货店纷纷迁走，更可怕的是房价下跌，往日的繁华不见了。而当他与邻居相遇时，人们不但不像以前那样对他热情奉承，反而露出敌视的眼光。面对现实的境况，那人终于醒悟，是他的剧院为附近带来繁荣，也是繁荣改变他的价值观，更由于他的改变，又使当地失去了繁荣。

世界上的事物都是互相联系、互为因果的，我们谁也不可能孤立存在，更不可能孤立干成一件事。人与人之间天生存在着一种合作关系，这本是最简单不过的道理，不过越是简单的道理，却越容易令人忽视，很多人就像是故事中的剧场主人一样，为了自己一时的利益而忽视了整体的公共利益，最终反而会失去更多。所以，个人利益是在公共利益得到保障的前提下实现的。

成功的人大多都有与人合作的精神，因为他们知道个人的力量是有限的。只有依靠大家的智慧和力量才能办成大事。合作可加速成功，合作可以帮人渡过难关。所以，凡事不要太计较，当你为大家的公共利益付出了自己的心血时，就一定会得到回馈。

## 找到合适的另一半

建立良好的合作关系，还需要了解他人、包容他人。每个人都有自己的优缺点，在与人合作的过程中，你不可能只与他人的优点合作，当与他人的缺点发生冲撞时，你唯一能做的就是包容。

有一天，沙漠与海洋谈判。

"我太干，干得连一条小溪都没有，而你却有那么多水，变成汪洋一片。"沙漠建议，"不如我们做个交换吧。"

"好啊，"海洋欣然同意，"我欢迎沙漠来填补海洋，但是我已经有沙滩了，所以只要土，不要沙。"

"我也欢迎海洋来滋润沙漠，"沙漠说，"可是盐太咸了，所以只要水，不要盐。"

我们想得到一种东西，必须容忍其他一些东西也跟过来。

有两个戏剧学院的学生，毕业后一起进入演艺圈，他们都很有才华，在学校的时候就显得与众不同，两人虽然彼此惺惺相惜，却也因好强而暗中较量。

虽然两人同时毕业于戏剧学院，但一位是导演系的，一位是表演系的，因此入行后，一位当导演，一位做演员。

经过一段时间的努力，两人在工作岗位上都表现得很出色。有一次，刚好有部电影可以让他俩合作，基于两人是要好的同学，而且心里对彼此的才能和需求都非常了解，所以他们爽快地答应一起合作。

导演对于演员一向要求比较严格，所以在拍戏的过程之中，虽然是自己的同学也毫不客气地加以指责。而已经是名演员的老同学也有自己的见解和个性，所以片场的火药味总是很浓。

有一天，导演因为几个镜头一直拍不好，不禁怒火中烧，对着自己的老同学大发脾气，一句重话马上脱口而出："我从来没见过这么烂的演员！"

名演员一听，愣了许久。他走到休息室，不肯出来继续拍戏。

"一个篱笆三个桩，一个好汉三个帮。"一个人在社会生活中，不可能永远孤军打天下，总会有与别人携手合作的时候。事实上，我们几乎每天都会碰到许多必须与别人合作才能完成的事情，学会与别人愉快而有效地合作，无疑将会给你的生活和学习带来高效率和愉悦的心情。因此，可以说合作关系是人际关系的另一面镜子。

与别人合作关系差的人，其人际关系往往也很差。因此，从合作关系之中，我们可以建立良好的人际关系；从人际关系之中，我们可以巩固彼此的合作关系，这是互动的。

学会与别人合作有很多的技巧，不是说你仅有一颗真诚的心就可以了。要与人合作必须了解别人，只有了解别人，才谈得上合作，只有对别人有了充分的了解，才能扬其长、避其短，使其有信心与你共事。

其实，了解别人也是一种能力，而不仅仅是一种态度。在很多情况下，我们都是感情用事，不够理智，不懂得换位思考，这为我们带来了许多麻烦，所以我们每个人都应该以一颗包容的心，忍受别人不合理的行为，学会去欣赏并接受不同的生活方式、文化等。

## 请相信你的合作者

合作伙伴就得统一战线，齐心协力才能打败你的对手。轻易怀疑你的合作伙伴等于是自挖阵脚，不战自溃。

灰兔在山坡上玩，发现狼、豺、狐狸鬼鬼祟祟地向自己走来，便急忙钻到自己的洞穴中避难。灰兔的洞一共有三个不同方向的出口，为的是在情况危急时能从安全的洞口逃离。今天，狼、豺、狐狸联合起来对付灰兔，它们各自把守一个出口，把灰兔围困在洞穴中。

狼用它那沙哑的嗓子，对着洞中喊道："灰兔你听着，三个出口我们都把守着，你逃不了啦，还是自己走出来吧。不然我们就要用烟熏了，还要把水灌进去！"

灰兔想，这样一直困在洞里也不是个办法，如果它们真的用烟熏、用水灌，情况就更加不妙。忽然，灰兔灵机一动，想出了一个妙计。它来到狐狸把守的洞口，对着洞外拼命地尖叫，就像被抓住后发出的绝望惨叫声。

狼和豺听到灰兔的尖叫声，以为灰兔被狐狸抓住了。它们担心狐狸抓到灰兔后独自享用，不约而同地飞奔到狐狸那里，想向狐狸要回属于自己的那份。聚到一起后，狼、豺、狐狸忽然意识到灰兔可能是用声东击西之计时，急忙又回到各自把守的洞口继续把守。它们哪里知道，灰兔趁刚才狼到狐狸那里去的时候，早已飞奔出来，躲到了安全的地方。

灰兔把自己脱险的经过告诉了刺猬，刺猬说："你真聪明，你是怎么想出这个妙计来的呢？"灰兔说："因为我知道，狼、豺、狐狸虽然结伙前来对付我，但它们都有贪婪的本性，互不信任，各怀鬼胎，我正是利用了这一点。"

没有信任的团队，是无法形成强大的向心力和凝聚力的，在竞争中，他们总会被对手找到漏洞，各个击破，最后落得失败的下场。

如果你相信别人，别人也会相信你。你以什么样的态度或方式对待别人，别人也会以什么样的态度或方式来对待你。

信任是合作的基础，而相互合作的人就像战场上同一战壕的战友，你要相信你的"战友"。

没有信赖做基础，每个人都会试图保护自己眼前的利益，但是这么做会对长期的利益造成损害。信赖是一种开放的格局，是人与人之间最最重要的情谊，人们最值得骄傲的就是自己可以得到别人的信任，自己的所作所为能够无愧于心，并与人坦诚地沟通。去信任我们的"战友"，同时也让自己成为值得信任的人。

# 第五章

# 包容下属，柔性的管理力量

## 宽待下属，制造向心效应

宽容，应该是每一个领导应具备的美德。没有一个下属愿意为斤斤计较、小肚鸡肠，对犯一点小错就抓住不放，甚至打击报复的领导卖力办事。

原谅下属的非原则过失，这是一种重要的笼络手段。对那些无关大局之事，不必同下属锱铢必较，当忍则忍，当让则让。要知道，对下属宽容大度，是制造向心效应的一种手段。

汉文帝时，袁盎曾经做过吴王刘濞的丞相，他有一个侍从与他的侍妾私通。袁盎知道后，并没有将此事泄露出去。有人却以此吓唬侍从，那个侍从就畏罪逃跑了。袁盎知道消息后亲自带人将他追回来，将侍妾赐给了他，对他仍像过去那样倚重。

汉景帝时，袁盎入朝担任太常，奉命出使吴国。吴王当时正在谋划反叛朝廷，想将袁盎杀掉。他派五百人包围了袁盎的住所，袁盎对此事却毫无察觉。恰好那个侍从在围守袁盎的军队中担任校尉司马，就买来二百坛好酒，请五百个兵卒开怀畅饮。兵卒们一个个喝得酩酊大醉，瘫倒在地。当晚，侍从悄悄溜进了袁盎的卧室，将他唤醒，对他说："你赶快逃走吧，天一亮吴王就会将你斩首。"袁盎大惊，赶快逃离吴国，脱了险。

从这个故事中，我们不仅看到了袁盎的宽宏大度，远见卓识，也可以洞悉他驾驭部下的高超艺术。

公元 199 年，曹操与实力最为强大的北方军阀袁绍相抗于官渡，袁绍拥众十万，兵精粮足，而曹操兵力只及袁绍的十分之一，又缺粮，明显处于劣势。当时很多人都以为曹操这一次必败无疑。曹操的部将以及留守在后方根据地许都的好多大臣，都纷纷暗中给袁绍写信，准备在曹操失败后归顺袁绍。

相距半年多以后，曹操采纳了谋士许攸的奇计，袭击袁绍的粮仓，一举扭转了战局，打败了袁绍。曹操在清理从袁绍军营中收缴来的文书材料时，发现了自己部下的那些信件。他连看也不看，命令立即全部烧掉，并说："战事初起之时，袁绍兵精粮足，我自己都担心能不能自保，何况其他人！"

这么一来，那些动过二心的人便全都放心了，对稳定大局起了重要的作用。

这一手的确十分高明，它将已经开始离心的势力收拢回来。不过，没有一点气度的人是不会这么干的。原谅下属的过失，让下属知道你的胸怀大度，他会情愿为你做任何事。

## 以高姿态对待下属的顶撞

"宰相肚里能撑船"不是一句虚话，但凡真正的大人物，都有相对广阔的胸襟，斤斤计较之辈，一般难有太大的出息。

领导归根结底是对人的领导，只有自己对人性的理解全面时，才能把握好人才。南怀瑾先生在与彼得·圣吉谈管理的时候，曾经说："想做个领导者，你必须是个真正的人，你必须先认识生命真正的意义。"领导者要成为一个真正的人，必须要有博大的胸襟。一个胸襟宽广的人，才能不被狭隘偏私所限制，才能认识生命真正的意义，成为识人才的伯乐，眼光高远，千金买马骨。

世界上最缺的是什么？人才！无论在什么时代，人才永远都是最重要的。优秀的领导者对人才总有一种极度的渴望，就像曹操在诗中所说："青青子衿，悠悠我心。但为君故，沉吟至今。"人才难得，所以很多政治家对冒犯自己的人才往往能既往不咎，收为己用。这也是他们能成就霸业的关键。

齐桓公即位后，即发令要杀公子纠，并把管仲送回齐国治罪。因为管仲做公子纠的师傅时，想用箭射死齐桓公。结果齐恒公假死逃过一劫。管仲被关在囚车里送到齐国。鲍叔牙立即向齐桓公推荐管仲。齐桓公气愤地说："管仲拿箭射我，要我的命，我还能用他吗？我恨不得杀之而后快！"鲍叔牙说："以前他是公子纠的师傅，所以他用箭射您，这不正好体现了他对公子纠的忠心吗？而且要是论起本领来，他比我强多了。主公如果要干一番大事业，我看管仲可是个用得着的人。"

齐桓公是个豁达大度的人，听了鲍叔牙的话，不但不治管仲的罪，还立刻任命他为相，让他管理国政。管仲帮着齐桓公整顿内政，开发富源，大开铁矿，多制农具，后来齐国越来越富强了。

齐桓公既往不咎，原谅了管仲的冒犯，原因在哪儿呢？一是各为其主，二是管仲确有大才。还有最重要的一点是齐桓公确实是一个有胸襟的人。化敌为友，使其成为自己最得力的干将，这是古代领导者常见的戏码。对于现代人来说，能原谅下属对自己偶尔的冒犯就很难得了。

对领导者而言，下属首先是个人，是人就有小毛病，可能还会犯点小错误，这都是很正常的。因此，宽容地对待下属和员工，这是每一个领导者应具备的美德。

尽可能原谅下属不经意间的冒犯，这是获得下属好感的有效手段。在不关乎原则的前提下，领导应当"得过且过"，不可同下属斤斤计较。

《孙子兵法》里最妙的要数"攻心"。而要攻心，就非得有一颗有容乃大的心，能原谅下属偶尔的冒犯。很多有大才的人，都是不拘小节的，他们不遵循社会上的规则，我行我素，不买领导的账，在领导面前也是腰板挺得直直的，偶尔会毫不客气地顶撞。如果领导不能容忍这样的冒犯，那很可惜，他会因此错失某些真正的人才。

## 有张有弛，驾驭人才的刚柔策略

曾国藩的手下，可算是能人辈出。可是，这些能人聚在一起，惹出的麻烦事也是难处理的。

在镇压太平军的过程中，曾国藩手下的部队是由他自己的湘军、李鸿章的淮军和一部分绿营兵组成的。淮军中有一个将领，叫作刘铭传，作战十分英勇，他率领的"吉字军"屡屡立下战功。但是由于他的部队配备精良，也常常引起别的将领的嫉妒。

这不，清军将领陈国瑞就趁着刘铭传离开营地的时候，带了百十个绿营兵，冲进了"吉字营"，不仅杀死了二三十个淮勇，还抢走了三百多条新式洋枪。陈国瑞还趁机溜进了刘铭传的屋子里，偷偷拿走了他的长枪和古铜盘。

刘铭传回来以后，疯了似的带领五百个淮勇，去找陈国瑞报仇。他们打死了四五十个绿营兵，夺回来被抢去的武器，但是那个古铜盘一直没能找到。

这件事很快就传到了曾国藩的耳朵里。他听说自己人打自己人，顿时气不打一处来。可是，刘铭传和陈国瑞都是难得的将才，特别是太平天国运动还没有平息，如果这个时候处理不好此事，无疑会影响整个战事。

想那陈国瑞，最初曾经参加太平军与清廷作对，后来投降了清军，成为蒙古王爷手下的一员大将。蒙古王爷死后，他跟了曾国藩。曾国藩哪里会不知道，陈国瑞是个烈性子，即使是蒙古王爷，也要敬他三分的。可是，这件事情毕竟是他不对在先，如果不给予严处，那么以后将不能服众。

曾国藩想了想，把陈国瑞叫来，先给了他一个下马威："你以前是太平军的人，杀害了我大清多少将士，这笔账似乎还没算清楚吧？"陈国瑞什么都不怕，就怕别人提他这段"不光彩"的过去，所以一句话也没敢说。曾国藩见起了效果，就温和下来说："我知道你作战勇敢，是一个很难得的人才。"陈国瑞见曾国藩缓和了下来，就放松了许多。曾国藩在闲谈之中，让他以后不许欺压百姓，不许再在营中械斗。陈国瑞马上答应了。

可是，对待陈国瑞这样的人，只有宽容是不行的。他跟曾国藩达成的协议，回到营里马上就忘了。曾国藩一见，立即奏请皇上撤了陈国瑞的官职，给了他很严厉的制裁，终于陈国瑞不敢再放肆了。刘铭传也在这件事情上受到了教训，他原以为曾国藩会拿他开刀，必定会严惩他，可是曾国藩只骂了几句，就没再说什么。他自然感觉到曾国藩对他的宽容，十分感激曾国藩。从此，再也不敢惹事了。

身为领导，曾国藩深深明白，如果不能很好地管理手下，放任他们，那么迟早有一天会闯出大祸的。但是，并不是所有犯错的人都适合严惩，有时候过重的惩罚往往会刺激一个人的自尊心，激发他的反叛心理，反而会起到相反的效果。但是，一味地宽容，也是不可取的。

凡成大事的人，都善于利用有张有弛的管理办法，就如同放风筝一样，觉得拉得太紧，就要学会放松，如果太松了，又要往回收线。只有张弛有度，才能把握全局，人心归附，成就大事。

对待不同的人，采用不同的管理策略。一个领导者，首先要了解自己的下属，知道他们是什么样的人，要用什么样的方法才能让他们发挥出最大的优势。在这一点上，我们不妨借鉴一下克劳利的方法：

在克劳利任段长期间，一次差点出了大事故。有两个工程师，他们都在铁路上服务了很长时间，但就是这样的两个人犯下了大错：由于他们的疏忽，两列火车差点迎头撞上。这么严重的失误是无可推诿的，上司命克劳利解雇这两个员工，但是克劳利持反对意见。"像这样的情况，应当给予相当的考虑，"他反对说，"确实，他们的这种行为是不可宽恕的，是理应受到严厉惩罚的。你可以对他们进行严厉的处罚和教育，但是不可剥夺他们的位置，夺去他们唯一可以为生的职业。总的看来，这些年，他们不知创造了多少好成绩，为铁路事业的发展立下了不少汗马功劳。仅仅由于他们这次的疏忽，就要全盘否定他们以前的功绩，未免太不公平了。你可以惩治他们，但是不可以开除他们。如果你一定要开除他们的话，那么，就连我也一并开除吧。"结果克劳利取得了胜利，两个工程师被留了下来，后来他们都成了忠诚而效率极高的员工。

很多人都觉得，只要对下属严格，就一定能让他们信服自己。其实未必是这样的。有的人性格比较叛逆，管得太严了，反而会产生相反的效果；有的人缺乏自觉性，如果不严加管理，就可能因为粗心大意而闯下大祸。所以，管理者要看自己的下属是怎样的人，然后再采取相应的管理策略。

## 广开言路，不可独断专行

独断专行，表面上看是领导者的强大，实际上是弱智无能的体现。平心而论，哪些领导者喜欢独断专行，听不进别人的意见呢？恰恰不是办事干练、富有智慧的强者，而是头脑简单、经验不足、尚不成熟的弱者。

项羽之所以落得个乌江自刎的境地，其实与他的独断专行有很大关联。

当年项羽在鸿门摆下了鸿门宴，邀请刘邦赴宴，他就犯了一个独裁的老毛病，他没有在事前进行周密的部署，也没有与大家进行很好的商量，更没有在自己的高层领导干部里面统一思想，达成共识，以致项伯和自己的左右手、重要谋士范增做出了不同的反应。

尽管范增再三举起了自己的佩玉，暗示项羽要下定决心，机不可失，时不再来。但是，由于项羽始终犹豫不决。范增发现了项羽下不了决心，就私自找了项庄进入酒宴，以舞剑为名借机刺杀刘邦。这也是成语"项庄舞剑，意在沛公"的由来。然而，项伯也拔出了自己的佩剑与项庄一起对舞，以此来保护刘邦，最终使刘邦全身而退。项羽的独断专行使其失去了灭掉刘邦的最好机会。

通过这个事例，创业者可以明白一个道理——个人英雄主义是难成大事的。不管一个领导的个人能力多么强，要想保证自己的集团的目标可以实现、保证自己的集团利益，就必须在重大的事件上面与自己的搭档和员工达成共识，广泛听取各个方面的意见，绝不能独断专行。

群体决策是避免决策误区、避免决策失败的预防针。顾名思义，群体决策机制就是决策过程的广泛参与性，强调的是民主，不是一言堂，不是一人说了算。比如在制订战略计划时，不仅是企业的高层全部参与，而且还要让那些与战略执行相关的人员参与进来，比如战略的实施人员、相关领域的专家、各个部门的主管和代表等。群体决策机制带来的好处是，任何决策在产生的过程中就赢得了广泛的情感支持，任何参与决策和执行的人不会把决定看作是上级的指示，而是看作是"我们"共同的意见。

但是群体决策机制会带来的风险有三种：一是因为过于

强调民主成分而使决策的形成过程成为平衡各家意见的过程，致使决策结果平庸化；二是因为过于鼓励发表不同观点而使决策会议上拉帮结派，使决策的讨论过程成为争权夺利的过程，降低了决策效率；三是决策过程越民主，决策的过程就越长，企业管理者很容易失去耐心，会轻而易举地出台决定，不仅使决策机制没有起到正向作用，反而出现了反向作用。

虽然群体决策仍然存在缺点，但显然要比一个人独裁、单人负责拍板定案的方式稳妥得多。现代企业面临的是一个环境复杂而又变化多端的局面，要想在竞争激烈的商场中立于不败之地，就需要管理者提高决策的准确性和正确性。创业者要想最大限度地避免决策失误，就需要充分发挥集体智慧，建立科学的群体决策机制，以集体智慧来保证决策的成功。

群体决策的应用技巧：

（1）群体决策执行效果随着年龄和职务升高而减弱，从年轻、低级人员中可得到较好的群体决策效果；

（2）5～11人的中等规模群体最有效，2～5人小规模群体较易取得一致意见；

（3）凡是平等排列座位、不突出领导的群体，做出的决策执行质量较高，所需时间较短；

（4）使成员成为评论者，对任何意见坦率开展评论，支持和保护持异议者表达其见解；

（5）将事情交付群体决策讨论时，不要在开始时表达倾向性意见；

（6）在决策执行中可指定一位或轮流担任"唱反调"的

角色，展开类似辩论赛中正方、反方的辩论。

# 尊重差异，有分歧才能有收获

一个事物往往存在着多个方面，要想全面、客观地了解一个事物，就必须兼听各方面的意见，只有集思广益，博采众长，才能了解一件事情的本来面目，才能采取最佳的处理方法。因此，一名高效能人士以"兼听则明，偏听则暗"的箴言提醒着自己，多方地听取他人的意见，以确保自己能够做出正确的决定。

与人合作最重要的就是要重视不同个体的不同心理、情绪与智能，以及个人眼中所见到的不同世界。假如两人意见相同，其中一人必属多余。与所见略同的人沟通，毫无益处，要有分歧才有收获。

一个高效能的管理者应当能够接纳不同的意见，虚心听取不同的声音，这样才能确保自己做出正确的决策。

本田宗一郎是日本著名的本田车系的创始人。他为日本汽车和摩托车业的发展做出了巨大的贡献，曾获日本天皇颁发的"一等瑞宝勋章"。在日本乃至整个世界的汽车制造业里，本田宗一郎可谓是一个很有影响的重量级传奇人物。

1965 年，在本田技术研究所内部，人们为汽车内燃机是采用"水冷"还是"气冷"的问题发生了激烈争论。本田是"气冷"的支持者，因为他是领导者，所以新开发出来的 N360 小轿车采用的都是"气冷"式内燃机。

1968 年在法国举行的一级方程式冠军赛上，一名车手驾驶本田汽车公司的"气冷"式赛车参加比赛。在跑到第三圈时，由于速度过快导致赛车失去控制，赛车撞到围墙上。后来不久，油箱爆炸，车手被烧死在里面。此事引起巨大反响，也使得本田"气冷"式 N360 汽车的销量大减。因此，本田技术研究所的技术人员要求研究"水冷"内燃机，但仍被本田宗一郎拒绝。一气之下，几名主要的技术人员决定辞职。

本田公司的副社长藤泽感到了事情的严重性，就打电话给本田宗一郎："您觉得如果公司缺少了技术人员会变成什么样呢？"本田宗一郎无话可说。

藤泽毫不留情地说："虽然您原来并不支持水冷技术，但是现实情况已经发生了变化。请您给那些有志于为公司奉献自己的智慧和技术的同事一些尊重吧！请您同意他们去搞水冷引擎研究吧！"

本田宗一郎顿时醒悟过来，毫不犹豫地说："好！"

于是，几个主要技术人员开始进行研究，不久便开发出适应市场的产品，公司的销售量也大大增加。这几个当初想辞职的技术人员均被本田宗一郎委以重任。

在美国著名领导学家柯维看来，统合综效的精髓就是判断和尊重差异，取长补短。而本田宗一郎也正是因为做到了尊重并采纳不同的意见，公司的发展才迈向了更高的平台。即使有些建议与我们的观念相冲突，也要尊重差异，采取正确的建议，因为这能让每一个人都真正地实现自我，每个人的自我价值得到了实现，团队的总体效能自然也能得到提升。

所以，想要做到高效能，每一个人都不妨少一些自我封闭、针锋相对和自私自利，多一些坦诚相待和慷慨大方，少一些自我防御、随意判断和权术阴谋，多一些相互尊重和相互信赖。

# 做一个给下属台阶下的领导

人人都可能做错事情，生活中也随时可能碰到尴尬的场面。处于尴尬境地的人一定会觉得颜面尽失，在这个时候如果你能为他找一个台阶下，不但能立刻博取对方的好感，而且也会建立良好的个人形象。

如今，很多年轻人在职场中做得很不错，毕业不久就走上了领导的岗位，这是一件很值得高兴的事情，但是年轻的领导也会遇到很多的尴尬，面对公司的老员工，还有那些自以为是的"刺儿头"，不能尽职尽责。这时，作为领导为了顾全大局就有可能语重心长地教育他。实际上有时候直言直语相劝并不能达到目的。其实你可以发现他的错误，但不点明，并巧妙地给他一个台阶下，让他既能改正错误，又能保全面子。如此一来，下属认识到了错误，就会卖力地为你办事。

某外企为了争创名牌企业，提高知名度，非常重视环境卫生工作，曾明令禁止职工上班时间抽烟，厂区里竖了许多"禁止吸烟"的牌子，并抽调人员不定期巡视。有一次，老总亲自巡视检查，发现有几位工人，站在禁烟牌前吞云吐雾。他们看见老总朝他们走过来，不但毫无收敛，反而抽得更起劲，大有"看你能把我们怎么样"的架势。

在这种情况下，如果换一个领导，一定会大发雷霆："你们没有长眼睛吗？怎么站在禁烟牌前吸烟？"但这样一顿臭骂，事态势必一发不可收。那几位倔脾气的工人可不是省油的灯，否则也没有胆量这样做。可是，这位老总不但没有开骂，反而掏出一包更高级的香烟，给每位都递上一支，友好地对他们说："兄弟，走，咱们出去抽个痛快！"那几位工人反倒觉得不好意思起来，过后，他们负荆请罪，向老总保证：以后再也不在厂区抽烟了。

有的人很容易意气用事，当遇到跟自己对着干的下属时，不易控制自己的情绪。这个时候，你一定要给自己三分钟的冷静思考时间。

良好的人际关系是一个人立足于社会的重要资本，更是一个人取得成功不可或缺的重要因素。而建立良好的人际关系需要尊重他人、包容他人，因为只有这样才能得到他人的理解与尊重。试想，如果连周围接触的人都适应不了，如何能够受人爱戴与尊重？又如何能够获取别人的帮助与支持？又如何能够实现竞争与合作，并创造成功的人生呢？

## 善于推功揽过

《菜根谭》中提到过："完名美节不宜独任，分些与人可以远害全身；辱行污名，不宜全推，引些归己可以韬光养德。"推功揽过是中国的传统智慧，人性的弱点要求人们要有"推功揽过"的意识，领导者尤其如此。哈佛大学肯尼迪政治学院的哈斯教授说，要在一个组织内做好，一定要做到三点：推功、揽过和成人之美。

子曰："孟之反不伐，奔而殿，将入门。策其马曰：'非敢后也，马不进也！'"孔子在这里为我们描绘了一个生动的战场细节。在战场上打了败仗，哪一个敢走在最后面？孟之反则不同，叫前方败下来的人先撤退，自己一人断后，快要进到自己城门时，才赶紧用鞭子抽在马屁股上，赶到队伍前面去，然后告诉大家说："不是我胆子大，敢在你们背后挡住敌人，实在是这匹马跑不动，真是要命啊！"

胜过周围的人时，不谦虚便容易招致嫉妒和怨恨。因此，孟之反善于立身自处，怕引起同事之间的摩擦，不但不自己表功，而且还自谦以免除同事间的忌妒，以免损及国家。

推功揽过是一种上升为道德的策略，一个优秀的领导者应当像孟之反一样，时刻体察自己周围的人，不揽功，不诿过，这样才能赢得下属的追随。完全归功于自己，是领导者很容易犯的错。任何工作，绝不可能始终靠一个人去完成，即使是一些微不足道的协助，也是尤为重要的。作为领导，当下属有功劳时，绝不可抹杀下属的努力，这是绝对要牢记的。

一个让下属放心追随的领导者，面对功劳时，不会独占；面对过错时，也不会全部归到下属身上。在人们眼里，即使领导没有过错，但他的下属犯错了，也等于他犯了错，犯了监督不力或用人不当的错。作为上司，在下属闯祸之后，不要落井下石，更不要找替罪羊，而应勇敢地站出来，实事求是地为下属辩护，主动承担责任，这样才能得到下属的拥戴，下属才会把他当成真正的靠山。

**魏扶南大将军司马炎，命征南将军王昶、征东将军胡遵、**

镇南将军毌丘俭讨伐东吴，与东吴大将军诸葛恪对阵。毌丘俭和王昶听说东征军兵败，便各自逃走了。

朝廷将惩罚诸将，司马炎说："我不听公休之言，以至于此，这是我的过错，诸将何罪之有？"雍州刺史陈泰请示与并州诸将合力征讨胡人，雁门和新兴两地的将士，听说要远离妻子打胡人，都纷纷造反。司马炎又引咎自责说："这是我的过错，非玄伯之责。"

老百姓听说大将军司马炎能勇于承担责任，敢于承认错误，莫不叹服，都想报效朝廷。司马炎引二败为己过，不但没有降低他的威望，反而提高了他的声望。

那种不分青红皂白，无论下属的过错是否与自己有关都大发雷霆，不时强调"我早就告诉你要如何如何"或"我哪里管得了那么多"之类言语的领导们，不仅使下属更不敢于正视问题、不再感到丝毫内疚，而且避免不了下属大闹情绪，甚至永远不可能再拥戴他们。由此可知，领导者应该做的，是勇于承担责任，并将这种"揽过"的精神渗入每个人的心中。

## "知荣守辱"，做自谦自省的高明领导者

"江海所以能为百谷王者，以其善下之。"姿态越低，聚集的能力反而越大。老子通过这样的比喻来形容谦虚自省对人的重要性。

自谦自省是每个领导者的修身必备。优秀的领导者，不是局限于某一特定部门或领域的专业人才，而要能参与到各个专职部门或专业领域。这就要求领导者抛开对强权、学识

和荣誉的依赖，要懂得曲己顺物、弃学待知、虚怀若谷，做到以无形驾驭有形，以柔弱掌控刚强。这就是无为管理的艺术境界。任正非就是一个通过不断否定自己，来让企业获得持续进步的领航者。

关于开展自我批评的必要性，任正非在他的一篇名为《为什么要自我批判》的文章中说道：

"华为还是一个年轻的公司，尽管充满了活力和激情，但也充塞着幼稚和自傲，华为的管理还不规范。只有不断地自我批判，才能使华为尽快成熟起来。华为不是为批判而批判，不是为全面否定而批判，而是为优化和建设而批判，总的目标是要导向公司整体核心竞争力的提升。

"处在 IT 业变化极快的十倍速时代，这个世界上唯一不变的就是变化。华为稍有迟疑，就失之千里。故步自封，拒绝批评，落后的就不只千里。企业可以选择为面子而走向失败，走向死亡，也可以选择丢掉面子，丢掉错误，迎头赶上。要活下去，只有超越；要超越，首先必须超越自我；超越的必要条件，是及时去除一切错误，这首先就要敢于自我批判。古人云：'三人行必有我师。'这三人中，其中有一人是竞争对手，还有一人是敢于批评华为设备问题的客户；如果比较谦虚的话，另一人就是敢于直言的下属、真诚批评的同事、严格要求的领导。只要真正地做到礼贤下士，没有什么改正不了的错误。"

华为的快速成长，其实就是不断自我批判的过程。任正非表示："如果没有长期持续的自我批判，华为的制造平台就不会把质量提升到20PPM。中国人一向散漫、自由、富于幻想、不安分、喜欢浅尝辄止的创新，不愿从事枯燥无味、日复一日重复的工作，不愿接受流程和规章的约束，难以真正职业化地对待流程与质量；不能像尼姑面对青灯一样，冷静而严肃地面对流水线，每天重复数千次，次次一样的枯燥动作。没有自我批判，克服中国人的不良习气，华为就不能把产品造到与国际一样的高水平，甚至超过同行。华为这种与自身斗争，使自己适应如日本人、德国人一样的工作方法，为公司占有市场打下了良好基础。如果没有这种国际接轨的高质量，华为就不会生存到今天。"

在2000年发表的名为《华为的冬天》的文章中，任正非也强调了自我批判的重要性，他说："华为倡导自我批判，但不提倡相互批评，如果批判火药味很浓，就容易造成队伍之间的矛盾。而自己批判自己的时候，人们不会自己对自己下猛力，而会手下留情。即使用鸡毛掸子轻轻打一下，也比不打好，多打几年，就会百炼成钢。"

俗语说，"严于律己，宽以待人"。任正非要求下属自我批评，在提高凝聚力的同时也避免了错误的发生，公司也因此取得了快速发展。任正非是拥有大智慧的人，他明白财富的得来不能仅凭商业手段，更要有崇高的思想智谋。前者得来的可能是小钱，后者获得的却是大财富。每一个梦想富有的人应在奋斗的路上时时自省，除去阻碍前进的障碍，财富之路才会越发平坦。

老子鉴于当时扰攘纷夺的社会风气，告诫领导者应该像溪谷一样，处下不争、包容谦下。领导者在认识"道"、因循"道"、实践"道"的过程中，要保持内外一致，对外要运用智慧之光来应对，对内要反省自己、节制贪欲，复归内心的澄明之境。这样，才不会给自己带来危害。领导者应该"知雄守雌"，"守雌"含有持静、处后、守柔的意思，就是说领导者要居于最恰当的地方而建立对于全局境况的掌握。

## 依靠强大影响力进行无为管理

老子把统治者划分为四个层次：最好的统治者，人民不知道有他的存在；其次一等，人民亲近并赞美他；再次一等，人民害怕他；最次一等，人民轻侮他。统治者如果诚信不足，那人民就不会信任他。统治者应该悠闲自如，不要随意发号施令。这样才能功业成功、事情顺遂，百姓们都说："我们本来就是这样的啊。"

领导的最高层次是"太上"，是老百姓不知道有这个统治者。这是领导艺术的最高境界，值得企业家借鉴。一位懂得"无为而治"的企业领导，不是要让自己拥有多么大的威权，前呼后拥不是企业家的做派。他不仅仅要实现利润的最大化，还要让所有员工都回归到人的本性上去，发自真心地感到快乐，让他自由发挥自己的聪明才能，为企业创造价值的同时实现自己的人生价值。沃尔玛的公仆式领导一直都很有名。

早在创业之初，沃尔玛公司创始人山姆·沃尔顿就为公司制定了三条座右铭：顾客是上帝、尊重每一个员工、每天追求卓越。沃尔玛是"倒金字塔"式的组织关系，这种组织结构使沃尔玛的领导处在整个系统的最基层，员工是中间的基石，顾客放在第一位。沃尔玛提倡"员工为顾客服务，领导为员工服务"。沃尔玛的这种理念极其符合现代商业规律。对于现今的企业来说，竞争其实就是人才的竞争，人才来源于企业的员工。作为企业管理者只有提供更好的平台，员工才会愿意为企业奉献更多的力量。上级很好地为下级服务，下级才能很好地对上级负责。员工好了，公司才能发展好。企业就是一个磁场，企业管理者与员工只有互相吸引才能凝聚出更大的能量。

但是，很多企业看不到这一点。不少企业管理者总是抱怨员工素质太低，或者抱怨员工缺乏职业精神，工作懈怠。但是，他们最需要反省的是，他们为员工付出了多少？作为领导，他们为员工服务了多少？正是因为他们对员工利益的漠视，才使很多员工感觉到企业不能帮助他们实现自己的理想和目标，于是跳槽离开。

这类企业的管理者应该向沃尔玛公司认真学习。沃尔玛公司在实施一些制度或者理念之前，首先要征询员工的意见："这些政策或理念对你们的工作有没有帮助？有哪些帮助？"沃尔玛的领导者认为，公司的政策制定让员工参与进来，会轻易赢得员工的认可。沃尔玛公司从来不会对员工的种种需求置之不理，更不会认为提出更多要求的员工是在无理取闹。相反，每当员工提出某些需求之后，公司都会组织各级管理层迅速对这些需求进行讨论，并且以最快的速度查清员工提出这些需求的具体原因，然后根据实际情况做出适度的妥协，给予员工一定程度的满足。

　　在沃尔玛领导者眼里，员工不是公司的螺丝钉，而是公司的合伙人，他们尊崇的理念是：员工是沃尔玛的合伙人，沃尔玛是所有员工的沃尔玛。在公司内部，任何一个员工的名牌上都只有名字，而没有标明职务，包括总裁，大家见面后无须称呼职务，而是直呼姓名。沃尔玛领导者制定这样制度的目的就是使员工和公司就像盟友一样结成了合作伙伴的关系。沃尔玛的薪酬在同行业中不是最高的，但是员工却以在沃尔玛工作为快乐，因为他们在沃尔玛是合伙人，沃尔玛是所有员工的沃尔玛。

　　在物质利益方面，沃尔玛很早就开始面向每位员工实施其"利润分红计划"，同时付诸实施的还有"购买股票计划""员工折扣规定""奖学金计划"等。除了以上这些，员工还享受一些基本待遇，包括带薪休假，节假日补助，医疗、人身及住房保险等。沃尔玛的每一项计划几乎都是遵循山姆·沃尔顿先生所说的"真正的伙伴关系"而制订的，这种坦诚的伙伴关系使包括员工、顾客和企业在内的每一个参与者获得了最大程度的利益。沃尔玛的员工真正地感受到自己是公司的主人。

　　到这里，所有人都会明白沃尔玛持续成功的根源。沃尔玛这一模式使很多企业深受启发。在国内，有一家饭店企业把沃尔玛当作学习的榜样，"没有满意的员工，就没有满意的顾客"。饭店管理者把这句话当作是企业文化理念的精髓。饭店拥有员工近 400 人，除大部分为正式员工外，还有少部分为外聘人员，饭店领导首先为他们营造的是一个平等的工作环境与空间，一旦发现了人才，无论是正式员工与否，都给予鼓励与培养。每年的春节，饭店高级管理人员都要为员工亲手包一顿饺子，并为员工做一天的"服务员"。每年，饭店还要对有特殊贡献的员工进行晋级奖励，目前得到晋级奖励的员工已占到全体员工总数的10%。饭店还定期组织员工外出旅游，节假日举办联欢会。如同沃尔玛取得的辉煌业绩一样，一分爱一分收获，领导的良苦用心得到了回报。由于该饭店员工的素质一流，几乎所有的宾客都能享受到"满意+惊喜"的服务。他们对此赞不绝口，饭店生意红红火火。

企业进行无为管理最大的障碍是企业人员的素质。道家思想特别强调个人的修养所倡导的清静无为、致虚守静、柔弱如水、无私不争等，这些都是现代企业领导者修养的最佳参照。无为管理的特点是把管理的无形作为体现在有形作为之中。无为管理要取得实效，要求管理者具备强大的人格影响力。而人格影响力只能从管理者的自身修养中得来。

## 引导下属进行良性竞争

水可以洗涤污垢，带来洁净与清新，持正治身，无心无为，合乎道性，一切都在正确的自然法则之中。管理者应效法水德、循道遵理、秉规持范、知时达物、治理有方，使团队得到良性发展。

管理者如何做到"政善治"呢？"以正治国，以奇用兵。"人力资源管理相当于治国，而非对外用兵，因此要以"正"治。在人力资源管理中的"以正治国"就要遵循"万物负阴而抱阳，中气以为和"的规律，采用中和之道。"和"是通过互相调和而达到和谐的意思。对人力资源管理而言，做到"中和"，就意味着善于抓住企业员工的心理特征、个性差异，调节员工之间的矛盾，使其达到一种和谐、统一、极具凝聚力的态势，使蕴藏在人力资源中的潜能与优势最大限度地得到发掘，同时彻底消除那些耗散人力的内部因素。每个领导者都明白下属之间总会存在竞争，但竞争分为良性竞争和恶性竞争，良性竞争可以提高下属的工作热情，提升工作业绩。恶性竞争会破坏组织成员之间的合作，造成"内耗"，严重的甚至会导致优秀人才的流失。要更好地激励下属工作，领导者就要遏制下属之间的恶性竞争，积极引导下属的良性竞争。心理学家认为，每个人都有自尊心和自信心，其潜在心理都希望"站在比别人更优越的地位上"，或"自己被当成重要的人物"，从心理学上来说，这种潜在心理就是自我优越的欲望。有了这种欲望之后，人类才会努力成长，也就是说这种欲望是构成人类干劲的基本元素。

这种自我优越的欲望，在有特定的竞争对象存在时，其意识会特别鲜明。

只要能利用这种心理，并设立一个竞争的对象，让对方知道竞争对象的存在，就一定能成功地激发起一个人的干劲。

被称为现代科学管理之父的德里克·泰勒在费城米德维尔钢铁厂当工程师时，管理自己的下属，就是用了"竞争"的方法。有一次他对一个一向很努力的熟练工人说："杰克，为什么我叫你做的一件工作这么慢才做出来呢？你为什么不能像汤姆那样快呢？"

他对汤姆却这样说："汤姆，你为什么不以杰克为榜样，像他那样做事很快呢？"

过了不久，汤姆因为公事出外旅行刚回来，泰勒便留下一张纸条叫他做好一个铸件，马上送到铁道开关及信号制造厂去。这个条子是星期六写的，但是星期日早上汤姆便把这件事办好了。星期日早晨，泰勒在制造厂里看见了汤姆便问："汤姆，你看见我留下的纸条了吗？"

"看见了。"

"你何时去铸呢？"

"已经铸了。"

"啊，什么时候可以铸好呢？"

"已经铸好了。"

"真的吗？现在在哪里呢？"

"已经送到制造厂里去了。"

泰勒听了十分高兴。他看到这种用竞争的方法激励工头赶快做事的效果如此之好，实在感到很惊奇。而对汤姆来说，他看见上司泰勒那种嘉许的态度，自己也感觉非常快乐。

有时，竞争对象是不容易找到的，这时，你可以"设立"一个"竞争对象"。对于没干劲的下属，只要告诉他："你和A先生两个人，成功是指日可待的。"就等于暗示了他竞争对手的存在。

日本有一家铸造厂的经营者经营了许多工厂，但其中有一个厂的效益始终徘徊不前，从业人员也很没干劲，不是缺席，就是迟到早退，交货总是延误。该厂产品质量低劣，使消费者抱怨不迭。虽然这个经营者指责过现场管理人员，也想尽办法，想激发从业人员的工作士气，但始终不见效果。

有一天，这个经营者发现，他交代给现场管理人员办的事，一直没有解决，于是他就亲自出马了。这个工厂采用昼夜两班轮流制，他在夜班要下班的时候，在工厂门口拦住一个作业员，他问："你们的铸造流程一天可做几次？"作业员答道："6次。"这个经营者听完，一句话也不说，就用粉笔在地上写下"6"。紧接着早班作业员进入工厂上班，他们看了这个数字后，竟改变了"6"的标准，做了7次铸造流程，并在地面上重新写上"7"，到了晚上，夜班的作业员为了刷新纪录，就做了10次铸造流程，而且也在地面上写上"10"。过了一个月，这个工厂变成了他所经营的厂中成绩最高的。

这个经营者仅用一支粉笔，就提高了工人的士气，而员工们突然产生的士气是从哪里来的呢？这是因为有了竞争的对手所致。作业员做事一向都是拖拖拉拉，毫不起劲，可在突然有了竞争的对象后，就激发起了他们的士气。

让下属被动地服从去实施决策目标，带来的结果只能是低效，甚至无效、负效。只有想方设法激励他们主动地去干，才能充分发挥人的主动性、创造性，获得高效益。

由此可见，良性竞争对于组织是有益处的，它能促进员工之间形成你追我赶的学习、工作气氛，大家都在积极思考如何提高自己的能力、如何掌握新技能、如何取得更大的成绩……这样一来公司组织成员之间的凝聚力和工作热情就会大大提高。

# 不要过多干预下属的工作

一位在某超市工作了 20 年的总经理，在总结自己如何以高效率管理上千名员工时说："什么是管理？管理就是借助别人的手去完成任务。管理者要想提高工作效率，就必须学会将日常的事务交给下属去完成。如果一个领导者总是对下属的能力持怀疑态度，迟迟不肯把任务交给他们，那么他就永远也无法证明自己的工作能力。"

在现实中，我们经常看到许多忙忙碌碌的领导，就和热锅上的蚂蚁一样，每天忙得团团转，可是却不见成效。其实，他们已经陷入了一种不可自拔的旋涡：干得越多，就越是有更多的工作需要自己亲手去做；忙得越厉害，就感觉越来越忙。因为，他们总是担心自己下属做不好工作，总是担心失去对下属的控制，总是认为只有自己才知道如何干，所以不得不一次又一次地去亲自做。相反，如果能给予下属足够的信任，把任务交给下属去完成，并且为下属提供自由的空间，就可以使自己摆脱那些烦琐的日常事务。

《吕氏春秋》记载，孔子弟子子齐，奉鲁国君主之命去做地方官，但是，子齐担心鲁君听信小人谗言，从上面干预，使自己难以放开手脚工作，充分行使职权，发挥才干。于是，在临行前，主动要求鲁君派两个身边近臣随他一起去上任。

到任后，子齐命令那两个近臣写报告，他自己却在旁边不时去摇动二人的胳膊肘，捣他们的乱，使得字写得不工整。然后，子齐就对他们发火，二人又恼又怕，请求回去。二人回去之后，向鲁君报怨无法为子齐做事。鲁君问为什么，二人说："他叫我们写字，又不停摇晃我们的胳膊。字写坏了，他却怪罪我们，大发雷霆。我们没法再干下去了，只好回来。"

鲁君听后长叹道："这是子齐劝诚我不要扰乱他的正常工作，使他无法施展才干呀。"于是，鲁君就派他最信任的人对子齐传达他的旨意："从今以后，凡是有利于国家的事，你就自决自为吧。五年以后，再向我报告。"

子齐郑重受命，从此得以正常行使职权，发挥才干，政绩突出。

这就是著名的"掣肘"的典故。

后来孔子听说此事，赞许道："此鲁君之贤也。"

古今道理一样。领导者在用人时，要做到既然给了下属职务，就应该同时给予其职务相称的权力，放手让下属去干，不能大搞"扶上马，不撒缰"，处处干预，只给职位不给权力。

北欧航空公司董事长卡尔松大刀阔斧地改革北欧航空系统的陈规陋习，就是靠充分放权，给部下充分的信任和活动自由。开始时，他的目标是要把北欧航空公司变成欧洲最准时的航空公司。但他想不出该怎么下手。卡尔松到处寻找，看到底由哪些人来负责处理此事，最后他终于找到了合适的人选。于是他去拜访他："我们怎样才能成为欧洲最准时的航空公司？你能不能替我找到答案？过几个星期来见我，看看我们能不能达到这个目标。"几个星期后，他们按约见面，卡尔松问他："怎么样？可不可以做到？"他回答："可以，不过大概要花6个月时间，还可能花掉你150万美元。"卡尔松插嘴说："太好了，说下去。"因为他本来估计要花更多的钱。那人吓了一跳，继续说："等一下，我带了人来，准备向你汇报，我们可以告诉你我们到底想怎么干。"卡尔松说："没关系，不必汇报了，你们放手去做好了。"大约4个半月后，那人请卡尔松去，并给他看几个月来的成绩报告，当然已使北欧公司成为欧洲第一。但这还不是他请卡尔松来的唯一原因，更重要的是他还省下了150万美元经费中的50万美元，一共只花了100万美元。

卡尔松事后说："如果我只是对他说：'好，现在交给你一件任务，我要你使我们公司成为欧洲最准时的航空公司，现在我给你200万美元，你要这么这么做。'结果怎样，你们一定也可以预想到。他一定会在六个月以后回来对我说：'我们已经照你所说的做了，而且也有了一定进展，不过离目标还有一段距离，也许还需花90天左右才能做好，而且还要100万美元经费。'可是这一次这种拖拖拉拉的事却不曾发生。他要这个数目，我就照他要的给，他顺顺利利地就把工作做好了。"

无论是鲁君，还是北欧航空公司的卡尔松，他们的言行都印证了这样一个道理：领导者用人只给职不给权，事无巨细都由自己定调、拍板，实际上是对下属的不尊重、不信任。这样，不仅使下属失去独立负责的责任心，还会严重挫伤他们的积极性，难以使其尽职尽力。所以，放手让你的下属去施展才华，只有当他确实违背你的工作主旨之时，你再出手干预，将他引上正轨。只有这样才能充分调动下属的积极性，提升他们的工作业绩，而你最终也将赢得下属的真心拥护。

# 第六章

# 多点包容，爱情才会走得更深更远

## 换位思考，试着从对方的角度出发

人非圣贤，孰能无过？

赌气、怨恨与惩罚，从来都不能解决问题。

婚姻是两个人共同经营的事业，如果出现了漏洞应当及时修补。否则，洞就会越来越大，最后让婚姻的大厦轰然倒塌。

有句俗话说："婚姻如饮水，冷暖自知。"当你原谅了对方时，困在你心里的囚犯便获得了自由。如果你只是不断地怨恨，那么真正受折磨的人其实是你自己。因为怨恨是一种具有侵袭性的东西，使我们失去欢笑，损害我们的健康，伤害缘分和感情。

"幸福的家庭是相似的，不幸的家庭各有各的不幸。"幸福的家庭中不能缺少包容，正因为包容，才让你爱的人感觉到了你的温情；正因为包容，家里充满着温馨的气氛；正因为包容，你们的爱情才会走得更深更远。

每天油盐酱醋茶，天天面对，少了激情，少了浪漫，少了先前相互之间的体贴。这种平淡让你错以为自己不再爱对方，于是盲目燃烧起爱上他人的火焰，可是到头来终不免"蓦然回首，那人却在灯火阑珊处"。

每个人都期盼能和生命中的另一半演绎一场轰轰烈烈的爱情，然后在漫长的生活中成为能读懂自己的知己。但是，生活久了，你会发现，在这个世界能找个心心相印的异性非常不容易，找个一辈子相依相守的伴侣更是难上加难。所谓"得之我幸，不得我命"，追求理想爱情的决心要有，看淡世事无常的潇洒也要有。

有时候，我们也不该总是对别人寄托太多的期望，总是要求别人去为你做事，24小时体贴你、照顾你，这样时间久了，自然会给对方带来很大的心理压力，同时也可能会产生逆反心理。

试着从对方的角度想一想，从对方的角度出发，你就会发现，原来很多时候的争吵，都是不值得的。你的心里多了一分理解，你的生活也就多了一分甜蜜。

## 猜疑、嫉妒是咬噬爱情之树的蛀虫

诗人纪伯伦曾说："恋爱和疑忌是永不交谈的。"

100多年前，拿破仑三世，即巨人拿破仑的侄子，爱上了全世界最美丽的女人——特巴女伯爵玛利亚·尤琴，并且和她结了婚。

他们拥有财富、健康、权力、名声、爱情、尊敬——是一个十全十美的浪漫史。他的爱情从未像这一次燃烧得这么旺盛、狂热。

不过，这样的圣火很快就变得摇曳不定，热度也冷却了——只剩下了余烬。拿破仑三世可以使尤琴成为一位皇后，但不论是他爱的力量也好，帝王的权力也好，都无法阻止这位法兰西女人的猜疑和嫉妒。

由于她具有强烈的嫉妒心理，竟然藐视他的命令，甚至不给他一点私人的时间。当他处理国家大事的时候，她竟然冲入他的办公室里；当他讨论最重要的事务时，她却干扰不休。她不让他单独一个人坐在办公室里，总是担心他会跟其他的女人亲热。

她常常跑到她姐姐那里，数落她丈夫的不好。她会不顾一切地冲进他的书房，不停地大声辱骂他。拿破仑三世虽然身为法国皇帝，拥有十几处华丽的皇宫，却找不到一个安静的地方。

尤琴这么做，能够得到些什么？莱哈特的巨著《拿破仑三世与尤琴：一个帝国的悲喜剧》中这样写道：

"于是，拿破仑三世常常在夜间，从一处小侧门溜出去，头上的软帽盖着眼睛，在他的一位亲信的陪同之下，真的去找一位等待着他的美丽女人，再不然就出去看看巴黎这个古城，放松一下自己压抑的心情。"

的确，尤琴是坐在法国皇后的宝座上，也是世界上最美丽的女人。但在猜疑和嫉妒的毒害之下，她的尊贵和美丽并不能保持住她那甜蜜的爱情。

人们常说，恋爱中的人们，智商趋近于零，特别是热恋中的人。

恋人中最为常见的两种表现是嫉妒和猜忌过重，这两种心态，不仅影响爱情的顺利发展，同时也关涉到个人形象问题，它直接损害一个人的自我形象，是有损于爱情生活的。因此，每一个恋爱中的人，都要警惕这两只咬噬爱情之树的蛀虫。

# 重新接纳悔过的爱人

什么是爱？爱就是无限的宽容。如果你还爱着他／她，为什么不能原谅他／她曾经的过错，接纳悔过的爱人呢？

人们常用"好马不吃回头草"来形容失去爱情后的立场。说这种话的人其实是不懂得爱情真谛的人。他们考虑的可能是面子问题、志气问题，因此对方回心转意了，你虽然也还爱着她，却由于死要面子不肯再接受她，结果落得个两地相思劳燕分飞，这就是死要面子的结果。

枫和丽在大学就是恋人。丽不仅身材漂亮，而且风雅别致，富于幻想。枫是班长，文采极佳。他们经过了一段浪漫的交往之后，毕业时双双南下，各自找到了适于自己施展才能的单位。一年后他们通过分期付款的形式买了一套住房。也就是在这时，家庭的小舟不知是哪儿出现了毛病，竟不再向前行驶。他们冷战，然后离婚。当两人打车去办理处的时候，心里都很难受，但事情已经闹到这个地步了，两人还是签了字。

离婚后，枫没结婚，丽也没有找朋友，尽管他们都还很年轻。有一次丽的妈妈发现女儿躲在房间里哭，就叹了一口气："真是冤家呀！你还挂念着他吧！干脆，我牺牲自己的老脸，去帮你说说？"没想到丽却说什么也不肯："哪有女方主动的呀！"枫的日子也不好过，他总会想起丽来，一个人躲在家里喝闷酒。一个朋友打趣说："枫！你不是打算和丽复合吧？好马可是不吃回头草的呀！"被说中了心事的枫微怒起来："谁说我要回头的？下辈子也别想！"这句话不知怎么就传到了丽的耳朵里，半年后，丽结婚了，那一天，枫跑到海边大哭了一场。

"好马不吃回头草！"这句话不知使多少人丧失了找回真爱的机会。太多的人在面临感情的反复时，往往意气用事，明知心中还喜欢对方，却硬要强撑"骨气"，不肯低头，不肯回头。其实，在面临回不回头的关卡时，你要考虑的不是面子问题和志气问题，而是现实问题。如果你还爱他／她，如果你还留恋那段美好的感情，为什么不"回头"去试试呢？

如果你还爱着他／她，何苦要为所谓的"面子"所累，理会别人的议论和想法呢？幸福是自己的，只要那"草"的确适合自己，真正的"好马"是不会在意"回头"与否的，因为不"回头"才是真正的遗憾！

## 唠叨是婚姻的致命伤

亚伯拉罕·林肯是美国最伟大的总统，没有之一。众所周知，他死于刺杀。但有的人，比如美国成功学大师——戴尔·卡耐基认为，这未必全然是悲剧，原因就在于他那值得同情的婚姻。从一定意义上说，遇刺身亡对他也是一种解脱。

用林肯的律师合伙人赫登的话说，"刺客开枪之后，林肯甚至不知道自己遇刺了，因为他几乎每天都活在痛苦中"。确实，林肯夫人一直对林肯喋喋不休，让他不得安生。她总是抱怨，总是批评自己的丈夫，说他走路难看，抬脚放步简直呆板得像个印第安人。说他走路没有弹性，举止不优雅。说他的鼻子不直，嘴唇前突，外表看上去像个肺结核病人，手和脚太大，而头又太小。

"林肯夫人那高亢而尖锐的声音"，曾经悉心研究林肯多年的阿尔伯特·贝弗里奇写道，"在街的对面都能听得见。她愤怒的责骂声，所有邻居家都能听到。而且她的暴怒常常不只是通过言语来表达，她发泄暴怒的方式多得难以胜数。有一次，林肯夫妇正在吃早餐，林肯可能做错了某件事，立即使他夫人暴跳如雷。究竟什么原因，现在已经无从得知。只见林肯夫人在盛怒之下，将一杯热咖啡泼到了丈夫脸上，而当时还有许多房客在场。林肯忍气吞声地呆坐在那里，一言不发。是一位朋友的太太拿了一块湿毛巾，替他擦净了脸和衣服。"

林肯夫人的所作所为，很多时候都超出了有失风度的范畴。然而她的唠叨、斥责和发怒是否改变了林肯呢？从某些方面来说确实如此，那就是改变了他对她的态度，使他后悔自己跟她结婚，并竭力避免和她见面——当时还是律师的林肯，宁肯在旅馆度周末，也不愿意回家。

这就是唠叨的结果。也不管是中国，也不管是外国，也不管是新婚的女子，还是唠叨了一辈子的老妇，除了痛苦，唠叨什么也没有带给她们。

唠叨是婚姻的致命伤，也是婚姻的掘墓人，而许多不明就里的妻子，正在慢慢地为自己的婚姻挖掘着坟墓。你想使自己的家庭幸福吗？那就不要步她们的后尘。

有些人认为，自己不是唠唠叨叨，而是为了加深印象，殊不知这样做，只会冲淡主题。还有些人，根本就是把唠叨当成了发泄。劝导爱人也好，批评孩子也罢，应设身处地地将心比心，站在对方的立场上着想，千万不要恶语伤人。对方有点不足就说他"这辈子完了""没有人敢嫁给你"，对方做了一点不道德的小事就斥责"你是骗子""你什么玩意儿"等，都如同短刀插胸一样伤人，都容易引起对方的反唇相讥。

记住，使人服气的不是命令，也不是指责，而是你的人格魅力。不要总是发牢骚。喋喋不休的抱怨会将对方推出婚姻的围墙。一个人在喋喋不休的时候，可能面目可憎，可能情绪失控，这种时候，他身上平时所有的优点都会显得暗淡无光。唠叨像毒蛇的毒汁侵蚀着人们的生命一样，侵蚀着幸福的天堂。没有人会愿意同一个唠叨的人过一辈子。

## 爱情需要善意的谎言

爱人之间理应真诚相待，来不得虚伪和欺骗，但如果每件事都得实言相告，每一句话都不得掺半点假，则不仅不能为爱情增添欢乐，反而还会使原本和睦温馨的关系出现裂痕。

有些不太聪明的男人，在遇到某些与前女友扯上关系的事情时，会情不自禁想起她的"坏"，同时还直言不讳地讲给"现任女友"听，这无疑会给"现任女友"造成心理阴影。

如果他说旧恋人的好，则现任女友的心理反应是："为什么你又爱我？"同时，在这心理发展之下，此男人将会碰到许多的麻烦，日后也不会安宁。

过去的恋情不应该告诉你的恋人，属于过去恋情的痕迹也不应该出现于恋人的眼前。该隐瞒的时候就要隐瞒。

不管对于恋人信任到多么可靠的程度，有好些事情，如果没有说的必要，最好让它永远成为秘密，这当然是为着彼此安静的缘故。

有必要的时候，我们不仅要隐瞒，更要为爱情而编织谎言，这往往能收到很好的效果。恋爱中的男女之间，谎言的作用更是好比润滑剂一般。

"每次和你约会时，总是在衣柜里翻半天，老觉得每件衣服都不好看，真觉得自己有点发神经了……"这种谎言，是一种俏皮、可爱的谎言，更深远的意思，已经在无言中流露出来了，对方必定会为你所动。

有的女性会为自己的男友着想，担心对方的经济能力不够，因此，在约会的时候说："不知道怎么回事，我对出租车有畏惧感。"或"每次坐在高级餐厅或咖啡厅时，我总觉得浑身不自在，似乎那种地方太过于庄严，不适合我这个土包子。说起来，我还是喜欢坐在阳台上欣赏夜色，吃自己煮的面，这样比较没有拘束感。"若对方真的没有充裕的经济能力，听到这些话，一定会为女方的温存体贴而感动。

和恋人在一起谈话时，为了留给对方好印象，应想办法修饰自己。例如，在讨论学术方面，谈到了某先生的书，事实上你只读过他写的两本书，可是知道这位先生出了五本书，这时，你不妨说："我曾看过他写的五本书，每本都写得很精彩。"那你在对方心目中的地位，无形中就提高了。不过，要注意的一点是，在你讲过这句话之后，应尽快利用时间，到书店将其他三本书买回去，仔细阅读。如此，才不会露出马脚，同时也可以增加知识。

因而，在不涉及大局，无关"宏旨"的一些琐事上，有时不妨以"谎言"来营造一种温情脉脉的氛围。

# 偏见会折断丘比特的翅膀

二十几岁是女人一生最幸福的时候，在这个时候我们大多会遇到适合自己的他，然后与他携手一起步入婚姻的殿堂。俗若说"家和万事兴"，家庭和睦了，你才会有精力专心于你的事业，但是，当感情发展到要谈婚论嫁的时候，一定要谨慎地做出自己最后的决定，不要信奉什么择偶标准之类的话，要去除常见的选择偏见。

女人的认识往往受到过去经验、社会传闻以及在此基础上形成的社会心理结构的影响和干扰。选择恋爱对象也是一样，社会评价、他人的选择标准、从传闻中获取的爱情知识和对方信息都会严重影响女人的眼光。在不能正确对待并且不能排除干扰的情况下，许多女人就会有一些选择偏见。

## 1. 社会刻板印象

在选择对象时，有很多女人凭刻板印象办事。有人曾给一位女孩介绍对象，她一听到对方是位中学教师，就表示不同意。她说，教师的生活单调、清苦，办事没有优越感。这纯粹是陈旧的社会刻板印象。随着社会爱科学、学科学、用科学和尊重知识、尊重人才的风气的形成和发展，教师的角色内容发生了根本变化。那位被介绍的中学教师，恰恰是一位兴趣广泛、才华横溢、颇受学生尊敬的现代青年，并不是人们所想象的"夫子"。女孩死抱陈腐的刻板印象不放，错过了好姻缘。

## 2. 第一印象

有些女人可能会根据同别人见面时，第一眼看到对方的形象和风度，或第一次与对方谈话留下的印象的好坏来判断男人，而对男人的评价又决定着择偶的方向。如果对方给自己的第一印象不错，比如长相好、有气派、有风度等，那这个男人很可能成为"候选人"；相反，如果第一印象很差，那就会马上刹车。可是如果仅凭第一印象就给对方下定义，很可能会错过一段很好的姻缘。

## 3. 先入为主的印象

女人在选择对象时，往往受先入为主的印象的影响，尤其是通过"红娘"牵线的恋人。因为"红娘"会在两人见面之前吹嘘一番，激发两人相会。这样，两人各自都有了关于对方的先入为主的印象。有的女人因为对某男有了不好的先入印象，就不想同对方见面，或见面之后，只注意到其弱点而失去兴趣；相反，有的女人则因为事先有比较好的先入印象，在两人的接触和交往中，戴着有色眼镜看人，只注意对方的优点和长处，而忽略其弱点和缺陷。因此，先入印象的好坏直接影响女人对男人认知、交往的可能与效果。没有主见的女人容易受先入印象的影响，因为她们容易接受、相信社会舆论和受他人左右。

有一个女人听到朋友们经常议论一位男青年。人们对他的赞赏使她对这个男子产生了爱慕之情，就贸然去求爱，并闪电式地结婚了。可是婚后她发现自己的丈夫只有在姑娘面前才表现好，在其他场合则不然，而且他懒惰、粗暴和武断。此时，她才觉得自己看走眼了。

因此，女人在选择对象时，一定要睁大眼睛，仔细观察和了解。特别是要在与对方的直接交往中认识对方，而不能偏信人言，人云亦云。要把自己的实地考察和直接交往的体会与别人的意见相结合。

"男才女貌"是封建社会中"门当户对"的婚姻标准的一个辅助条件。在当今社会中，二十几岁的女人应该选择志同道合、情意相投的男人为自己的终身伴侣，千万不要让"偏见"左右你的视线。

舍与得的人生经营课

的人生经营课

思履 —————— 编著

红旗出版社

## 图书在版编目（CIP）数据

舍与得的人生经营课 / 思履编著 . —— 北京：红旗
出版社 , 2020.4
（人生修炼课 / 张丽洋主编）
ISBN 978-7-5051-5146-8

Ⅰ . ①舍… Ⅱ . ①思… Ⅲ . ①人生哲学 – 通俗读物
Ⅳ . ① B821–49

中国版本图书馆 CIP 数据核字 (2020) 第 042482 号

| | | | | |
|---|---|---|---|---|
| 书　　　名 | 舍与得的人生经营课 | | | |
| 编　　　著 | 思　履 | | | |
| 出 品 人 | 唐中祥 | | | |
| 总 监 制 | 褚定华 | 责任编辑 | 朱小玲 王馥嘉 | |
| 选题策划 | 三联弘源 | 地　　址 | 北京市丰台区中核路 1 号 | |
| 出版发行 | 红旗出版社 | 编 辑 部 | 010-57274504 | |
| 邮政编码 | 100070 | 发 行 部 | 010-57270296 | |
| 印　　刷 | 天津海德伟业印务有限公司 | | | |
| 成品尺寸 | 138mm×200mm | | 1/32 | |
| 字　　数 | 400 千字 | 印　　张 | 25 | |
| 版　　次 | 2020 年 7 月北京第一版 | 印　　次 | 2020 年 7 月北京第一次印刷 | |
| IBSN | 978-7-5051-5146-8 | 定　　价 | 168.00 元（全五册） | |

# 前　言

　　著名作家贾平凹说:"会活的人,或者说取得成功的人,其实懂得了两个字:舍得。不舍不得,小舍小得,大舍大得。"树舍灿烂夏花,得华实秋果;鸣蝉舍弃外壳,得自由高歌;壁虎临危弃尾,得生命保全;雄蜘蛛舍命求爱,得繁衍生息;溪流舍弃自我,得以汇入江海;凤凰舍其生命,得以涅槃重生;人舍墨守成规,得别具一格;舍人云亦云,得独辟蹊径。可见,只有懂得了舍得的人生大智慧,才能够将自己的人生经营得有声有色,活得精彩,活得快乐。

　　人生就是一个舍与得的过程。人们常常面临着舍与得的考验,"得"是本事,"舍"是学问。正如一位高僧所说的:"舍得,舍得,有舍才有得!"关于舍得,佛家认为:舍就是得,得就是舍,如同"色即是空,空即是色"一样;道家认为:舍就是无为,得就是有为,即所谓"无为而无不为";儒家认为:舍恶以得仁,舍欲而得圣;而在现代人眼里,"舍"就是放下,"得"就是成果。其实,懂得舍与得的智慧和尺度,就懂得了人生的真谛。我们需要通过"取舍"来丰富人生,在"舍得"中体现智慧,在"舍得"后感悟人生。

　　舍与得是一种哲学,更是一种处世的艺术。我们生活的世界原本纷繁复杂，很多东西在追求和面对的时候，需要我们不断地去选择，去割舍。大部分时候，"鱼和熊掌不可兼得"，在得与失当中想要做出正确的选择，是一件艰难而痛苦的事，所以，需要我们有"看开、放下、平和、淡然"的良好心态来面对。其实，人要有所得，必要有所失，只有学会舍，才会有得，才有可能登上人生的巅峰。舍和得的关系，就如因和果，因果是紧密相连的。舍，并不是全部舍掉，而是舍掉那些沉重的、让你走不远的负担，留下那些轻快的、灵性的美好，从而让你闪耀着含蓄、内敛、从容的光芒。

舍与得是一种精神，更是一种对生活的领悟。有人说，世上从来没有命定的不幸，只有死不放手的执着。患得者得不到，患失者必失去。佛教导我们要舍得，只有舍掉陈旧不堪的执着，才能得到新的观念、新的思维；只有放下不切实际的妄想，轻松上路，你才有机会比别人跑得快，才有体力比别人跑得远。人生充满变数，所以人生必然是一个不断选择、不断获得与失去的过程，如果没有一种乐观豁达的心态，那么不管是多么幸运的人，都不会拥有真正完美快乐的人生。人不可能永远只是获得，而从不失去，珍惜当下所拥有的，就是一种最好的生活方式。

舍与得是一种智慧，更是一种人生境界。在人生的旅途中，懂得舍与得的智慧，你才会快乐，才会让自己无怨无悔。星云大师说："心随境转则不自在，心能转境则无处不自在。"舍得是一种好心态，会让你拥有一个好人生。对于想要成就大业者来说，看破了得与失的玄机，学会从得到中失去，就能从失去中获得，成功即是由此而来。我们都希望长命百岁、荣华富贵、眷属和谐、名誉高尚、身体健康、聪明智慧，但先要问：你想要秋天的硕果，可否在春时播种？只有真正懂得舍与得的智慧，才能更好地善待自己。要知道，人生苦短，不过是来去匆匆的几十年，与其在抱怨中度过，不如为自己营造一方快乐的天地。

　　泰戈尔说过："当鸟翼系上了黄金，就再也飞不远了。"从某种意义上讲，人生是愈得愈少，愈舍愈多。本书围绕"舍与得"这个似乎人人熟悉却又难以参悟透彻的命题进行了系统全面的探讨，从不同角度将舍与得的智慧娓娓道来，哲理深邃，寓意深远，为读者提供了一种健康的人生心态、一种正确的哲学态度、一种走向幸福与成功的处事方法，让读者能够更好地享受生活、成就大业，经营好自己的人生。

# 目 录

## 第一章 有一种智慧叫舍得

1

## 第五章 舍小求大，吃亏也是福

# 第一章

## 有一种智慧叫舍得

## 舍，修身养性的最高境界

俗话说："万事有得必有失。"得与失就像小舟的两支桨、马车的两个车轮，相辅相成。佛家讲："舍得，舍得，有舍才有得。"失去是一种痛苦，但也是一种幸福。所以，丧失与收获、追求与放弃，本就是生活中最平常不过的事情，我们应该以一种平和、乐观的心态看待得失。

要想采一束清新的山花，就得放弃城市的舒适；要想做一名登山健儿，就得放弃娇嫩白净的肤色；要想永远拥有掌声，就得放弃此时的赞美。梅、菊放弃安逸和舒适，才能得到笑傲霜雪的艳丽；大地放弃绚丽斑斓的黄昏，才会迎来旭日东升的曙光；春天放弃芳香四溢的花朵，才能走进硕果累累的金秋；船舶放弃安全的港湾，才能在深海中收获满船鱼虾。

郁达夫说："勇者并不是蛮勇之谓，凡见义不为为非勇，欺凌弱小为非勇，贪图便宜、使乖取巧、自私自利皆为非勇。"

一位作家多年前在日本某寺求得一帖，是为上上大吉。帖中许多内容都已忘怀，唯有一句因为经常炫耀的缘故他牢牢记下了：遗失之物能够找到，等待之人一定会来。的确，没有比这更值得炫耀的预言了，把它移赠给谁都是吉祥祝福：前者为失而复得，后者则是如愿以偿，人生几乎不再有缺憾。

一个青年非常羡慕一位富翁取得的成就，于是他跑到富翁那里询问他成功的诀窍。富翁弄清楚了青年的来意后，什么也没有说，而是转身从厨房拿来了一个大西瓜。青年有些迷惑不解，不知道富翁要做什么，他只是睁大眼睛看着，只见富翁把西瓜切成了大小不等的三块。

"如果每块西瓜代表一定的利益，你会如何选择呢？"富翁一边说一边把西瓜放在青年面前。

"当然选择最大的那块！"青年毫不犹豫地回答。

富翁笑了笑说："那好，请用吧！"

于是富翁把最大的那块西瓜递给了青年，自己却吃起了最小的那块。当青年还在津津有味地享用最大的那一块的时候，富翁已经吃完了最小的那一块。接着，富翁很得意地拿起了剩下的一块，还故意在青年眼前晃了晃，然后又大口吃了起来。其实，那块最小的和最后那一块加起来要比最大的那一块分量大得多。

其实，人要有所得必要有所失，只有学会放弃，才能得到人生的大收获。

该放就放，当松则松，这是一种智慧，也是一种洒脱。生活并不是完美无缺的圆，正因有了残缺，我们才会有梦。放手也需要一种勇气，洒脱地将目光放在前方，才有可能远眺极致的风景。

放弃是一种智慧，放弃是一种豪气，放弃是真正意义上的潇洒，放弃是更深层次的进取！你之所以举步维艰，是你背负太重；你之所以背负太重，是你还不会放弃，功名利禄常常微笑着置人于死地。你放弃了烦恼，你便与快乐结缘；你放弃了利益，你便步入超然的境地。

今天的放弃，是为了明天的得到。干大事者不会计较一时的得失，他们都知道放弃、如何放弃、放弃些什么。

学会放弃吧，放弃失恋带来的痛楚，放弃屈辱留下的仇恨，放弃心中所有难言的负荷，放弃浪费精力的争吵，放弃没完没了的解释，放弃对权力的角逐，放弃对金钱的贪欲，放弃对虚名的争夺……凡是次要的、枝节的、多余的，该放弃的都应放弃。

放弃，是一种境界，是通往幸福的一条必由之路。

## "舍"是一种觉悟，更是一种自由

一老一少两个和尚一起到山下化斋，途经一条小河。两个和尚正要过河，忽然看见一个妇人站在河边发愣，原来妇人不知河的深浅，不敢轻易过河。

老和尚立刻上前去，把那个妇人背过了河。

两个和尚继续赶路，可是在路上，老和尚一直被小和尚抱怨，说作为一个出家人，不应该沾女色，你怎么能背个妇人过河？

老和尚一直沉默着，最后他对小和尚说："你之所以到现在还喋喋不休，是因为你一直都没有在心中放下这件事，而我在放下妇人之后，同时也把这件事放下了，所以才不会像你一样。"

小和尚听了，顿时哑口无言。

故事里的小和尚确实很可笑，喋喋不休地指责同伴。背的人还没说什么，看的人却这般过不去，实在是因为他的心胸有些狭窄。

其实，生活原本是有许多快乐的，只是我们常常自生烦恼，"空添许多愁"。许多事业有成的人常常有这样的感慨：事业小有成就，但心里却空空的，好像拥有很多，又好像什么都没有。总是想成功后坐豪华游轮去环游世界，尽情享受一番。但真正成功了，仍然没有时间、没有心情去了却心愿，因为还有许多事情让人放不下……

对此，作家吴淡如说得好："好像要到某种年纪，在拥有某些东西之后，你才能够悟到，你建构的人生像一栋华美的大厦，但只有硬件，里面水管失修，配备不足，墙壁剥落，又很难找出原因来整修，除非你把整栋房子拆掉。你又舍不得拆掉。那是一生的心血，拆掉了，所有的人会不知道你是谁，你也很可能会不知道自己是谁。"细品这段话，我们不就是因为"舍不得"吗？

很多时候，我们舍不得放弃一个放弃了之后并不会失去什么的工作，舍不得放弃已经走出很远很远的种种往事，舍不得放弃对权力与金钱的角逐……于是，我们只能用生命作为代价，透支着健康与年华。但谁能算得出，在得到一些自己认为珍贵的东西时，有多少和生命相关的美丽像沙子一样在指间溜走？而我们却很少去思忖：掌中所握的沙子数量是有限的，一旦失去，便再也捞不回来。

自在的快乐便是佛家所说的那种境界，"要眠即眠，要坐即坐"，如果一个人茶饭不宁，百种需求，千般计较，自然谈不上是真正放下，又如何去感受快乐？

## 舍下一切，才是开始处

有人说，世上从来没有命定的不幸，只有死不放手的执着。所以，不要总是羡慕他人的自在与洒脱。他们获得幸福的原因也很简单：不执着于缘。懂得放下，就可以开始新的人生，也便易得逍遥，快乐无穷。

南怀瑾先生对那些逍遥的人很倾慕，认为这些人真正能够做到"放下"二字。做了好事马上要丢掉，这是菩萨道；相反地，有痛苦的事情，也要丢掉。所以得意忘形与失意忘形都是没有修养，都是不够的，换句话说，便是心有所住，不能解脱。一个人受得了寂寞，受得了平淡，这才是大英雄本色。无论怎样得意也是那个样子，失意也是那个样子，到没有衣服穿，饿肚子仍是那个样子，这是最高的修养，就像孟子说的"富贵不能淫，贫贱不能移，威武不能屈"。不过，达到这步修养太难。

真正的人生该如何过呢？南先生认为重点在"随"字。时空的脚步永远是不断地追随回转，无休无止。子在川上曰："逝者如斯夫。"河水能够冲走泥沙与污浊，时间能够抹去人类的一切活动痕迹，世间没有永恒不变的东西，也没有绝对的真理和绝对完美的事物，人所能做到的就是"随"，顺时顺应，随性而走。

庄子临终前，弟子们已经准备厚葬自己的老师。庄子知道后笑了笑，说："我死了以后，大地就是我的棺椁，日月就是我的连璧，星辰就是我的珠宝玉器，天地万物都是我的陪葬品，我的葬具难道还不够丰厚？你们还能再增加点什么呢？"学生们哭笑不得地说："老师呀！若要如此，只怕乌鸦、老鹰会把老师吃掉啊！"庄子说："扔在野地里，你们怕飞禽吃了我，那埋在地下就不怕蚂蚁吃了我吗？把我从飞禽嘴里抢走送给蚂蚁，你们可真是有些偏心啊！"

　　一位思想深邃而敏锐的哲人，一位仪态万方的大师，就这样以一种浪漫达观的态度和无所畏惧的心情，从容地走向了死亡，走向了在一般人看来令人万般惶恐的无限的虚无。其实这就是生命。

　　一位美国的旅行者去拜访著名的波兰籍经师赫菲茨。他惊讶地发现，经师住的只是一个放满了书的简单房间，唯一的家具就是一张桌子和一把椅子。

　　"大师，你的家具在哪里？"旅行者问。

　　"你的呢？"赫菲茨回问。

　　"我的？我只是在这里做客，我只是路过呀！"这美国人说。

　　"我也一样！"经师轻轻地说。

　　既然人生不过是路过，便用心享受旅途中的风景吧。每个人的一生都像一场旅行，你虽有目的地，却不必去在乎它，因为你的人生不只拥有目的地而已，你还有沿途的风景和看风景的心情，如果完全忽略了一路的风情，人生将会变得多么单调和无趣，活着还怎么称得上是一种享受呢？

　　每一道风景从眼前过了，每段缘分与自己重逢再离别，你仔细回味一番，充分享受其中的滋味，不必对得失耿耿于怀，在痛苦时想想快乐，快乐时不忘苦楚，始终保持心情的平和，生命才会充满温暖柔和的色彩。等到缘分过了，风景没了，等待你的还有另一波风光和快乐，之前的一切便可放下，享受此刻，要懂得开始的背后是放下。

时间公平地对待每一个瞬间，但人在生命的旅程中不能停滞不前，总沉湎于过去。只有不停地向前走，才能摆脱重重阻碍，得见白云处处、春风习习的旅行终点。

## 一念放下，万般自在

一位哲人曾说："每个人都有错，但只有愚者才会执迷不悟。"事实的确如此，生活中有两种爱抱怨的人，一种是爱抱怨别人的人，另外一种则是喜欢抱怨自己的人。前者容易清醒，后者则经常执迷不悟，一旦认为自己错了，就消沉，不再振作，让抱怨在心里生出"毒瘤"，并任由这颗"毒瘤"毁掉自己的一生。

在南美洲，有两个人因为偷羊而被官府抓获，官府要将他们刺字、发配。家人不想就此见不到自己的亲人，于是筹了钱款来赎他们，结果这两个人都被赎了回来，可是烙在前额的两个英文字母ST却再也不能去掉。ST是"偷羊贼"（sheep thief）的缩写，这种刑罚在现在的人们看来有些不人道，但在当时却被认为是惩罚犯罪的最佳手段，因为烙在前额上的字母永远都去不掉，所以人们要想不遭受这种羞辱，不到万不得已就不会以身试法。

可是这两个偷羊人却因为一时贪心，犯下了偷盗之罪，所以就不得不带着那两个代表着耻辱标记的字母，继续在公众面前生活和工作。这对于任何一个有羞耻之心的人来说，都是一种难堪，也是一种考验。

当时，这两个偷羊人之中的一位，每天从镜子中看到自己前额上的烙印，都觉得这实在是一种奇耻大辱。他简直不能想象自己无时无处不带着这种耻辱去面对异样的目光。他整天都不敢出门，最后他连家里人看自己的眼神也忍受不了，于是他移居到了另一个国家，希望到一个没有人认识自己的地方去开始新的生活。

可是，当他来到了这个陌生的国家后，每逢碰到不认识的人时，对方仍旧会奇怪地问他这两个字母究竟是什么意思，他的心情始终不能平静，每天都感觉生活痛苦不堪，终于抑郁而终。死后，有好心人按照他的遗愿将他埋在了一处荒山野岭之中。那个地方只有他的一座孤坟，也许从此以后他才算免去了心头的羞辱，因为那个地方几乎没有人去。

与前面那个偷羊人不一样的是，他的那个伙伴虽然也深知自己以后的处境，而且他同样对自己过去犯下的罪行感到羞愧。可是他并没有像前面的那位一样远走他乡，而是在人们异样的目光下和一些人明里暗里的嘲讽中留了下来。他心想：虽然我无法逃避偷过羊的事实，但我仍旧要留在这里，赢回我曾经亲手葬送的声誉，赢回众人对我的尊敬。

从此以后，他靠自己的双手辛勤地劳动，用自己的劳动果实来孝顺父母、养育家人，而且每当邻居有困难的时候，他都会义不容辞地主动帮助。一年年过去，他重新建立起正直的名誉。邻居们每逢有困难时，首先想到的就是他这个大好人，在邻居的介绍下他还娶了一位温柔美丽的妻子，并且生下了一个聪明可爱的孩子。

时间一晃而过，他的孩子也已经长大成人，而他则成了一位白发苍苍的老人。

有一天，有个陌生人看到这位老年人头上有两个字母，就问一个当地人，这究竟是什么意思。那个当地人说："他的额上有两个字母，已经是多年以前的事了，我也忘了这件事的细节，不过我想那两个字母是'圣徒'（saint）的缩写吧。"

第一个偷羊人之所以一辈子闷闷不乐，最后郁郁而终，是因为他"放不下"，所以面对自己已经犯下的错误，选择了逃避。而第二个偷羊人能够放下抱怨，理智地面对曾经犯下的错，并努力改正，这是一种明智的选择，因为逃避不能改变任何事情，而只会使自己的心灵受到更大的伤害。

可见，不抱怨自己，也是我们需要学习的一课。没有人是圣人，所以，没有人能够一辈子不犯错误，犯了错误不可怕，可怕的是不改正，同时还抱怨自己。因此，宽容别人的同时，也要学会宽容自己，不一味抱怨自己，这样，忧愁就会离你越来越远，而快乐则会离你越来越近。

记住：一念放下，万般自在！

# 心里舍下，方为真舍下

我们常说，苦海无边，回头是岸。事实上，回头未必是岸，所以人要自救。有一种说法，人会身处苦海，是因为心中横亘着一根梁木，只要将这根梁木放下，就能做生命之舟的船桨，带我们离开苦海，驶向无忧的彼岸。

彼岸人人想去，难的是放下。弘一法师出家时，离别了两位妻子，这万缕柔情一头牵曳着两位幽怨女子的苦心，一头牵曳着无上光明的法心，怎么斩？怎么断？可是法师毅然放下了，一去不回头。这是万缘放下自逍遥的洒脱。

有位中年人，觉得自己的日子过得非常沉重，生活的压力太大，想要寻求解脱的方法，因此去向一位禅师求教。

禅师给了他一个篓子要他背在肩上，指着前方一条坎坷的道路说："每当你向前走一步，就弯下腰来捡一颗石子放在篓子中，然后看看会有什么感受。"

中年人照着禅师的指示去做，他背上的篓子装满了石头后，禅师问他一路走来有什么感受。

他回答说："感到越来越沉重。"

禅师说："每一个人来到这个世界上时，都背负着一个空篓子。我们每往前走一步就会从这个世界上捡一样东西，因此才会有越来越累的感慨。"

中年人又问："那么有什么方法可以减轻人生的重负呢？"

禅师反问他："你是否愿意将名声、财富、家庭、事业、朋友拿出来舍弃呢？"

那人默然，不能回答。

那人向往解脱，但禅师告诉他解脱的方法时，他就默然了，由此可见，放下有多难。

放不下，是因为没看破。佛法在分析人生的基础上更是看破人生。看破人生实际上是对于人生价值的肯定，因为我们只有透过醉生梦死的虚幻人生，看破功名利禄是过眼烟云，把人性的恶习一点儿一点儿克服掉，才能够显示出人生的价值。不看破这虚幻、迷惑的人生，我们人生的价值是永远不会显现出来的。看得破就能"放下"，"放下"了也就看破了，也就不再执着于小我，这样就能步入离苦得乐的解脱之道。

抚州石巩寺的慧藏禅师，出家前是个猎人，他最讨厌和尚。

有一天，他追赶一只猎物时，被马祖道一拦住。这位讨厌和尚的猎人，见有个和尚干扰他打猎，就抡起胳膊，要与马祖动粗。

马祖问他："你是什么人？"

石巩说："我是打猎的人。"

马祖问："那，你会射箭吗？"

石巩说："当然会。"

马祖说："你一箭能射几个？"

石巩说："我一箭能射一个。"

马祖哈哈大笑："你实在不懂射法。"

石巩很生气："那么，和尚你可懂得射法？"

马祖回答："我当然懂得射法。"

石巩问："你一箭又能射得几个？"

马祖回答："我一箭能射一群。"

石巩叫道："彼此都是生命，你怎么会忍心射杀一群？猎人虽以杀生为本，但杀取有道，这叫不失本心。"

马祖语含机锋地问："哦，看来你也懂一箭一群的真义，可怎么不去照一箭一群的法则去射呢？"

石巩说："我知道和尚一箭一群的意思，可要让我自己去射，真不知道如何下手！"

马祖高兴地说："呵！呵！你这汉子旷劫以来的无明烦恼，今日算是断除了。"于是，石巩便扔掉弓箭，出家拜马祖为师。

慧藏禅师真可谓放下屠刀，立地成佛，这是慧根，是机缘，其中的因果妙不可言。杀生的猎人，转眼间就成了救世的和尚。所以说，放下，不在明天，不在后天，就在此刻。

有人想放弃什么不适合自己的东西，总是犹犹豫豫，一次一次下决心，一次一次要改过，却总没能成功。本来可救渡你的梁木，总横亘在心中，没有成为桨的机会。

## 功名利禄过眼忘，荣辱毁誉不上心

俗话说："天下熙熙，皆为利来；天下攘攘，皆为利往。"贪腐者们追求的那些东西其实不外乎安适的身体、丰盛的食品、漂亮的服饰、绚丽的色彩和动听的乐声，到头来终究是一场空而已。

有个人对默仙禅师说："我的妻子贪婪而且吝啬，对于做好事、行善，连一点儿钱财也不舍得，你能慈悲到我家里来，向我太太开示，行些善事吗？"

默仙禅师是个痛快人，听完那个人的话，非常爽快地就答应下来。

当默仙禅师到达那个人的家里时，那人的妻子出来迎接，可是连一杯水都舍不得端出来给禅师喝。于是，禅师握着一个拳头说："夫人，你看我的手天天都是这样，你觉得怎么样呢？"

那人的夫人说："如果手天天这个样子，这是有毛病，畸形啊！"

默仙禅师说："对，这样子是畸形。"

接着，默仙禅师把手伸展开成了一个手掌，并问："假如天天这个样子呢？"

那人的夫人说："这样子也是畸形啊！"

默仙禅师趁机立即说："夫人，不错，这都是畸形，钱只能贪取，不知道布施，是畸形。钱只知道花用，不知道储蓄，也是畸形。钱要流通，要能进能出，要量入而出。"

握着拳头，你只能得到掌中的世界，伸开手掌，你能得到整个天空。握着拳头暗示过于吝啬、张开手掌则暗示过于慷慨，那个人的太太在默仙禅师这么一个比喻之下，对做人处世和经济观念、用财之道，豁然领悟了。

有的人过于贪财，有的人过分施舍，这都不是禅的应有之处。吝啬、贪婪的人应该知道喜舍结缘是发财顺利的原因，因为不播种就不会有收成。布施的人应该在不自苦不自恼的情形下去做。否则，就是很不纯粹的施舍了。

一个人是否追求名利，往往取决于一个人的荣辱观。有人以出身显赫作为自己的荣辱，公侯伯爵，讲究某某"世家"、某某"后裔"；有的人则以钱财多寡为标准，所谓"财大气粗""有钱能使鬼推磨""金钱是阳光，照到哪里哪里亮"，以及"死生无命，荣辱在钱""有啥别有病，没啥别没钱"，等，这些俗话正揭示了以钱财划分荣辱的现状。

以家世、钱财来划分荣辱毁誉的人，尽管具体标准不同，但其着眼点、思想方法并无二致。他们都是从纯客观、外在的条件出发，并把这些看成是永恒不变的财富，而忽视了主观的、内在的、可变的因素，导致了极端、片面的形而上学错误，结果吃亏的是自己。持这种荣辱观的人，往往会拼命地追逐名利，最终铤而走险，走向贪污、腐败的道路。攫取这种不义之财，必然会遭受一定的报应。

一切功名利禄都不过是过眼烟云，得而失之、失而复得等情况都是经常发生的。意识到一切都可能因时空转换而发生变化，就能够把功名利禄看淡、看轻、看开些，做到"荣辱毁誉不上心"。

## 悬崖深谷处，撒手得重生

禅宗认为，一个人只有把一切受物理、环境影响的东西都放掉，万缘放下，才能够逍遥自在，万里行游而心中不留一念。在圣严法师看来，"必须放下"归因于因缘的聚散无常。

人的聚散离合，都是基于种种因缘关系，有因必有果，"因"既有内因，又有外因，还有不可抗拒的"无常"，事情的发展不会总是按照我们的主观想象进行，沟沟坎坎不可避免，大多数时候，万事如意只是一个美好的心愿罢了。

有个书生和未婚妻约好在某年某月某日结婚。但到了那一天，未婚妻却嫁给了别人，书生为此备受打击，一病不起。

这时，一位过路的僧人得知这个情况，就决定点化一下他。僧人来到他的床前，从怀中摸出一面镜子叫书生看。书生看到茫茫大海，一名遇害的女子一丝不挂地躺在海滩上。

路过一人，看了一眼，摇摇头走了。

又路过一人，将衣服脱下，给女尸盖上，走了。

再路过一人，过去，挖个坑，小心翼翼地把尸体埋了。

书生正疑惑间，画面切换。书生看到自己的未婚妻，洞房花烛，被她的丈夫掀起了盖头。书生不明就里，就问僧人。

僧人解释说："那具海滩上的女尸就是你未婚妻的前世。你是第二个路过的人，曾给过她一件衣服。她今生和你相恋，只为还你一个情。但她最终要报答一生一世的人，是最后那个把她掩埋的人，那个人就是她现在的丈夫。"

书生听后，豁然开朗，病也渐渐地好了。

书生之所以会病倒，是因为他不能承受这样的打击，也无法坦然地放下曾经的感情，但是前世的因造就今生的果，前世只有以衣遮身的恩情，今生也就只有短暂相恋的回报。书生放下了，也就解脱了，病自然就好了。

适时地放开不仅是治病的良药，有时甚至会成为救命的法宝。

过去有一个人出门办事，跋山涉水，好不辛苦。有一次经过险峻的悬崖，一不小心掉到了深谷里去。此人眼看生命危在旦夕，双手在空中攀抓，刚好抓住崖壁上枯树的老枝，总算保住了性命，但是人悬荡在半空中，上下不得，正在进退维谷、不知如何是好的时候，忽然看到慈悲的佛陀，站立在悬崖上慈祥地看着自己，此人如见救星般，赶快求佛陀说："佛陀！求求您慈悲，救我吧！"

"我救你可以，但是你要听我的话，我才能救你上来。"佛陀慈祥地说。

"佛陀！到了这种地步，我怎敢不听你的话呢？随你说什么，我全都听你的。"

"好吧！那么请你把攀住树枝的手放下！"

此人一听，心想，把手一放，势必掉到万丈深坑，跌得粉身碎骨，哪里还保得住性命？因此更加抓紧树枝不放，佛陀看到此人执迷不悟，只好离去。

悬崖深谷得重生看似一种悖论，实际上却蕴含着深刻的禅理。佛法中有言：悬崖撒手，自肯承担。"悬崖撒手"是一种姿态，美丽而轻盈。放手之后，心灵将获得一片自由飞翔的广袤天空，在瞬间释放与舒展。在英雄传奇与武侠故事中，我们常常看到这样的情景：集万千宠爱于一身的主角被逼到了悬崖边上，下面是湍急的流水，身后是凶悍的追兵，主角仰天一叹，回眸一笑，纵身一跃，与飞流激湍融为一体，令众人不由得扼腕叹息。但是，似乎所有的故事都没有摆脱这样的后续：崖壁上的一棵怪松，或崖下的一泓深潭，总会像母亲温暖的手掌一样，稳稳地将其托起，备受青睐的勇士们还往往能够在这常人到达不了的奇异之地意外发现千年宝藏或旷世秘籍。

这样的故事无意中契合了禅宗的某些观点，禅修者必须有所舍得，才能有所收获。圣严法师说唯有能放下，才能真提起。放得下的人，不仅要放下自己，还要放下周遭所有的一切。放下也并非完全失去自我，而是指不再存对抗心，也不再有舍不得，要随时随地对任何事物没有丝毫的牵挂或舍不得，能如此，才谈得上是自在，是解脱。

所谓回头是岸，岸貌似远在天涯。天涯远不远？不远。放下的时候，天涯就在面前。

## 提放自如，可得大自在

人生的境界有高有低，境界高者像一面镜子，时刻自我观照，不断自省，又像一支蜡烛，燃烧自己，泽被四方，更像一只皮箱，提放自如，得大自在。

世事变幻，风云莫测，缘起缘灭，众生在岁月的洪流中渐行渐远，一路鲜花烂漫鸟语虫鸣，也仍旧不能湮没斗转星移、沧海桑田的无常。承担与放下都非易事，都需要勇气与魄力，而做到提放自如，淡然处之，更非常人所能达到。

圣严法师将人分为三类：第一类，提不起、放不下；第二类，提得起、放不下；第三类，提得起、放得下。

第一类人占据了芸芸众生中的大多数，他们只懂享受，却从不承担，内心却又放不下对功名利禄的追求，像是寄居在荨麻茎秆上的菟丝子，攀附在其他植物之上，毫不费力地汲取着养分，却从不奉献什么；第二类人有担当、有责任心，而且往往目标明确，会一直凭借着自己的能力向上攀登，而一旦有所获得时，却舍不得放下，只会拖着越来越重的行囊，艰难上路；第三类人有理想、有魄力、有担当，而且心地坦然，头脑睿智，可攻可守，可进可退。

一天，山前来了两个陌生人，年长的仰头看看山，问路旁的一块石头："石头，这就是世上最高的山吗？""大概是的。"石头懒懒地答道。年长的没再说什么，就开始往上爬。年轻的对石头笑了笑，问："等我回来，你想要我给你带什么？"石头一愣，看着年轻人，说："如果你真的到了山顶，就把那一时刻你最不想要的东西给我，就行了。"年轻人很奇怪，但也没多问，就跟着年长的往上爬去。斗转星移，不知又过了多久，年轻人孤独地走下山来。

石头连忙问："你们到山顶了吗？"

"是的。"

"另一个人呢？"

"他，永远不会回来了。"

石头一惊，问："为什么？"

"唉，对于一个登山者来说，一生最大的愿望就是战胜世上最高的山峰，当他的愿望真的实现了，也就没了人生的目标，这就好比一匹好马折断了腿，活着与死了，已经没有什么区别了。"

"他……"

"他自山崖上跳下去了。"

"那你呢？"

"我本来也要一起跳下去，但我突然想起答应过你，把我在山顶上最不想要的东西给你，看来，那就是我的生命。"

"那你就来陪我吧！"

年轻人在路旁搭了个草房，住了下来。人在山旁，日子过得虽然逍遥自在，却如白开水般没有味道。年轻人总爱默默地看着山，在纸上胡乱抹着。久而久之，纸上的线条渐渐清晰了，轮廓也明朗了。后来，年轻人成了一个画家，绘画界还宣称一颗耀眼的新星正在升起。接着，年轻人又开始写作，不久，他就以他清秀隽永的文章一举成名。

许多年过去了，昔日的年轻人已经成了老人，当他对着石头回想往事的时候，他觉得画画写作其实没有什么两样。最后，他明白了一个道理：其实，更高的山并不在人的身旁，而在人的心里，只有忘我才能超越。

故事中从山上跳下去的那位登山者就属于圣严法师所说的第二类人，他执着地追求着攀登上世界最高峰的荣誉，而一旦愿望实现，他却不能将之放下，再继续前行，所以他自认为只有绝路可寻；而那位年轻人之前也有过轻生的念头，但因为不能违背和石头的承诺，所以他才有机会了悟真正的禅机——世界上更高的山在人的心里。

收放之间，人们总能不断得到提升，只有放下名利世俗的牵绊，怀有朴质自然的初心，才能不为外物烦扰，真正懂得生命的意义。

## 得失常挂心，宠辱皆心惊

有一只木车轮因为被砍下了一角而伤心郁闷，它下决心要寻找一块合适的木片重新使自己完整起来，于是离开家开始了长途跋涉。

不完整的木车轮走得很慢，一路上，阳光柔和，它认识了各种美丽的花朵，并与草叶间的小虫攀谈。当然它也看到了许许多多的木片，但都不太合适。

终于有一天，车轮发现了一块大小形状都非常合适的木片，于是马上将自己修补得完好如初。可是欣喜若狂的轮子忽然发现，眼前的世界变了，自己跑得那么快，根本看不清花儿美丽的笑脸，也听不到小虫善意的鸣叫。

车轮停下来想了想，又把木片留在了路边，自个儿走了。

失去了一角，却饱览了世间的美景；得到想要的圆满，步履匆匆，却错失了怡然的心境，所以有时候失也是得，得就是失。也许当生活有所缺陷时，我们才会深刻地感悟到生活的真实，这时候，失落反而成全了完整。

从上面故事中我们不难发现，尽善尽美未必是幸福生活的终点站，有时反而会成为快乐的终结点。得与失的界限，又如何准确地划定呢？当因为有所缺失而执着追求完美时，也许会适得其反，在强烈的得失心的笼罩下失去头上那一片晴朗的天空。

据说，因纽特人捕猎狼的办法世代相传，非常特别，也极有效。严冬季节，他们在锋利的刀刃上涂上一层新鲜的动物血，等血冻住后，他们再往上涂第二层血；再让血冻住，然后再涂……

就这样，很快刀刃就被冻血掩藏得严严实实了。

然后，因纽特人把血包裹住的尖刀反插在地上，刀把结实地扎在地上，刀尖朝上。当狼顺着血腥味找到这样的尖刀时，它们会兴奋地舔食刀上新鲜的冻血。融化的血液散发出强烈的气味，在血腥的刺激下，它们会越舔越快，越舔越用力，不知不觉所有的血被舔干净，锋利的刀刃暴露出来。

但此时，狼已经嗜血如狂，它们猛舔刀锋，在血腥味的诱惑下，根本感觉不到舌头被刀锋划开的疼痛。

在北极寒冷的夜晚里，狼完全不知道它舔食的其实是自己的鲜血。它只是变得更加贪婪，舌头抽动得更快，血流得也更多，直到最后精疲力竭地倒在雪地上。

生活中很多人都如故事中的狼，在欲望的旋涡中越陷越深，又像漂泊于海上不得不饮海水的人，越喝越渴。

可见，得与失的界限，永远也无法准确定位，自认为得到越多，可能失去也会越多。所以，与其把生命置于贪婪的悬崖峭壁边，不如随性一些，洒脱一些，不患得患失，做到宠辱不惊，保持一份难得的理智。

坦然面对所有，享受人生的一切，得到未必幸福，失去也不一定痛苦。得到时要淡定，要克制；失去时要坚强，要理智。兜兜转转，寻寻觅觅，浮浮沉沉，似梦似真，一路行走一路歌唱。像圣严法师所言："做一个虔诚的朝圣者，可以不拜佛不敬神，永远地感恩生活的赐予，便会获得最美好的祝福。"

# 有拿得起的勇气，更要有放得下的魄力

提放自如，并非一件简单的事情。提起需要承担责任的勇气，放下也需要斩断妄念的魄力。圣严法师说人生因果不可思议，因缘不可思议，所以当提即提，当放即放。我们应该将自己的心当作布袋和尚手中的口袋，既要提得起，也要放得下。

在唐代，有一位著名的禅僧布袋和尚。一天，有一位僧人想看看布袋和尚有何修为，问道："什么是佛祖西来意？"布袋和尚放下口袋，叉手站在那儿，一句话也没说。僧人又问："就这样，没别的了吗？"布袋和尚又布袋上肩，拔腿便走。那僧人看对方是个疯和尚，也就起身离去了。哪知刚走几步，却觉背上有人抚摸，僧人回头一看，正是布袋和尚。布袋和尚伸手对他说："给我一枚钱吧！"

布袋和尚放下口袋，是在警示我们要放下，随即又布袋上肩，是在教我们拿起。生活中，有时我们需要放下，有时需要拿起，而我们却常常该拿起时拿不起，该放下时放不下。放下时不执着于放下，是自在；拿起时不执着于拿起，也是自在。不论是拿起与放下，都不起波澜，那才真自在。

有些人，总是提不起意志和毅力，却放不下成败；提不起信心，却放不下贪心。他们渴望成功的辉煌，惧怕失败的窘迫，却又不能为了成功而坚定意志，付出努力；他们热衷于享乐，渴望获得而不愿付出，一旦愿望落空，即会怨天尤人，怨恨心搁在心中，挥之不去。这样的人，度己不成，又不肯接受他人的教导，难堪大任。

布袋和尚口袋的提起、放下看上去一切自然，实际上也是有所选择的，就像是我们在修行过程中，什么应该提起，什么应该放下，都不是灵光一现就能确定的。在这个问题上，圣严法师为我们做了引导。

首先，要把去恶行善的心提起，把争名逐利的心放下。名利的纠缠如毒蛇猛兽，只要贪心起，必定会招致厄运。古语云"嚼破虚名无滋味"，真正的智者应该孑然一身，不受虚名牵绊，也不为富贵诱惑。

其次，要把成己成人的心提起，把成败得失的心放下。成就自己的目的是为了成就别人，只有充实了自己，才能有足够的能力去帮助别人。在充实提高的过程中，失败是难免的，要能够在成功中积累经验，在失败中吸取教训，而并不只是沉醉在成功的快乐或者失败的痛苦中不能自拔。

最后，要把众人的幸福提起，把自我的成就放下。只有这样，才能时刻把世人的幸福挂在心上，而抛却自我的观念。

要放下散乱的心，提起专注的心；放下专注的心，提起统一的心；放下统一的心，提起自在心。唯有这样，才能放松身心，提起正念，彻底放下，从头提起。

## 人生难有真圆满，输赢得失且笑看

在河的两岸，分别住着一个和尚与一个农夫。

和尚每天看着农夫日出而作、日落而息，生活看起来非常充实，令他相当羡慕。而农夫也在对岸，看见和尚每天都是无忧无虑地诵经、敲钟，生活十分轻松，令他非常向往。因此，他们的心中产生了一个共同念头："真想到对岸去换个新生活！"

有一天，他们碰巧见面了，两人商谈一番，并达成交换身份的协议，农夫变成和尚，而和尚则变成农夫。

当农夫来到和尚的生活环境后，这才发现，和尚的日子一点儿也不好过，那种敲钟、诵经的工作，看起来很悠闲，事实上却非常烦琐，每个步骤都不能遗漏。更重要的是，僧侣刻板单调的生活非常枯燥乏味，虽然悠闲，却让他觉得无所适从。于是，成为和尚的农夫，每天敲钟、诵经之余就坐在岸边，羡慕地看着在彼岸快乐工作的其他农夫。

至于做了农夫的和尚，重返尘世后，痛苦比农夫还要多，面对俗世的烦忧、辛劳与困惑，他非常怀念当和尚的日子。

因而他也和农夫一样，每天坐在岸边，羡慕地看着对岸步履缓慢的其他和尚，并静静地聆听彼岸传来的诵经声。

这时，在他们的心中，同时响起了另一个声音："回去吧！那里才是真正适合我的生活！"

其实，人生不需要太圆满，有个缺口让福气流向别人也是件很美的事。而面对这不圆满的人生最重要的是要有知足之心，能够笑看输赢得失。以下几个方面可助你达到这种境界：

（1）赞美孤独。笑看输赢的人总是能够给自己留出时间，享受独处的欢乐，整理往事、展望前程，想象未来的美好生活。内心贫乏的人，生性急躁，喜欢喧嚣和热闹，一刻也离不开从他人眼中找寻自己赖以生存的保障，独处将倍感寂寞，但自身环境却又窄得令人窒息。笑看输赢的人，独自承受个性滋润、修身养性。他享受宁静和孤寂，在反省中看见自身的不足。他把自己准备得很充分，再投入步调紧凑的生活中去。

（2）帮助他人而不求回报。笑看输赢的人发自真心帮助别人，不计较名利，因为他知道奉献能让自己的内心充满快乐，更加丰盈。

（3）笑看输赢。笑看输赢的人不计较得失，因为他相信相对于整体而言，损失的不过是小小的局部。他们不会耿耿于怀，不会老是对自己怨艾和指责。知道谁都有犯错的时候，他们勇于承认错误，并宽恕自己和他人，他们只是采取行动来挽回损失。满心喜悦地做着自己能力范围内的事。

（4）放弃"多多益善"的想法。人的欲望是无穷的，倘若不断追求物质上的"更多、更好"，那么精神上永远不会得到满足。

总之，懂得每个人的生命都有欠缺，笑看人生中的输赢得失，同时珍惜自己所拥有的一切，慢慢你会发现自己所拥有的其实很多。

# 凡事不可强求，顺其自然者成大器

北方的一个地方严重缺水，一户人家院子里有一个大缸，承接雨水，用来洗衣服。此刻，一个小女孩正在生着闷气，原来，是几个淘气的孩子把这缸水搅得浑浑浊浊的，而每当她闻声而来，那几个淘气包早就跑得无影无踪了，小女孩气得直跺脚。奶奶看她被几缸水弄得心神不宁，便安慰她道："你的心怎么比水缸里的水还容易混乱？那些恶作剧的孩子，你越在乎，他们就越高兴，如果不理他们，时间一长，他们就只会觉得自讨没趣。不要担心水，只要不去管它，它最后会变清的。"

听了奶奶的话，小女孩不再去理会那群调皮的孩子。他们果然很快就失去了兴趣，水自然也就澄清了。

那群淘气的孩子就如同淘气的命运，总是时不时地给你捣点儿乱，被搅浑的水，则如同遭遇困境的人生，然而只要不过分在意，以平和的心态坦然应对，正如睿智的奶奶所开导的那样，顺其自然，自然会柳暗花明、水清见底。

迪士尼乐园建设时，迪士尼先生为园中道路的布局大伤脑筋，所有征集来的设计方案都不尽如人意。迪士尼先生终于无计可施，一气之下，他命人把空地都植上草坪后就开始营业了。几个星期过后，当迪士尼先生出国考察回来时，看到园中几条蜿蜒曲折的小径和所有游乐景点有机地结合在一起时，不觉大喜过望。他忙喊来负责此项工作的杰克，询问这个设计方案是出自哪位建筑大师的手笔。杰克听后哈哈笑道："哪来的大师呀，这些小径都是被游人踩出来的！"

过分追求，不得其道，顺其自然，反而浑然天成。生活中似乎有着一双无形的手，操控着世间的一切，而它就像是一个顽皮的孩子，你越是挖空心思去追求一种东西，它越是想方设法不让你得偿所愿，而当你放下心中的执念，听从命运的召唤，许多事情，自然将水到渠成。

生命是一种缘，是一种必然与偶然互为表里的机缘。许多事情无法为人事所全然掌控，正所谓谋事在人，成事在天，命运的机缘，充满着无限的奥妙。面对生活的困境和内心的烦恼，痴愚之人往往不能自拔，好像脑子里缠了一团毛线，越想越乱，陷在了自己挖的陷阱里；而明智之人则明白知足常乐的道理，他们会顺其自然，不去强求不属于自己的东西，静下心来，世间的一切烦恼与忧愁自然也就烟消云散了。

我们应当葆有一颗平常心，切切实实地把握住眼前的一切，实实在在、平平淡淡地去过有意义的生活。生命中的许多东西是不可以强求的，那些刻意强求的某些东西或许我们终生都得不到，而我们不曾期待的灿烂往往会在我们的淡泊从容中不期而至。太过在意一些东西，只能徒增烦恼，一切顺其自然，生活反而会十分惬意。因此，面对生活中的顺境与逆境，我们应当保持"随时""随性""随喜"的心境。顺其自然，以一种从容淡定的心态来面对人生，这样我们的生活就会有意想不到的收获。顺其自然者，当成大器。

## 随遇而安，尽心就是完美

人生百年，能够完全顺着自己的想法而来的事情不多。所以先人说"不如意之事十有八九"，我们一生中不可能永远都是一帆风顺。有些挫折、失败等不是个人力量所能左右的，而在这些不如意的事情已经发生后，唯一能使我们的心灵保持平静的方法就是保持一颗平常心，不急不躁、不对人发难，让自己"随遇而安"。正如林清玄所说："快乐活在当下，尽心就是完美。"

一天，一位中年人从农村搭运东西的车子回城里，车到中途，忽然抛锚，那时正是夏天，午后的天气闷热难当。在赤日炎炎的公路上无法前进，真是让人着急。可他当时一看情形，就知道急也没有用处，反正得等车子慢慢修好才可以走。于是，他问了问司机，知道要三四个小时才可以修好，就独自步行到附近的一条河里游泳去了。河边清静凉爽，风景宜人，在河水中畅游之后，暑气全消。等他游泳兴尽回来，车子已修好待发，趁着黄昏晚风，直驶城里。

经过这件事情后，他逢人便说："真是一次愉快的旅行！"随遇而安的妙处由此可见一斑。

假如换了别人，在这种情形之下，可能只好站在烈日之下，一面抱怨，一面着急，而那个车子也不会提早一分钟修好，那次旅行也一定是一次最痛苦、最烦恼的旅行。

在突然遭遇危难之时，随遇而安也能让人拥有一份平静的期待，这更胜过绝望的呐喊。

一条航行在南太平洋上的船，突然遭遇飓风。风如利刃，把船体劈得伤痕累累。飓风过后，船的功能差不多已损毁，它只能如一艘小艇般在茫茫无际的海洋中游荡。

船上的人在等了几天后见还没有救援的船来，开始变得慌乱、焦躁了，他们谩骂，他们哭喊，他们到处扔自己的东西，好像死亡即将来临。

这时，有一人对他们说，他近日拥有了一项特异功能：可以半年不吃任何东西而活着。所以他希望船员和乘客们把东西和写下的遗嘱交给他，他会带给他们的亲人。

这样的话语，居然没有人怀疑。所有的人都把希望寄托在那人身上，而他们因为没有了后顾之忧，变得冷静下来了，彼此倾诉着心事。

遇险的船终于被另一条船发现，船上人员得救了，因为最终那份随遇而安的冷静，他们避免了可能因疯狂而造成的船毁人亡。

陶渊明说："俯仰终宇宙，不乐复何如？"一个睿智之人是不会抱着忧虑而愁眉不展的。就像古人说的那样："世上本无事，庸人自扰之。"无论生活在什么环境下，聪明豁达之人都会用乐观平和的心态面对生活。

对于随遇而安，林清玄是这样说的：在人生里，我们只能随遇而安，来什么，品味什么，有时候是没有能力选择的。学会随遇而安，你能够轻松地挫败生活中许多看似不可战胜的困难。如果你不幸被生活中的黑暗偷袭，那就把它当作一次疾病好了。这，是面对生活最为强硬的方式。而且，也是现实生活中很多人所缺乏的。

每个人的能力各不相同，因此不是每个人都有反抗命运的能力。如果无力反抗，那么，就安然地接受命运的安排，放松心情，快乐地度过每一天。这种随遇而安的生活态度是获得幸福的关键。

## 蜗牛角上争何事,让人三尺又何妨

"蜗牛角上争何事"，这首诗出自唐代大诗人白居易的《对酒》：

蜗牛角上争何事，石火光中寄此身。

随富随贫且随喜，不开口笑是痴人。

这首诗的意思是说：人活在这个世界上，就好像局促在那小小的蜗牛触角上，空间是那样的狭窄，即使都争到，又有什么好争的呢？人生须臾短暂，就像火石撞击所发出的火光那样的短暂，有什么不能舍的，有什么值得计较？人生贫富无常，机关算尽到头来也是枉费心机，所以人应该明智点儿，放下争斗，笑口常开，别把时间都花在争名夺利上，这样才能尽享美好人生。

为什么要把我们的生活比作小小的蜗牛触角呢？

这源自于《庄子》中的一篇寓言：

战国时期，魏惠王因为齐威王违背了盟约，想发兵攻打齐国。身为国相的惠施为了劝导魏王息兵，请贤士戴晋人规劝魏王。见到魏王，戴晋人问道："大王您可知道蜗牛吗？"魏王说："当然知道。"戴晋人接着说："我就给大王讲一个蜗牛的故事吧：蜗牛长着两只触角。左面的角上有一个国家，称为触氏；右面的角上有一个国家，称为蛮氏。触氏和蛮氏为了争夺领地，动不动就交兵开战，伏尸数万……"

戴晋人还没说完，魏王就不以为然地笑道："你讲的都是子虚乌有的事情。"戴晋人说："这并非虚假之言，我们姑且来论证一下：以君王看来，四方上下有穷尽吗？"魏王说："没有穷尽。"戴晋人又问："人的心巡游过无穷无尽的宇宙之后，又返回到人世，可不可以说人世渺小到了似有似无？"魏王说："对。"戴晋人又问："人世既然都可以渺小到可有可无的地步，而魏国只是人世间一个很小的地方，国都又是魏国之中很小的一块地方，大王又是国都中很小的一个形体，那么，相对于无穷无尽的宇宙而言，跟蜗牛右角上蛮氏国的国王又有什么分别呢？"魏王说："没有什么分别。"……

最终，魏王体悟到了人世和国土的渺小，感受到了征战和扩疆的无聊——即使能够胜利，所得不过蜗牛一角之地，实在没有意义。

这个寓言对古人来说，玄之又玄，但现代人就比较容易理解：宇航员在外太空看我们的地球，也不过一个乒乓球大小。如果再远一点儿，根本就看不见了，还不如蜗牛角。但我们知道，这个"乒乓球"实际上大得很，很多旅游者都有一个梦想：游遍全球。实际上是没有人能游遍全球的，他们充其量只能去些比较大的城市和风景名胜。真要让一个人游遍世界，其最终的归宿只能是累死。

那么，在宇宙中我们的地球有多大呢？其实，即使和太阳系中的木星相比，地球也显得太小了。木星的半径大约是地球的 10 倍。而太阳的半径，至少是地球的 100 倍，质量则达到了 33 万倍！而我们又知道，在茫茫宇宙中，太阳只是一颗非常普通的恒星，单是在银河系中，就有 1000 多亿颗恒星，有的恒星甚至达到太阳的 1000 万倍！据此类推，银河系之外呢？之外的之外呢？总之，我们可以得出一个结论，那就是我们人类太渺小了。遇到烦心之事，尤其是那些求之不得必欲争之而后快的事情，想想地球，想想木星，想想太阳系，想想宇宙，一切就都豁然开朗了。

人生如白驹过隙，忽然而已。争得再多，也不能带走分毫。人一百多斤的躯体，也享用不了太多的东西。很多时候，人们争抢、不爽、大打出手，为的根本不是那点东西，而是看不透。

我所在的小区就有这么一家子：家里兄弟三人，几年前因为祖屋的归属问题起了纠纷，一开始，大家还能心平气和地协商，哪怕是做做样子，到后来，越来越话不投机，样子也懒得做了，不仅吵得天翻地覆，连称谓都从以前的"兄弟哥哥"变成了"那个人"。当时他们的老父亲还在，老人家每天拖着病重的身子，老大家说，老二家劝，但大家都争红了眼，不仅听不进金玉良言，还纷纷埋怨父亲偏心、处事不公等，老人家伤心透顶，最终含恨而终。后来，老人的一个儿子跟我们共同的朋友聊起这件事时不无悔恨地说："现在看，不争祖屋，我们三家都能活得下去，大叫无非是争一口气，谁也不肯先让一步，弄得亲兄弟跟仇人似的，过年都没个团聚的人……"

早知当日，何必当初？做人要有点儿气度，让人一步天地宽，自己也有了回旋余地。清朝康熙年间，安徽桐城出了个名叫张英的宰相，有一年，张家因为盖房子与邻居闹起了纠纷，两家都认为对方占了自己一墙之地，互不相让，张英的母亲便写了一封家书，让儿子出面干涉，压一压邻居的气焰。但张英看完信后却回信道："千里来书为一墙，让人三尺又何妨？万里长城今犹在，不见当年秦始皇。"张母看完信，立即主动让出了三尺空地。邻居深受感动，也将墙退回三尺，中间就形成了六尺的巷道，这就是六尺巷的由来，至今传为美谈。

事实上，很多人还忽略了这样一个事实，那就是正是因为气度大、眼光远、懂得让、不屑争，张英等人才能位居宰相，经国治民。那些整天在蜗牛角上打来斗去的人，不仅活得闹心，也有不了大出息。

老子在《道德经》中说，"夫唯不争，故天下莫能与之争"，简单来说就是只有不与人争，天下才没有人能够与你争。许多人往往从字面上去理解这句话，觉得老子的思想太消极：不跟人争却可以天下无敌，怎么可能呢？再说了，让我放弃争取，我怎么生存、发展？其实不是老子消极，而是老子喜欢和后人捉迷藏，玩文字游戏，他所说的"不争"，绝不是什么都不争取，而是一种有选择的争取，也即在"有所必争"

的前提下"有所不争"。所谓有所不争，当然是指那些闲气，那些细枝末节，那些我们本就不应该争，本就应该舍的东西；而有所必争，就是说我们要学会跳出圈外，尽量找一些竞争对手较少的领域去发展。

当然，不与人争也不见得能躲过所有烦恼。有些祸是自己惹上身的，有些祸则是自己找上门来的。这种时候，人就要学会避祸，必要时还要放弃、舍弃某些利益。有很多人总是惦记着"舍"后面的"得"字，不让他"得"，他坚决不"舍"，不见兔子不撒鹰，这其实是把"舍得"片面化、功利化了，我们当然希望大家都能够大舍大得，但必须承认，只有在不得的情况下依然能舍的人，才是真正的智者与高人。

## 生死如来去，重来去自在

面对生命，圣贤之辈没有觉得活很痛快，也没有认为死很痛苦，生死已不存在于心中。"生者寄也，死者归也。"活着是寄宿，死了是回家。明白了生死交替的道理，就懂得了生死。生命如同夜荷花，开放收拢，不过如此。

下面是一则关于庄子和骷髅的寓言故事。

庄子到楚国去，途中见到一个骷髅，枯骨突然呈现出原形。庄子用马鞭从侧旁敲了敲。于是问道："先生是贪求生命、失却真理，因而成了这样呢，抑或你遇上了亡国的大事，遭受到刀斧的砍杀，因而成了这样？抑或有了不好的行为，担心给父母、妻儿子女留下耻辱、羞愧而死了呢？抑或你遭受寒冷与饥饿的灾祸而成了这样呢？抑或你享尽天年而死去成了这样呢？"

庄子说罢，拿过骷髅，用作枕头而睡去。

到了半夜，骷髅给庄子显梦说："你先前谈话的情况真像一个善于辩论的人。看你所说的那些话，全属于活人的拘累，人死了就没有上述的忧患了。你愿意听听人死后的有关情况和道理吗？"

庄子说："好。"

骷髅说："人一旦死了，在上没有国君的统治，在下没有官吏的管辖，也没有四季的操劳，从容安逸地把天地的长久看作是时令的流逝，即使南面为王的快乐，也不可能超过。"

庄子不相信，说："我让主管生命的神来恢复你的形体，为你重新长出骨肉肌肤，返回到你的父母、妻子儿女、左右邻里和朋友故交中去，你希望这样做吗？"

骷髅皱眉蹙额，深感忧虑地说："我怎么能抛弃南面称王的快乐而再次经历人世的劳苦呢？"

相传六祖慧能禅师弥留之际，众弟子痛哭，依依不舍，大家都将他视为再生父母。六祖气若游丝地说："你们不用伤心难过，我另有去处。"

"另有去处"四个字，发人深省。慧能把死当作了一段新的旅程，不但豁达、开朗，而且使生命在时间、空间的价值得以继续延伸。远胜过有些人虽然活着，却只有华美装饰的躯壳，而无真我的风采！

禅的哲学注重真我，所谓真我就是人的精神，也是天地之正气。真我从根本上来说，就是人之所本。人类的文化宝藏，哲学、科学、宗教、教育和任何思想情感等，其实都是由无数真我的延续、不断地累积而成的。这些真我，数千年迄今，其实都是活生生地影响着我们的生活，造福于人类，这些真我并没有死去。

禅宗有关超越生死的看法，很值得今天还看不透人生、想不通生活或对死亡心存畏惧的人参考、借鉴。禅宗重来去自在，生死也有如来去。参透这一玄机，我们就不必天天再为生老病死而恐惧不安，或对于家庭亲朋甚至世间的虚华富贵有所舍不得，至少可以活得开心一点、快乐一些。

有生必有死，有得必有失。生死是人生必经的旅程，不要把死看作是个终结，也可以同慧能一样，走向"另一个去处"。

"一沙一世界，一叶一菩提"，生命的收与放，本质都是一样的。面对生死，悠然自得，便是真正懂得了生命。正如丘吉尔谈及死亡，他说："酒吧关门的时候我就离开。"

看透死亡，就会达到一种全新的人生高度，站在这个高度上俯瞰生命中的所有悲喜成败、烦恼纠葛，人心中会自然生出一种"会当凌绝顶，一览众山小"的感觉。凭借这种胸怀和气魄做事，又怎么会不成功呢？

# 第二章

# 大舍大得，有限退让
# 换来无限空间

## 不同的选择，不同的人生

古代有一位智者，他以有先知能力而著称于世。有一天，两个年轻男子去找他。这两个人想愚弄这位智者。他们中的一个在右手里藏一只雏鸟，然后问这位智者："智慧的人啊，我的右手里有一只小鸟，请你告诉我这只鸟是死的还是活的？"如果这位智者说"鸟是活的"，那么拿着小鸟的人将手一握，把小鸟弄死；如果他说"鸟是死的"，那么那一个人只需把手松开，小鸟就会振翅而飞。两个人认为他们万无一失，因为他们觉得问题只有这两种答案。智者看着他们，然后微笑起来，回答说："我告诉你答案，我的朋友，这只鸟是死是活完全取决于你的手。"

人生也是如此，无论是取得好的结果还是不好的结果，完全在于我们自己的选择，选择哭泣，选择微笑，选择努力，选择懒惰，选择勤奋……都在于我们自己，有什么样的选择就决定了什么样的人生。

演说家马克·汉森在开始写作之前，经营的是建筑业，当他在建筑业经营彻底破产之后，果断地选择了放弃，选择了彻底退出建筑业，并忘记有关这一行的一切知识和经历，甚至包括他的老师——著名建筑师布克敏斯特·富勒。他决定去一个截然不同的领域创业。

他很快就发现自己对公众演说有独到的领悟和热情，而这是最容易赚钱的职业。一段时间后，他成为一个最富有感召力的一流演讲师。后来，他的著作《心灵鸡汤》和《心灵鸡汤 II 》双双登上《纽约时报》的畅销书排行榜，并持续数月之久。

选择是一个痛苦的过程，因为选择而放弃，人总怕错过最好的，于是总难抉择。这就需要我们每个人用自己的智慧进行权衡，权衡什么是最重要的，权衡什么是最值得珍惜的，明白自己的人生方向在哪儿，之后，大胆地选择，选择了就不要因为失去的那些而后悔，因为有失才会有得。

人生其实就是一个选择的过程，你选择了什么，生活就给予你什么。

## "舍"只是"得"的另一个名字

执着地对待生活，紧紧地把握生活，但又不能抓得过死，松不开手。人生这枚硬币，其反面正是那悖论的另一要旨：我们必须接受"失去"，学会放弃。

国王有 5 个女儿，这 5 位美丽的公主是国王的骄傲。她们那一头乌黑亮丽的长发远近皆知，所以国王送给她们每人10 个漂亮的发夹。

有一天早上，大公主醒来，一如往常地用发夹整理她的秀发，却发现少了一个发夹，于是她偷偷地到二公主的房里，拿走了一个发夹。

当二公主发现自己少了一个发夹，便到三公主房里拿走一个发夹；三公主发现少了一个发夹，也如法炮制地拿走四公主的一个发夹；四公主只好拿走五公主的发夹。

于是，最小的公主的发夹只剩下9个。

隔天，邻国英俊的王子忽然来到皇宫，他对国王说："昨天我养的百灵鸟叼回一个发夹，我想这一定是属于公主们的，而这也真是一种奇妙的缘分，不知道百灵鸟叼回的是哪位公主的发夹？"

公主们听到了这件事，都在心里说：是我掉的，是我掉的。可是头上明明完整地别着10个发夹，所以都懊恼得很，却说不出口。

只有小公主走出来说："我掉了一个发夹。"话才说完，一头漂亮的长发因为少了一个发夹全部披散下来，王子不由得看呆了。

故事的结局，当然是——从此王子与公主一起过着幸福快乐的日子。

对善于享受简单和快乐的人来说，人生的心态只在于进退适时、取舍得当。因为生活本身即是一种悖论：一方面，它让我们依恋生活的馈赠；另一方面，又注定了我们对这些礼物最终的舍弃。

失去了这种东西，必然会在其他地方有所收获。关键是，要有乐观的心态，相信有失必有得。要舍得放弃，要正确对待失去，失去才能得到，有时舍弃不过是获得的另一个名称，失去也就是另一种获得。

生活有时会逼迫我们不得不交出权力，不得不放走机遇，甚至不得不抛下爱情。然而，舍得舍得，有舍才有得。所以，人生要学会放弃，并敢于放弃一些东西。

# 以退为进，绕指柔化百炼钢

想要喝到芳香醇郁的美酒就得放下手中的咖啡，想要领略大自然的秀美风光就要离开喧嚣热闹的都市，想要获得如阳光般明媚开朗的心情就要驱散昨日烦恼留下的阴霾。放下是为了包容与进步，放下个人好恶的执着才能包容，放下留恋往昔执着才会进步。表面看来，放下似乎意味着失去，意味着后退，其实在很多情况下，退步本身就是在前进，是一种低调的积蓄。

一位学僧斋饭之余无事可做，便在禅院里的石桌上作起画来。画中龙争虎斗，好不威风，只见龙在云端盘旋将下，虎踞山头作势欲扑。但学僧描来抹去几番修改，却仍是气势有余而动感不足。

正好无德禅师从外面回来，见到学僧执笔前思后想，最后还是举棋不定，几个弟子围在旁边指指点点，于是就走上前去观看。学僧看到无德禅师前来，于是就请禅师点评。

禅师看后说道："龙和虎外形不错，但其秉性表现不足。要知道，龙在攻击之前，头必向后退缩；虎要上前扑时，头必向下压低。龙头向后曲度越大，就能冲得越快；虎头离地面越近，就能跳得越高。"

学僧听后非常佩服禅师的见解，于是说道："老师真是慧眼独具，我把龙头画得太靠前，虎头也抬得太高，怪不得总觉得动态不足。"

无德禅师借机开示："为人处世，亦如同参禅的道理。退却一步，才能冲得更远；谦卑反省，才会爬得更高。"

另外一位学僧有些不解，问道："老师！退步的人怎么可能向前？谦卑的人怎么可能爬得更高？"

无德禅师严肃地对他说："你们且听我的诗偈：手把青秧插满田，低头便见水中天；身心清净方为道，退步原来是向前。你们听懂了吗？"

学僧们听后，点头，似有所悟。

进是前，退亦是前，何处不是前？无德禅师以插秧为喻，向弟子们揭示了进退之间并没有本质的区别。做人应该像水一样，能屈能伸，既能在万丈崖壁上挥毫泼墨，好似银河落九天，又能在幽静山林中蜿蜒流淌，自在清泉石上流。

## 退，意在"半途而止"，而非半途而废

我们在遇到挫折或遭遇强敌时常常提及"三十六计，走为上策"的说法。"走"的本义是"跑"，引申为"逃跑"。逃跑何以是上策呢？

原来，"走为上"在《三十六计·败战计》中，意指形势不利，要避免与敌人决战，面前只有三条路可走：竖起白旗，"我服了你"——投降；眼见再斗下去并没有任何好处，"打平手算了"——讲和；投降是百分之百失败，讲和算百分之五十失败，还不如逃跑——逃跑可以保全实力，有从退中求胜的希望。逃跑比起投降、讲和，堪称"上策"。尤其值得提醒的是：退却是指半途而止，并不是半途而废，它包含着

积极的内涵，而不是消极地夹着尾巴逃跑。为了把握好这一点，让我们再重温一下浪里白条张顺"退中求胜"智胜黑旋风的故事。

《水浒》第三十七回有"黑旋风斗浪里白条"的情节，十分精彩，描写李逵与戴宗、宋江三人在靠江琵琶亭酒馆饮酒，李逵到江边渔船抢鱼，趁着酒兴，闹将起来。书中写道：

正热闹里，只见一个人从小路里走出来，众人看见叫道："主人来了，这黑大汉在此抢鱼，都赶散了渔船。"

那人道："什么黑大汉，敢如此无礼？"众人把手指道："那厮兀自在岸边寻人厮打。"那人抢将过去，喝道："你这厮吃了豹子心、大虫胆，也敢来搅乱老爷的道路！"李逵看那人时，六尺五六身材，三十二三年纪，三缕掩口黑髯，头上裹顶青纱万字巾……手里提条秤。那人正来卖鱼，见了李逵在那里横七竖八打人，便把秤递与行贩接了，赶上前来大喝道："你这厮要打谁？"李逵不回话，抢过竹篙，却望那人便打，那人抢过去，早夺了竹篙，李逵便一把揪住那人头发，那人便奔他下三面，要跌李逵。

怎敌得李逵水牛般气力，直推将开去，不能够拢身，那人便望肋下擂得几拳，李逵那里看在眼里，那人又飞起脚来踢，被李逵直把头按将下去，提起铁锤般大小拳头，去那人脊梁上擂鼓也似打。那人怎生挣扎？李逵正打哩，一个人在背后劈腰抱住，一个人便来帮助手，喝道："使不得，使不得！"李逵回头看时，却是宋江、戴宗。李逵便放了手，那人略得脱身，一道烟走了。

戴宗埋怨李逵道："我教你休来讨鱼，又在这里和人厮打。倘或一拳打死了人，你不去偿命坐牢？"李逵应道："你怕我连累你，我自打死了一个，我自去承当。"宋江便道："兄弟休要论口，拿了布衫，且去吃酒。"李逵向那柳树根头，拾起布衫，搭在胳膊上。跟了宋江、戴宗便走。行不得数十步，只听得背后有人叫骂道："黑杀才今番要和你见个输赢。"李逵回头看时，便是那人脱得赤条条的，匾扎起一条水裤儿，露出一身雪练也似白肉……在江边独自一个把竹篙撑着一只渔船赶将来，口里大骂道："千刀万剐的黑杀才，老爷怕你的，不算好汉！走的，不是好男子！"李逵听了大怒，吼了一声，撇了布衫，抢转身来，那人便把船略拢来，凑在岸边，一手把竹篙点定了船，口里大骂着。李逵也骂道："好汉便上岸来。"那人把竹篙去李逵腿上便搠，撩拨得李逵火起，托地跳在船上。

说时迟，那时快，那人只要诱得李逵上船，便把竹篙往岸边一点，双脚一蹬。李逵当时慌了手脚。那人更不叫骂，撇了竹篙，叫声："你来，今番和你定要见个输赢。"便把李逵胳膊拿住，口里说道："且不和你厮打，先教你吃些水。"两只脚把船只一晃，船底朝天，英雄落水，两个好汉扑通地都翻筋斗撞下江里去。宋江、戴宗急忙赶至岸边，那只船已翻在江里，两个只在岸上叫苦。

江岸边早拥上三五百人，在柳荫底下看，都道："这黑大汉今番却着道儿，便挣扎得性命，也吃了一肚皮水。"宋江、戴宗在岸边看时，只见江面开处，那人把李逵提将起来，又淹将下去，两个正在江心里面清波碧浪中间，一个显浑身黑肉，一个露遍体霜肤。两个打作一团，绞作一块，江岸上那三五百人没一个不喝彩。当时宋江、戴宗看见李逵被那人在水里揪扯，浸得眼白，又提起来，又按下去，老大吃亏，便叫戴宗央人去救。戴宗问众人道："这白大汉是谁？"有认得地说道："这个好汉，便是本处卖鱼主人，唤作张顺。"宋江听得，猛省道："莫不是绰号'浪里白条'的张顺？"众人道："正是，正是。"

"浪里白条"张顺，将"陆战"变成"水战"，在一退一进之间，创造战机，扬长避短，找到了战胜李逵的上策。号称"铁牛"的李逵毕竟不是水牛，灌饱江水，吃够了苦头。

此例无疑告诉我们，必须处理好退与进的关系：退，向对手让步，是避敌锋芒、摆脱劣势的手段，用退来赢得进的积极行动。可是一般人在谋划时喜进而厌退，认为退是怯弱的表现。殊不知退的软弱正可以用来麻痹对手，掩盖自己对进的准备和行动，其实在"软弱"中蕴藏着威力。古代哲学家老子提出"进道若退"，他力主以柔克刚，以退为进，这又岂是只知猛冲猛打的人所能理解的呢？

无论是战场还是商场，也无论是胜利后的退却还是失败后的退却，只要"退"只是手段，而不是最后目的，只要有利于整体目标的实现，"退"又何尝不是上策呢？大自然中的狼族，有许多的成功猎捕正是由"退中求胜"所换取的。

因此，退中求胜的积极意义可概括为：保存实力、重整旗鼓以及待机战胜。

## 大舍大得，小舍小得

中国雅虎前任总裁曾鸣曾说："一个臭的决策往往是很容易就决定了，而一个好的决策往往在一时之间难以取舍，这是因为你不知道它到底是对的还是错的。"

其实，一个领导者的决策过程就是舍与得的取舍过程。就像阿里巴巴有很多错误，但是它在取舍方面就有好与坏之分。马云为了使阿里巴巴成为世界上最好的电子商务平台，多年来一直"舍得"让新成立的业务处于亏损状态。

在 2007 年的年会上，马云指出阿里巴巴目前的主要任务是做大规模，而不是赚钱，尤其是对淘宝和支付宝而言。他让大家忘掉钱，忘掉赚钱，不要在意外界对阿里巴巴的负面评价。

很多人都很关注阿里巴巴的淘宝网收费的问题，马云的想法很简单，他认为淘宝如果要真正想赚钱，首先要考虑的是淘宝帮别人是否真正赚了钱。所以说，淘宝现在收费的时机还尚不成熟，因为它的市场还需要培育。比如像做一个例子，如果阿里巴巴在路上发现了很多的小金子，于是它就不断地捡起来，当它浑身装满了金子的时候它就会走不动，这样的话它就永远到不了金矿的山顶。另外，马云认为淘宝收费是需要有一点创新的，因为所有模仿的东西都不会超出预期值很多，就像 Google 能超出人们期望的高度就是因为它的创新，全球最大门户网站雅虎也是靠自己的创新最终大获成功的。

自从淘宝成立以来，它每年的交易额以 10 倍的速度迅速增长，仅 2007 年上半年的交易额就达到了 157 亿，网站注册会员超过 4000 万，在中国 C2C 市场中的份额几乎达到了 80%。面对这样卓越的成绩，淘宝却说："我们现在的规模连婴儿都不是。"他们认为只有当淘宝的交易额可以与传统的商业巨头，像国美、沃尔玛等相媲美时，淘宝才是真正面向个人用户电子商务的未来所在。

马云的这种舍弃小利益、为社会创造更高价值的理念，使得他把握住了互联网的命脉。同时，正是基于对电子商务的坚定信念，马云立志在不久的将来要把阿里巴巴做成世界十大网站之一，从而实现"只要是商人，就一定要用阿里巴巴"的目标。

生活中，掌握进退之道有诸多妙处。大舍大得，小舍小得，退往往只是为了换一个角度、换一个方向，或腾出一些空间。好比两车相逢，有时必须自己先退让，才有前进的可能，或是前进无路，只好后退另寻他途。正面对战已无取胜可能，而且将耗损自己实力时，可暂时后退，以保存实力补充战力这才是为人处世之道。

## 存心舍弃，会有加倍的获得

有取就有舍，而有舍才有得。我们往往只是看到了一个人舍去世俗的荣华富贵和荣誉地位，却忽略了他舍弃这些东西背后所得到的比这些东西更加珍贵的东西，那便是无穷的智慧和人生那种宁静而豁达的境界。其实人生就是一连串取舍的过程,有取就有舍,有舍才有得,而主动舍弃的人,却可能得到上苍加倍的馈赠。

第二次世界大战的硝烟刚刚散尽时,以美英法为首的战胜国首脑们几经磋商,决定在美国纽约成立一个协调处理世界事务的联合国。一切准备就绪后,大家才发现,这个全球至高无上、最权威的世界性组织,竟没有自己的立足之地。

买一块地皮,刚刚成立的联合国机构还身无分文。让世界各国筹资,牌子刚刚挂起,就要向世界各国搞经济摊派,负面影响太大。况且刚刚经历了"二战"的浩劫,各国政府都财库空虚,许多国家财政赤字居高不下,在寸土寸金的纽约筹资买下一块地皮,并不是一件容易的事情。联合国对此一筹莫展。

听到这一消息后,美国著名的家族财团洛克菲勒家族经商议,果断出资 870 万美元,在纽约买下一块地皮,将这块地皮无条件地赠予了这个刚刚挂牌的国际性组织——联合国。同时,洛克菲勒家族亦将毗连这块地皮的大面积地皮全部买下。

对洛克菲勒家族的这一出人意料之举,美国许多大财团都吃惊不已。870 万美元,对于战后经济萎靡的美国和全世界,都是一笔不小的数目,而洛克菲勒家族却将它拱手赠出,并且什么条件也没有。这条消息传出后,美国许多财团主和地产商都纷纷嘲笑说:"这简直是蠢人之举!"并纷纷断言:"这样经营不要十年,著名的洛克菲勒家族财团,便会沦落为著名的洛克菲勒家族贫民集团!"

但出人意料的是，联合国大楼刚刚建成完工，毗邻地价便立刻飙升起来，相当于捐赠款数十倍、近百倍的巨额财富源源不尽地涌进了洛克菲勒家族财团。这种结局，令那些曾经讥讽和嘲笑过洛克菲勒家族捐赠之举的财团和商人目瞪口呆。

这是典型的"因舍而得"的例子。如果洛克菲勒家族没有做出"舍"的举动，勇于牺牲和放弃眼前的利益，就不可能有"得"的结果。放弃和得到永远是辩证统一的。然而，现实中许多人却执着于"得"，常常忘记了"舍"。殊不知，没有舍就没有得，凡是什么都想获得的人，最终会因为无尽的欲望，导致一无所获。

生活就是如此，如果你不可能什么都得到的时候，那么就应该学会舍弃，生活有时候会迫使你交出权力，不得不放走机会和恩惠。然而我们要知道，舍弃并不意味着失去，有时候，我们主动舍弃，反而会得到更多。

## 隐忍退让，放长线钓大鱼

《老子》第三十六章写道："将欲歙之，必固张之；将欲弱之，必固强之；将欲废之，必固兴之；将欲夺之，必固与之。"老子这句话体现出卓越的辩证思想。为了捉住敌人，事先要放纵敌人。这是一种放长线钓大鱼的计谋。一般来说，一时纵敌，百日之患。但是，在特殊情形之下，纵敌不仅无害，反而有益。

有时，"退一步是为了进两步"，处理问题既需要果断，也要善于忍耐，等待最适宜的时机。一代明君康熙除去鳌拜的故事，很好地说明了进退潜规则的好处。

根据祖宗的惯例，康熙满 14 岁那年举行了亲政大典。可是亲政后的康熙帝，仍然没有实权，鳌拜继续大权独揽。皇帝与权臣之间的矛盾，终于在如何对待苏克萨哈的问题上公开化了。

苏克萨哈是顺治皇帝临终时指定的四位顾命大臣之一，一向为鳌拜所妒忌。在一次朝会上，鳌拜对康熙大帝说："苏克萨哈心怀不轨，蓄意篡权，我已下令将他抓了起来。请皇上同意将苏克萨哈立即正法。"此时康熙尽管对鳌拜的做法不满，可自知实力太差，远不是鳌拜的对手，所以只好忍痛。鳌拜一回到家，马上传令绞杀苏克萨哈，同时诛杀了他的家人。

康熙气得两眼冒火，决心要除掉这个欺君擅权的鳌拜。康熙帝深知要除掉鳌拜绝非一件易事，弄不好，激起兵变，那么，他这皇帝的位子也就别想再坐了。经过一夜的冥思苦想，康熙帝最后定下了剪除鳌拜的计策。

第二天鳌拜上朝时，康熙帝不露声色，也不再提苏克萨哈的事情。鳌拜心里暗自得意，他哪里知道，这是康熙大帝高明的地方。没过几天，康熙帝给鳌拜晋爵位，又加封号，又给鳌拜的儿子加官晋爵，鳌拜心里美滋滋的。

康熙一面故作软弱无能，稳住鳌拜，一面挑选了十几个机灵的小太监，在宫内舞刀弄棒，练习角力摔跤。康熙帝自己也加入摔跤队伍与小太监们对阵取乐。消息传到宫外，大家认为只不过是小皇帝变着法子闹着玩罢了。

从表面上看，朝中大事一切照旧，鳌拜还是那样为所欲为，康熙对鳌拜还是那样信赖，鳌拜渐渐放松了戒备。练习拳棒和摔跤的小太监们，技艺逐渐纯熟。康熙见时机已到，决定向鳌拜下手。

一天，康熙派人通知鳌拜，说是有要事商量，请他立即进宫。鳌拜直奔宫中，康熙此时正和小太监们摔跤玩呢。鳌拜上前，正要与康熙打招呼，十几个小太监打打闹闹地挨近了鳌拜身边。说时迟，那时快，大家一拥而上，拉胳膊扯腿地将毫无防备的鳌拜翻倒在地。

鳌拜很快反应过来，感到大事不妙想要挣扎反抗时，十几个小太监已牢牢地将他制服在地，哪里肯让他脱身。他们拿来准备好的绳索，将鳌拜捆了个结结实实。

康熙正言厉色地对躺在地上动弹不得的鳌拜说："你欺凌幼主，图谋不轨，飞扬跋扈，滥杀无辜。今日下场是你罪有应得。你鳌拜罪行累累，罄竹难书，待我查清你的罪行，一定严惩，绝不宽待。"

鳌拜自知难逃一死。紧紧地闭着双眼，一句话也不说，只能像待宰的羔羊那样任人宰割！

人在逆境中，最需要的防身术是一个"忍"字，学会忍辱负重，藏而不露，才能在别人不知不觉中发展壮大，待时机成熟，你便可以马上脱颖而出。隐忍退让，就是为了放长线钓大鱼。

# 关键时刻懂得务实妥协

现实生活中，各种人际矛盾和竞争层出不穷，对于这些竞争有很多种解决方式，务实"妥协"是其中最有效的方式之一。

务实"妥协"是双方或多方在某种条件下达成的共识，在解决问题上，它不是最好的办法，但在没有更好的方法出现之前，它是最好的。

首先，它可以避免时间、精力等"资源"的继续投入。在"胜利"不可得，而"资源"消耗殆尽却日渐成为可能时，务实"妥协"可以立即停止消耗，使自己有喘息、整补的机会。也许你会认为，强者不需要妥协，因为他"资源"丰富，能够与你进行长时间的持久战。理论上是这样，可问题是，当弱者以飞蛾扑火之势咬住你时，你纵然得胜，也是损失不少的"惨胜"，所以在某些状况下强者也需要妥协。

其次，它可以借助妥协的和平时期来扭转对己不利的劣势。对方提出妥协，表示他有力不从心之处，他也需要喘息，说不定他要放弃这场与你的竞争；如果是你提出，若他愿意接受，并且同意你提出的条件，表示他也无心或无力继续这场"战争"，否则他是不大可能放弃胜利的果实的。因此，务实"妥协"可创造"和平"的时间和空间，而你便可以利用这段时间来促使矛盾关系的转化。

另外，它还可以维持自己最起码的"存在"。妥协常有附带条件，如果你是弱者，并且主动提出妥协，那么可能要付出相当的代价，但却换得了"存在"。"存在"是一切的根本，因为没有"存在"就没有未来。也许这种附带条件的妥协对你不公平，让你感到屈辱，但用屈辱换得存在，换得希望，这又何尝不可呢？

务实"妥协"有时候会被误解为屈服、软弱的"投降"行为，但从上面所提的几点来看，务实"妥协"其实是通权达变的处世智慧。凡是处世的智者，都懂得在恰当时机接受别人的妥协，或向别人提出妥协，毕竟人要生存，靠的是理性，不是一时的冲动。

当然，妥协时也必须做到因地制宜。

第一，要善于发现你的目标所在。也就是说，不必把资源浪费在无益的争斗上，能妥协就妥协，不能妥协，放弃争斗也无不可。若争的本就是大目标，那么绝不可轻易妥协。

第二，要看"妥协"的条件。要面子，但不必把对方弄得无路可退，这是有利害考虑的。

总之，务实"妥协"可改变现况，转危为安，是战术也是战略。

# 知止是一种人生智慧

对有智慧的人说智慧，用装糊涂来掩饰智慧，用智慧来停止智计，这是真正的智慧。

汉武帝晚年时，宫中发生了诬陷太子的冤案。当时，太子的孙子刚刚生下几个月，也遭株连被关在狱中。丙吉在参与审理此案时，心知太子蒙冤，他几次为此陈情，都被武帝呵斥。于是他在狱中挑选了一个女囚负责抚养皇曾孙，自己也对其多加照顾。丙吉的朋友生怕他为此遭祸，多次劝他不要惹火烧身，并且说："太子一案，是皇上钦定，我们避之尚且不及，你何苦对他的孙子优待有加？此事传扬出去，人们只怕会怀疑你是太子的同党了，这是聪明人干的事吗？"

丙吉脸现惨色，却坚定地说："做人不能处处讲究心机，不念仁德。皇曾孙只是个娃娃，他有什么罪？我这是看到不忍心才有的平常之举，纵使惹上祸患，我也顾不得了。"后来武帝生病卧床，听到传言说长安狱中有天子之气，于是下令将长安的罪囚一律处死。使臣连夜赶到皇曾孙所在的牢狱，丙吉却不放使臣进入，他气愤道："无辜者尚不致死，何况皇上的曾孙呢？我不会让你这样做的。"

使臣不料此节，后劝他道："这是皇上旨意，你抗旨不遵，岂不是自寻死路？你太愚蠢了。"丙吉誓死抗拒使臣，他决然说："我非无智之人，这样做只为保全皇上的名声和皇曾孙的性命。事急如此，我若稍有私心，大错就无法挽回了。"

使臣回报汉武帝，汉武帝长久无声，后长叹说："这也许是天意吧。"他没有追究丙吉的事，反而因此对处理戾太子事件有了不少悔意。他下诏大赦天下罪人，丙吉所管的犯人都得以幸存。多年之后皇曾孙刘询当了皇帝，是为宣帝。丙吉绝口不提先前他对宣帝的恩德。知晓此情的他的家人曾对他说："你对皇上有恩，若是当面告知皇上，你的官位必会升迁。这是别人做梦都想得到的好事，你怎么能闭口不说呢？"丙吉微微一笑，叹息说："身为臣子，本该如此，我有幸回报皇恩一二，若是以此买宠求荣，岂是君子所为？此等心思，我向来绝不虑之。"

后来宣帝从别人口中知晓丙吉的恩情，大为感动，夜不能寐，敬重之下，他封丙吉为博阳侯，食邑一千三百户。神爵三年，丙吉出任丞相。在任上，他崇尚宽大，性喜辞让，有人获罪或失职，只要不是大的过失，他只是让人休假了事，从不严办，有人责怪他纵容失察，他却回答说："查办属官，不该由我出面。若是三公只在此纠缠不休，亲力亲为，我认为是羞耻的事。何况容人乃大，一旦事事计较，动辄严办，也就有违大义了。"丙吉性情温和，从不显智耀能，不知情者以为他软弱好欺，并无真才实学，他也从不放在心上，也不会因此改变心意。

一次，丙吉在巡视途中见有人群殴，许多人死伤在地，丙吉问也不问，只顾前行。看见有牛伸舌粗喘，他竟上前仔细察看，很是关心。他的属官大惑不解，以为他不识大体，丙吉解释说："智慧不能乱用乱施，否则就无所谓智慧了。惩治狂徒，确保境内平安，那是地方长官之事，我又何必插手亲自管理？现在正是初春，牛口喘粗气，当为气节失调，如此百姓生计必定会受到伤害，这是关系天下安危的事，我怎能漠视不理？看似小事，其实是大事，身为宰相，只有抓住要领，才能不失其职。"丙吉的属官恍然大悟，深为叹服。那些误解丙吉的人更是自愧不已，暗自责备自己的浅薄和无知。

止的含义是有着深刻的内涵的。作为一种大智慧，它绝不是简单的停止无为。它是一招因时而变、出奇制胜的妙法，也是深合事理、退中求进的处世哲学。对于只知冒进、急功近利者，止的运用就尤显珍贵。纵观无数失败者的症结，他们所共缺的不是智慧，就能说明这一点。一个人只要到了能克制智慧，潜藏智慧，进而慎使智计的境界，他的智慧才是最无缺的，他才能在任何形势下应对自如，屹立不倒。

## 学学狐狸哲学：放弃一条腿，保全一条命

有时候人为了得到更多，而失去了不该失去的东西。想想我们现在的追求，是否也放弃了本来拥有的一切，偏偏去追求华而不实的东西？所以，我们都应当学会合理地放弃。

一只倒霉的狐狸被猎人套住了一条小腿，它毫不迟疑地咬断了那条小腿，然后逃命。放弃一条腿而保全生命，这是狐狸的哲学。人生亦应如此，在付出惨痛的代价以前，主动放弃局部利益而保全整体利益是最明智的选择。智者曰："两弊相衡取其轻，两利相权取其重。"趋利避害，这也正是选择与放弃的实质。

生活中，有时不好的境遇会不期而至，令我们猝不及防，这时我们更要学会放弃。

迈克·莱恩是一名探险队员。1976 年，他随英国探险队成功登上珠穆朗玛峰。就在他们下山的时候，天开始下大雪，每行一步都极其艰难，最让他们害怕的是风雪根本就没有停下来的迹象。当整个探险队陷入迷茫的时候，迈克·莱恩率

先丢弃所有的随身装备，只留下不多的食品，轻装前行。他的这一举动几乎遭到所有队员的反对，他们认为现在到山下最快也要 10 天时间，这就意味着这 10 天里不仅不能扎营休息，还可能因缺氧而使体温下降导致冻坏身体，那样，他们的生命就要受到威胁。

面对队友的顾忌，迈克·莱恩坚定地说："我们必须而且只能这样做，这样的雪山天气 10 天甚至半个月都有可能不会好转，再拖延下去路标也会被全部掩埋。丢掉重物，就不允许我们再有任何幻想和杂念，只要我们坚定信心，徒手而行就可以提高行走的速度，也许这样我们还有生的希望！"最后，队友们采纳了他的建议，大家一路互相鼓励，忍受疲劳、寒冷，不分昼夜，只用了 8 天时间就到达安全地带。恶劣的天气确实正像莱恩所预料的那样从未好转过。

这一年，伦敦英国国家军事博物馆负责人找到迈克·莱恩，请求他赠送给博物馆任何一件与英国探险队当年登上珠峰有关的物品，莱恩毫不犹豫地将他那次下山时因冻坏而被截下的 10 个脚趾和 5 个右手指尖交给了他。

正是由于莱恩当年一次正确的放弃，才挽救了所有队友的生命。也由于这个选择，他的登山装备无一保存下来，而冻坏的指尖和脚趾却在医院截掉后留在了身边。这是博物馆收到的最奇特而又最珍贵的赠品。

放弃与获取是一对矛盾的统一体。没有放弃就没有获取；得到的同时必然也会失去。很多聪明人明白这一道理，从不患得患失，更没有过多欲望，他们敢于放弃，所以无论干什么，都能取得成功。

学会选择，懂得放弃，是利益的权衡之道，而放弃则是智者面对生活的明智选择，只有懂得何时放弃的人才会事事如鱼得水。

人生短暂，与浩瀚的历史长河相比，世间一切恩恩怨怨、功名利禄皆为短暂的一瞬，"祸兮福所倚，福兮祸所伏"。得意与失意，在人的一生中只是短短的一瞬。"行至水穷处，坐看云起时。""古今多少事，都付笑谈中。"放弃是一种睿智，它可以放飞心灵，可以还原本性，使你真实地享受人生；放弃是一种选择，没有明智的放弃就没有辉煌的选择。进退从容，积极乐观，必然会迎来光辉的未来。放弃绝不是毫无主见，随波逐流，更不是知难而退，而是一种寻求主动、积极进取的人生态度。

# 只有"低人一等"，才能"高人一筹"

低调做人是一种高超的处世谋略，低调做人绝不意味着卑微，它是一种"以低求高"的强者韬略。生活中常常能见到一些貌似平淡无奇、"胸无大志"的人，最后却常常能够"一鸣惊人"，做出出人意料的成绩。这些人，在人生路上选择了低调，他们不张扬不卖弄，然而却是志怀高远、坚韧不拔，凭借着不懈的努力，最终迈入了人生的高标境界。

罗明是湖北一所大学的英语教师，在市场经济浪潮的推动下，他也决定开创一番属于自己的事业，于是他离开了自己得心应手的教育界，到另一个城市的一家俱乐部工作。俱乐部大多数为会员制，要想有所发展，必须要大力发展会员。而在俱乐部里，衡量一个人的工作业绩，主要是看他又发展了多少会员，以及售出了多少张会员卡。他的上司告诉他，你现在唯一需要做的就是一件事：售卡。

那段时间里，罗明对一切都感到生疏，初来乍到的也没有什么可以利用的关系。可想而知，他的处境该有多么窘迫！

他决定采取一个初入道者都采用过的笨办法：扫楼。"扫楼"是业内人士的术语，即大大小小的公司都聚集在写字楼里，要一家一家地跑，一家一家地问，那种情形就跟扫楼差不多。当然，必须要找经理以上的高级管理人员，最好是总裁，普通的白领是难以接受价格不菲的会员卡的。

罗明的生活从此开始发生了180度的大转弯。他由一名荣耀至极的大学教师，一下子"跌落"成了一个"厚脸皮"的推销员。那是一种什么样的感觉？他心理上的落差感十分强烈。

有一个朋友问过罗明关于"扫楼"的事情。那个朋友阴阳怪气地问他："'扫楼'是不是很威风，一层一层，挨门逐户，就像鬼子进村扫荡一样的？"罗明听完这番话，内心真是酸甜苦辣什么滋味都有。

往事不堪回首，他至今还清楚地记得"扫楼"之初的那种狼狈和艰辛。

他曾经精确地统计过，他"扫楼"的最高纪录是一天内跑了10栋写字楼，"扫"了72家公司，浑身的感觉就像是散了架一样，腿和脚都不是自己的了，别说走路，再想挪动一下都困难。那天晚上，他坐电梯从楼上下来，在电梯间里，他感到自己的胃里正在一阵阵痉挛、抽搐、恶心，唯一的想法就是找个清静的地方大吐一场。而且他还要忍受人们的白眼和奚落，这对于从小到大都一直备受尊重的他来说，该是怎样一种伤害啊！

如果推销会员卡只有"扫楼"这一种方式，那么很少有人能够坚持下去，也很少有人能够成功。"扫楼"只是步入这个行业的初始阶段，秘诀还是有的。

大约半年后，罗明开始出现在俱乐部召开的各种招待酒会上。

出席这类酒会的人都是些事业有成、志得意满的成功人士。

置身于这样的环境中，罗明发现那些如同铁板一样的面孔不见了，那些刺痛人心的冷言冷语不见了，现在出现的可能是真正意义上的彬彬有礼。他感到一下子就放开了自己。他本来就该属于这里：他的涵养，他的才学，即使他曾经历过一段坎坷卑微的"奋斗史"，又怎能磨灭他所固有的价值与尊贵呢？

他知道他们需要什么，知道他们需要听从什么样的劝告。这是很重要的，因为他一下子就能拉近与他们之间的距离。他的语言，他的讲解，也不是那样干巴巴的，仿佛带有一种难以抗拒的鼓动力。他告诉他们，俱乐部将会给他们最为优质的服务，而购买价格昂贵的会员卡，那就是一种地位、身份和财富的象征。

在一次专为外国人举办的酒会上，似乎没有人比他更为游刃有余了。他会一口纯正、流利的英语，这让他一下子就与老外们打成了一片。他曾经一个下午同时向八个老外推销，结果竟然售出了九张会员卡，其中有一个人多买了一张，是送给他朋友的。每张会员卡 5 万美元，每售出一张会员卡，销售人员可以从中提取 10% 的佣金——罗明一下午的收入就很容易推算了。

从那以后，罗明在几个俱乐部之间跳来跳去。到了 2004 年初，他终于在一家俱乐部安营扎寨。

罗明已经不用再去"扫楼"了，即使是参加招待酒会，他也不用怂恿别人去买会员卡了。他有良好的学历、良好的敬业精神和销售业绩，所以，他从销售员、销售经理、销售总监一直坐到了俱乐部副总裁的位置上。显然，如果没有当年的"低人一等"，哪里会有后来的"高人一筹"呢？

"低是高的铺垫，高是低的目标"，对于那些已经处在事业金字塔上的人，只要去研究他们的经历就会发现：他们并不是一开始就高人一等、风光十足的，他们也曾有过艰难曲折的"爬行"经历，然而他们却能够端正心态不妄自菲薄，不怨天尤人。他们能够忍受"低微卑贱"的经历，并在低微中养精蓄锐、奋发图强，而后他们才攀上人生的巅峰，享受世人的尊崇。

# 不能舍，只好在泥里团团转

暴雨刚过，道路上一片泥泞。一个老太太到寺庙进香，一不小心跌进了泥坑，浑身沾满了黄泥，香火钱也掉进了泥里。她不起身，只是在泥里捞个不停。一位慈悲的富人刚好坐轿从此经过，看见了这个情景，想去扶她，又怕弄脏了自己身上的衣服，于是便让下人去把老太太从泥潭里扶出来，还送了一些香火钱给她。老太太十分感激，连忙道谢。

一个僧人看到老太太满身污泥，连忙避开，说道："佛门圣地，岂能玷污？还是把这一身污泥弄干净了再来吧！"

瑞新禅师看到了这一幕，径直走到老太太身边，扶她走进大殿，笑着对那个僧人说："旷大劫来无处所，若论生灭尽成非。肉身本是无常的飞灰，从无始来，向无始去，生灭都是空幻一场。"

僧人听他这样说便问道："周遍十方心，不在一切处。难道连成佛的心都不存在吗？"

瑞新禅师指指远处的富人，嘴角浮起一抹苦笑："不能舍、不能破，还在泥里转！"

那个僧人听了禅师的话，顿时感到无比惭愧，垂下了目光。

瑞新禅师回去便训示弟子们："金钱珠宝是驴屎马粪，亲身躬行才是真佛法。身躬都不能舍弃，还谈什么出家？"

心存取舍，则有邪见与妄行；凡成就大事之人，无不是心中存善念。像故事中的富人，舍不得一身皮囊，身价百万又如何？像故事里的僧人，舍不得自己的一身衣裳，以佛门清静地做借口，何来出家乃至成佛呢?

名利富贵这东西，生不带来，死不带去。所以对其执着不忘，实在不宜。

人生的高度应是一份知足的恬然，生命的高度应是能取能舍、当取则取、当舍则舍、善取善舍的那份安然。很多时候，人们向往去取得，并且认为多多益善，然而，"取"的前提必定是先"舍"，只有"舍"，才能"得"。

蚌舍弃安逸，才拥有了孕育珍珠的权利;种子放弃花朵，才拥有了孕育春天的资格。千古豪杰舍家为国，才名垂于史册;无数仁人志士舍生取义，才有了巍巍中华。取与舍在自然的荡涤中，展现并昭示了生命的高度，数千年的白驹过隙，无数次的金乌西坠，消磨掉了历史的棱角，打磨出中华文明不朽的生命之碑。

生命的高度是平凡人所远离，却又为世人崇敬的高度。哪怕至恶之人，也不免因"我辈不义之人而入有意之国"而遁去，尽管生命之碑前仅站着手无寸铁的荀巨伯……而今，就连博物学家在广游天下景观之时，都不禁称誉自然与人类取舍的异曲同工。

取，便是一捧清澈的水，只那一捧，便无须再希冀天上的银河;舍，就是一抖那背上的重负，只那一抖，便使你我得以仰望浩瀚的蓝天。但人生在这一取一舍之间，生命在无限地升华，并且拥有了自己的高度。

的确，取舍对于人生来说是至关重要的。鲁迅弃医从文，改变了他的一生，开始了他的文学创作，如果当初他不做出这样的取舍，他可能只是位医人治人的医生而已，成不了一代文豪。

成功的人之所以能成功，是因为他们明白该做什么，不该做什么；什么应该去坚持，而什么又该舍弃。

取舍之间，并非是一件容易的事情，应该是：得，要先舍；而舍，则终必得。而舍不舍得，以及怎样去"舍"，又怎样去"得"，就全看自己了。

# 第三章

# 进退有数，得失之间
# 学会取舍

# 21世纪的今天，选择比努力更重要

有一个非常勤奋的青年，很想在各个方面都比身边的人强。但经过多年的努力，仍然没有长进，他很苦恼，就去向智者请教。

智者叫来正在砍柴的3个弟子，嘱咐说："你们带这个施主到五里山，打一担自己认为最满意的柴。"年轻人和3个弟子沿着门前湍急的江水，直奔五里山。

等到他们返回时，智者正在原地迎接他们。年轻人满头大汗、气喘吁吁地扛着两捆柴，蹒跚而来；两个弟子一前一后，前面的弟子用扁担左右各担4捆柴，后面的弟子轻松地跟着。正在这时，从江面驶来一个木筏，载着小弟子和8捆柴，停在智者的面前。

年轻人和两个先到的弟子，你看看我，我看看你，沉默不语；唯独划木筏的小徒弟，与智者坦然相对。智者见状，问："怎么啦，你们对自己的表现不满意？""大师，让我们再砍一次吧！"那个年轻人请求说，"我一开始就砍了6捆，扛到半路，就扛不动了，扔了两捆；又走了一会儿，还是压得喘不过气，又扔掉两捆；最后，我就把这两捆扛回来了。可是，大师，我已经很努力了。"

"我和他恰恰相反，"那个大弟子说，"刚开始，我俩各砍两捆，将4捆柴一前一后挂在扁担上，跟着这个施主走。我和师弟轮换担柴，不但不觉得累，反倒觉得轻松了很多。

最后，又把施主丢弃的柴挑了回来。"

划木筏的小弟子接过话，说："我个子矮，力气小，别说两捆，就是一捆，这么远的路也挑不回来，所以，我选择走水路……"

智者用赞赏的目光看着弟子们，微微颔首，然后走到年轻人面前，拍着他的肩膀，语重心长地说："一个人要走自己的路，本身没有错，关键是怎样走；走自己的路，让别人说，也没有错，关键是走的路是否正确。年轻人，你要永远记住：选择比努力更重要。"

生活中有很多人都在从事着自己并不喜爱的职业，于是总会发出"我也很努力，但就是做不到最好"的感慨。有的人会指责说这话的人还是工作态度有问题，要真努力工作了，岂有做不好之理？其实归根结底并不是这些人不够爱岗敬业，而是职业本身并不是他们最适合的。换言之，要想真正把一项工作做得得心应手，就要选择正确的人生目标。那么，原来选错了怎么办？不要忧郁，放弃它，去把握属于你的正确方向。

一个人就是一条奔腾不息的河流，一路上你需要跨越生命中的重要障碍，才能有所突破、有所进步。在这个过程中，有一点很重要，就是要清楚你到底要的是什么。如果只是为了工作而工作，为了不闲着而去忙，那么，当你庸庸碌碌地走完半生，回忆起来会猛然觉得自己既对不起时间，也对不起自己。

人生的悲剧不是无法实现自己的目标，而是不知道自己的目标是什么。成功不在于你身在何处，而在于你朝着哪个方向走，能否坚持下去。没有正确的目标，就永远不会到达成功的彼岸。

有一位美国青年无意间发现了一份能将清水变成汽油的广告。

这位美国青年喜欢搞研究，满脑子都是稀奇古怪的想法，他渴望有一天成为举世瞩目的发明家，让全世界的人都享用他的发明创造。

所以，当他看到水变汽油的广告时，马上买来了资料，把自己关在屋子里，不接待任何客人，电话线掐断，手机关机，总之一切与外界的联系都被他切断了。他需要绝对的安静，需要绝对的专心，直到这项伟大的发明成功。

青年夜以继日地研究，达到了废寝忘食的程度。每次吃饭的时候，都是母亲从门缝里把饭塞进来，他不准母亲进来打扰他。他常常是两顿饭合成一顿吃，很多时候都把黑夜当作黎明。善良的母亲看见自己的儿子越来越瘦，终于忍不住了，趁儿子上厕所的时候，溜进他的卧室，看了他的研究资料。母亲还以为儿子的研究有多伟大，原来是研究水如何变成汽油，这简直是不可能的事情。

母亲不想眼睁睁地看着儿子陷入荒唐的泥淖无法自拔，于是劝儿子说："你要做的事情根本不符合自然规律，别再瞎忙了。"可这位青年压根儿就不听，他头一昂，回答说："只要坚持下去，我相信总会成功的。"

5年过去了，10年过去了，20年过去了……转眼间，那位青年已白发苍苍，父母死了，没有工作，他只能靠政府的救济勉强度日。可是他的内心却非常充实，屡败屡战。

一天，多年不见的好友来看他，无意间看到了他的研究计划，惊愕地说："原来是你！几十年前，我因为无聊贴了一份水变汽油的假广告。后来有一个人向我邮购所谓的资料，原来那个人就是你！"

他听完这一番话，立刻疯了，最后住进了精神病院。

因为有太多坚持到底的故事，所以我们一直以为坚持就是好的，而放弃就是消极的。其实坚持代表一种顽强的毅力，它就像不断给汽车提供前进动力的发动机。但是，在前进的同时还需要一定的技巧，如果方向不对，则只会越走越远，这时，只有先放弃，等找准方向再重新努力才是明智之举。这就是水变汽油的悲剧带给我们的启示。

每个人都有梦想，人类因梦想而伟大，没有梦想的人是会被社会淘汰的。为了实现自己的梦想，我们每个人都在努力。现在的社会努力很重要，但是努力就一定会有一个好结果吗？不见得，我们曾为工作绞尽脑汁，我们曾为工作夜以继日，但我们得到的结果是什么呢？我们的梦想像肥皂泡一样一个个地破灭，直到现在依然两手空空。

21世纪的今天，选择比努力更重要，昨天你选择播撒什么样的种子，今天你就会收获什么样的果实。选择不对，努力白费。今天，你做出正确的选择了吗？

## 独木桥上要学会让路

　　某个小镇有一座独木桥,有一天,一位绅士过独木桥时,刚走了几步就遇到一位孕妇,绅士很礼貌地转身回到桥头,让孕妇过了桥。接着绅士又走上桥,走到桥中央却遇到一位挑柴的樵夫,绅士二话没说,回到桥头让樵夫过了桥。第三次绅士不敢贸然上桥,而是等独木桥上的人走完才匆忙上了桥。可是,眼看就要走到桥头了,迎面却来了一位推独轮车的农夫。绅士这次不愿回头了,他摘下帽子,向农夫致敬:"农夫先生,你看,我就要到桥头了,能不能让我先过去?"农夫不干,把眼一瞪,说:"你没看见我推着车吗?"话不投机,两人争吵起来。这时,河上游漂下来一叶小舟,舟上坐着一位老人,两人便请老人评理。

　　老人看了看农夫,问他:"你真的很急吗?"

　　农夫答:"我真的很急,我要去赶集,晚了集市就散了!"

　　老人说:"你既然急着赶集,为什么不尽快给绅士让路呢?你只要退那么几步,绅士便过去了,绅士一过,你不就可以早早过桥了吗?"

　　农夫一言不发。

　　老人转过头问绅士:"你为什么要农夫给你让路呢?就是因为你快到桥头了吗?"

　　绅士点点头说:"在此之前我已经给许多人让了路,如果再退回去,真不知道何时才能过独木桥。"

　　"那你现在是不是就过去了呢?"牧师反问道:"你既

然已经给那么多人让了路，不妨再让农夫一次，即使过不了桥，起码可以保持你的绅士风度！"

在人生的旅途中，我们是不是也有过类似的经历呢？即使没有经历过，至少也见过不少类似的事情。这种时候，重要的不是事情因谁而起的问题，而是会不会化解、会不会处理的问题。我们应该学会给所有有需要的人让个路、让个座。给别人让路，也是给自己让路；给别人让座，至少能保证自己还能快乐地站着！

古人说，"退步原来是向前"，人生有进就应该有退。但你看看现在的年轻人，尤其是创业者，动不动就"不成功，则成仁""破釜沉舟""背水一战"……的确，创业无退路，但创业也不是敢死队，不是不怕死往前冲就能成功的。

当我们实在进不了的时候，不妨暂退一步。据说，最初的汽车是没有倒挡的。可以想象，这样一辆汽车如果开进了一条又深又窄的小巷子，恐怕只能熄掉火推着出来。我们的人生也如此，钻进了小胡同，就应该及时挂好倒挡，这时看似是退路，实为出路，而且是唯一的出路。

## 宁可在尝试中失败，也不在保守中成功

蝶破茧而出的时候，会疼吗？

从笨拙的躯壳中挣扎着伸出细嫩的触角，翅膀因为粘满液体依旧合拢，几乎透明的足肢，支撑着颤抖的身体，微风吹过，它摇晃着几乎倒下。只有耐心等待。阳光的照耀使它

慢慢变得轻盈，那薄而绚烂的翅翼上色彩一点点明媚起来。空气中的温度通过触角传遍全身，让它一分一秒地强壮起来。然后，你几乎听到一声轻轻的叹息，那是终于自由的释怀。一展翅，它起飞。

其实我们每个人，都有这化蝶的一刻，完成一次蜕变，让世界大吃一惊，而这种痛只有自己知道。

不过，有时候，因为怕疼，或因为嫌慢，我们在"蜕变"时开始尝试走捷径，比如来自外界的帮蝴蝶撕开茧的手，虽是出于好意，但却缩短了它的奋斗历程，删除了它蜕变过程中最重要的一步，导致蝴蝶蜕变失败。

如果说蝴蝶自我蜕变是一种勇敢的尝试，是对生命的渴望和挑战，那么在外力帮助下的蝴蝶的蜕变则是一种保守的行为，不敢接受挑战，不敢自我超越，即使成功，也是一种假象，经不起碰触，被残酷现实刺穿以后，它就剩下老坏而愚钝的外壳。

从青涩的应届毕业生摇身变成央视的名主持，从远涉重洋的学子到纪录片的制作人，从凤凰卫视的名牌主持到阳光卫视的当家人，杨澜的身份角色一直在变化。

1994年，杨澜获得了中国第一届主持人"金话筒奖"。也就是在这年，正当事业如日中天的她突然离开《正大综艺》，留学美国，震惊了很多喜爱她的观众。对于出走央视的原因，杨澜说："主持人这个行当有某种吃'青春饭'的特征，我不想走这样的一条道路。我相信，如果一个人不充实自己的话，前程将是短暂的。"

1997 年获得硕士学位回国后，杨澜加盟香港凤凰卫视中文台，开创了名人访谈类节目《杨澜工作室》，并担任制片人和主持人。那段时间，她主持的节目在世界华语观众中拥有广泛的知名度和美誉度。在凤凰卫视的两年里，杨澜拓宽了自己的职业视角，她不仅积累了各方面的经验和资本，也同时预留了未来的发展空间。

1999 年 10 月，杨澜突然宣布离开凤凰卫视中文台。这次的离开给人们留下了更大的想象空间，比上次巅峰之时离开《正大综艺》更让人们吃惊和关注。杨澜对此的解释是："离开凤凰的原因只有一个，在事业与家庭的选择中，我选择家庭。"

2000 年 3 月，在所有媒体没有意料到的时候，杨澜突然发布了和丈夫吴征收购良记集团并更名为阳光文化网络电视控股有限公司的消息。在新闻发布会上，她胸有成竹地提出了打造阳光文化传媒的计划，对于电视市场的未来前景作了精心的描述。杨澜到底是一个雄心勃勃的女人，就像一个追逐电视之梦永远不知疲倦和满足的蝴蝶。

2003 年，阳光卫视 70%股权转让，杨澜宣告阳光卫视创办失败。但是杨澜并没有放弃传媒人士的角色，她和东方卫视、凤凰卫视、湖南卫视合作，主持《杨澜视线》《杨澜访谈录》《天下女人》等节目，并多次参与北京奥运会的重大活动。

在阳光卫视创办失败后，杨澜以更加成熟从容的姿态出现在公众的视野里。

杨澜说："这些年，有太多的遗憾。唯一对自己满意的，就是一直在追求改变。"宁可在尝试中失败，也不在保守中成功——杨澜的经历是这句话最好的正解。

在开放中尝试改变，即使失败也精彩。蝶变，就是一次次突破想象，包括自己的想象，然后去追寻更高更远更灿烂的天空。

在未来的社会，那种自我中心、自我封闭、自我满足、自以为是，以及自我设限的人，根本不可能适应社会，甚至连生存都会成问题。变，正是人生的魅力所在，而不变的，是心中超越自我的渴望。

作为很多人的"榜样"，杨澜的成功，带给我们一种启发："哦，原来人生可以如此美丽精彩！我为什么不试试呢？"

## 当别人都在努力向前时，不妨倒回去

艺术家说："学我者生，似我者死。"

文学家说："抄袭是埋葬一切才华的坟墓，创新是精品产生的源泉。"

经济学家说："逃离竞争残酷的红海，奔向空间无限的蓝海。"

做一条反向游泳的鱼，不走寻常路，才能看到别样风景；不走寻常路，是因为心系远方。

当你面对一个史无前例的问题，沿着某一固定方向思考而不得其解时，灵活地调整一下思维的方向，从不同角度展开思路，甚至把事情整个反过来想一下，那么就有可能反中求胜，摘得成功的果实。

宋神宗熙宁年间，越州（今浙江绍兴）闹蝗灾。只见蝗虫乌云般飞来，遮天蔽日。所到之处，禾苗全无，树木无叶，一片肃杀景象。当然，这年的庄稼颗粒无收。

这时，素以多智、爱民著称的清官赵抃被任命为越州知州。赵抃一到任，首先面临的是救灾问题。越州不乏大户之家，他们有积年存粮。老百姓在青黄不接时，大都过着半饥半饱的日子，而一旦遭灾，便缺大半年的口粮。灾荒之年，粮食比金银还贵重，哪家不想存粮活命？一时间，越州米价腾贵。

面对此种情景，僚属们都沉不住气了，纷纷来找赵抃，求他拿出办法来。借此机会，赵抃召集僚属们来商议救灾对策。

大家议论纷纷，但有一条是肯定的，就是依照惯例，由官府出告示，压制米价，以救百姓之命。僚属们七言八语，说附近某州某县已经出告示压米价了，倘若还不行动，米价天天上涨，老百姓将不堪其苦，会起事造反的。

赵抃静听大家发言，沉吟良久，才不紧不慢地说："这次救灾，我想反其道而行之，不出告示压米价，而出告示宣布米价可自由上涨。"众僚属一听，都目瞪口呆，先是怀疑知州大人在开玩笑，而后看知州大人认真的样子，又怀疑这位大人是否吃错了药，在胡言乱语。赵抃见大家不理解，笑了笑，胸有成竹地说："就这么办。起草文告吧！"

官令如山，赵抃说怎么办就怎么办。不过，大家心里都直犯嘀咕：这次救灾肯定会失败，越州将饿殍遍野，越州百姓要遭殃了！这时，附近州县都纷纷贴出告示，严禁私增米价。

若有违犯者，一经查出严惩不贷。揭发检举私增米价者，官府予以奖励。而越州则贴出不限米价的告示，于是，四面八方的米商闻讯而至。开始几天，米价确实增了不少，但买米者看到米上市的太多，都观望不买。过了几天，米价开始下跌，并且一天比一天跌得快。米商们想不卖再运回去，但一则运费太贵，增加成本，二则别处又限米价，于是只好忍痛降价出售。这样，越州的米价虽然比别的州县略高点，但百姓有钱可买到米。而别的州县米价虽然压下来了，但百姓排半天队，却很难买到米。所以，这次大灾，越州饿死的人最少，受到朝廷的嘉奖。

　　僚属们这才佩服了赵汴的计谋，纷纷请教其中原因。赵汴说："市场之常性，物多则贱，物少则贵。我们这样一反常态，告示米商们可随意加价，米商们都蜂拥而来。吃米的还是那么多人，米价怎能涨上去呢？"

　　逆向思维不迷信原有的传统观念和经典信条，对既定事物进行批判性的思考，体现的是一种叛逆精神。这种思维在一般人看来是不合情理甚至是荒谬的，但正是因为采取这种思维，思考者才得以摆脱传统观念和习惯势力的束缚，向着新的成果跃进，创造出新的观念和理论来，导致新旧理论的更替和生活面貌的改变。

　　逆向思维本身就是灵感的源泉。遇到问题，我们不妨多想一下，能否从反方向考虑一下解决的办法。反其道而行是人生的一种大智慧，当别人都在努力向前时，你不妨倒回去，做一条反向游泳的鱼，去寻找属于你的成功捷径。

## 要大智慧，不要小聪明

在工作中有的人喜欢投机取巧、耍小聪明偷懒，明明可以做得更完善的事情却不去做，总认为差不多就行了；明明是自己的责任，却推卸给别人或设法掩盖。殊不知一个人的素质和能力往往体现在工作的细节上，自认为头脑机灵而沾沾自喜，却不知这会影响了自己的职业前程。

亚里士多德说："德可以分为两种：一种是智慧的德，另一种是行为的德，前者是从学习中得来的，后者是从实践中得来的。"想成功，唯有诚信、负责、创新、积极进取等大智慧可取。而敢于冒险走创新路，也是一种可贵的大智慧。

在奥斯维辛集中营，一个犹太人对他的儿子说："现在我们唯一的财富就是智慧，当别人说1加1等于2的时候，你应该想到大于2。"纳粹在奥斯维辛毒死了几十万人，这父子俩却活了下来。

1946年，他们来到美国，在休斯敦做铜器生意。一天，父亲问儿子一磅铜的价格是多少，儿子答35美分。父亲说："对，整个得克萨斯州都知道每磅铜的价格是35美分，但作为犹太人的儿子，你应该说3.5美元——你试着把一磅铜做成门把手看看。"

父亲死后，儿子独自经营铜器店。他用铜做过铜鼓，做过瑞士钟表上的簧片，做奥运会的奖牌。他曾把一磅铜卖到3500美元，这时他已是麦考尔公司的董事长。

然而，真正使他扬名的，是纽约州的一堆垃圾。

1974 年，美国政府为清理给自由女神像翻新扔下的废料，向社会广泛招标。但好几个月过去了，没人应标。正在法国旅行的他听说后，立即飞往纽约，看过自由女神像下堆积如山的铜块、螺丝和木料，未提任何条件，当即就签了字。

纽约许多运输公司对他的这一举动暗自发笑。因为在纽约州，垃圾处理有严格规定，弄不好会受到环保组织的起诉。就在一些人要看这个犹太人的笑话时，他开始组织工人对废料进行分类。他让人把废铜熔化，铸成小自由女神像；他把木头等加工成底座；废铅、废铝做成纽约广场的钥匙。最后，他甚至把从自由女神像身上扫下的灰尘都包装起来，出售给花店。不到 3 个月的时间，他让这堆废料变成了 350 万美元，每磅铜的价格整整翻了 1 万倍。

这位犹太人以长远的眼光、智慧的头脑，一生受益无穷。其境界、谋略非小聪明可以比拟。

人生最忌讳的是耍小聪明。让我们来看看小吴的求职经历：

小吴到一家外资公司应聘总经理助理职位。经过种种测验，他与另一位对手从几十名应聘者中胜出，准备接受总经理的最后面试。出乎意料的是总经理没有提出任何考问，便带领他俩去附近一家公司谈判签单。走出公司大门后，因距要去的公司仅有一站地路程，总经理提议乘坐公共汽车前往，并递给他们每人 5 角钱，叮嘱每人自己买自己的车票。当时的车票票价是 4 角，因缺少零钱，乘务员们几乎都已养成收取 5 角不找零的习惯，小吴交出 5 角后，心想，为 1 角钱开口显得太小气，丢面子，便没有向乘务员索要应找回的 1 角钱。可是他的竞争对手却没有默认，而是认真地开口向乘务员要求找零。乘务员轻蔑地看着小吴的对手，好一会儿他冷冷地递出 1 角钱，小吴的对手一脸泰然地接过来。小吴看罢，心里还有一点幸灾乐祸，想对手的财迷和小气表现，老总一定不会满意他的。

没想到，到站下车后，总经理却对竞争对手说："你被聘用了。"小吴立即怔住了，总经理说："你们俩的材料我都仔细看过了，能力不分伯仲，才智不分上下，不过，在刚才买票问题上我看到了你们的差异。一个人只有懂得坚持自己的权益，才能够维护公司的利益，而一个连自身利益都不能坚持的人，又如何能够坚持公司的权益呢？"

小吴败在了自己的小聪明上。因面子等因素不坚持权益，总有一天，它会演变为不坚持原则，这对工作之弊显而易见。小聪明易被聪明误，小聪明得小利，大智慧得大益。有大智慧，才有大美丽、大人生。

善用大智慧的人，前途才会充满光明，而一种好的思维方式就是引导你走向成功的快捷之路。

## 切莫贪图小便宜，它总有一天会让你偿还

欧洲某些国家的公共交通系统的售票处大部分是自助的，也就是说你想到哪个地方可根据目的地自行买票。没有检票员，甚至连随机性的抽查都极少。据说逃票被抽检抓到的大

约只有万分之三。

一位亚洲留学生发现了这个管理上的"漏洞"。他很乐意不用买票而坐车到处游玩，但在他4年的留学期间，他因逃票被抓了两次。

后来他大学毕业，想在当地寻找工作。他知道许多跨国大公司都在积极地开发亚太市场，就向这些公司投了自己的求职资料，可都被拒绝了。一次次的失败，使他愤怒地认为这些公司有种族歧视倾向。终于有一天，他冲进了一家公司人力资源部经理的办公室："先生，我想问一下贵公司为何不录用我。据我所知，我有一位各方面能力都不如我的韩国同学已被你们录用。你们是不是歧视中国人？"

"先生，我们并没有歧视你，相反地，我们很重视你，因为我们公司一直在你们国家进行市场开发，我们需要一些优秀的本土人才来协助我们完成这个工作，所以你刚来求职的时候，我们对你的教育背景和能力很感兴趣。老实地说，你就是我们所要找的人。"经理回答。

"那为什么不录用我呢？"

"因为我们查了你的信用记录，我们发现你有两次乘公车逃票的记录。"

"我承认。但为了这点小事，你们就放弃了一个能为你们带来更大利益的人才？"

"小事？不，不！这位先生，我们并不认为这是小事。我们注意到了，第一次逃票你说自己还不熟悉自动售票系统，这有可能。但在之后，你又逃了票。这如何解释呢？"

"那时刚好我口袋中没零钱。"

"不，不！这位先生，我不同意这种解释。我相信你可能有数百次的逃票。对不起，我只是说可能。此事证明了几点：第一，你不仅不尊重规则，而且善于发现规则中的漏洞并恶意使用；第二，你不值得信任，而我们公司的许多工作的进行是必须依靠诚信来完成的，因为如果你负责了某个地区的市场开发，公司将赋予你许多职权，但为了节约成本，我们不会设置复杂的监督机构，正如我们的公共交通系统一样。因此我们没办法雇用你，而且我可以断定：在这个国家甚至在整个欧盟，可能没有公司会冒险来雇用你。"就这样，仅仅因为贪图了一些小便宜，这位留学生付出了惨痛的代价。

生活中，这样的例子可谓是屡见不鲜。我们中的许多人常常会像这位留学生一样，抱着侥幸的心理，以为贪图一些小便宜并无伤大雅，殊不知，即便是再小的便宜，终有一天，它会让你悉数偿还，甚至是加倍奉还。

贪图小便宜，就像顺手牵羊一样自然，尽管先辈们再三地叮嘱我们要做到"慎独"，要牢记"不以恶小而为之"，然而我们往往会禁不住心中的"撒旦"的诱惑，去贪图一些小便宜。在这些时候，我们往往会美滋滋地自以为占了便宜，殊不知其实是吃了大亏。微不足道的蝇头小利，使可贵的诚信受到了玷污，而失去诚信，不啻是失去了人性中最为重要的一种品质，其间厉害，不言自明。

长辈们常常会语重心长地告诉儿孙们"吃亏是福"，反之，贪小便宜，往往是吃了大亏。就像这位逃票的留学生，自以为占了大便宜，却不知，一切善恶皆有果，不是不报，时候未到，贪图的小便宜，总有一天，要加倍偿还。

## 换个思路，化解困境

我们可能无法改变生活中的一些东西，但是我们可以改变自己的思路。有时，只要我们放弃了盲目的执着，选择了理智的改变，就可以化腐朽为神奇了。

大凡高效能的成功人士，踏上成功之途总是从改变思路开始的。

成功往往就隐藏在别人没有注意的地方，假如你能发现它、抓住它、利用它，那么，你就会有机会获得成功。困境在善于拓展思路的智者眼中往往意味着一个潜在的机遇，愚者对此却无动于衷。

换一个思路处理问题，可能会看到完全不同的景象。也许正是一个不经意的角度转换，会让你在不经意间解决了问题，毕加索说："每个孩子都是艺术家，问题在于你长大成人之后是否能够继续保持艺术家的灵性。"

有个摄影师，每次拍集体照都有睁眼的，有闭眼的。闭眼的看见照片，非常生气："我 90% 以上的时间都睁着眼，你为什么偏让我照一幅没精打采的照片？这不是故意歪曲我的形象吗？"

就拍照而言，形象是头等大事，全靠修版也难，于是喊："一！二！三！"但坚持了半天以后，恰巧在"三"字上坚持不住了，上眼皮找下眼皮，又是做闭目状，真难办。

后来，摄影师换了一种思路，从而解决了这一难题。他请所有照相者全闭上眼，听他的口令，同样是喊"一，二，三"，在"三"字上一起睁眼，果然，照片冲洗出来一看，一个闭眼的也没有，全都显得神采奕奕，比本人平时更精神。

众人都非常高兴。

当遭遇困境时，一个思路行不通，就要果断地换另一种思路，只有这样，新的创意才会自然而然地产生出来，化解困境的方法也才会随之出炉。

当你遇到挫折的时候，你是否常常这样鼓励自己："坚持到底就是胜利。"有时候，这会陷入一种误区：一意孤行，一头撞南墙。因此，当你的努力迟迟得不到预期的业绩时，就要学会放弃，要学会改变一下思路。其实，细想一下，适时地放弃不也是人生的一种大智慧吗？改变一下方向又有什么难的呢？

改变一下思路，这是一个智慧的方法。"横看成岭侧成峰，远近高低各不同。"在浩渺无际的思维空间里，如果能从不同角度，用不同的视角观察和思考问题，学会用熟悉的眼光看陌生的事物，用陌生的眼光看熟悉的事物，就能从"山重水复"的迷境中走出来，欣赏到"柳暗花明"的美景。

俗话说："穷则变，变则通。"没有什么东西是永远静止不前的，世易时移，我们的思路也要跟着改变，才能赶上时代的潮流。当一条路走不通时，不要再一味"坚持"，而要变换思路，要改变陈旧的观念，打破世俗的牢笼。山不过来，我就过去，只有勇于改变思路，才能创新，才能让成功持久。

## 当力量薄弱时，只有背靠"大树"

在一个人的事业或者人生遭遇困境的时候，意气用事是不成熟的表现，只有能承受屈辱和苦难的人，才能真正笑到最后，成为真正的胜利者。从这个角度讲，"宁为瓦全"才是高策。

在此，讲一个关于刘勰的成名逸事。

刘勰是南朝梁时期的文学理论家，他很小的时候就失去了父亲，生活极为贫穷。但他笃志好学、博经通史，《文心雕龙》就是他的代表作。他生活的年代盛行门第制度，一个人出身的贵贱决定了这个人社会地位的高低。像刘勰这样出身低微的平民，自然默默无闻，无人知晓。因其社会地位，《文心雕龙》写成后也根本得不到重视。但刘勰本人十分自信，深知自己著作的价值，他不愿意看到自己用心血写成的书稿被湮没，便决心设法改变这种局面。

沈约是当时的文坛领袖，有着很高的声望，刘勰想请他评定写成的《文心雕龙》，借以赢得声誉。但是沈约身为名流，哪能轻易见到？于是刘勰想出了一个主意。他事先打听到沈约外出的时间，背上自己的书稿，装成卖书的小贩，早早地等在离沈府不远的路上。当沈约乘坐的马车经过时，刘勰便乘机兜售。沈约喜欢读书，当即停下来，顺手取出一部《文心雕龙》，见是自己没有读过的书，便随手翻阅起来。这一看，沈约被深深地吸引住了，当即买了一部带回家去，放在案头认真阅读。在以后上流社会举行的聚会中，沈约还不时地向别人推荐这本书。当时文坛的人见沈约对这本《文心雕龙》如此推崇，也注意到此书的价值，继而争相传阅，刘勰很快声名大噪。

如果没有借得沈约之力，刘勰是无法成名的，他的文艺思想也大有可能被湮没于浩瀚书海，何谈流传千古？

乍一看，这好像是和中国传统文化中"宁为玉碎，不为瓦全"的观念相冲突，细细思量，却不尽然。大丈夫要能屈能伸，当你的力量还很薄弱的时候，你只有背靠大树。以卵击石只能徒伤元气，还谈什么理想呢？

## 不要拿那些值得同情的事情开玩笑

我有一位朋友，平常喜欢开玩笑，也很受欢迎。但有一次，大家一起聊天时，为活跃气氛，他忽然指着旁边一个特别胖的姑娘说道："你可是越长越'苗条'了，可惜我们中国没有相扑，不然，你准是一号种子选手！"他的话逗得大家哈哈大笑。可是这位姑娘正为自己不断发胖而苦恼呢，又被当众寻开心，脸上登时挂不住了，她翻脸说："我胖怎么了？没吃你没喝你，你操哪门子心？！你也不照照镜子瞧瞧自己，瘦狗似的！"说完，愤然起身，拂袖而去。剩下的人一片哑然，开玩笑的那位尤其尴尬。

除了这些当场发作的例子外，还有一种情况，那就是很多人在无形中得罪了别人，让人恨之入骨了，还不自知。所谓"说者无心，听者有意"，不中听的话半句都嫌多，拿别人的缺陷取乐更加不明智，极易招人反感，滋生芥蒂，引发冲突。而且越是好朋友，越要懂得安慰和宽解同伴的苦恼，否则，你带给他的伤害也就越深。

别人的伤疤是不能轻易触碰的，更不能拿来当作玩笑的谈资。笑你的同学考试不及格，笑你的朋友怕老婆，笑你的亲戚做生意因上了别人的当而亏了本，笑你的同伴在走路时跌了一跤……本来这些都是应该给以同情的，而你却拿来取笑别人，不仅使对方难堪，而且表现出你的冷酷无情。同样，不可拿别人生理上的缺陷来做开玩笑的题材，如对眼、瞎子、跛脚、驼背等，对于一个人的不幸，应该怜悯而不是取笑。诙谐而不伤人自尊的语句，能使人快乐，更会发人深省，这种智慧型的玩笑，是玩笑中最上乘的，在不伤害别人的同时，使大家开心。如果能诚心诚意地这样做，你一定可以获得更多人的信赖、更多人的钦佩，将会获得更多的朋友。

# 不拿别人的隐私开玩笑

玩笑是生活的调味品，适当地开个玩笑，不仅可以调节气氛，减轻疲劳，而且能缩短与朋友和同事之间的距离。一句玩笑话可以化干戈为玉帛，消除积怨，一句玩笑话也可以批评或拒绝某人的要求。

但是开玩笑时必须要注意尺度和分寸，尤其不要拿别人的隐私开玩笑。因为每个人都有隐私，而且也不允许别人触及自己的隐私。一旦有人喜欢拿别人的隐私开玩笑，那他必定是一个不受欢迎的人。

某人的妻子结婚两个月，就生了一个小孩，邻居们赶来祝贺。这人的一个要好的朋友杰克也来了。他拿来了自己的礼物——纸和铅笔，这人谢过了杰克，并且问：

"尊敬的杰克先生，给这么小的孩子赠送纸和笔，不太早了吗？"

"不，"杰克说，"您的小孩儿太性急。本该9个月后才出生，可他偏偏两个月就出世了，再过5个月，他肯定会去上学，所以我才给准备了纸和笔。"

杰克的话刚说完，全场哄然大笑，令这对夫妇无地自容。

调侃他人的隐私是不礼貌的，上例中杰克明显道出了这位妻子未婚先孕的隐私，这样令大家都处于尴尬的局面。

心理学家研究表明：谁都不愿把自己的错误和隐私在公众面前"曝光"，一旦被人曝光，就会感到难堪而愤怒。因此，在与人交往谈话中，如果不是为了某种特殊需要，一般应尽量避免接触这些敏感区，免使对方当众出丑。必要时可采用委婉的话暗示对方，知趣的、会权衡的人须"点到即止"，一般是会顾全双方的脸面而悄悄收场的。当面揭短，让对方出了丑，说不定会使对方恼羞成怒，或者干脆耍赖，出现很难堪的局面。

# 找到最重要的事情，不要因小失大

生活中，我们应该找到最重要、最关键的事情，去做好它，而不是被纷繁芜杂的假象所蒙蔽，因小失大，酿成祸患。

有一个笑话，说的是一对馋嘴的夫妻一起分吃 3 个饼，你一个，我一个，最后还剩下一个，两人互不相让，于是决定从现在起谁都不说话，谁坚持的时间长，就能得到最后一个饼。

两人面对面坐下，果然都不开口。到了晚上，一个盗贼溜进屋里，看见夫妻俩，先是有点害怕，但看他们毫无反应，就放心大胆地搜罗起财物来。盗贼将家中稍微值钱点的东西一件一件地搬出门去，妻子心里虽然着急，看丈夫一动不动，便只好继续忍耐。盗贼有恃无恐，干脆连最后一个米缸也搬走了，妻子再也坐不住了，高声叫喊起来，并恼怒地对丈夫说："你怎么这样傻啊！为了一个饼，眼看着有贼也不理会。"

丈夫立刻高兴地跳了起来，拍着手笑道："啊，蠢货！你最先开口讲的话，这个饼属于我了。"

在这个笑话中，这一对愚蠢的夫妇就是没有找到最重要的事情，因小失大，闹出了笑话。当两人打赌争饼时，遵守赌约，闭口无言是双方的主要问题，应着力解决。可是，当盗贼进屋盗窃财物时，如何联手赶走盗贼，保护家中财产，则成为新的主要问题，而此时赌饼约定已经不再重要。此时此刻，夫妇二人就应该抓住最主要的问题，齐心协力，抓住盗贼，保护财产。然而，夫妇二人因为牢记赌约，对盗贼不予理睬，而让盗贼有了可乘之机，将财物盗走，从而丧失了抓贼的大好时机，为了一只饼失去了全部财产。

古人常说："擒贼先擒王，射人先射马。"想问题、办事情，就是应该牢牢抓住最主要的问题，不能主次不分，因小失大。在实际工作中，我们也必须弄清当时当地客观存在的最重要的问题是什么，从而采取正确的解决方法，以收到事半功倍的效果。

英国前首相撒切尔夫人对抓住重点有深刻而简洁的见解。有人问她：在日理万机的情况下还能照顾好家庭，你的秘诀是什么？她回答：把要做的事情按轻重缓急一条一条列下来，积极行动，做好之后，再一条一条删除就成了！

真理是朴素的，也是容易被忽视的。加强计划，抓住重点，积极突破，带动一般，这就是各个领域普遍适用的重要方法，也是常被忽视的重要方法。

## 失信者失去的是人心

信用是一个人处世的资本，是社交场合的通行证，是获得成功的前提条件。失信的人不仅会失去朋友，也会失去成功的机会。

心理学家马斯洛在研究大量著名人物的基础上，总结出有成就者的健康个性特征，其中第一条就是讲信用。马斯洛还指出，一个人要走向成功或者培养健康个性有八条途径，其中就有两条与信用相关。因此，要想成就一番事业，必须讲信用，要想获得朋友，也需讲信用。就像一位哲人所言：讲信用的人走到哪里都受人尊重，受人欢迎。而不讲信用的人，则会受到众人的唾弃。

有一位商人要到邻国去经商，临行前便将他家中的财物托一位远房亲戚保管。

他的财物有钻石、珍珠以及一些金器，如金杯、金壶等。

"放心去办你的事吧！我一定会替你小心保管这些东西的。"他的远房亲戚对他说。

商人听了就安心上路了。

转眼间3年过去了，平安归来的商人回到家里后，就通知他的远房亲戚，希望能取回托他保管的财物。商人还想把从国外带回来的珍贵土特产送给这位远房亲戚作为谢礼。

但这位远房亲戚想："我已经帮他保管了3年。时间过了这么久，我可以跟他说我并没有替他保管东西。然后，找个秘密的地方把这些宝物藏起来，他就没办法了。"

第二天，这个起了贪念的远房亲戚在前往商人家的途中，遇到一个跛着脚、又瘦又小、留着长长的白胡子的老人。老人用锐利的眼光看着他。商人的远房亲戚正感到疑惑时，老人说："我是诺言之神，我专门找那些不遵守诺言的人，把他们带到高山上，从悬崖上推下去，以示惩罚。"

商人的远房亲戚听了老人的话后，脸色马上变了。他战战兢兢地问道："那你是不是常常在这里走动呢？"

"不，我经常要到不同的地方，去巡视人们是否遵守诺言，大约20年后才回来。"诺言之神说。

商人的远房亲戚听到这个回答，心里想："好极了，诺言之神离开这里之后，20 年之内不会再来。"于是，商人的远房亲戚决定迟延一天，等诺言之神走了再到商人家去。

第二天，这个远房亲戚到了商人的家里，他对商人说："我并没有替你保管什么东西啊！"

商人没想到他的远房亲戚竟然如此背信弃义，伤心地流着眼泪说："请你不要这样！我在 3 年前请你替我保管许多财物……求求你，还给我吧！"

可是这位远房亲戚根本就不承认，冷冷地说："我说没有就是没有，我没替你保管东西，叫我怎么还给你呢？"然后掉头就走。

第二天一大早，商人的远房亲戚在睡梦中听到有人敲门，就揉着惺忪的睡眼去开门，发现站在门外的竟是诺言之神。诺言之神伸出细长的双手，掐住他的脖子，把他拉到门外。

"出来！你这个不遵守诺言的家伙！现在，我要带你到高山上，把你从悬崖上推下去。"诺言之神怒目圆睁，瞪着他大声骂着。

商人的远房亲戚害怕得全身战栗着说："请原谅我！诺言之神。可是，你不是说 20 年后才回来吗？为什么不到一天的时间，你又回到这里来惩罚我呢？"

诺言之神说："你好好听着，如果人们没有做违背诺言的事，我是要等 20 年后才回来。可是当你做出我最厌恶的不守诺言的事时，我就随时会出现。"

诺言之神说完，就硬拉着他往山上走去。

《没有信誉就没有一切》这篇文章中说："一个成熟的社会，一个有力量的社会，不但要考虑每一个人，而且还要为他们建立必要的档案，这并不是要建立黑档案，而是能够向有关方面证实你的可信度。"

我们可以设想一下，假如已经建立了这样的档案，只有讲信用的人银行才会贷款，商人才敢和你做生意，公司才会聘用你，他人才敢和你交朋友。没有信用，在社会上就难以立足。

要记住文学家爱默生的一句话："坚守信用是成功的最大关键。"

## 不拒绝，可能更伤感情

有时候我们为了热情、乐于助人、讲义气等美名，就不愿拒绝别人的要求，结果做到了还好，做不到的又要拼命努力去做，有时甚至不惜撒谎和欺骗，最后把自己弄得疲惫不堪。所以说，不拒绝别人的要求，永远说"没问题"，并不会让你快乐，反而会给你的生活带来不必要的压力和负担，到头来因为不能实现自己的诺言，反而更伤了彼此之间的和气。

经常对别人做出承诺，我们会觉得有太多事要做而无法休息，若拒绝别人的请求，又会产生内疚感，所以我们总是处于进退维谷的状态。

因此，一定要告诉自己：减少对别人的承诺，不论是对朋友还是对家人。如果别人的邀请对你来说是没有吸引力甚至无聊乏味、浪费时间的，你应该学会断然而礼貌地拒绝。

卡耐基在《人际交往艺术》一书中告诉我们："你可以用一些言辞上的技巧，来减少你的承诺，让你可以拥有自己的时间。"因此，你不妨在言辞上多下功夫，试试看，一定会有效果。

哈里是一位成功的部门经理，他为人随和并且乐于助人，这让他赢得了极好的人缘，但同时也给他的生活带来了不少的麻烦。哈里为人热情，但他有一个缺点，就是他处理社交问题很不果断。如果有人向他发出邀请，即使他不愿意去，也很难拒绝。

他打扮整齐，又要奔向另一个乏味的聚会，而不能留在家里看自己喜欢的片子，他总会无奈地想到自己竟不能掌握自己的生活。有一次收到邀请的时候，他正在和孩子一块儿读卡通书。那个晚上他很不想离开家，可是坚决地予以回绝又好像不太礼貌，于是他撒了个小谎，说身体不太舒服，想留在家里休息。这样，他为自己赢得了一个轻松安静的晚上。

这让哈里学会了如何有效拒绝他人的方法。他把可以作为拒绝邀请的理由写在纸上，列成清单放在电话机旁边，在接到那些他不喜欢的邀请的时候，他就随时会有一些合理的理由，委婉地回绝。虽然这样导致了他社交面的减少，但是他丝毫没有为此感到遗憾。学会说"不"解放了哈里的时间和生活，现在他有更多的时间去做自己喜欢做的事，他的生活变得简单、轻松、充满乐趣。

生活中，有些人碍于面子不肯拒绝他人，最终吃亏和难受的还是自己。其实，如果做到实事求是、量力而行，懂得在适当的时候说出"不"字，就不会将自己搞得那么累。如果想像哈里一样，婉拒那些恼人的应酬，巧妙地拒绝别人，不妨试试以下的方法：

不好正面拒绝时，可以采取迂回的战术，转移话题也好，另有理由也好，主要是善于利用语气的转折——绝不会答应，但也不至于撕破脸。比如，先向对方表示同情，或给予赞美，然后再提出理由，加以拒绝。由于先前对方在心理上已因为你的同情而对你产生好感，所以对于你的拒绝也能以"可以谅解"的态度接受。

幽默也是一种好的方法。一次，钱锺书在电话里对想拜访他的英国女士说："假如你吃了个鸡蛋觉得不错，又何必认识那只下蛋的母鸡呢？"用下蛋的母鸡比喻自己，不但巧妙生动，而且表现了钱老的和蔼可亲，幽默风趣地拒绝了拜访。

也可以通过敷衍的方法。一次，庄子向监河侯借贷，监河侯敷衍他，说道："好！再过一段时间，等我去收租，收齐了，就借你三百两金子。"这话有几层意思：一是我目前没有，现在不能借给你；二是我也不是富人；三是过一段时间不是确指，到时借不借再说。庄子听后已经很明白了，但他不会怨恨什么，因为监河侯并没有说不借给他。

总之，在生活中，当我们没有能力或者根本不想接受别人的意见时，就要学会巧妙地拒绝别人，否则累了自己，别人也不高兴。

# 让人一步需有高人一筹的智慧

进退有度，是人际交往中最难领会的部分之一。如何做到该进时长驱直入，该退时让人一步，就需要高人一筹的智慧。

战国时，有一次赵王派了孔青带领大军救援禀丘。孔青是员猛将，加上足智多谋的宁越辅佐，所以赵军大败齐军，击毙了齐军统帅，并俘获战车两千辆。战场上留下了三万具齐军尸体，孔青决定把这些尸体封土堆成两个大高丘，以此彰明赵国的武功。

宁越劝阻道："这样做太可惜了，那些尸体可以另有用处。我看不如把尸体还给齐国人。这样做可以从内部打击齐国，从而让齐军不再侵犯！""死人又不可能复活，怎么能从内部打击齐国呢？"孔青想不通了。宁越说："战车和铠甲在战争中丧失殆尽，府库里的钱财在安葬战死者时用光了，这就叫作从内部打击他们。我听说，古代善于用兵的人，该坚守时就坚守，该进退时就进退。我军不如后退三十里，给齐国人一个收尸的机会。"

孔青大致明白了宁越的用意，但转念一想，又说："但是，齐国人如果不来收尸的话，那又该怎么办呢？"

"那就更好了，"宁越胸有成竹地说，"作战不能取胜，这是他们的第一条罪状；率领士兵出国作战而不能使之归来，这是他们的第二条罪状；能给他们尸体却不收取，这是他们的第三条罪状。老百姓将会因为这三条罪状而怨恨齐国的高级将领。居于高位的人也就无法役使下面的人，而下面的人又不愿侍奉居于上位的人，这就叫作双重打击齐国！""好，还是您技高一筹啊！"孔青终于完全理解了宁越的良苦用心。果然不出宁越所料，齐国因此元气大伤，很长一段时间不能对外用兵。

宁越的主张看起来好像并不是那么咄咄逼人，相反，似乎还有点软弱，是在向齐国让步。殊不知，这"让步"里面却大有文章，表面上的退步其实换取的是更大的进步。有进有退，能屈能伸，不执着于无利的方面，这是成功的必要条件。那种一往无前、有进无退的人，表面上英勇，实则是成事不足、败事有余。

想要给出有力的一拳，首先就要缩回拳头，来增加打出去的力量，那些杰出的人物往往更加懂得这个道理，他们不会执着于一时的意气用事。退有时是为了更好地进，特别是当我们的力量还处在弱势的地位时，更应该多一些隐忍，等待机会成熟之时再大显身手，从而达到极佳的效果。

## 不揽自己没能力或办不好的事

量力而为，在适当的时候为自己留有余地，对那些心有余而力不足或棘手的事情说"不"。在交际中你必须知道：当亲友或上司委托你做某事时，请你一定不要不假思索地满口应承，而是能推就推。就算感到磨不开面子，至少也要冷静1分钟，在大脑中转一个圈子，考虑这件事自己能不能办得到、办得好。把自己的能力与事情的难易程度以及客观条件结合起来统筹考虑，然后再做决定。

如果为了一时的情面接受自己根本无法做到或不愿做的事情，一旦失败了，同事、亲友、上司就不会考虑到你当初的热忱，只会以这次失败的结果来评价你。

某教师分配到某中学工作，市教委向该校抽人，对全市的中学实地考察，并写出调查报告。因这位教师还没有安排授课，就抽了他一个。起初，他感觉为难，认为自己刚刚走出校门，不仅对本市教学情况不熟悉，就是对教育工作本身，也知之甚少。他本不想参加，无奈校长已经开口，想要推掉实在不好拒绝，只好勉强服从。

一个半月过去了，别人都按分工交了调查报告，唯有他一个，由于不谙世故，又缺乏经验，对自己分工调查的三个中学连情况都没摸准，更不用说分析了。市教委主任为此很恼火，责备校长，怎么推荐这么一个人。这位教师面子受不了，又是气又是羞愧，一下子病倒了，在床上躺了两个星期。

这位教师由于当初不好意思拒绝，或者害怕因拒绝会引起上司不高兴而接受下来，由此，他的处境我们可以想象。所以，无论做什么，都要量体裁衣，遇到自己感到难以做到的事，要鼓起勇气，说声："对不起，我实在无能为力，您是否可以另找别人。"或者"实在抱歉，我水平有限，只能让您失望了。我想，如果我硬撑着答应，将来误了事，那才对不起您呢"。否则，将来丢脸的人肯定是自己。

但是在这个世界上，我们毕竟不可能独来独往。做自己的事情时，有时要涉及别人的利益。因此，我们在人际交往的过程中，必须全盘衡量，把握分寸，协调好各方面的利害关系。有些事情，不该做时就不能做，一旦做了，可能就违法、违情、违理，使自己或别人遭受名誉、经济或地位的损害。当有人托你办风险很大的事时，绝不能贪图一时之利，而不负责地随便答应对方，一定要慎重考虑那些可能引起的后果。

　　另外，有人请你代其完成工作时，如你的同事把自己分内的工作往你身上推，此类情况，都应巧妙拒绝。因为，形形色色的人在社会舞台上都扮演了不同的角色，每一个人都有自己的责任和义务。既然承担了某种社会责任或契约，就应该践约。的确，拒绝别人的要求是件不容易的事。而当别人央求你，你又不得不拒绝的话，更是叫人头痛的，因为每个人都有自尊心，都希望得到别人的重视，同时也不希望别人不愉快，因而，也就难以说出拒绝的话了。

　　不过，当你经过深思熟虑，知道答应对方的要求将会给彼此带来伤害时，那么，就应该拒绝，千万不要为了面子问题，做出违心的事来，结果对双方都无好处。

# 第四章

## 先舍后得，智慧
## 做人灵活处世

## 似予实取，不争反而能为先

先贤庄子行走于山中，看见一棵被奉为社神的大树，这棵树大到可以隐蔽几千头牛，树干有数百尺粗。树梢有山头那么高，树干几丈以上才分生枝杈，很多枝杈都可以做成小船。伐木的人站在树旁却不去动手砍伐。问他们是什么原因，伐木人不屑一顾地说："那是没有用的散木。用它做船会沉，做棺材会很快腐烂，做器具就会毁坏，做门窗会流出汁液，做梁柱会生蛀虫。就是因为一无是处，所以才能长得那么茂盛。"庄子感慨地说："这棵树就是因为不成材而能够终享天年啊！"正是百无一用有大用，不争反而能为先。

关于因果之说，有很多不同的见解，庄子代表道家，道出了因果的真谛。佛教认为，世间万物有因就有果，因果循环虽然不一定立刻显现出来，但并不等于不存在。庄子眼中的大树，历经了破而后立，也符合佛教因缘果报的说法。

弘一大师也对因果有自己的见解。他说："吾人欲得诸事顺遂，身心安乐之果报者，应先力修善业，以种善因。若唯一心求好果报，而决不肯种少许善因，是为大误。譬如农夫，欲得米谷，而不种田，人皆知其为愚也。故吾人欲诸事顺遂，身心安乐者，须努力培植善因。将来或迟或早，必得良好之果报。古人云：'祸福无不自己求之者。'即是此意也。"他认为，人的事情之所以做得顺利，能得到很多人的帮助，是因为这个人以前做过很多好事，也帮助过别人。因此，若想得到好的果报，不肯先付出是不可能的。这正如农夫种地，想有好的收成却不先辛勤种地，可能吗？所以，我们若想事情有好的结果，就应该先付出，这样才会有相应的收获。福祸也是如此，"塞翁失马，焉知非福。"有时候因为自己的缺憾，反而为自己带来益处，生活就是这样的。

世间的得失与取舍关系都是相通的，生活有失才有得，想要有取便必须学会给予。"取"与"予"之间并不是相互对立的，如果我们只是一味地想去索取，那么，我们将活在地狱；倘若我们懂得"先予而后取"的道理，那么，我们便生活在天堂。

## 要得到回报，先满足他人

很多人都明白付出才有回报的道理，但是不是任何付出都有回报的，付出也是需要讲究方式方法的。当你的付出别人不需要的时候，你的付出就是无谓的牺牲，不但不会得到回报，还有可能给你带来负担；只有你的付出正是别人需要的时候，你的付出才会有价值。只有满足别人需要的付出，才能得到别人的回报。

一位登山客在山中突遇暴风雪，在风雪茫茫中迷失了方向。这场暴风雪突如其来，他的御寒装备严重不足。他知道自己必须尽快找到避寒处；否则就会被冻死。可是他没走多远，四肢已冻得开始麻痹，他意识到自己的时间已经不多了。

就在这时候，他在路上遇到另外一个人，那个人躺在地上，一动不动。原来那个人已经快冻僵了。登山客停了下来，他发现自己面临一个困难的抉择：他应该继续赶路为求拯救自己，还是设法救助雪中垂危的陌生人呢？

转瞬之间，他就下定了决心，设法救助陌生人。他迅速脱下湿手套，跪在那个垂危的人身边，按摩他的手臂和双腿。那个人终于血脉通畅，四肢能够活动了。他们两人相互支持，患难与共，最后终于得到了救援。他们生还了。后来，这位登山客才知道，那个冻僵了的人是一个大公司的老板，因为登山客救了他的性命，要给予他一些股份作为报答，但是被登山客拒绝了。他们成了好朋友。

后来，登山客在一次自然灾害中双腿受伤，需要很大一笔医疗费，正在他着急万分的时候，那位他曾经救助的老板来了，帮助他付了全部的医疗费用使他渡过了难关。

登山客回忆说："我们要在别人需要的时候给予帮助，我们才能在需要的时候得到他人的帮助。"

在别人急需帮助的时候，我们给予他们需要的帮助，这样别人不但会记住你，感谢你，还会在你需要帮助的时候给予你很大的回报。

生活中，许多人认为"付出很少有回报"，果真如此吗？故事中登山客的付出，为他赢得了一个好朋友，还在他困难的时候给予了天文数字的医疗费用。在别人需要帮助的时候付出，回报是极大的。

生活就是这样，当你为别人的需要而付出的时候，你的人生才会因你的付出而快乐、升华，才能得到生命的延长和增值。

# 主动，便赢得了成功人际关系的一半

经常会遇到这样一种场面：在生日宴会上，几个好朋友聚在一起欢天喜地地玩玩闹闹，而旁边会有人只是一声不吭地吃着东西，没有加入到那些人的行列中。这样的人实际上是白白放弃了扩大自己交际圈的好机会。如果能主动争取和别人交流，那就会为自己开拓一个自己不会了解的崭新世界，也会促进自己成功。

那么，怎样才能和对方进行良好的交流呢？有这样一句话："对方的态度是自己的镜子。"在日常的人际交往中，有时自己感觉"他好像很讨厌我"，其实这时正是自己讨厌对方的征兆。因此，对方也会察觉到你好像不喜欢他，当然两个人就越来越讨厌彼此了。在出现这种情况的时候，自己要主动与对方交流，主动敞开心扉。

"对方愿意接近我，我也愿意和他交谈""对方如果喜欢我，我也喜欢他"。如果用这种被动的姿态与人交往，那你永远也不会建立起和谐友好的人际关系。要想使自己拥有和谐友好的人际关系，使自己每天的心情都轻松愉快，毋庸置疑，那就应该采取积极主动的态度与人交流。

要想营造好的人际关系必须强调主动。一切自卑的、畏首畏尾和犹豫不决的行为，都只能导致人格的萎缩和做人处世的失败。所以，拿破仑说进攻是"使你成为名将和了解战争艺术秘密的唯一方法"。

在交际中也是如此，主动进攻，可以使人了解到社会人生所具有的意义，也可以说，寻常人生交际，也是一场不流血的、平静温和的战争。因此，主动进攻不仅是一种行为风格，从思想上讲，更是一种主动谋略。

道理是这样，但避免不了人们心里对主动交往有很多误解。比如，有的人会认为"先同别人打招呼，显得自己没有身份""我这样麻烦别人，人家肯定反感的""我又没有和他打过交道，怎么会帮我的忙呢"等。其实，这些都是害人不浅的误解，没有任何可靠的事实能证明其正确性。但是，这些观念却实实在在地阻碍着人们，阻碍了人们在交往中采取主动的方式，从而失去了很多结识别人、发展友谊的机会。

当你因为某种担心而不敢主动同别人交往时，最好去实践一下，用事实去证明你的担心是多余的。不断地尝试，会积累你成功的经验，增强你的自信心，使你在工作场合的人际关系状况越来越好。

在谈话中，如果控制话题的主动权，你的压力就会缓和下来。但是，要是主动权落入他人手中，受制于人的情况下，谈话便不会像你希望那样顺利进展。如果对方不怀好意，存心问些尖锐敏感的问题，你更是一味陷于挨打的局势了。

其实，这时恰是你反击的时候。你无须正面回答对方的问题；相反可以提出相关的问题，反过去征询对方的意见。据说，善于社交的高手，大都擅长使用这种"转话法"，以确保谈话时的主导权。

人在谈话时难免失言，在关系重大的面谈时失言，甚至可能造成致命的一击而一蹶不起。不管说错了什么话，即使是无伤大雅的事，一旦失言，第一个反应就是慌乱，告诉自己"完蛋了"，瞬时热血直往脑门上冲，说话就更加语无伦次。这种情况，千万不能慌，要变被动为主动。

"你好"是个最普通的词，相错而过的车船上，人们可以彼此喊一声"你好"便再也不相遇。萍水相逢的人，可以因为喊一声"你好"，而从此相识。

拥有丰富多彩的人际关系是每一个现代人的需要。可是，现实生活中，很多人的这种需要都没有实现。他们总是慨叹世界上缺少真情，缺少帮助，缺少爱，那种强烈的孤独感困扰着他们，使他们痛苦不已。其实，很多人之所以缺少朋友，仅仅是因为他们在人际交往中总是采取消极的、被动的退缩方式，总是期待友谊从天而降。这样，虽然他们生活在一个人来人往的工作场所，却仍然无法摆脱心灵上的寂寞。这些人，只做交往的响应者，不做交往的主动者。

要知道，别人是没有理由无缘无故对我们感兴趣的。因此，如果想赢得别人的好感，与别人建立良好的人际关系，摆脱寂寞的折磨，就必须主动与人交往。

## 风光不可占尽，宜分他人一杯羹

人皆有好名之心，内心常有一种出人头地的渴望，期待着有一天能"一炮走红"而成名人。于是，我们常常发现，那些在自己的领域做出一点成绩的人，总是认为自己是多么的与众不同，是多么的应该被别人景仰。他们的眼睛中只看见自己，就好比在一张白纸上涂一个黑点，他们只看到黑点，却看不见黑点之外那无限开阔的境地。他们不停地炫耀自己、推销自己，俨然一副舍我其谁的神态。殊不知，他们的这种行为令别人十分反感，这样使他们离成功越来越远。

要表现自己，先要倾听别人；要成为公众的焦点，先要学会把光环让给别人。这时，你的内心会升起一种奇妙的平静感，你的成功自然地昭示着一种无须声张的厚度，你会越来越受人欢迎。

后汉隐帝时，大将郭威曾任两军招慰安抚命。他领兵平定以李守贞为首的三镇（河中、永兴、凤翔）割据后，回到了京都大梁。

郭威入朝拜帝，皇上对他进行嘉奖，赐予金帛、衣服、玉带等一大堆奖品，郭威一一加以推辞，道："为臣自领命以来，仅仅攻克一座城池，有什么功劳可言呢！况且我又领兵在外，而镇守京城，供应所需，使前方不缺粮，这都是朝中大臣的功劳啊。"后来，后汉隐帝又提出加封郭威为地方藩镇，郭威还是不受："宰相位在臣上，未曾分封藩镇，还有节度使也有功劳。"后汉隐帝越发觉得郭威淡泊名利，十分难得，打算再赏赐他，郭威第三次推辞道："运筹策划，出于朝廷；发兵供粮，来源藩镇；冲锋陷阵，出于将士，功独归臣，臣何以堪之！"

郭威反复推辞，将功名归于大家，实在是一个很高明的做法。

他这么做，不仅免遭上下左右的嫉妒中伤，而且在朝廷中留下了好名声，真是"桃李不言，下自成蹊"！所以，当你在工作上有特别表现而受到肯定时，千万记得——别独享荣耀，否则这份荣耀会为你带来人际关系上的危机。

为了让这份荣耀为你带来益处，你需要做好如下几件事：

**1. 感谢**

感谢同人的鼓励和帮助，不要认为这都是自己的功劳，尤其要感谢上司，感谢其信任、指导。即使实际情况上，同人的协助有限，上司也没为此做什么，你也有必要感谢他们。

**2. 分享**

当你取得成绩时，主动对人表示一点物质上的感谢，能够让旁人有受尊重的感觉，如果你的荣耀是众人鼎力协助完成的，那么你更不应该忘记这一点。

**3. 谦卑**

人往往有了荣耀就容易自我膨胀，因此有了荣耀，更要谦卑，要做到不卑不亢，谦卑的要领很多，但以下两点需要注意：一是对人要更客气，荣耀越高，头要越低；二是别再提你的荣耀，再提就变成吹嘘了，即使别人先前再怎么尊敬你，此时也早已麻木厌烦了。事实上，你的荣耀大家早已知道，何必再提呢？

其实别独享荣耀，说直白点，就是不要威胁到别人的地位和利益，不要侵占别人的生存空间。因为你的荣耀会让别人变得暗淡，产生一种不安全感。而你的感谢、分享、谦卑，正好给旁人吃下一颗定心丸，人性就是这么奇妙。

## 锦上添花不如雪中送炭

曾有人说，最难忘记的是那些在自己哭泣时陪自己哭的人。

一个人不渴的时候，即使送他一桶水也没用，渴的时候，即使是半杯水也珍贵非常。一个人吃饱的时候，再好的食物也会丧失吸引力，饥饿的时候，半个馒头也美味无比。所以，雪中送炭远比锦上添花重要。

有一次，公西赤被派出去做大使，冉求因其还有母亲在家，就代其母亲请求实物配给，并多给出许多。孔子知道后，虽然并没有责怪冉求，但对学生们说，你们要知道，公西赤这次出使到齐国去，坐的是最好的马，穿的是最棒的行装，这许多置装费中尽可以拿出一部分来给母亲用。我们帮别人，要在他人急难的时候帮忙，公西赤并非穷困潦倒，再给他那么多，只是锦上添花，实在没有必要。

古人云"求人须求大丈夫，济人须济急时无"，说的也是这个道理，锦上添花不是必要的，雪中送炭却救人于危难。人需要关怀和帮助，也最珍惜在自己困境中得到的关怀和帮助。若要一个人记住自己，最好的方式莫过于在他需要帮助时伸出援助之手。

德皇威廉一世在第一次世界大战结束时，那些拥护他的部下纷纷离去，大批的民众站出来反对他，要求处死德皇的呼声越来越高，

他只好逃到荷兰去保命。在他重新回到皇宫后，有个小

男孩写了一封简短但流露真情的信，表达他对德皇的敬仰。这个小男孩在信中说，不管别人怎么想，他将永远尊他为皇帝。德皇深深地为这封信所感动，邀请他到皇宫来。这个小男孩接受了邀请，他母亲一同前往，威廉出于感激，经常陪同母子俩到处游览，后来日久生情，小男孩的母亲嫁给了威廉。

在别人富有时送他一座金山，不如在他落难时，送他一杯水。人总会在现实生活中遇到一些困难，遇到一些自己解决不了的事情，这时候，如果能得到别人的帮助，就会永远铭记于心，感激不尽。

帮助别人不一定是物质上的帮助，简单的举手之劳或关怀的话语，就能让别人产生久久的激动。如果你能做到帮助那些需要帮助的人，你便能握住他们伸出的友谊之手。而这些友谊，很可能会为你带来巨大的精神力量和物质帮助。

## 储存人情，重在平时下功夫

有些人做人往往过于功利，平时对人不冷不热，甚至还冷嘲热讽；有事时却像是换了副脸孔似的，又是送礼，又是送钱，显得特别热情——但这样的人往往很难成功。

很显然，人与人之间的关系会随着平时联络的增加而加深，久不见面的朋友自然会日渐疏远。

虽然身为上班族，但也不要一天到晚都埋头在办公桌前，不论多么忙碌的人，也总会有吃饭的时间和休息的时间。至于那些从事业务工作的人，更是整天都在外面奔跑，只有吃饭时间才会回到公司，这样更能够多利用在外面跑的机会，联络那些久疏联络的朋友。至于整日守在办公桌边的人，则不妨利用午餐时间，与在同一地区工作的朋友共进午餐。与其每天一个人吃饭，不如偶尔也打个电话约其他朋友一起吃顿饭，如果没有时间一起吃饭，一起喝杯咖啡也可以。如果彼此的距离稍远，坐计程车去也没关系，反正只不过是一个月一次的联谊。那些斤斤计较这些小钱的人，很难拓展自己的人际关系。虽然上班族的收入很有限，得靠省吃俭用才能存一点钱。但是，因此而失去了与朋友来往的机会，那可就得不偿失了。更何况有许多人是斤斤计较这些小钱，却又对大钱毫不在乎，这实在是本末倒置的做法。

在外面奔波的人不妨利用机会顺路探访久未见面的朋友，即使是五分钟也可以；或是利用中午休息时间和对方一起吃顿便饭。虽然只有短短的五分钟，但却对与对方保持长久联系非常重要。

下班后，大家一起喝杯茶。不论是迎新送旧还是大功告成，找各种理由大家一块儿聚聚，这不只是大家互相联络感情，也是松弛一下紧张的神经的好机会。人原本就有喜新厌旧的本性，比起早已熟知的朋友，新朋友更能吸引我们的好感而频频与之接触。

对人情的投资，最忌讳的是急功近利，因为这样就成了一种买卖，如果对方是有骨气之人，更会感到不高兴，即使勉强接受，也并不以为然。日后就算回报，也是得半斤还八两，没什么好处可言。

平时不联络，事到临头再来抱佛脚也来不及了。人脉不只在建立，也要重视平时的经营，否则时间长了，人脉也变成了冷脉。

## 送人情不吝啬，多为自己开条路

说到人情，谁也不敢轻慢。一个人在充满竞争的社会上能不能站得住，行得通，关键一点是看他有多少人情。人情虽然是不可以量化的，但很多人心目中还是有一杆秤。一般说来，一个人有多大的人情，就会获得多大的回报。

钱锺书先生一生日子过得比较平和，但困居上海孤岛写《围城》的时候，也窘迫过一阵。辞退保姆后，由夫人杨绛操持家务，所谓"卷袖围裙为口忙"。那时他的学术文稿没人买，于是他写小说的动机里就多少掺进了挣钱养家的成分。一天 500 字精工细作，却又不是商业性的写作速度。

恰巧这时黄佐临导演上演了杨绛的四幕喜剧《称心如意》和五幕喜剧《弄假成真》，并及时支付了酬金，才使钱家渡过了难关。时隔多年，黄佐临导演之女黄蜀匠之所以独得钱锺书亲允，开拍电视连续剧《围城》，实因她怀揣老爸一封亲笔信的缘故。

钱锺书是个别人为他做了事他一辈子都记着的人，黄佐临 40 多年前的义助，钱锺书 40 多年后还要报答。这真是"多一个朋友多一条路"，没有 40 年前的人情，也就难有 40 年后的路子。

东汉末年，周瑜并不得意。他曾在军阀袁术部下为官，被袁术任命过一回小小的居巢长，一个小县的县令罢了。

这时候地方上发生了饥荒，兵乱使粮食问题日渐严峻起来。居巢的百姓没有粮食吃，就吃树皮、草根，活活饿死了不少人，军队也饿得失去了战斗力。周瑜作为地方的管理者，看到这悲惨情形急得心慌意乱，不知如何是好。

有人献计，说附近有个乐善好施的财主鲁肃，他家素来富裕，想必囤积了不少粮食，不如去向他借。周瑜带上人马登门拜访鲁肃，刚刚寒暄完，周瑜就直接说："不瞒老兄，小弟此次造访，是想借点粮食。"鲁肃一看周瑜丰神俊朗，显而易见是个才子，日后必成大器，他根本不在乎周瑜现在只是个小小的居巢长，哈哈大笑说："此乃区区小事，我答应就是。"

鲁肃亲自带周瑜去查看粮仓，这时鲁家存有两仓粮食，各三千斛，鲁肃痛快地说："也别提什么借不借的，我把其中一仓送与你好了。"周瑜及其手下见他如此慷慨大方，都愣住了，要知道，在饥馑之年，粮食就是生命啊！周瑜被鲁肃的言行深深感动了，两人当下就交上了朋友。

后来周瑜发达了，当上了将军，他牢记鲁肃的恩德，将他推荐给孙权，鲁肃终于得到了干事业的机会。

生活的经验告诉我们，必须在银行里储蓄足够的金额，当遇到困难的时候，才能从银行里从容地取出存款，以解所需之急。反之，不肯增加储蓄而只想大笔支取的人是无人理会的，这样的银行账户是根本不存在的。若毫无储蓄，到需要用钱时，也就必然无钱可用，只有欠债了。但欠债总是要还的，到头来还是要储蓄。

人与人之间的关系也是这样。每个人的心中都有一个银行，都设有一本感情账户。而能够充实感情账户，使感情储蓄日益丰厚的，只能是你对他人真诚、热忱的关心、支持和帮助。互助互利是彼此信任的基石，没有较深的感情则没有彼此的信任。重视情感因素，不断增加感情的储蓄，就是积聚信任度，保持和加强亲密互惠的关系。你在感情的账户上储蓄，就会赢得对方的信任，那么当你遇到困难，需要帮助的时候，就可以利用这种信任。

所以，我们强调请求别人的支持与帮助，应该自信主动、坦诚大方地提出，尽管有许多有效的方法和技巧可以采用，然而最重要的是自己要乐于助人、关心他人，不断增加感情账户上的储蓄。

## 平时多走动，急时有亲情

虽然从某种意义上讲，亲戚关系本来就是存在的。但是亲戚之间也需要经常走动，需要你来我往，这样才能加深彼此的感情，求人办事的时候才能更顺利。

与亲戚建立更为融洽的关系，是活用亲戚关系办事的前提。但这种融洽的关系不是一朝一夕就能做到的，必须依靠平日一点一滴的积累。只有不断地构建和巩固，亲戚关系才会牢固。有了牢固的关系，求亲戚办事才能易如反掌，而只有经常进行感情投资，亲戚之间常来常往，才能建立牢固的关系。

有些人认为，亲戚关系本来就是存在的，求亲戚帮忙办事也是天经地义的。因此，平时没有必要花费力气去加固什么亲戚关系。但是细心的人可能都会发现这样的问题，假设同是姨表或同是姑表之间，你如果经常去看望其中的一位姑妈，而对另外的几位姑妈无意识地淡忘了，那么你们之间的关系就会变得疏远。等到你升大学或者结婚需要钱的时候，你经常去看望的那位姑妈就会多资助你一些，而其他的几位姑妈一般情况下只是象征性地表示一下就算了。这没有什么奇怪的，再亲再近的人平时也需要感情投资，这是毫无疑问的。

换句话说就是，求人办事也需要具备战略眼光。当然不仅需要我们平时投资，事后也更须注意。"事前"注意，有利于顺利地把事情办好；"事后"注意，有利于以后办事，而且也有利于巩固双方的关系。

如果认为对方是亲戚，他们为你做事、帮忙是理所当然。有这样的想法是十分错误的。"礼尚往来"是中国人做人处世的准则。别人帮了你的忙，一句感激的话语、一点点表达的心意都是应当的。因此，向亲戚表示感谢，不仅要表现在言语上，还可以表现在一定的物质回报上。

当然，物质回报要适量、适度，不要借助回报之名进行违规交易。另外，当语言回报不足以表达心意，物质回报又不合时宜时，也可以以自己的实际行动来回报对方。小王是一位机关干部，她年幼时父亲不幸去世，是城里的姑妈供她上高中、念大学。而今她已身居要职，衣食无忧。对于姑妈的这份恩情，用言语和金钱是无法报答的。近来姑妈体弱多病，小王经常使用空闲时间帮姑妈干家务，还时常利用下乡机会为姑妈寻医求药。姑妈听在耳里、看在眼里、喜在心里。她为自己当年对侄女的付出感到十分欣慰。

总之，亲戚之间应当经常走动，在平时一点一滴积累感情，到关键的时候你才能获得他们的全力帮助。

## 人再熟也要常联系

在讲求效率与人际网络的现代社会，电话或者电子邮件可以轻松地帮助我们加强彼此之间的联系。相信大家都有过这个经验，借着"电话树"的功用，一个消息很快呈放射状传播出去。就像棒球比赛，棒球选手在跑回本垒时，一定要绕钻石形球场踩过每一个垒包，人际关系也是如此，如果不做踩垒的动作——随时与人保持联络，则迟早要被淘汰出局。

通过短信、电话留言或者电子邮件、贺卡等形式告诉熟人，你在多大程度上受益于他提供的信息，这同样不失为一种得体的感谢方式。"张杰，我只想告诉你，我遵循你的建议同赵伟谈过了。他安排我同一些重要领导和关系人进行了接洽。我想再次感谢你为我指引了正确的努力方向。"一句简单的电话留言，但当老朋友张杰听到时，一定十分感动。因为，他只是提了一个小小建议，你凭自己的努力达到了目的，却特地向他致谢，说明你很重视他。

示意熟人你已经得到了他们的帮助，即使这种帮助的价值不大，也会鼓舞他们的热情。千万不要认为，大家这么熟，一点小事情，不必放在心上，更不用表示感谢。对方帮助你，因为你是他的朋友，也许他并不需要你的感谢，但如果你向他表示感谢，对方一定很高兴，至少说明你对他行为的肯定。记住，随时说"谢谢"，这不是见外，而是发自内心的感谢，是一种礼貌和尊重。尽量使用"我感谢你的帮助"这样的措辞来结束每次电话交谈，从而使熟人在下次接到你的电话时态度会更加友好。时不时地与熟人进行沟通，可以加深他们对你的记忆和积极的印象，并使你有机会向熟人介绍自己的最新境况和求职活动的进展。如果你的求职意向有所变化，还会在熟人的心目中留下更新的印象。

需要注意的是，熟人之间的这种"沟通"活动切忌过于频繁。每隔一个月接触一次不会引起身居要职的熟人的不快。然而，如果你每周发一封电子邮件，或者每周都打去电话，他们就会感到自己的善意被滥用和过度使用了。一方面，对方可能很忙，没有时间跟你交流，只好敷衍了事，打击你的热情；另一方面，时间久了，大家没有什么可聊的，会让对方觉得你很麻烦，耽误了对方的工作，从而厌倦跟你交往。所以，联系的频率不宜过多。过一段时间联系一次，会让彼此都有新鲜感，有更多的话题，感觉会更亲切自然。俗话说：小别胜新婚，就是这个道理。牢记于心和停留在面子上是有区别的。

# 不要冷落落魄的朋友

人们自然喜欢结交现在看来就很有价值的朋友，但是，谁知道明天的变化呢？我们为人处世，还需要长远眼光。今天的"冷庙"有可能是明天的"热庙"，凡事要有自己的主见，不能老是跟在别人后面跑。

晋代一个名叫荀巨伯的人，得知朋友生病卧床，便前去探望。不料正赶上敌军攻破城池，烧杀掳掠无恶不作，百姓们纷纷携妻挈子，四散逃难。朋友劝荀巨伯说："你赶快逃命去吧，我重病在身，根本逃不了，更何况我自知已活不长了，跟着你我也只能拖累你，你赶快离开这里吧！"

荀巨伯并不是贪生怕死之辈，他对朋友说："我怎么能弃你于不顾呢？你把我看成什么人了？我不辞山高路远来此地就是为了照顾你。现在，敌军进城，你重病在身，我更不能扔下你不管。"说完转身到厨房给朋友熬药去了。

朋友语重心长地劝了半天，让他快些逃走，可荀巨伯却端药倒水跟没听见一样，他反倒安慰朋友说："你就安心养病吧！不要管我，我不会有事的，我在这里你还有个照应，最起码天塌下来我还能替你顶着！"

这时只听"砰"的一声，门被敌军踢开了，冲进来几个凶神恶煞的士兵，冲着他们大喊大叫道："你们是什么人？好大的胆子还敢在这里逗留，你们难道不怕死吗？"

荀巨伯站起身，从容地走到士兵跟前，指着躺在床上的朋友说："我的朋友病得很厉害，根本无法下地行走，我怎么可以丢下他独自逃命？请你们快快离开这里吧，别吓坏了我的朋友，如果你们有什么事尽管找我好了。如果要死，我可以替他死，对此我绝不会皱一下眉头。"原本面露凶相的士兵，对大义凛然的荀巨伯那无畏的态度很是钦佩，语气较先前缓和了许多说："没想到这里还有品格如此高尚的人，这样的人咱们怎么好迫害呢？走吧！"说着，敌军就走了。

可见，一个懂得善待自己落魄朋友的人，不仅赢得了朋友的真心，而且还为自己赢得了生机，真的是好人有好报啊。可是现实中的不少人总是可以敏感地觉察到自己的苦处，却对别人的痛处缺乏了解。他们不了解别人的需要，更不会花工夫去了解；有的甚至知道了佯装不知，大概是没有切身之苦、切肤之痛吧！

虽然很少有人能做到"人饥己饥，人溺己溺"的境界，但我们至少可以随时体察一下暂时不得势的人的需要，时刻关心他们，帮助他们脱离困境，当他们遭到挫折而沮丧时，应该给予鼓励。这样不但维系了友情，而且一旦那位落魄朋友时来运转的话，他当初的那份温情就会显得弥足珍贵，如果日后他需要帮助的话，定然会得到转势之友的大力相助，这也许就是"冷庙烧香"的好处吧。

从一定意义上说，对待落魄、失势者的态度不仅是对一个人交际品质的考验，而且也是建立良好人际关系的契机。世事沧桑，复杂多变，起起伏伏，实难预料。昨天的权贵，今天可能成为平民；路边乞丐，一夜之间也可能平步青云……

## 学会倾听，胜过十张利嘴

有这样一个善于倾听的女孩，她也因此拥有许多好朋友，每一个都将她视为毕生知己，有什么开心的事都会与她共同分享，遇到困难也会向她倾诉。

一天，一位朋友来到她家，一坐下便长吁短叹，接着还流下了眼泪。她默默地递上一杯热茶，坐在朋友对面，耐心地聆听对方的倾诉……

原来这位朋友在单位被人陷害，工作上出了很大的错误，差点被老板开除，雪上加霜的是，她的男友在这时提出分手。朋友觉得生活毫无希望，完全失去了前进的目标。

朋友不停地讲着，把心里的苦闷全部倾泻出来，而女孩只是静静地听着，用一种理解、同情的目光凝视着对方的脸，不时地点点头表示赞同……

渐渐地，朋友痛苦的表情放松了，眼泪也消失了。女孩微笑了一下，拍拍朋友的肩，她说："怎么样？觉得好点了吗？"

朋友擦擦眼泪，同样回以一个微笑："是啊。很奇怪，我在来你家的路上都快活不下去了，可现在却觉得也没什么大不了的。"

女孩握住朋友的手，温和地说："不管发生什么，你还有朋友。"

然后，她们一起讨论怎么挽回工作上的失误，向老板说明一切，让那些卑鄙之人得到应有的惩罚；至于感情的事，就顺其自然，如果无法补救，就让它平静地结束，也许并不是多么严重的问题……

许多年后，朋友已经有了一个幸福美满的家庭，在事业上也有了一番作为，但她永不会忘记那个曾经令她痛不欲生的日子。是倾听那一份真诚的理解和同情，让她堵塞的心田涌入了一股清爽的风……

倾听是一种心灵的交汇，虽然它不能为悲伤的人撑起一片蓝天，也不能让懊恼迅速离去，但是倾听可以为朋友撑起一柄雨伞，使她不会被不如意淋个透心凉。用自己的心灵去感受他人的悲伤，如在寒冷的冬夜，点燃小小的壁炉，让暖暖的炉火，一点点地沁入朋友的心中，驱走寒冷。

生活中，一个善于倾听的人，能给满腹牢骚的同事带去一缕温暖；能给倾诉的人一丝理解和尊重；听听上级的批评、下级的建议，让事业发展变得更顺畅；听听朋友的心声，是生命中不可或缺的一个季节，让我们明白什么才是真、善、美，彼此的手握得更紧，心贴得更近。倾听，让一句简单的话语，骤然有了神奇的力量，让那些琐碎的小事，一下子变得无比地亲切起来，让那些平凡的日子，变得幸福而清爽。


## 不要忽视任何一个"小人物"

营造人脉，不可忽视身边的"小人物"，有许多"小人物"都发挥着举足轻重的作用。

清朝雍正皇帝在位时，按察使王士俊被派到河东做官，正要离开京城时，大学士张廷玉把一个很强壮的佣人推荐给他。到任后，此人办事很老练，又谨慎，时间一长，王士俊很看重他，把他当作心腹使用。

王士俊任期满了准备回到京城。这个佣人忽然要求告辞离去。王士俊非常奇怪，问他为什么要这样做。那人回答："我是皇上的侍卫某某。皇上叫我跟着您，您几年来做官，没有什么大差错。我先行一步回京城去禀报皇上，替您先说几句好话。"王士俊听后吓坏了，好多天一想到这件事就两腿直发抖。幸亏自己没有亏待过这人，多吓人哪！要是对他有不善之举，可能命就保不住了。

生活中，我们千万不可轻视身边的那些"小人物"，跟他们搞好关系非常重要。这些人平时不显山不露水，但是到了关键时刻，说不定就会成为左右大局、决定生死的"重磅炸弹"。

所以，平常无论是说话还是办事，一定要记住：把鲜花送给身边所有的人，包括你心目中的"小人物"。不要总是时时处处表现出高人一等的样子，要知道，再有能力的人也不可能把所有的事情都办好，再优秀的篮球运动员也不可能一个人赢得整场比赛。在经营管理中，人的因素至关重要，有了人才会有事业，有情义，同时也会带来效益。俗话说："不走的路走三回，不用的人用三次。"说不定，有一天，你心目中的"小人物"会在某个关键时刻成为影响你的前程和命运的"大人物"。

常言道，"深山藏虎豹，田野隐麒麟"，更何况一百个朋友不算多，冤家一个就不少，越是小河沟子越可能会翻大船。在芸芸众生之间，有着无数能够在关键时刻大显神通助您成功的"贵人"，或陷人于死地的"小人"。所以，要想经营广泛的人脉关系，就要随时随地广泛交往，重视身边的"小人物"，多结善缘才行。

## 留点瑕疵，别把自己表现得太完美

社会交往中，我们经常看到一些看起来各方面都比较完美的人却不招人待见；而那些有明显缺点的人，却往往讨人喜欢。

之所以出现这种情况，是因为：一般人与完美无缺的人交往时，总难免因为自己不如对方而有点自卑。如果发现如此精明的人也和自己一样有缺点，就会减轻自己的自卑，也就更愿意与之交往。你想，谁会愿意和那些容易让自己感到自卑的人交往呢？所以，不太完美的人，更容易让人觉得可亲、可爱。

从另一个角度来看，世界上不可能存在真正完美、没有缺点的人。如果一个人总是表现得很完美，倒很容易让人怀疑其中有造假的成分。或者说，故意把自己表现得很完美，这本身恐怕就是一个不好的缺点。

所以，一个善于处世的人，常常会故意在明显的地方留一点儿瑕疵，让人一眼就看见他"连这么简单的都搞错了"。这样一来，尽管你出人头地，木秀于林，别人也不会对你敬而远之。一旦他发现"原来你也有错"，反而会缩短与你之间的距离。

在好莱坞有这样一位国际知名演员：

一次，他在进影棚演出之前，一位朋友提醒他，纽扣上下扣反了。他低头看了看，连声向朋友道谢并赶紧扣好纽扣。可等他的朋友走开以后，他又把纽扣上下重新扣反。一个年轻人正好瞧见这一过程，便不解地问他是怎么回事。这名演员说他扮演的是个流浪汉，扣反纽扣正好表现出他不注重形象、对生活失去信心的一面。年轻人更是困惑地问道："可你为什么不向朋友解释或者说这是演戏的需要呢？"这位演员坦然地笑着说："他提醒我是把我当作真正的朋友，是出于对我的关心。假如我一定要解释个清楚，就极有可能让他认为我做任何事都是有准备的，有一定原因的。久而久之，谁还能指出我的缺点，在他们眼里，我的缺点也可以被认为有个性，而恰恰这正是我要完善的地方。"

人不是上帝，都不完美，都会犯一些错误。为了不断地完善自己，你必须给人以批评你的机会。

其实，适当地把自己安置得低一点儿，就等于把别人抬高了许多。当被人抬举的时候，谁还有放置不下的敌意呢？既然人不是上帝，那么适当地犯点小错，相信人人都能够谅解。并且，你的这些小错误也给了别人自尊心上的满足，这样，别人才不会因为嫉妒而攻击你。表面上看来，犯错是不好的，实际上却是给自己搭了一个获得好人缘的梯子。

## 牢记他人的姓名

　　名字对一个人来说，应该算是最重要的东西之一了吧。一个人从出生到去世，名字就一直和他缠在一起。人们不能没有名字，因为这是一个人区别于其他人的重要标志。叫响一个人的名字，这对于他来说，是任何语言中最动人的声音。

　　一般人对自己的名字比对地球上所有的名字之和还要感兴趣。记住人家的名字，而且很轻易就叫出来，等于给予别人一个巧妙而有效的赞美。若是把人家的名字忘掉，或写错了，你就会处于一种非常不利的地位。比如说，曾有一个人，一天莫名其妙地收到了一封很不客气的信，是由巴黎一家大的美国银行经理写来的，究其原因是因为他曾经把这位经理的名字拼错了。

　　我们应该注意一个名字里所能包含的奇迹，并且要了解名字是完全属于与我们交往的这个人，没有人能够取代。名字能使他在许多人中显得独立。

　　有时候要记住一个人的名字真是难，尤其当它不太好念时。一般人都不愿意去记它，心想：算了！就叫他的小名好了，而且容易记。锡得·李维拜访了一个名字非常难念的顾客。他叫尼古得玛斯·帕帕都拉斯。别人都只叫他"尼克"。李维说：在我拜访他之前，我特别用心地念了几遍他的名字。当我用全名称呼他"早安，尼古得玛斯·帕帕都拉斯先生"时，他呆住了。在几分钟内，他都没有答话。最后，眼泪滚下他的双颊，他说："李维先生，我在这个国家15年了，从没有一个人会试着用我真正的名字来称呼我。"

由于认识到了记住他人的名字的重要性，在生意和社会交往中，我们就要有意识地去记住对方的名字，有位专家讲过要记住名字和面孔有三条原则：印象、重复和联想。

### 1. 印象

心理学家指出，人们记忆力的问题其实就是观察力的问题。肯恩觉得是如此。肯恩对名字重要性的认识，使他觉得印象是首要原则，如果不正确地牢记别人的名字，那简直是不可原谅的无礼行为。

可怎么正确地记住呢？如果没有听清其名字，那么恰当的说法是："您能再重复一遍吗？"如果还不能肯定，那么正确的说法是："抱歉，您可以告诉我怎么写吗？"

### 2. 重复

你是不是有过这样的情况，新介绍给你的人在 10 分钟之内就忘记其名字了？除非多重复几遍，否则，一般人都会忘记。

在谈话中记住别人名字的办法是用多种谈话方式使用他人的名字。比如，莫斯格拉夫先生，您是不是在费城出生的？如果一个名字较难发音，最好不要回避，但很多人都采取回避的方式。如果碰上一个较难发音的名字，可以问："您的名字我念得对吗？"人们是很愿意帮助你把他们的名字念对的。

### 3. 联想

我们是怎么把我们需要记住的事物留在头脑中的呢？毫无疑问联想是最重要的因素。

我们常常会因自己依然记得儿时发生的事而感到惊奇。

卡耐基开车到新泽西大西洋城的一个加油站加油，加油站的主人认出了他，虽然他们是在40年前见过面的。这太让卡耐基吃惊了，因为以前他从未注意过这位先生。

"我叫查尔斯·劳森，咱们曾在一所学校是同学。"他急切地说道。

卡耐基并不太熟悉他的名字，还在想他可能是搞错了。他见卡耐基还是有些疑惑，就接着说："你还记得比尔·格林吗？还记得哈里·施密德吗？"

"哈里！当然记得，他是我最好的朋友之一。"卡耐基回答道。

"你忘了那天由于天花流行，贝尔尼小学停课，我们一群孩子去法尔蒙德公园打棒球，咱们俩一个队？"

"劳森！"卡耐基叫着跳出汽车，使劲和他握手。之所以发生这一幕恰恰是因为联想在起作用，有点像是魔术。

如果一个名字实在太难记了，不妨问其来历。许多人的名字背后都有一个浪漫的故事，很多人谈起自己的名字比谈论天气更有兴趣。

## 赞美，最简单的人际投资法

马克·吐温曾说过："只要一句赞美的话，我就可以充实地活上两个月。"喜欢听好话、受赞美是人的天性之一。每个人都会对来自社会或他人的得当赞美，而感到自尊心和荣誉感得到满足。而当我们听到别人对自己的赞赏，并感到愉悦和鼓舞时，不免会对说话者产生亲切感，从而使彼此之间的心理距离缩短、靠近。人与人之间的融洽关系就是从这里开始的。

法国总统戴高乐 1960 年访问美国时，在一次尼克松为他举行的宴会上，尼克松夫人费了很大的劲布置了一个美观的鲜花展台：在一张马蹄形的桌子中央，鲜艳夺目的热带鲜花衬托着一个精致的喷泉。精明的戴高乐将军一眼就看出这是女主人为了欢迎他而精心设计制作的，不禁脱口称赞道："女主人为举行一次正式宴会要花很多时间来进行这么漂亮、雅致的计划和布置。"尼克松夫人听了，十分高兴。事后，她说："大多数来访的大人物要么不加注意，要么不屑为此向女主人道谢，而他总是想到和提到别人。"并且，在以后的岁月中，不论两国之间发生什么事，尼克松夫人始终对戴高乐将军保持着非常好的印象。

可见，一句简单的赞美他人的话，会带来多么好的反响。

美国商界中，年薪最早超过 100 万美元的管理者叫查尔斯·斯科尔特。他在 1921 年被安德鲁·卡耐基选拔为新组建的美国钢铁公司的第一任总裁，而当时他只有 38 岁。

为什么斯科尔特能够获得如此高的年薪呢？他是天才吗？当然不是。斯科尔特亲口说过，对于钢铁怎样制造，他手下的许多人比他懂得还要多。

斯科尔特说，他能够拿到这么多的年薪，是因为他知道跟别人相处的本领。他说那只是一句话，但这句话应该刻在全世界任何一个有人住的地方，每个人都要背下来，因为它会改变我们的生活。他说："我认为，我那些能够使员工鼓舞起来的能力，是我拥有的最大的资产，而能够让一个人发挥出最大能力的方法就是鼓励和赞美。"

只要是人，就都希望获得别人的赞美，没有人喜欢遭到别人的指责和批评。赞美的好处不胜枚举，可是，生活中却常常有年轻女孩吝啬这么做，这种女孩当然不会获得良好的人缘。有人说"吝啬赞美是最大的吝啬"，赞美一个人你不必损失什么，只要动动口就行了，连这点小事都不愿做，甚至故意对别人的优点"视而不见"，这种人除了引起别人的厌恶，根本不可能获得别人的真心认可。

赞美是一种良好的修养和明智的行为。赞美是人际交往中最便宜的"投资"，它投入少、回报大，是一种非常符合经济原则的行为方式。对领导的赞美，让领导更加赏识与重用你；对同事的赞美，能够联络感情，使彼此愉快地合作；对下属的赞美，能赢得下属的忠诚，换得他们的工作用心和创造精神；对商业伙伴的赞美，能赢得更多的合作机会，赚得更多的利益；对男友或丈夫的赞美，能使两人更加甜蜜；对朋友的赞美，能赢得崇高的友谊。

赞美的话不仅要当面说，更要背后说；而且背后说别人的好话，远比当面恭维别人或说别人的好话，更让人觉得可信。因为你对着一个不相干的人赞美他人，一传十、十传百，你的赞美迟早会传到被赞美者的耳朵里。这样，你既博得了他的尊重，也赢得了大家的信赖。

《红楼梦》中有这么一段描写：史湘云、薛宝钗劝贾宝玉做官为宦，贾宝玉大为反感，对着史湘云和袭人赞美林黛玉说："林姑娘从来没有说过这些混账话！要是她说这些混账话，我早和她生分了。"

凑巧这时黛玉正来到窗外，无意中听见贾宝玉说自己的好话，不觉又惊又喜，又悲又叹。结果宝黛两人互诉衷肠，感情大增。

在林黛玉看来，宝玉在湘云、宝钗、自己三人中只赞美自己，而且不知道自己会听到，这种好话就是极为难得。倘若宝玉当着黛玉的面说这番话，好猜疑、使小性子的林黛玉可能就认为宝玉是在打趣她或想讨好她。

多在第三者面前去赞美一个人，是你与那个人关系融洽的最有效的方法。假如有一位陌生人对你说："某某朋友经常对我说，你是位很了不起的人！"相信你感动的心情会油然而生。那么，我们要想让对方感到愉悦，就更应该采取这种在背后说人好话、赞扬别人的策略，因为这种赞美比一个人当面对你说"我是你的崇拜者"更让人舒坦，更容易让人相信它的真实性。

# 让他人感觉自己被尊重

心理学家认为，尊重是每一个人的心理需要。任何人都需要得到别人的尊重。因而，要想使他人乐于改变，很重要的一点就是要迎合他人的自尊心。

美国心理学家曾做过一个实验，证明了尊重对人产生的巨大影响。

为了调查研究各种工作条件对生产效率的影响，美国西方电器公司霍桑工厂一个大车间的 6 名女工被选为实验对象。实验持续了一年多，这些女工的工作是装配电话机中的继电器。

第一个时期，让她们在一个一般的车间里工作两星期，测出她们的正常生产效率。

第二个时期，把她们安排到一个特殊的测量室工作 5 星期，这里除了可以测量每个女工的生产情况外，其他条件都与一般车间相同，即工作条件没有变化。

接着进入第三个时期，改变了女工们工资的计算方法。以前女工的薪水依赖于整个车间工人的生产量，现在只依赖于她们 6 个人的生产量。

第四个时期，在工作中安排女工上午、下午各一次 5 分钟的工间休息。

第五个时期，把工间休息延长为 10 分钟。

第六个时期，建立了 6 个 5 分钟休息时间制度。

第七个时期，公司为女工提供一顿简单的午餐。

在随后的 3 个时期，每天让女工提前半小时下班。

第十一个时期，建立了每周工作 5 天的制度。

最后一个时期，原来的一切工作条件又全恢复了，重新回到第一个时期。

老板是想通过这一实验来寻找一种提高工人们生产效率

的生产方式，的确，工作效率会受到工作条件的影响。然而，出乎意料的是，不管条件怎么改变，如增加或减少工间休息，延长或缩短工作日，每一个实验时期的生产效率都比前一个时期要高，女工们的工作越来越努力，效率越来越高，根本就没关注过生产条件的变化。

这是为什么呢？

之所以会这样，一个重要的原因就是女工们感到自己是特殊人物，受到了尊重，引起了人们的极大关注，因而感到愉快，便遵照老板想要她们做的那样去做。正是因为受到了重视和尊重，所以她们工作越来越努力，每一次的改变都刺激着她们去提高生产效率。

尊重是人的一种基本需要。人与人之间存在差异，人与人在财富、地位、学识、能力、肤色、性别等许多方面各有不同，但在人格上是平等的。维护自己的自尊是人们心中最强烈的愿望，因此，满足尊重的需要对人们来说十分重要。

吴起是战国时期著名的军事家，他在担任魏军统帅时，与士卒同甘共苦，深受下层士兵的拥戴。有一次，一个士兵身上长了个脓疮，作为一军统帅的吴起，竟然亲自用嘴为士兵吸吮脓血，全军上下无不感动，而这个士兵的母亲得知这个消息时却哭了。有人奇怪地问道："你的儿子不过是小小的兵卒，将军亲自为他吸脓血，你为什么倒哭呢？你儿子能得到将军的厚爱，这是你家的福分哪！"这位母亲哭诉道："这哪里是爱我的儿子呀，分明是让我儿子为他卖命。想当初吴将军也曾为孩子的父亲吸脓血，结果打仗时，他父亲格外卖力，冲锋在前，终于战死沙场；现在他又这样对待我的儿子，看来这孩子也活不长了！"

封建社会等级森严，吴起身为将军却为士兵吸吮脓血，士兵怎能不为他卖命？

尊严是一个人存活于世的重要理由，无论对上级还是对下属抑或对其他人，时时处处照顾到他的尊严，看似无形，却在潜移默化中得到了人心。

## 花点时间打造个人形象

在日常生活中，我们常常听到这样的劝告："不要以貌取人。"但是经验告诉我们，人都有一种心理：对长相出众的人颇具好感，对长相一般甚至难看的人给予较少关注或不关注。就是说，无论理智上怎样认为，实际上对别人判断时多少会受到对方外貌的影响。我们总是戴着"漂亮与否"的眼镜打量着五光十色的人们，然后我们会根据自己的观察，从对方的形象上我们得出有关其一切遐想：学历、职业、社会地位、家庭背景……而事实也证明，一个注意形象并自觉保持好形象的人，总能在人群中得到信任，总能在逆境中得到帮助，也必定能在人生的旅途中不断找到发挥才干的机会，最终做到时刻用自己的魅力影响别人，活出真正精彩的人生。

所以，好形象是现代人的一种资本，充分利用它不仅能给你的日常生活添色加彩，更有助于提升你的影响力。

现代人具有好形象，除了可以展示个人的气质、风度外，更有助于提升自己的影响力。

每个人的形象，无论好坏，也都是充满着独特影响力的。因此，形象是每个人向社会展示自我的窗口，向社会宣传自我的广告，向别人介绍自我的名片。别人从我们的形象中获取对我们的印象，而这个印象又影响着他们对我们的态度和行为。同时，每个人都在这个最基本的互动过程中追逐着自己人生的梦想，实现着生命的价值。

有人说："形象是一个人的招牌，坏形象会毁了你的一生，而好形象会令你的影响力迅速提升。"

有位主管曾说起她同事的故事。

李兰工作能力很强，与同事相处得也很融洽，唯一美中不足的一点是：她的外表实在是有点邋遢。她不喜欢化妆，似乎对自己的不修边幅毫不在意。她常常搞不懂为什么自己工作认真努力，升迁总也轮不到她。

这位主管说："其实，旁观者都看得出来，这是因为她的外表实在是很吃亏，而不是工作能力的问题，可是谁又能开口告诉她呢？每每遇上重要的事情欲让她接洽，却总会担心客户以貌取人，认为这是一家不注意形象、不专业、不敬业的公司，毕竟公司要注意自身的形象。"

很多追求成功的人像李兰一样，只注重培养能力，而忽略了对自身形象的塑造，结果会影响自己成功的。如果他们能静下心来，认真地树立起自己的好形象，那就好比给自己的人生打造了一块良好招牌，能够让你在风高浪险的生命历程中从容地经营人生。

与人交往时我们应该明白：好形象可以让你获得更多"曝光率"。如果你能够充分运用你的良好形象，将有助于提升你的魅力，扩大你的影响力。

## 欣赏，给失败者送去贴心的问候

有这样一个关于鼓励的故事：一个驯兽师在训练鲸鱼跳高。开始的时候，他先把绳子放在水面下，使鲸鱼不得不从绳子上方通过。鲸鱼每次经过绳子上方就会得到奖励，它会得到鱼吃，会有人拍拍它并和它玩，训练师以此对这只鲸鱼表示鼓励。当鲸鱼从绳子上方通过的次数逐渐多于从下方经过的次数时，训练师就会提升绳子的高度，只不过提高得有限，不至于让鲸鱼因为过多的失败而沮丧。训练师慢慢地把绳子提高，一次一次地鼓励鲸鱼，鲸鱼也一次一次地跳得比前一次高。最后，鲸鱼跳过了世界纪录。

无疑，是鼓励的力量让这只鲸鱼跃过了世界纪录的高度。对鲸鱼来说如此，对于聪明的人类来说更是这样，鼓励、赞赏和肯定，会使一个人的潜能得到最大限度的发挥。可事实上，更多的人却与训师相反，起初就定出相当的高度，一旦达不到目标，就大声批评。

观众的掌声对一个赛场上的球队有没有好处？答案是肯定的。每个球队都知道，赛场上天时、地利、人和都是非常重要的。观众鼓励球队的热情是支持球队打胜仗最重要的力量之一。每个球队都承认，球迷的打气使他们感觉自己受到了尊重，因此情绪激动、斗志昂扬。

同样的道理，在日常生活中，鼓励也是很重要的一个因素，而且也是很有用的。在家庭里，夫妻应该彼此鼓励，父母与子女应该彼此鼓励；在工作上，老板和员工更是应该彼此鼓励；在生活中，朋友之间也应彼此鼓励。

亨利·汉克，是印第安纳州洛威市一家卡车经销商的服务经理。他的公司有一个工人，工作越来越差。但亨利·汉克没有对他吼叫，而是把他叫到办公室，跟他进行了坦诚的交谈。

他说："希尔，你是个很棒的技工。你在这里工作也有好几年了，你修的车子也很令顾客满意，很多人都称赞你的技术好。可是最近，你完成一件工作所需的时间却加长了，而且你的质量也比不上你以前的水平。也许我们可以一起来想个办法解决这个问题。"

希尔回答说他并不知道他没有尽到职责，并且向上司保证，他以后一定改进。最后，他也确实那样做了。

不要吝啬自己的鼓励！有的时候，你的一句鼓励可能会让对方终身受益。每个人都有可能遇到生活上的不同考验，应该在别人经历风雨的时候，及时给予一些安慰和鼓励。在同学考试没考好的时候，送上一句"下次努力，你的成绩肯定会很好的"；在朋友遇到困难时，送上一句"你平时那么棒，这些困难算什么"。一句鼓励的话，相信会给失意的人很大帮助。

每一个角落都在等待阳光的照耀，每一个人都在等待美好时光的到来，每一颗心都在等待心灵的碰撞。为别人鼓掌喝彩，就是尊重别人的价值，让别人在无情的竞争中获得一份温情。也许他像一只煅烧失败、一出世就遭冷落的瓷器，没有凝脂般的釉色，没有精致的花纹，无法被人藏于香阁，但是，你对他的安慰和鼓励，就可能给他一片灿烂的艳阳天。

## 勿因善小而不为

当我们拿花送给别人时，首先闻到花香的是我们自己；当我们抓起泥巴想撒向别人时，首先弄脏了的也是我们自己的手；一句温暖的话或一个鼓励的眼神，就像洒往别人身上的香水，自己也会沾到两三滴。因此，我们要时时心存好意，脚走好路，身行好事。

有这样一个寓言故事：

夜晚，一群萤火虫正围着一只蝙蝠，听它讲故事。突然，它们听到一只小兔子的哭声，便飞了过去。

"喂，小兔子，你为什么哭泣呀？"蝙蝠问。

"天太黑，我找不到回家的路。"小兔子抽泣着说。

"我们送你回家吧。"一只萤火虫说。

"哼，就凭你那点儿光，就想给别人照明，别异想天开了。再说，做这么一点好事又能得到什么回报？"蝙蝠说完，一展翅膀飞走了。

萤火虫们没有理会蝙蝠的话，它们聚拢在一起，形成了一个小亮点，在小白兔面前慢慢地飞着，小白兔靠着萤火虫的亮光，终于找到了回家的路。

一天中午，这群萤火虫正在草丛中休息，一条蜥蜴发现了它们，便偷偷地爬了过去，想把它们统统吃掉。恰好在此时，那只曾被萤火虫们护送回家的小白兔路过此地，它发现萤火虫们正处在危险之中，便猛地冲过去，赶跑了那只蜥蜴——萤火虫们得救了。

将恩惠与友善多带给周围的人，使别人从我们身上多得些益处。这样，在自己身处险境时，也会得到他人的帮助。

千万不要像蝙蝠那样，不愿意为别人提供帮助，而应该时时、处处尽力帮助他人。有时，受到我们恩惠的人，也会将恩惠施与我们。

在生活中，我们不应该吝啬自己的爱与关怀。给悲伤中的人一丝安慰，给怯懦的人一点勇气，给失败的人一点鼓励……你所付出的并不多，既不会使你的财富减少，也不会使你的感情干涸，但对于他人来说，你的一言一行都是把他们从困境中拯救出来的动力。你的一个微笑，一次握手，一个眼神，都能使困境中的人温暖盈心。而你，因为奉献，心中永远不会有孤独、无助的阴影。

# 第五章

# 舍小求大，吃亏也是福

## 舍得舍得，舍和得永远不分开

有人可能会觉得，放弃曾经所有的一切从零开始，是不是很可惜？所以他们在该放弃时不放弃，优柔寡断，结果错过了很多好机会。其实，放弃一些东西，也许会开启另一道成功的门。生活是一个单项选择题，每时每刻你都要有所选择，有所放弃，要追求一个目标，你必须在同一时间放弃一个或数个其他的目标。该放弃时就放弃吧，不要在犹豫不决中虚度光阴，可能到最后还会无奈地放弃。世界上许多顶级的富豪都是敢于选择、舍得放弃的人。

拥有"中国色彩第一人"称号的于西蔓回国建立了"西蔓色彩工作室"。她将国际流行的"色彩季节理论"带到了中国，她使中国女性认识到了色彩的魅力。于西蔓在日本学习的本是经济，但她在毕业后，凭着自己对色彩的爱好，苦学了两年，取得了色彩专业的资格，在当时，她成为全球2000多名色彩顾问中唯一的华人。在国外，她看到了中国同胞的穿着经常引起别人的非议，每次她都会产生一种强烈的感觉，要让中国人也美起来。随后，她放弃了在国外优厚的生活，毅然回到了祖国，并于1998年在北京创办了中国第一家色彩工作室。面对中国消费群体的不同，刚开始时，于西蔓只是凭自己的主观确定价位。一段时间后，她发现这并不适合大多数群体，同时也违背了她的初衷——要让所有的中国人都知道什么是色彩。于是，她又重新做了计划，降低价位，并做了很多的辅助工作，结果，取得了很好的成果。年轻的时尚一族纷至沓来，就连上了年纪的人也成了工作室的座上宾，热线咨询电话也响个不断。

西蔓女士的个人才华及所创立的事业对中国的贡献和影响引起了政府、社会和媒体的高度赞誉和肯定，被誉为"色彩大师""中国色彩第一人"。

在总结自己的经验时，于西蔓说她成功的主要原因是懂得放弃，因为没有放弃就没有新的开始。于西蔓几次放弃了自己令人羡慕的工作而重新开始，是因为她深深地了解自己的兴趣、特点及自身的价值。

放弃是卓越者勇气和胆识的考验。在商人看来，有时在经商中选择放弃，需要承受来自内心和外界方方面面的压力。可以说，任何一次决策中的取舍都需要很大的勇气和胆识，需要非凡的毅力和智慧。只有当一个商人把企业发展的长远利益作为目标时，他才会顶住压力，卧薪尝胆、历尽艰辛，走向更大的辉煌。

在现在这个商业社会之中，无论你经营哪个行业，都会遇到众多的竞争对手在与自己争夺市场，能够凭实力一路打拼、高唱凯歌当然最好，如果与对手相比，自己在资金、技术、知名度、人际关系等方面都处于劣势，那该怎么办呢？硬拼，可能是鸡蛋碰石头，自取其辱而已。聪明的商人在这个时候就会选择一走了之，惹不起总躲得起吧，这才是上策。"留得青山在，不怕没柴烧"这不是懦弱，这叫识时务者为俊杰。

还有一种情况，就是市场已经饱和，而且又没有发展前景的时候，就得考虑放弃你现在从事的行业，趁早另起炉灶。比如手机普及之后，谁还在做寻呼台的生意？"飞鸟尽，良弓藏；狡兔死，走狗烹；敌国灭，谋臣亡。"这话虽然残酷，也说明了一个道理，就是没有市场价值的东西就应该"见好就收"。

　　舍得舍得，没有舍哪有得。这就是成功商人要告诉我们的致富秘籍！

# 放弃有时就等于一次机遇

　　放弃并不等于什么都放弃，永远的放弃。在一条路上没有成功的可能的前提下，学会放弃那是一种明智的选择。放弃了这条路，我们可以重新选择一次机遇。

　　在商业上，适时的放弃，也是企业营运的重要手段。放弃是为了调整产业结构，保留实力。

　　在形势不明朗时忍耐一会儿，不激进。在经济萧条时，业务作必要的放弃，保证能渡过难关，到经济复苏时，再扩大投资。

　　怎样在逆境中保存实力，是企业家的一项挑战。在顺境时，拥有巨额资金，收购这个，收购那个，何等意气风发。顺境中能攻，固然要讲究眼光和魄力；同样地，在逆境中能守，也需讲究眼光和魄力。能攻能守，才称得上商业的全才。

　　要攻而获利，需靠准确的形势分析，掌握有利时机；要退而能保留实力，也得靠准确的形势分析。

李嘉诚投资地产，能攻能守，对攻守时机判断准确，已为业内公认。且看他在 1982 年股市地产陷入低潮之前，怎样评估形势，做出暂退的部署。

1982 年到 1984 年，全球经济不景气，对香港造成严重的冲击，工业衰退，股市暴跌，地产也一落千丈。结果，令投资地产者蒙受巨额的损失。

与此相反，李嘉诚的长江公司则采取稳健政策，暂时放弃，结果安然度过这次经济危机，这得靠李嘉诚对形势的判断，独具慧眼，预见到地产业面临世界经济衰退和长期利息高涨的压力，1982 年将会大幅向下调整，并据此做出暂退的部署。

在描写李嘉诚的书中有这样一段话："他一旦发觉形势不妙，就从 1980 年开始，一方面尽量减少，甚至停止，直接购入地皮；另一方面加速物业发展，尽快出售。"目的是令"各个公司的负债日益减少，现金充足，以应付任何意外的风波"。

挪威的船王阿特勒·耶伯生出生在卑尔根的一个殷实家庭，其父克列斯蒂·耶伯生是当地的一个小船主，家庭生活比较富裕。他开始在一所教会学校读书，后就学于英国剑桥大学。毕业后，曾先后到奥斯陆、汉堡和纽约做过商业经纪人。

受家庭环境的影响，耶伯生从小就受务实经商思想的熏陶。因此，早在青年时期他就表现出做生意的才能。1967 年 8 月，他父亲在旅游途中因出车祸而丧生，31 岁的耶伯生继承了父亲的产业，开始管理一家船业公司，从此他走上了经商的道路。

经过十几年的艰苦奋斗，耶伯生公司已从原来只有 7

条船的小公司，变成了拥有 120 多万吨的 90 条船的大型船队，并且在世界各地的油田、工厂和其他项目中拥有大量投资。目前，他到底有多少财产，连他自己也说不清楚："我唯一能说清的是，接受保险的财产大约是 57 亿克朗。"他的船运公司曾获得"挪威 1977 年最佳企业"称号，这在挪威航运界是独一无二的。

耶伯生父亲在世时曾尝试经营油船，在他接管一年后就果断地卖掉油船，放弃运油行业。

他的理由是：当时的船运公司没有实力，命运操纵在石油大亨们的手中。如果把本钱的大部分压在两三条大油船上实在没有把握。耶伯生退出运油业后，迅速将资金投在散装货物的运输业上，并与工业部门签订了长期的运输合同。

事实证明，耶伯生的分析判断是极其正确的。油船脱手后，虽然他没有领受 1973 年石油运输短暂兴旺的好处，但是当石油运输的投资家们在 70 年代中期连遭厄运打击时，他却稳如泰山，丝毫无损。

他以长期合同为基础，逐渐增置了 6 千吨至 6 万吨的散装船，为大企业运输钢铁产品和其他散装原料，积累了雄厚的资本。

耶伯生主张，发展挪威的航运业，必须面向世界，走向世界市场，如果把眼光仅仅停留在国内的航运业，将会自我消亡。致富的信念是：必须坚决走出去，放弃过去的，哪里有可利用的资本，就到哪里去，这就是我们要取得成功的最关键之处。

# 敢于吃亏才是大赢家

花儿会苦争春色，雨儿会在自由落体时抢跑道，鸟儿会争着丈量天与地的距离，万物自有竞争法则的存在。务实的生活中，我们人类，自然也会有狭路相逢的时候。古人曾说：要难得糊涂，吃亏是福。凡是能吃亏的人，必有宽广的胸怀和超人的智慧，就像面对"舍"与"得"时，能舍的人，才能真正地得，能吃亏的人才能成为大赢家。

能吃亏是一种睿智、豁达，它能给你带来无尽的财富。

生活里有很多的琐碎，过于计较得失，会让人的眼界和心胸同时变得狭窄，活着本是一种生命的慷慨，不能吃亏的人却把自己变得俗不可耐。真正的智者从不会狭隘到不能吃亏的状态，孔融把大梨子让给别人，自己情愿吃小的，敢于吃亏，收获了一世的美名；雷锋总是想着别人，把为人民服务当作自己一生的使命，敢于吃亏，成为我们世代人学习的榜样；焦裕禄凡事从大局出发，把人民的事业当成自己的家事，敢于吃亏，赢得了民心。有时候，把能吃亏当成一种习惯，却会给我们赢得整个人生。

让出了星光灿烂的今夜，上天赐给了我们白昼的光明；让出了溪水的潺潺，却得到了大海的浩瀚。不要不舍得，拥着一枝春绿，却也想着占有整个春天。

意识流作家伍尔芙微笑着说："让我们记住共同走过的岁月，记住爱，记住时光。"我们何不也把嘴角轻扬，告诉自己我们要做能吃得了亏的人，记住豁达，记住舍得。

世界上没有白吃的亏，有付出必然有回报，生活中有太多这种事情，尤其在生意场上。如果一个人能心平气和地对待吃亏，表现自己的度量，他就更易获得他人的青睐，获得经商所需要的人脉资源，从而获得商业上的成功。华人首富李嘉诚说："有时看似是一件很吃亏的事，往往会变成非常有利的事。"说的就是这个道理。

太平洋建设集团创始人严介和就敢于"吃亏"，这也是他在商场中叱咤风云，将生意做大、做强的重要法宝。

1992年，严介和东拼西凑10万元在淮安注册了一家建筑公司。当时，南京正在进行绕城公路建设，严介和知道后，先后往返南京11趟，最终得到3个小涵洞项目。这时，项目到严介和手里已经是第五包了，光管理费就要交纳36%，总标的不足30万元。

这是一个注定亏本的"买卖"，当时算账预计亏损5万元左右。可严介和对自己的员工说："亏5万不如亏8万，要亏就多亏点，一定要保证质量。"结果，本应140天完成的工作量，严介和带领大家只用了72天就完工，其速度令工程指挥部大吃一惊。更令人振奋的是，指挥部在对3个小涵洞验收的时候，检测结果质量全优。

严介和以"吃亏"为经营理念，打响了自己的品牌。从此，他一发而不可收，业务迅速不断扩大。先后参与了南京新机场高速、京沪高速、江阴大桥、连霍高速、沂淮高速、南京地铁等一系列国家和省市重点工程的建设。

每当谈起南京绕城公路项目时，严介和总是说："亏5

万不如亏 8 万，后来赚了 800 万，这就是太平洋的第一桶金。如果不亏，我这个苏北人能拿到订单吗？两眼一抹黑，什么人也不认识。可就是从那里起步，今天的诚信是明天的市场、后天的利润。"

生意场上，是看到眼前的比较直接的"小利益"，还是把眼光放长远一些，发现更大，但可能比较隐蔽的"大利益"呢？这可是个大学问。很多人往往见便宜就想得，生怕自己吃一丁点亏，这样一来使自己的路越来越窄，也很难有大便宜到手。试想，如果每一个老板都打着自己的小算盘，整日盘算着如何敛聚更多的财富，如何使自己比别人获得的收益更多，这样有谁还愿意为其工作呢？

聪明的商人则懂得吃亏，自己吃了点亏，让别人得利，就能最大限度调动别人的积极性，使自己的事业兴旺发达。譬如你卖给别人 2 斤肉，回家之后称，正好 2 斤，他心里不会有什么感觉；如果多一两，他心里会很舒服，下回还会去你那里买；如果差个两三两，下回肯定不去了。

一个人独资经营的情况下，不仅势单力薄，而且人力、才智匮乏，资金上也很难维持长久的、快速的增长。如果能找到可以长期合作的合伙人，就会增强公司的实力，虽然部分利益会分给合作伙伴，但较之无法持续经营的情况，实在是好上太多了。甚至当你遇到坎坷无法使合作继续进行的时候，不妨吃点亏，也许天地就更宽广，利润也更高。

"吃亏是福"也不是句套话，尤其是关键时候要有敢于吃亏的气量，这不仅体现你的大度，同时也是做大事业者必备的素质。把关键时候的亏吃得淋漓尽致，才是真正的赢家。

　　善于吃亏是占"大便宜"的一种博弈策略，这是智者的智慧，更是经商技巧。